Physik 10

Tipps zum Buch

Kapiteleinstiegsseiten

1

Diese Seiten führen zum Thema hin und sollen neugierig machen.
Durch die Farbigkeit können Sie die einzelnen Kapitel zusätzlich voneinander unterscheiden und sich beim Blättern schneller orientieren.

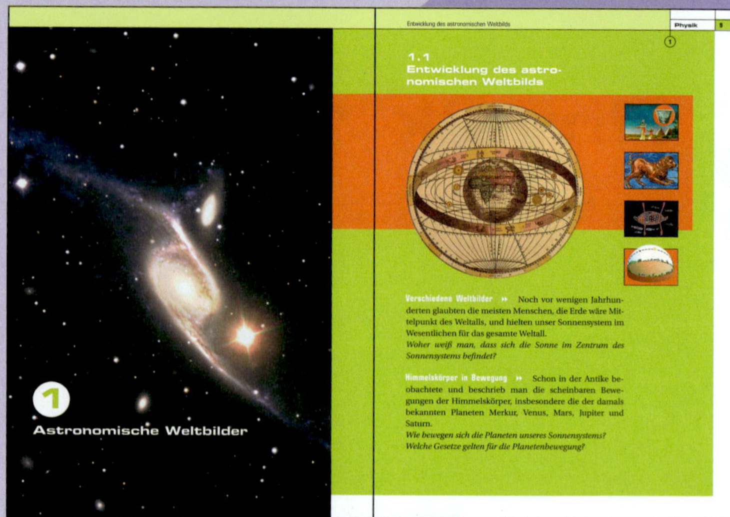

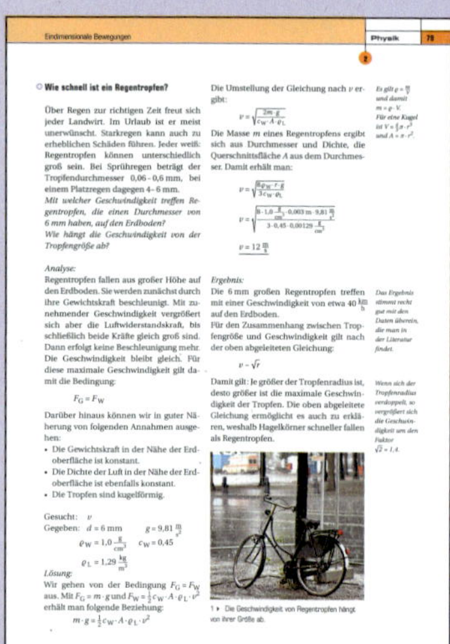

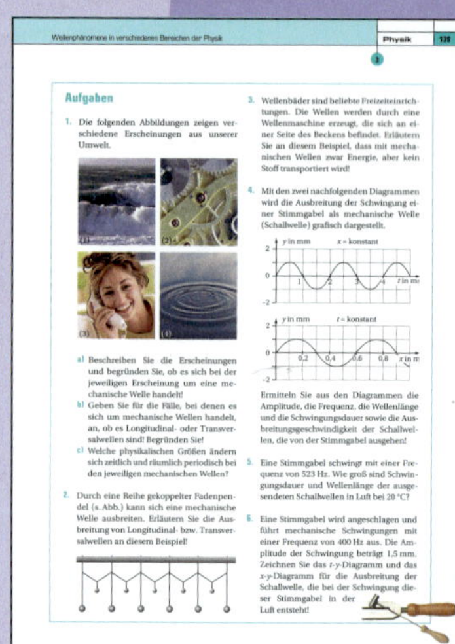

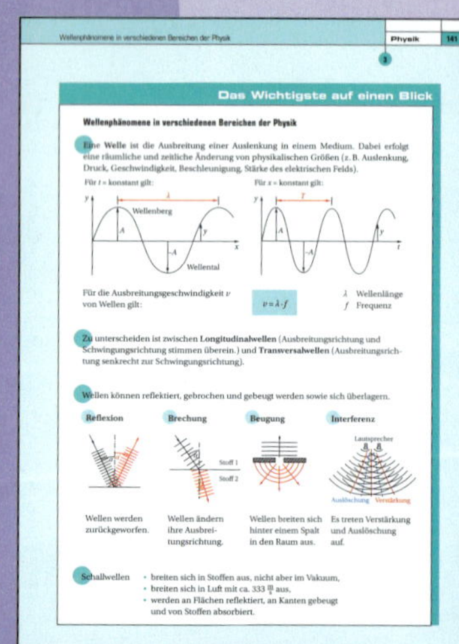

Physik in Natur und Technik

Auf diesen Seiten wird gezeigt, wie physikalische Begriffe und Gesetze auf Erscheinungen aus der Natur, der Technik und dem Alltag angewendet werden können. An typischen Beispielen wird vorgeführt, wie Problemstellungen gelöst und Fragen beantwortet werden können.

Aufgaben

ermöglichen es Ihnen, das Wissen anzuwenden und zu testen.

Aufgaben, die mithilfe eines Computers gelöst werden können

* knifflige bzw. fakultative Aufgaben

Das Wichtigste auf einen Blick

Diese Seiten finden Sie am Ende jedes Kapitels. Sie stellen das Wesentliche in systematischer und übersichtlicher Form dar.

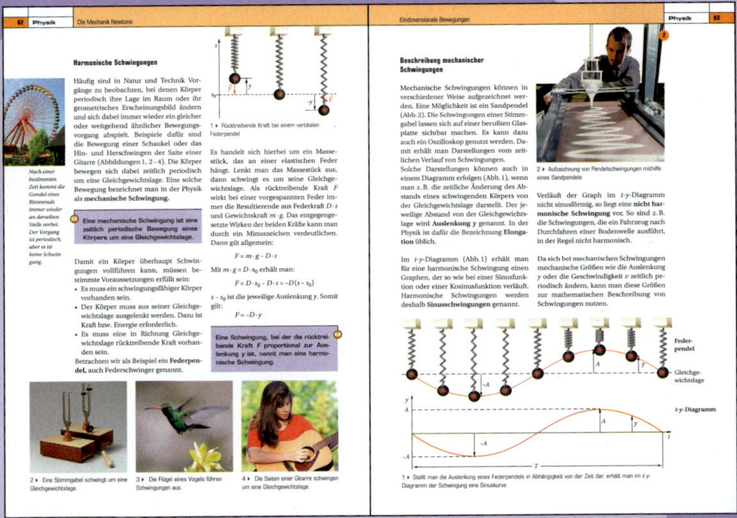

Inhaltsseiten

Diese Seiten vermitteln Ihnen – unterstützt durch Merksätze, Tabellen und Übersichten – physikalisches Grundlagenwissen über wichtige Begriffe, Gesetze, Erscheinungen und Zusammenhänge.

Ergänzendes und Vertiefendes bietet zusätzliche Informationen.

Fakultative Inhalte sind mit * gekennzeichnet.

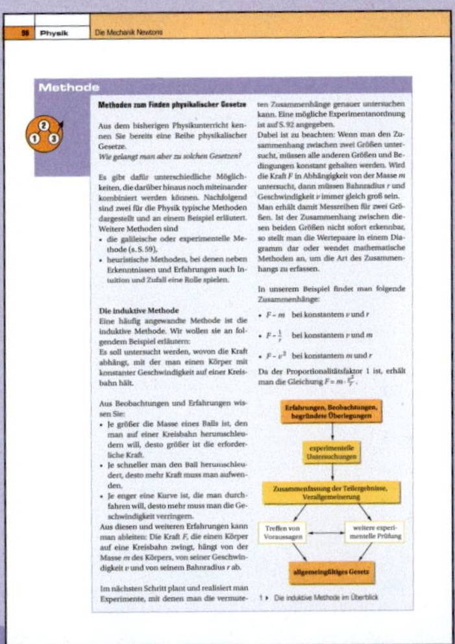

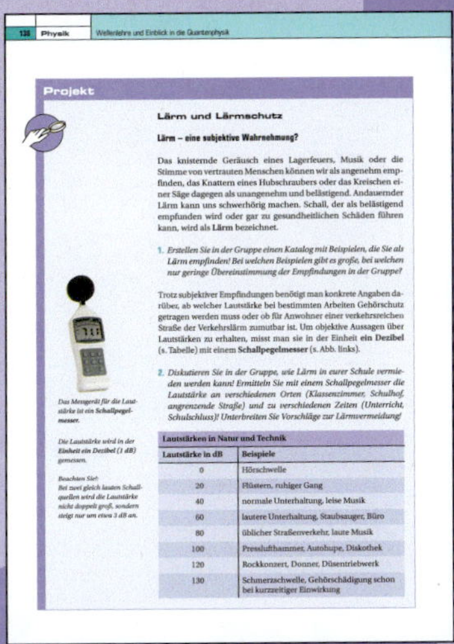

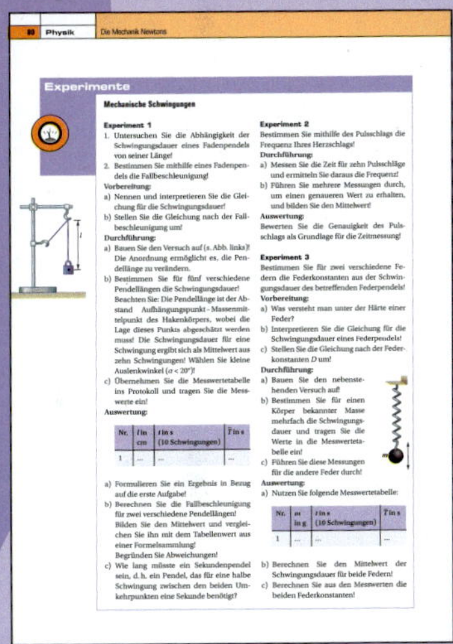

Methoden

Für die Physik charakteristischen Denk- und Arbeitsmethoden zeigen Ihnen, wie Sie bei bestimmten Tätigkeiten (z. B. Interpretieren, Voraussagen, Lösen von Aufgaben) schrittweise vorgehen können.

Projekte

Es werden hier interessante Fragen aufgeworfen, die Sie in der Gruppe bearbeiten können. Außerdem können Sie eigene Projektideen entwickeln.

Experimente

Diese Seiten regen Sie zum selbstständigen Experimentieren, Probieren und Überprüfen eigener Ideen an.

Physik

10

Lehrbuch für die Klasse 10
Gymnasium Bayern

Herausgeber:
Prof. Dr. habil. Lothar Meyer
Dr. Gerd-Dietrich Schmidt

Duden Schulbuchverlag

Herausgeber
Prof. Dr. habil. Lothar Meyer
Dr. Gerd-Dietrich Schmidt

Autoren
Dr. habil. Barbara Gau
Prof. Detlef Hoche
Prof. Dr. habil. Lothar Meyer
Andreas Ried
Ferdinand Hermann-Rottmair
Dr. Josef Küblbeck
Claudia Ried
Prof. Dr. Oliver Schwarz

Redaktion Prof. Dr. habil. Lothar Meyer
Gestaltungskonzept Simone Hoschack
Umschlag Britta Scharffenberg
Layout Manuela Liesenberg
Grafik Heribert Braun, Claudia Kilian, Jens Knöpke, Manuela Liesenberg, Jens Prockat, Walther-Maria Scheid
Titelbild mauritius image/PACIFIC STOCK

www.duden-schulbuch.de

Dieses Werk enthält Vorschläge und Anleitungen für Untersuchungen und Experimente. Vor jedem Experiment sind mögliche Gefahrenquellen zu besprechen. Beim Experimentieren sind die Richtlinien zur Sicherheit im naturwissenschaftlichen Unterricht einzuhalten.

Hinweis Experimente: Achtung! Unsere Experimente sind sorgfältig ausgewählt und getestet, sodass bei ordnungsgemäßer Durchführung nichts passieren kann. Ggf. sollte Hilfestellung durch Erwachsene erfolgen. In jedem Fall schließen Verlag und Autoren jegliche Haftung aus.

1. Auflage, 6. Druck 2015

Alle Drucke dieser Auflage sind inhaltlich unverändert
und können im Unterricht nebeneinander verwendet werden.

Druck: H. Heenemann, Berlin

ISBN 978-3-8355-3061-4

PEFC
PEFC/04-31-1156

PEFC zertifiziert
Dieses Produkt stammt aus nachhaltig bewirtschafteten Wäldern und kontrollierten Quellen.

www.pefc.de

Inhaltsverzeichnis

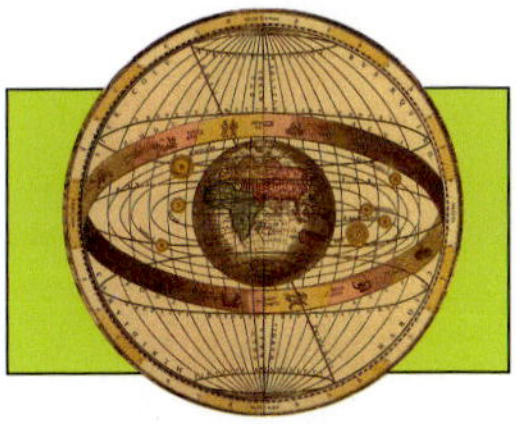

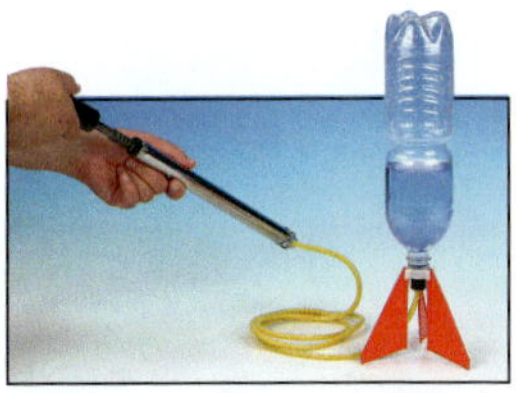

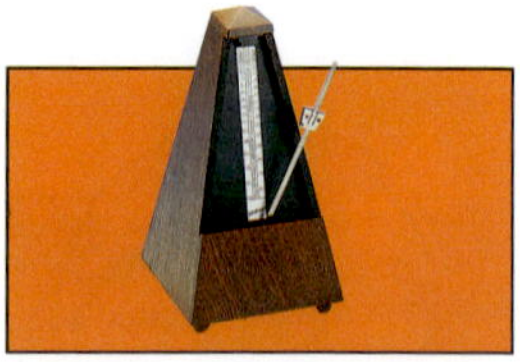

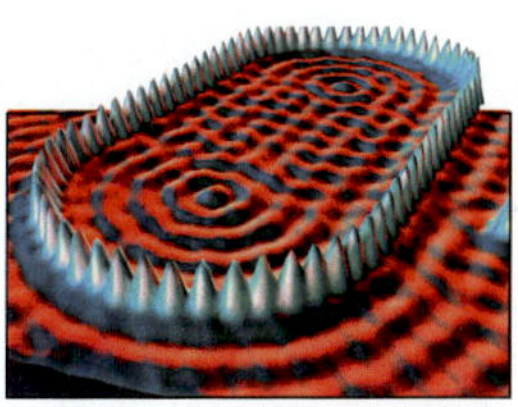

Methoden

Ergänzendes und Vertiefendes

1 Astronomische Weltbilder

1

1.1 Entwicklung des astronomischen Weltbilds

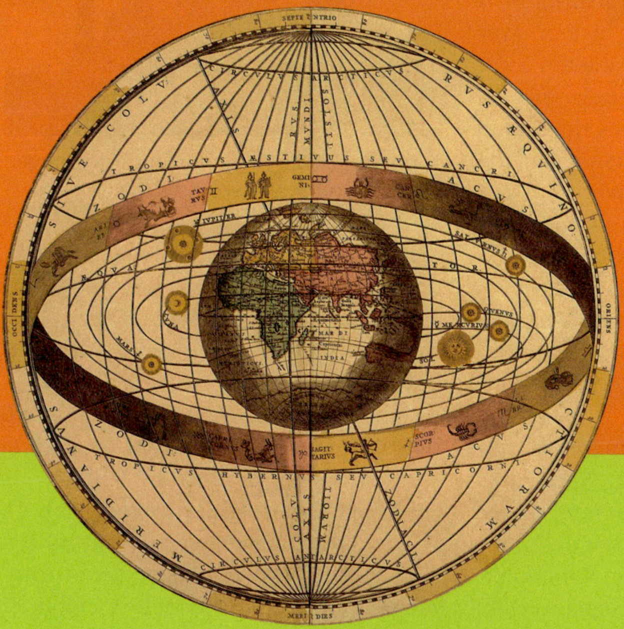

Verschiedene Weltbilder ▸▸ Noch vor wenigen Jahrhunderten glaubten die meisten Menschen, die Erde wäre Mittelpunkt des Weltalls, und hielten unser Sonnensystem im Wesentlichen für das gesamte Weltall.
Woher weiß man, dass sich die Sonne im Zentrum des Sonnensystems befindet?

Himmelskörper in Bewegung ▸▸ Schon in der Antike beobachtete und beschrieb man die scheinbaren Bewegungen der Himmelskörper, insbesondere die der damals bekannten Planeten Merkur, Venus, Mars, Jupiter und Saturn.
Wie bewegen sich die Planeten unseres Sonnensystems?
Welche Gesetze gelten für die Planetenbewegung?

Sternkunde in ferner Vergangenheit

Wie sich die Grenzen und Modelle der Physik verschieben und verändern, zeigt sich besonders eindrucksvoll an den Weltbildern, die sich im Laufe der Geschichte entwickelt haben.

Die Astronomie gilt als die älteste aller Naturwissenschaften, doch nirgends steht geschrieben, wie die ersten Astronomen der Menschheitsgeschichte hießen. Wer fand als Erster heraus, dass die am Morgen aufsteigende Sonne und die am vergangenen Abend untergegangene Sonne dasselbe Gestirn sind? Wer entdeckte die Wandelsterne (Planeten)? Wer fand heraus, dass die Sonne zu bestimmten Zeitpunkten des Tages in ganz bestimmten Himmelsrichtungen zu finden ist?

Woher wissen wir überhaupt, dass die Menschen der Stein- und Bronzezeit bereits über astronomisches Wissen verfügten?

Aus jener Zeit stehen uns keinerlei schriftliche Überlieferungen zur Verfügung, denn Schriften entstanden erst später. Wir können nur vermuten, dass das bloße Betrachten des Himmels zum Kennenlernen gut beobachtbarer Erscheinungen, ihres zeitlichen Ablaufs und ihrer regelmäßigen Wiederkehr führte.

1 ▸ Die Himmelsscheibe von Nebra ist etwa 3600 Jahre alt.

2 Die steinzeitliche Anlage von Stonehenge wurde vor etwa 4000 Jahren errichtet.

Dafür gibt es Belege aus jenen fernen Zeiten, die uns verraten, dass die Menschen den Himmel beobachtet haben und die auffälligsten Phänomene entdeckten. Das geschah bei allen Völkern, unabhängig davon, ob sie es später zur Ausbildung einer wissenschaftlichen Weltbetrachtung gebracht haben oder nicht.

Entdeckt wurden Steinsetzungen (Abb. 2), geheimnisvolle Grabgemälde mit Bilderzeichen oder Hieroglyphen, deren sorgfältige Analyse es uns gestattet, Einblicke in das Sternwissen unserer Vorfahren zu erhalten.

Einer der berühmtesten Funde ist die 1999 in der Nähe von Nebra (Sachsen-Anhalt) gefundene Himmelsscheibe (Abb. 1).

Es ist eine Platte aus Bronze mit Goldeinlagen, die zwischen 2100 und 1700 v. Chr. hergestellt wurde. Sie wurde wahrscheinlich um 1600 v. Chr. als Grabbeigabe vergraben. Die Himmelsscheibe von Nebra zeigt vermutlich Vollmond, zunehmenden Mond und Sterne. Die Gruppe mit den sieben Sternen könnte das Siebengestirn (Plejaden) darstellen. Die Himmelsscheibe von Nebra ist die älteste derzeit bekannte Himmelsdarstellung.

M

Die ältesten Quellen über das astronomische Wissen der Vorzeit sind uns nicht schriftlich überliefert. Sie existieren in Form von Steinsetzungen (Megalithbauten) und bildhaften Darstellungen.

Ägypter und Babylonier

In den Hochkulturen der Ägypter und Babylonier erfolgten umfangreiche Sternbeobachtungen. Anhand des Laufs der Sonne, des Monds und des Sternhimmels konnten Zeitmaße festgelegt und für die Landwirtschaft wichtige Termine abgeschätzt werden.

Bei den Ägyptern finden wir Listen von Sternen und Sternbildern, insgesamt 36, die als „Dekane" bezeichnet und zur Bestimmung der Jahreszeit und der Nachtstunden benutzt wurden.

Besondere Beachtung genoss im alten ägyptischen Reich der Hauptstern im Sternbild Großer Hund, der Sirius.

Mit der erstmaligen Morgensichtbarkeit dieses auffällig hellen Sterns fiel nämlich die Überschwemmung des Nils zeitlich ungefähr zusammen. Die Nilschwemme war für die ägyptische Landwirtschaft ein Ereignis von herausragender Bedeutung.

M

Zu den wichtigsten Motiven für die Beobachtung des Himmels zählte in den alten Hochkulturen der Menschheit die Festlegung des Zeitmaßes. Die Bewegung der Himmelskörper Sonne und Mond eignete sich hervorragend zur Schaffung von Kalendern. Der Himmel wurde als natürliche Uhr genutzt.

Die Motive für die sorgsame Beobachtung des Himmels waren bei allen Kulturvölkern ähnlich, die Ergebnisse der Beobachtungen ebenfalls.

Die babylonische Astronomie, die von etwa 3000 bis 100 v. Chr. reicht, zeichnet sich durch überaus genaue astronomische Daten aus, die mit einfachsten Mitteln gewonnen wurden. Die mittlere Zeitdauer eines synodischen Monats betrug nach NABURI' ANNU (Ende 3. Jh. v. Chr.) 29,530 641 Tage und nach KIDINNU (um 380 v. Chr.) 29,530 594 Tage, wobei der Wert heute mit 29,530 589 Tage angegeben wird. Die synodische Umlaufzeit der Planeten, d.h. die Zeitdauer zwischen zwei gleichartigen Stellungen in Bezug zur Erde, wich im 2. oder 1. Jh. v. Chr. meist nur um etwa 1/100 eines Tages gegenüber dem heutigen Wert ab, z.B. bei Venus 583,91 Tage statt 583,92 Tage.

Der synodische Monat ist der Zeitraum zwischen zwei gleichen Mondphasen, also z.B. von einem Vollmond bis zum nächsten Vollmond.

Die damaligen Weltbilder waren von mystischen Vorstellungen geprägt. Dort, wo man mit den Beobachtungen und Gedanken nicht weiterkam, halfen häufig Götter aus (Abb. 2).

Eine den Babyloniern zugeschriebene Vorstellung ist: Die Erde ist eine auf dem Weltmeer schwimmende Scheibe. Über ihr befindet sich ein Gewölbe mit Sternen, die von Göttern bewegt werden.

Am Gewand von NUT befinden sich Sterne. Umgeben ist alles von einem Weltmeer. SHU trennt damit NUT vom Erdgott GEB.

1 ▸ Ägyptische Priester beobachten den erstmaligen Morgenaufgang des Sterns Sirius.

2 ▸ Im ägyptischen Weltbild wird die Himmelsgöttin NUT von SHU, dem Gott der Luft, gehalten.

Das griechische Weltbild entsteht

Auf Grundlage der Ergebnisse ägyptischer und babylonischer Sternbeobachtungen waren die Griechen von Anbeginn an bemüht, die angehäuften Tatsachen über die Bewegung der Gestirne miteinander zu verbinden und zu einem Weltbild zu verschmelzen.

Ihre Leistung bestand vor allem darin, dass sie ein Programm entwickelten, nach dem die vielfältigen Erscheinungen des Himmels aus vergleichsweise wenigen Grundsätzen abgeleitet werden konnten – ein Ziel der Naturwissenschaft bis zum heutigen Tag.

Claudius Ptolemäus (ca. 100–160), der Schöpfer des „Almagest".

Einen bedeutsamen Einfluss auf die Herausbildung des griechischen Weltsystems übte die Lehre von Platon (427 bis 347 v. Chr.) aus. Für ihn waren die Sterne und die Planeten Lichter, in denen das Denken der „Weltseele" zum Ausdruck kommt. In seinem Werk „Timaios" erklärt er, dass der Schöpfer die Welt und alle Körper, die in ihr sind, nach dem Bild von Kreis und Kugel erschaffen hat. Deshalb konnten sich die Sterne nur auf der vollkommensten geometrischen Bahn, dem Kreis, bewegen.

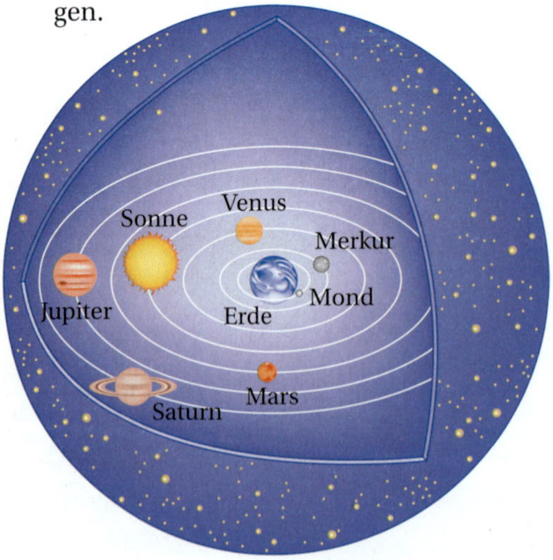

1 ▸ Das geozentrische Weltbild:
Alle Himmelskörper bewegen sich um die Erde.

2 ▸ Hipparch und sein Observatorium in Alexandria mit Armille und Himmelsglobus

Daraus ergab sich für die Astronomen die Zielstellung, alle beobachteten Bewegungen auf Kreisbewegungen zurückzuführen.
Die Erde steht im Mittelpunkt der Welt. Der Mond, die Sonne, die Planeten und schließlich die Sterne bewegen sich auf kreisförmigen Bahnen um die Erde. Alles folgt einer einfachen, harmonischen Bewegung.

Einer der größten Astronomen der Antike war Hipparch (ca. 190–125 v. Chr.). Er stellte aus eigenen Beobachtungen den ersten Sternkatalog auf, der die Örter und Helligkeiten von 1 022 Sternen enthielt. Hipparch (Abb. 2) entdeckte auch die unterschiedliche Länge der Jahreszeiten.

Jahreszeit	Dauer nach Hipparch	Tatsächlicher Wert in Tagen
Frühling	94,5	92,8
Sommer	92,5	93,6
Herbst	88	89,8
Winter	90	89

Alle diese Leistungen wurden in einem großen Werk zusammengefasst, das wir als das Hauptwerk der antiken Astronomie betrachten können. Das Buch von C. Ptolemäus heißt „Syntaxis mathematice" (Mathematische Zusammenstellung) und wurde unter seinem arabischen Titel **„Almagest"** bekannt.

1

Aristoteles – ein universeller Gelehrter

ARISTOTELES war einer der großen Denker des Altertums und ein universeller Gelehrter. Seine philosophischen Denkweisen und seine physikalischen Erkenntnisse haben bis weit in das Mittelalter die Entwicklung der Naturwissenschaften beeinflusst.

ARISTOTELES wurde 384 v. Chr. in Stagira in der Nähe von Thessaloniki im heutigen Griechenland geboren. Nach dem Tod seiner Eltern ging er im Alter von 17 Jahren nach Athen und trat dort in die Akademie des berühmten PLATONS (427–347 v. Chr.) ein. Hier erhielt ARISTOTELES seine wissenschaftliche Ausbildung und wurde der bedeutendste Schüler PLATONS. Nach PLATONS Tod verließ ARISTOTELES die Akademie in Athen und lebte in verschiedenen Städten Kleinasiens. Er beschäftigte sich in dieser Zeit u. a. mit biologischen und physikalischen Problemen. Im Jahr 343 v. Chr. berief ihn König PHILIPP von Makedonien zum Erzieher seines Sohns ALEXANDER, der als König ALEXANDER DER GROSSE später ein Weltreich schuf. Als im Jahr 336 v. Chr. sein Schüler König wurde, ging ARISTOTELES nach Athen zurück und gründete dort eine eigene Schule. Nach dem Tod seines Förderers und Beschützers ALEXANDER verließ ARISTOTELES Athen. Er starb 322 v. Chr. in Chalkis.

ARISTOTELES hat seine wissenschaftlichen Positionen in einer Reihe von Schriften zusammengefasst. Dazu gehören die Schriften „Problemata Physika" und „Physikvorlesungen", wobei der Begriff Physik bei ARISTOTELES das gesamte Naturgeschehen umfasst.

Nach der Auffassung von ARISTOTELES bestehen alle Dinge und Erscheinungen in der Welt aus einer Mischung von **vier Elementen:**

- Die Erde ist kalt und trocken.
- Das Wasser ist kalt und feucht.
- Die Luft ist warm und feucht.
- Das Feuer ist warm und trocken.

Genauer beschäftigte sich Aristoteles mit den **Bewegungen**. Für ihn gab es eine irdische und eine himmlische Bewegungsform. Jede Bewegung erfordert einen Beweger (Motor). Das ist bei belebten Wesen die Seele. Bei unbelebten Körpern unterschied er natürliche Bewegungen (z. B. Rauch, fallender Stein) und erzwungene Bewegungen (z. B. Pfeil, Speer). Schwere Körper streben dem Mittelpunkt der Erde zu; sie fallen nach ARISTOTELES umso schneller, je schwerer sie sind. Heute wissen wir, dass diese Auffassung nicht stimmt.

Die Auffassungen von ARISTOTELES über die Natur und die Bewegungen waren viele Jahrhunderte lang die bestimmenden Ansichten, ehe im Mittelalter neue Erkenntnisse zu veränderten Auffassungen führten.

1 ▸ ARISTOTELES (rechts) und PLATON mit Schülern

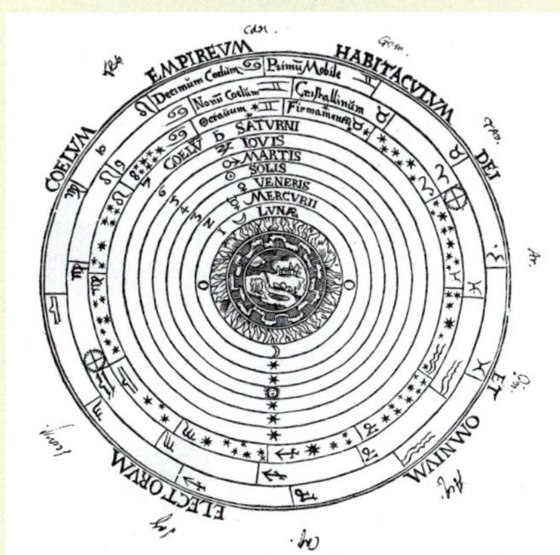

2 ▸ Weltsystem des ARISTOTELES

Mit dem **geozentrischen Weltbild** wurde eine Vorstellung vom Aufbau des Weltalls entwickelt, die eine der großartigsten Leistungen der antiken Wissenschaft war. Mit seiner Hilfe gelang es, die Positionen der Wandelsterne (Planeten) im Voraus zu bestimmen. Das war zugleich ein überzeugendes Argument für die Richtigkeit dieses Weltbilds.

Ein weiterer Vorzug des geozentrischen Weltbilds war seine Übereinstimmung mit der damals anerkannten Physik des ARISTOTELES. Nach ARISTOTELES haben alle Körper die Eigenschaft, sich zu ihrem „natürlichen Ort" zu bewegen. Der „natürliche Ort" der schweren Körper sollte die Weltmitte sein. Da die Erde zweifellos ein schwerer Körper ist, musste sie sich nach der Theorie vom „natürlichen Ort" in der Weltmitte befinden.

Die Griechen versuchten erstmals in der Geschichte, die zahlreichen Beobachtungsergebnisse über die Gestirne in einem Weltbild zusammenzufassen. So entstand das geozentrische Weltbild.

Es gab aber auch Philosophen und Beobachter, die im geozentrischen Weltbild

Schleifenbewegung des Mars vor dem Sternhintergrund, von der Erde aus gesehen

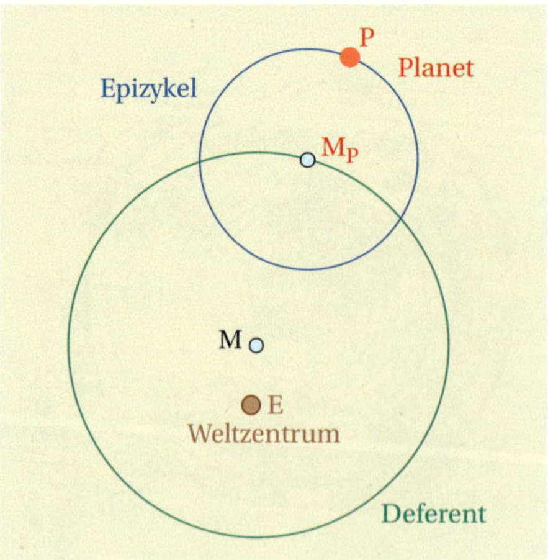

1 ▸ Das epizyklische Modell der Planetenbewegung: Der Planet wird auf dem Epizykel geführt.

Ungereimtheiten erkannten. Schon die Erklärung einer scheinbaren Schleifenbewegung des Mars war allein mit Kreisbewegungen schwer zu begründen. Deshalb wurde angenommen (Abb. 1): Der Planet bewegt sich auf einem Kreis (Epizykel), dessen Mittelpunkt M_P sich mit konstanter Geschwindigkeit auf einem größeren Kreis (Deferent) bewegt. Der Mittelpunkt M des Deferenten liegt exzentrisch zum Weltzentrum E.

In der griechischen Philosophie entwickelten sich aber auch grundsätzlich andere Auffassungen über unser Sonnensystem. Am bekanntesten ist dabei der Entwurf des ARISTARCH von Samos (um 310 - 230 v. Chr.), der uns allerdings nur aus späterer Literatur bekannt ist. ARISTARCH meinte:

- Die Sonne befindet sich im Mittelpunkt der Welt.
- Die Erde bewegt sich auf einer gegen den Himmelsäquator geneigten Kreisbahn um die Sonne.
- Alle Planeten bewegen sich auf Kreisbahnen um die Sonne.
- Die Erde dreht sich im Verlauf eines Tags einmal um ihre eigene Achse.
- Die Sphäre der Fixsterne ist unbeweglich.
- Die Erde kann in kosmischen Dimensionen als Punkt angesehen werden.

ARISTARCHS Weltbild konnte sich jedoch nicht durchsetzen. Das physikalische Gesamtkonzept von ARISTOTELES und das darauf aufbauende Weltbild des PTOLEMÄUS waren zu angesehen und hatten sich in den Augen der damaligen Menschen umfassend bewährt, sodass man keine Neuerung benötigte.

Das entwickelte geozentrische Weltbild blieb für ca. 1500 Jahre nahezu unangefochten das beherrschende Weltbild und galt als zutreffende Beschreibung der Welt im Großen.

1

Die kopernikanische Wende

Dass man mit der beginnenden Renaissance in Europa an der Richtigkeit des ptolemäischen Weltbilds zu zweifeln begann, hatte vielerlei Ursachen:

- Die praktische Astronomie wurde vor allem dadurch verändert, dass die Epoche der Weltreisen und der geografischen Entdeckungen anbrach. Ohne verbesserte astronomische Hilfsmittel der Navigation konnte man nicht auskommen. Die astronomische Beobachtung war wieder gefragt.
- Die Seereisen zeigten, dass die aus der Antike überlieferten Beschreibungen in Vielem falsch waren.
- Das intensive Studium der klassischen Werke der griechischen Wissenschaft und der Vergleich mit aktuellen Beobachtungen führten zu Widersprüchen.
- Die Vorausberechnungen nach den Angaben von PTOLEMÄUS und die tatsächlichen Positionen der Planeten am Himmel stimmten nicht überein.

Durch all diese Faktoren wurde der Boden für eine grundlegende Wende im astronomischen Weltbild bereitet. Der Astronom, der entscheidenden Anteil an der Weiterentwicklung des Weltbilds hatte, war NIKOLAUS KOPERNIKUS (1473 bis 1543). In einem nur handschriftlich verbreiteten Manuskript legte KOPERNIKUS um 1510 bereits alle Aussagen dar, die er später in seinem Hauptwerk „Über die Umschwünge der himmlischen Kreise" (De revolutionibus orbium coelestium) ausführlicher darstellte und begründete. Damit leitete er eine der größten Revolutionen in der Geschichte der Astronomie ein. Man spricht heute von der kopernikanischen Wende. KOPERNIKUS stellte die folgenden Thesen auf:

1. Der Erdmittelpunkt ist der Mittelpunkt der Mondbahn, jedoch nicht der Mittelpunkt der Welt.
2. Die Himmelskörper bewegen sich um die Sonne.
3. Die Fixsternsphäre ist im Vergleich zu den Dimensionen des Planetensystems unendlich weit entfernt.
4. Die Bewegung der Fixsternsphäre ist eine Folge der Erdrotation.
5. Die Bewegung der Sonne am Himmel ist eine Folge der Erdrotation und des Umlaufs der Erde um die Sonne.
6. Die Bewegung der Planeten am Himmel entsteht aus der wirklichen Bewegung der Planeten und der Bewegung der Erde um die Sonne.

Aus der Stellung der Sonne (griech. helios) leitet sich die Bezeichnung ***heliozentrisches Weltbild*** *ab.*

Etwa 30 Jahre lang arbeitete KOPERNIKUS daran, sein Weltbild so zu entwickeln, dass es dem von PTOLEMÄUS zumindest ebenbürtig war.

1 ▸ NIKOLAUS KOPERNIKUS ist einer der bedeutendsten Astronomen der Wissenschaftsgeschichte.

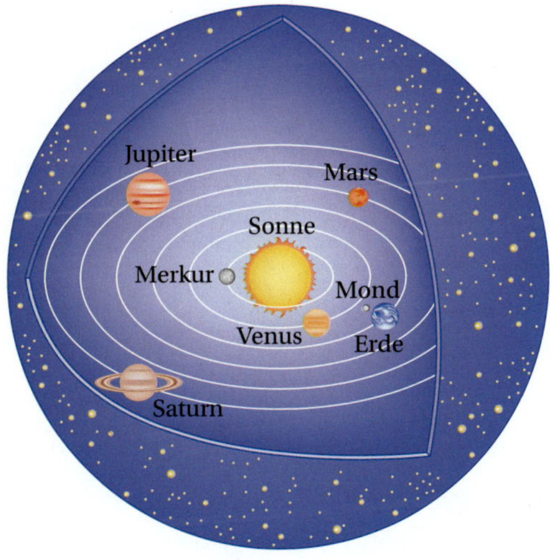

2 ▸ Heliozentrisches Weltbild:
Alle Planeten bewegen sich um die Sonne.

Der Streit um das Weltbild

Wenige Jahre nach dem Tod von KOPERNIKUS kam es zu stürmischen Debatten, die sowohl mit rein fachlichen Argumenten als auch zunehmend mit Blick auf die christliche Lehre geführt wurden.
Doch bald ging es um mehr als nur um Bibelzitate. Die Einmaligkeit der Offenbarung, die Berichte vom Sündenfall und von der Erlösung passten nicht zu einer Lehre, deren Kernpunkt in der Behauptung bestand, die Erde sei nur ein Planet unter anderen.

GIORDANO BRUNO (1548–1600) vertrat, ausgehend von der Lehre des KOPERNIKUS, die Auffassung, dass es unzählige Planeten im Universum gäbe, die ebenso von denkenden Wesen bewohnt seien wie die Erde. Er wurde wegen dieser und anderer „Ketzereien" in Rom öffentlich verbrannt.

Kennzeichnend für den Konflikt zwischen der damals üblichen Auslegung der christlichen Lehre und dem neuen System des KOPERNIKUS ist die förmliche Verurteilung des überzeugten Kopernikaners GALILEO GALILEI (Abb. 1, 2). Papst JOHANNES PAUL II. erklärte im Zusammenhang mit der Rehabilitierung von GALILEI im Jahr 1992 vor der Päpstlichen Akademie der Wissenschaften, der Fall Galilei könne der Kirche eine bleibende Lehre für ähnliche Situationen sein:

2 ▸ GALILEO GALILEI (1564–1642) war ein überzeugter Anhänger der Lehre des KOPERNIKUS.

„GALILEI, der praktisch die experimentelle Methode erfunden hat, hat dank seiner genialen Vorstellungskraft als Physiker und auf verschiedene Gründe gestützt verstanden, dass nur die Sonne als Zentrum der Welt, wie sie damals bekannt war, ... infrage kam. Der Irrtum der Theologen von damals bestand dagegen am Festhalten an der Zentralstellung der Erde in der Vorstellung, unsere Kenntnis der Strukturen der physischen Welt wäre irgendwie vom

1 ▸ GALILEO GALILEI vor der Inquisition: Er wurde 1633 verurteilt und gezwungen, seiner Überzeugung von der Bewegung der Erde um die Sonne abzuschwören.

1

Wortsinn der Heiligen Schrift gefordert. ... Tatsächlich beschäftigt sich die Bibel nicht mit den Einzelheiten der physischen Welt, deren Kenntnis der Erfahrung und dem Nachdenken des Menschen anvertraut wird.“
Bei dem Fall Galilei habe es sich um ein *„schmerzliches Missverständnis zwischen Wissenschaft und Glauben“* gehandelt.

Zwei andere berühmte Wissenschaftler haben entscheidenden Anteil daran, dass sich das heliozentrische Weltbild durchsetzte und auf eine solide naturwissenschaftliche Grundlage gestellt wurde: JOHANNES KEPLER und ISAAC NEWTON.

JOHANNES KEPLER (1571–1630) war überzeugter Kopernikaner. Er entdeckte beim sorgfältigen Studium der Planetenbewegungen aus den Beobachtungen des dänischen Astronomen TYCHO BRAHE (1546–1601) drei Gesetze, die heute als keplersche Gesetze (vgl. S. 18 bis 19) bezeichnet werden. Aus physikalischer Sicht leistete der englische Gelehrte ISAAC NEWTON (1643–1727) entscheidende Beiträge. In seinem Werk „Mathematische Prinzipien der Naturlehre“ (Abb. 2) begründete er die Mechanik als Wissenschaft.
NEWTONS „Prinzipien“ enthalten nicht nur die drei newtonschen Gesetze, die Sie aus dem Physikunterricht bereits kennen. Sie enthalten auch das Gravitationsgesetz, mit dessen Hilfe sich die Bewegungen der Himmelskörper erklären und voraussagen lassen.

Die Entwicklung des astronomischen Weltbilds ist ein Beispiel dafür, dass alle Erkenntnisse, die wir heute besitzen, in einem langen historischen Prozess entstanden sind. Der Weg zur Erkenntnis der Wahrheit war und ist mit vielen Irrtümern gepflastert. Eine gesunde Skepsis sollte daher der ständige Wegbegleiter eines jeden Wissenschaftlers sein. Der Astronom RUDOLF KIPPENHAHN hat es so formuliert:
„Das Ergebnis des Forschens ist Menschenwerk und als solches an vielen Stellen unvollkommen, ja in manchem noch fehlerhaft. Aber der Weg, den die astronomische Wissenschaft geht, von den frühesten Anfängen bei den Babyloniern bis zur modernen Astrophysik, ist trotz wiederholter Rückschläge ein Weg nach vorn.“

1 ▸ JOHANNES KEPLER mit dem Bildnis von TYCHO BRAHE

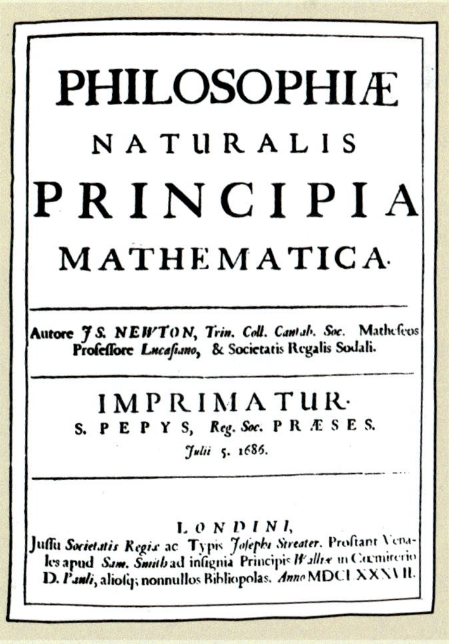
PHILOSOPHIÆ
NATURALIS
PRINCIPIA
MATHEMATICA.

Autore J. S. NEWTON, Trin. Coll. Cantab. Soc. Matheseos Professore Lucasiano, & Societatis Regalis Sodali.

IMPRIMATUR.
S. PEPYS, Reg. Soc. PRÆSES.
Julii 5. 1686.

LONDINI,
Jussu Societatis Regiæ ac Typis Josephi Streater. Prostant Venales apud Sam. Smith ad insignia Principis Walliæ in Cœmiterio D. Pauli, aliosq; nonnullos Bibliopolas. Anno MDCLXXXVII.

2 ▸ In diesem Werk NEWTONS sind alle von ihm gefundenen Gesetze dargestellt.

Die keplerschen Gesetze beschreiben, wie sich Himmelskörper bewegen. Warum sie sich so bewegen, ist auf S. 98 ff. dargestellt.

Die keplerschen Gesetze

Durch sorgfältige Auswertung von Beobachtungen des Planeten Mars erkannte JOHANNES KEPLER (1571–1630), dass die Planetenbahnen nicht genau kreisförmig, sondern lediglich kreisähnlich sind. Diese kreisähnlichen Bahnen nennt man **Ellipsen.** Eine Ellipse beschreibt man durch zwei Brennpunkte F_1 und F_2 (s. Abb.).

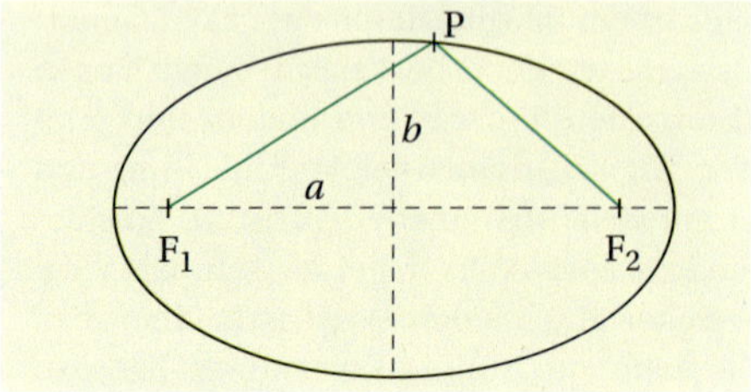

a große Halbachse
b kleine Halbachse

Eine Ellipse kann man so konstruieren:
- *In F_1 und F_2 werden die beiden Enden eines Fadens der Länge 2a befestigt.*
- *Mit einem senkrecht stehenden Stift wird der Faden straff gespannt.*
- *Mit dem Stift kann man die Ellipse zeichnen.*

Alle Punkte auf der Ellipsen haben eine gemeinsame Eigenschaft: Bildet man die Summe aus dem Abstand eines Kurvenpunkts zum Brennpunkt F_1 und dem Abstand dieses Kurvenpunkts zum Brennpunkt F_2, dann ist diese Summe für alle Kurvenpunkte gleich groß. Sie beträgt $2a$. Im Gegensatz zu einem Kreis, der nur einen Kreisradius besitzt, haben Ellipsen zwei unterschiedlich lange Halbachsen a und b, die senkrecht aufeinanderstehen. KEPLER konnte mithilfe von drei Gesetzen darstellen, wie sich die Planeten um die Sonne bewegen. Das **1. keplersche Gesetz** beschreibt die Bahnen, auf denen sich die Planeten bewegen.

Die Planeten bewegen sich auf elliptischen Bahnen. In einem gemeinsamen Brennpunkt steht die Sonne.

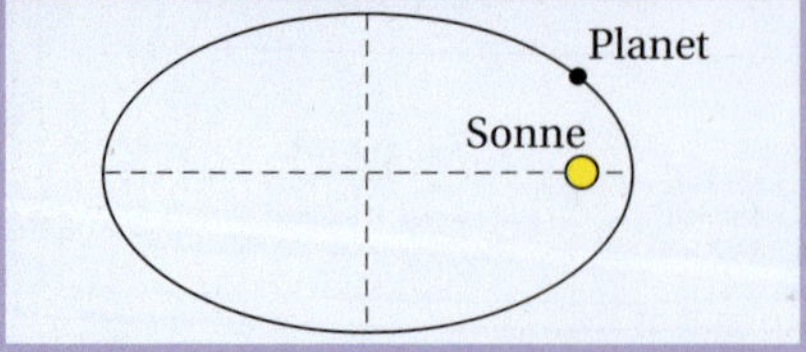

Aus dem 1. keplerschen Gesetz folgt, dass sich während des Planetenumlaufs der Abstand Planet–Sonne ständig ändert. Für die Erde beträgt die geringste Entfernung von der Sonne $147{,}1 \cdot 10^6$ km, die größte Entfernung $152{,}1 \cdot 10^6$ km.
Man bezeichnet den sonnennächsten Punkt einer Planetenbahn um die Sonne als **Perihel,** den sonnenfernsten Bahnpunkt als **Aphel.** Die Halbachsen einer elliptischen Planetenbahn werden als **Bahnhalbachsen** bezeichnet.

Das **2. keplersche Gesetz** beschreibt, wie schnell sich die Planeten auf ihren Bahnen um die Sonne bewegen.

Die Verbindungslinie Sonne–Planet überstreicht in gleichen Zeitintervallen Δt gleich große Flächen A.

$$\frac{A_1}{\Delta t} = \frac{A_2}{\Delta t} = \frac{A_3}{\Delta t} = \text{konstant}$$

Δt Zeitintervall
A_1, A_2, A_3 Flächen

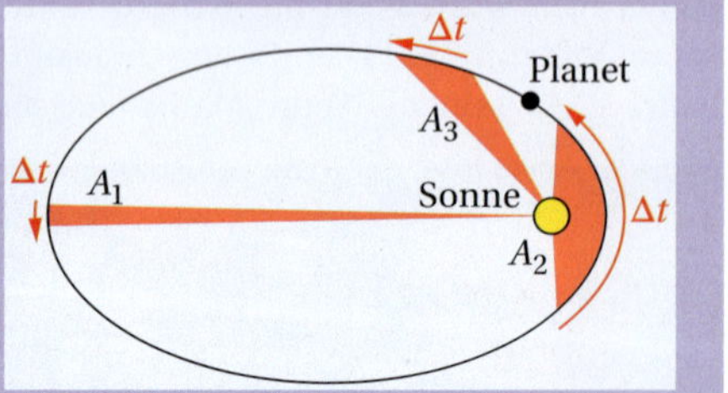

Aus dem 2. keplerschen Gesetz folgt, dass ein Planet entlang seiner Bahn die Bahngeschwindigkeit ändert. In Sonnennähe ist die Verbindungslinie Sonne–Planet kurz. Damit die pro Zeit überstrichene Fläche konstant bleibt, muss sich der Planet in Sonnennähe schneller als in Sonnenferne bewegen. So hat die Erde bei ihrer Bahn um die Sonne in Sonnenferne (Juni/Juli) eine Geschwindigkeit von $29{,}3\ \text{km} \cdot \text{s}^{-1}$, in Sonnennähe (Dezember/Januar) von $30{,}3\ \text{km} \cdot \text{s}^{-1}$.

Das **3. keplersche Gesetz** beschreibt den Zusammenhang zwischen den Umlaufzeiten und den großen Bahnhalbachsen zweier Planeten, die um die Sonne kreisen.

1

Die Quadrate der Umlaufzeiten zweier Planeten verhalten sich wie die dritten Potenzen der großen Halbachsen ihrer Bahnen.

$$\frac{T_1^2}{T_2^2} = \frac{a_1^3}{a_2^3}$$

T_1, T_2 Umlaufzeiten
a_1, a_2 große Bahnhalbachsen

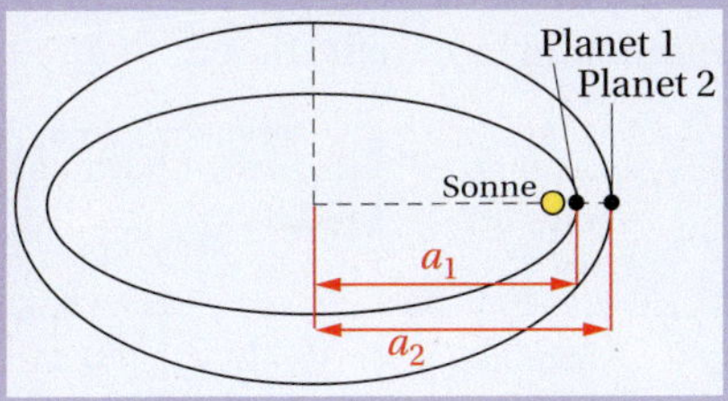

Ein Planet mit einer größeren Umlaufzeit um die Sonne bewegt sich auf einer Bahn mit einer größeren Halbachse. So hat Neptun seit seiner Entdeckung im Jahre 1846 gerade erst einen vollständigen Sonnenumlauf vollendet.

Das 3. keplersche Gesetz ermöglicht entweder die Berechnung des Abstands eines Planeten zur Sonne oder die Berechnung seiner Umlaufzeit, wenn die anderen Größen bekannt sind. So kann man beispielsweise aus den Zahlenwerten für die Umlaufzeit der Erde (1 Jahr), den Abstand Erde-Sonne (1 AE, Bedeutung vom AE: s. Randspalte) und die Umlaufzeit vom Mars um die Sonne (1,88 Jahre) dessen Abstand zur Sonne berechnen. Er beträgt 1,52 AE.
Beachten Sie dabei: Die Planetenbahnen kann man näherungsweise als Kreisbahnen betrachten (s. Kasten rechts) und deshalb die große Bahnhalbachse *a* durch den mittleren Bahnradius *r* ersetzen.
Die Bahngeschwindigkeit der Planeten nimmt mit wachsendem Abstand von der Sonne ab. Diesen Zusammenhang verdeutlicht das Diagramm (Abb. 1), in dem die mittlere Bahngeschwindigkeit der Planeten in Abhängigkeit von den mittleren Entfernungen der Planeten dargestellt ist.

Wie elliptisch ist die Erdbahn?

Die Planeten bewegen sich auf elliptischen Bahnen. Diese kann man als kreisähnliche Bahnen ansehen. Betrachten wir das am Beispiel der Erdbahn. Geht man von einem mittleren Erdbahnradius von $149{,}6 \cdot 10^6$ Kilometern aus, dann wäre das bei einem Maßstab von $1:4 \cdot 10^{12}$ ein Kreis mit einem Radius von 3,740 cm. Zeichnet man eine Ellipse, dann würden im gleichen Maßstab die große Halbachse 3,740 cm und die kleine Halbachse 3,739 cm betragen. Die Abweichung von einer Kreisbahn ist so klein, dass es zeichnerisch kaum darstellbar ist. Das ist bei der Interpretation der Skizzen auf den Seiten 18 bis 19 von Bedeutung: In den Skizzen sind nicht die tatsächlichen Entfernungsverhältnisse dargestellt.

Die mittlere Entfernung zwischen Erde und Sonne beträgt $149{,}6 \cdot 10^6$ Kilometer. Diese Entfernung wird als eine Astronomische Einheit (1 AE) bezeichnet.

Die Sonne wäre bei diesem Maßstab 0,6 mm vom Schnittpunkt der Halbachsen entfernt.

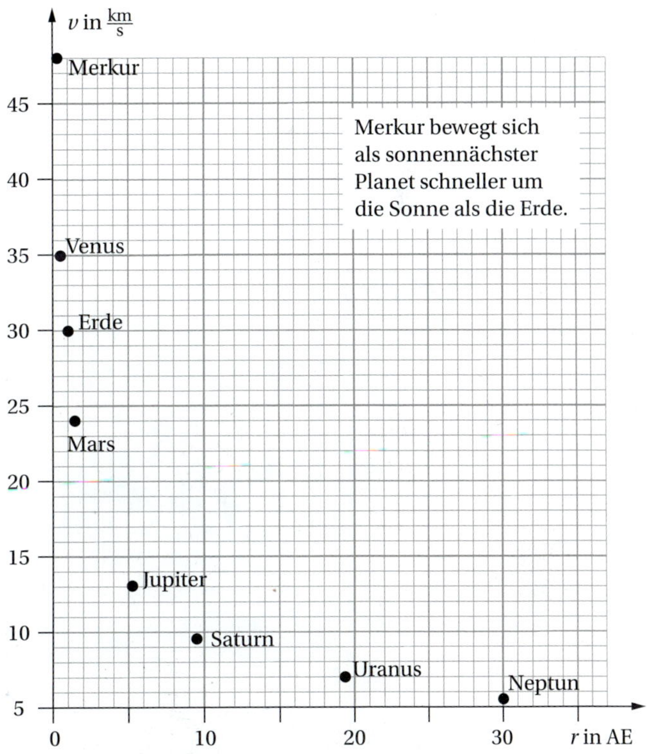

1 ▸ Zusammenhang zwischen dem mittleren Abstand r der Planeten von der Sonne und ihrer mittleren Bahngeschwindigkeit v

Unser Sonnensystem

Unser Sonnensystem umfasst nicht nur die Sonne und die unten beschriebenen acht Planeten, sondern auch Zwergplaneten, mehr als 150 Monde, zahlreiche Planetoiden, Kometen und Kleinkörper. Hinzu kommen Staub- und Gaspartikel. Es hat einen Durchmesser von etwa 100 000 AE und ist bei Weitem noch nicht in allen Einzelheiten erforscht. Das gilt insbesondere für die zahlreichen Planetoiden und Kometen.

Die Sonne als zentraler Körper vereinigt den größten Teil der Masse des Sonnensystems in sich. Ihre Masse entspricht etwa der von 1 000 Jupitermassen.

Alle Planeten bewegen sich näherungsweise in einer Ebene und mit der gleichen Drehrichtung um die Sonne. Sie sind für uns sichtbar, weil sie das von der Sonne kommende Licht reflektieren.

Planet	Mittlere Entfernung von der Sonne in Mio. km	Umlaufzeit um die Sonne in Jahren	Mittlere Bahngeschwindigkeit in $\frac{km}{s}$	Rotationszeit in Sonnentagen	Äquatorradius in km	Masse in 10^{24} kg
Merkur	57,9	0,24	47,9	58,625	2 440	0,34
Venus	108,2	0,62	35,0	243,020 (rückläufig)	6 200	4,87
Erde	149,6	1,00	29,8	0,997	6 378	5,97
Mars	227,9	1,88	24,1	1,026	3 400	0,64
Jupiter	778,3	11,86	13,1	0,41	71 400	1900
Saturn	1 427	29,46	9,6	0,445	60 400	569
Uranus	2 870	84,02	6,8	ca. 0,72 (rückläufig)	25 600	87
Neptun	4 496	164,79	5,4	ca. 0,67	24 800	103

1 ▸ Die acht Planeten unseres Sonnensystems

1

Methode

Suchen und Präsentieren von Informationen

Ergebnisse Ihrer Arbeit zu einem Thema oder Ergebnisse, die Sie in einer Gruppe erarbeitet haben, sollen allen Mitschülern vorgestellt werden. Das kann z. B. durch ein Referat, ein Poster oder eine Internetseite geschehen.

Vorbereiten und Halten eines Referats
Wenn Sie ein Referat halten oder als Teamsprecher die Ergebnisse der Gruppenarbeit vortragen sollen, sind die nachfolgenden Tipps hilfreich.

Vorbereiten eines Vortrags
1. Überlegen Sie sich, was alles zum Thema gehört! Nutzen Sie dazu verschiedene Informationsquellen (s. unten)!
2. Gliedern Sie den Vortrag in Abschnitte! Notieren Sie die Gliederung!
3. Schreiben Sie Schwerpunkte in Kurzform (in Stichwörtern) auf!
4. Überlegen Sie sich, was Sie an die Tafel oder auf Folien schreiben!
5. Nutzen Sie die Vorteile einer Präsentation mit dem Computer!
6. Bereiten Sie Versuchsaufbauten vor und stellen Sie Geräte bereit!

Halten eines Vortrags
1. Wecken Sie am Anfang des Vortrags Interesse und Neugier und nennen Sie das Thema!
2. Beginnen Sie beispielsweise mit „Wusstet ihr überhaupt, dass ...?“ oder „Hättet ihr gedacht, dass ...?“!
3. Nennen und zeigen Sie die Gliederung (Tafel, Folie)!
4. Leiten Sie neue Absätze deutlich ein, z. B. mit „Ein weiterer Punkt ist ...“!
5. Sprechen Sie in kurzen Sätzen!
6. Verwenden Sie nur Fachbegriffe, die Sie auch selbst erläutern können!
7. Bemühen Sie sich, laut, langsam und deutlich zu sprechen! Schauen Sie Ihre Zuhörer an!
8. Achten Sie auf die Zeit! Schließen Sie den Vortrag mit einer kurze Zusammenfassung ab!

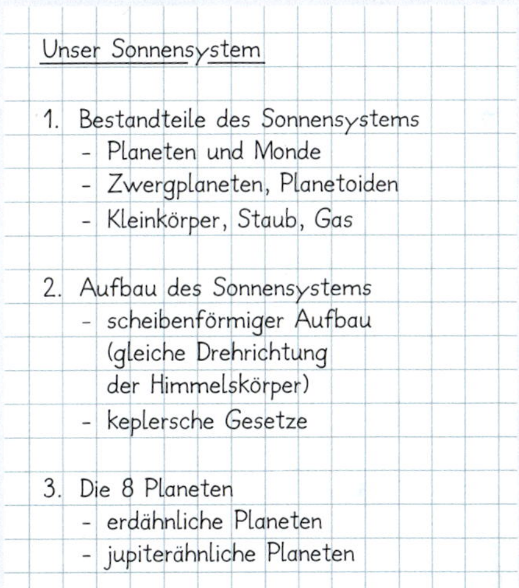

Für die Anfertigung eines Posters sollten Sie folgende Tipps beachten:
- Das Thema (Überschrift) sollte groß und farbig gestaltet sein.
- Verwenden Sie Fotos, übersichtliche Grafiken, Skizzen, Schemata! Gehen Sie sparsam mit Text um!
- Ordnen Sie die Inhalte übersichtlich an!
- Testen Sie die Erkennbarkeit und die Lesbarkeit aus größerer Entfernung!

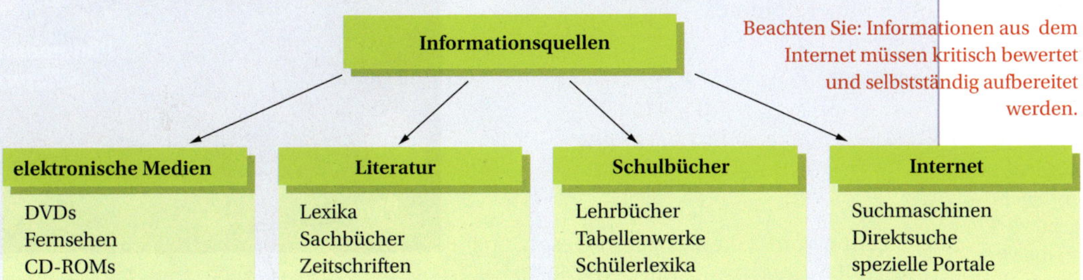

Physik in Natur und Technik

Zwergplaneten

Welche Himmelsobjekte als Planeten, als Zwergplaneten oder als Planetoiden bezeichnet werden, hat sich im Laufe der Geschichte mehrfach verändert. Die letzte derartige Festlegung erfolgte im August 2006 durch die Internationale Astronomische Union (IAU). Nach der neuen Festlegung gibt es im Sonnensystem acht Planeten. Pluto wurde zum Zwergplaneten. Solche Zwergplaneten sind Objekte, die sich auf einer Bahn um einen Stern befinden, über eine ausreichende Masse verfügen, um durch ihre Eigengravitation eine annähernd runde Form zu bilden, die Umgebungen ihrer Bahnen nicht bereinigt haben und keine Satelliten (Monde) sind.

Für den Zwergplaneten Eris, der einen größeren Durchmesser als Pluto hat, wurde eine Umlaufzeit von 557 Jahren ermittelt.
Wie groß ist die große Halbachse seiner Bahn?

Analyse:
Wenn man die Umlaufzeit und die große Halbachse eines anderen Planeten kennt, dann lässt sich mithilfe des 3. keplerschen Gesetzes die große Halbachse berechnen.

Es wird näherungsweise von einer Kreisbahn ausgegangen.

Von der Erde wissen wir:
Die Umlaufzeit der Erde um die Sonne beträgt ein Jahr (1,0 a), die große Halbachse 149,6 Mio. Kilometer.

Gesucht: a_{Eris}
Gegeben: $T_{\text{Eris}} = 557\ \text{a}$
$T_{\text{Erde}} = 1{,}0\ \text{a}$
$a_{\text{Erde}} = 149{,}6 \cdot 10^6\ \text{km}$

Zum Vergleich: Die Erde bewegt sich durchschnittlich mit 29,8 km/s auf ihrer Bahn um die Sonne.

Lösung:
Wir gehen vom 3. keplerschen Gesetz aus und stellen es so um, dass die gesuchte Größe links steht.

Durch Umstellung erhält man:

$$a_{\text{Eris}}^3 = \frac{T_{\text{Eris}}^2}{T_{\text{Erde}}^2} \cdot a_{\text{Erde}}^3$$

$$a_{\text{Eris}} = a_{\text{Erde}} \sqrt[3]{\frac{T_{\text{Eris}}^2}{T_{\text{Erde}}^2}}$$

$$a_{\text{Eris}} = 149{,}6 \cdot 10^6\ \text{km} \sqrt[3]{\frac{(557\ \text{a})^2}{(1{,}0\ \text{a})^2}}$$

$$\underline{a_{\text{Eris}} = 1{,}0 \cdot 10^{10}\ \text{km}}$$

Ergebnis:
Die große Halbachse der Bahn des Zwergplaneten Eris beträgt $1{,}0 \cdot 10^{10}$ km. Das ist etwa das 68-Fache der mittleren Entfernung Erde – Sonne.

Mit welcher mittleren Geschwindigkeit bewegt sich dieser Zwergplanet auf seiner Bahn?

Geht man von der gegebenen Umlaufzeit und den berechneten Bahndaten aus, dann ergibt sich bei Annahme einer kreisförmigen Bahn:

$$v = \frac{s}{t} = \frac{2\pi \cdot a}{T}$$

$$v = \frac{2\pi \cdot 1{,}0 \cdot 10^{10}\ \text{km}}{557 \cdot 365 \cdot 86\,400\ \text{s}}$$

$$\underline{v = 3{,}6\ \frac{\text{km}}{\text{s}}}$$

Die mittlere Bahngeschwindigkeit von Eris beträgt $3{,}6\ \frac{\text{km}}{\text{s}}$.

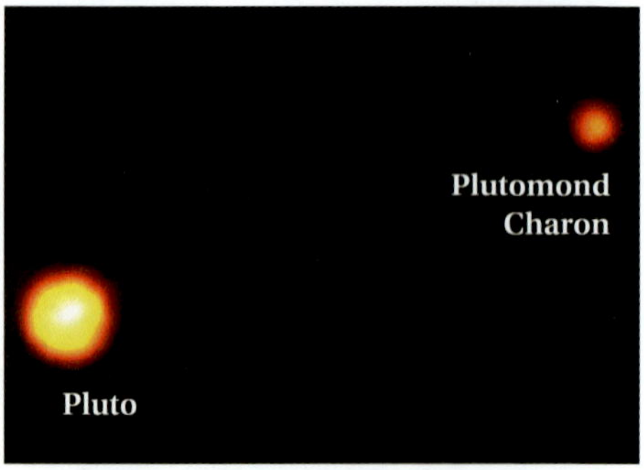

1 ▸ Pluto zählte bis 2006 zu den Planeten, heute zu den Zwergplaneten.

Aufgaben

1. Suchen Sie sich aus der Literatur oder aus dem Internet Informationen zu Bauwerken oder Funden heraus, die der Steinzeitastronomie zuzuordnen sind!
Erläutern Sie anhand eines Beispiels, auf welche astronomischen Erkenntnisse der Menschen zur damaligen Zeit man daraus schließen kann!
Erstellen Sie eine kurze Präsentation! Nutzen Sie dazu die Hinweise auf Seite 21!

2. Zeigen Sie an Beispielen (z. B. Sirius), welche Bedeutung astronomische Erkenntnisse für das Leben der Menschen in der Frühzeit hatten!

3. Erkunden Sie, welche Bedeutung Sonnenfinsternisse in der frühen Menschheitsgeschichte hatten!
Erstellen Sie eine Präsentation, in der die Sonnenfinsternis physikalisch erklärt wird!
Erläutern Sie einige historische Beispiele der Verfinsterung der Sonne, die von Bedeutung waren.

4. Um 270 v. Chr. führte ARISTARCH von Samos eine der wahrscheinlich frühesten astronomischen Messungen in der Geschichte durch, eine Berechnung des Verhältnisses der Mondentfernung zur Sonnenentfernung. Dazu bestimmte er am Taghimmel den Winkel Sonne-Erde-Halbmond zu $\alpha = 87°$.

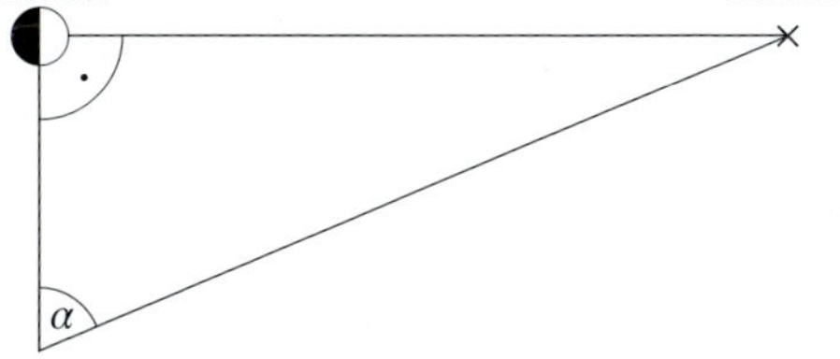

a) Wie ging ARISTARCH bei der Berechnung vor (s. Skizze)? Zu welchem Ergebnis musste er kommen?

b) Heutiges Wissen gibt das gesuchte Verhältnis mit 1:390 an. Welcher Winkel ergibt sich daraus?

5. Wenn man die Größe der Sonne und des Monds am Himmel vergleicht, stellt man fest, dass sie uns etwa gleich groß erscheinen.
Schon ARISTARCH von Samos kam zu der Auffassung, dass aber die Sonne sehr viel größer sein müsse als der Mond.
Wie konnte er zu einer solchen Auffassung kommen? Versuchen Sie das anhand von Skizzen zu erläutern!

6. Stellen Sie Argumente zusammen, die für das geozentrische Weltbild sprechen! Kann man mit diesem Weltbild auch vorhersagen, wie sich ein Stern im Laufe einer Nacht bewegt? Begründen Sie!

7. Die Abbildung zeigt vereinfacht das heliozentrische und das geozentrische Weltbild in einer Zeichnung.

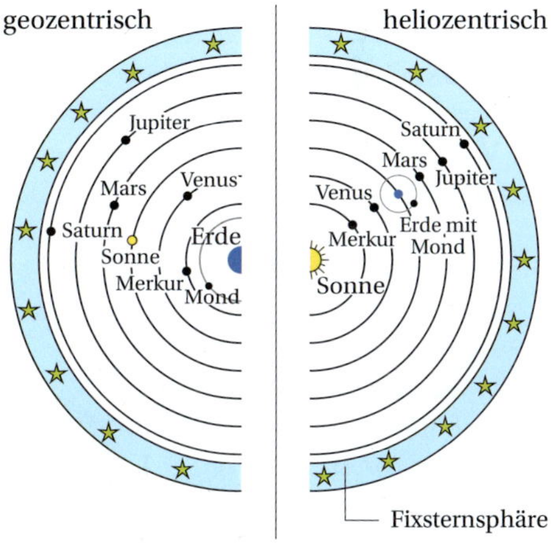

Erläutern Sie anhand der Skizze die Gemeinsamkeiten und die Unterschiede zwischen diesen beiden Modellen!

8. Erläutern Sie die Bedeutung des heliozentrischen Weltbilds für die Weiterentwicklung der Astronomie!

9. In der Antike und im frühen Mittelalter waren Fernrohre und andere Hilfsmittel, die die Astronomen heute verwenden, unbekannt.
Erkunden Sie, welche Hilfsmittel für astronomische Beobachtungen in dieser Zeit verwendet wurden und was man damit messen bzw. beobachten konnte!

***10.** Erstellen Sie eine Präsentation zur Funktionsweise eines Fernrohrs!
Unterscheiden Sie dabei zwischen Linsenfernrohr und Spiegelteleskop!

11. NIKOLAUS KOPERNIKUS und JOHANNES KEPLER waren die Astronomen, die entscheidende Beiträge zur Entwicklung des heliozentrischen Weltbilds geleistet haben. Stellen Sie eine Präsentation zum Leben und Wirken von

a) NIKOLAUS KOPERNIKUS bzw.

b) JOHANNES KEPLER

zusammen! Gehen Sie dabei auch auf die gesellschaftlichen Verhältnisse jener Zeit ein!

12. Was versteht man unter dem „Perigäum", was unter dem „Apogäum" des Monds? Wie lauten die analogen Begriffe bei einem Planetenlauf um die Sonne?

13. Im Perigäum hat der Mond eine Entfernung von 356 000 km von der Erde, im Apogäum sind es 418 000 km.

a) Berechnen Sie die mittlere Entfernung des Monds von der Erde!

b) Wie lange braucht Licht von der Erde zum Mond, wenn sich der Mond im Apogäum bzw. im Perigäum befindet?

c) Erläutern Sie anhand von Skizzen die Auswirkungen der unterschiedlichen Mondentfernungen von der Erde auf Sonnenfinsternisse!

d) Die Umlaufzeit des Monds um die Erde beträgt 27,3 Tage. Berechnen Sie daraus die Konstante des 3. keplerschen Gesetzes, also den Quotienten $\frac{T^2}{a^3}$, für das Erdsystem!

e) Welchen mittleren Bahnradius hat die Internationale Raumstation ISS, wenn sie für einen Umlauf um die Erde 91 Minuten benötigt?

14. Das 2. und 3. keplersche Gesetz enthalten Aussagen über die Bahngeschwindigkeiten der Planeten um die Sonne. Aber jedes Gesetz betrachtet einen anderen Aspekt dieser physikalischen Größe.
Erläutern Sie den Unterschied!

15. Die Skizze zeigt die Bahn der Erde um die Sonne und die Erde in drei verschiedenen Positionen.

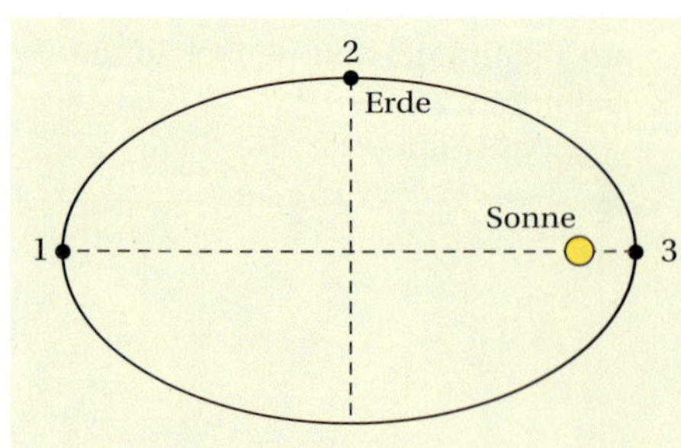

Welche Aussagen lassen sich über die Geschwindigkeit der Erde in den Punkten 1, 2 und 3 treffen? Begründen Sie!

16. Warum beschreibt das 3. keplersche Gesetz den Zusammenhang zwischen der Entfernung eines Planeten von der Sonne und seiner Umlaufzeit um das Zentralgestirn? Welche Beziehung besteht zwischen diesen beiden Größen?

17. Die Umlaufzeit der Venus um die Sonne beträgt 0,62 Jahre. Die große Halbachse der Erde ist $149{,}6 \cdot 10^6$ km (= 1 AE).

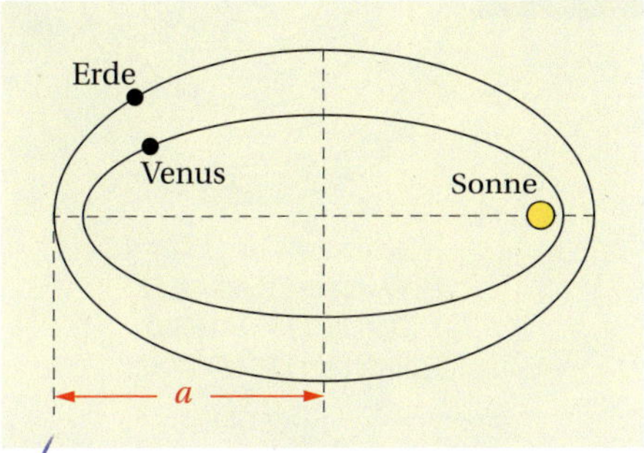

a) Wie groß ist die große Halbachse der Bahn des Planeten Venus?

b) Berechnen Sie für das System mit dem Zentralgestirn Sonne die Konstante des 3. keplerschen Gesetzes T^2/a^3!
Vergleichen Sie das Ergebnis mit der Konstanten aus Aufgabe 13d!

18. Fertigen Sie ein Poster zum Thema „Der Aufbau unseres Sonnensystems" an!
Gehen Sie dabei auf ausgewählte Planeten ein! Orientieren Sie sich an „Präsentieren von Informationen" (s. S. 21)!

19. Die Tabelle auf Seite 20 enthält die Radien und Massen der Planeten.

a) Berechnen Sie die mittleren Dichten (s. S. 68) von Mars, Saturn und Neptun!

b) Ordnen Sie diese Himmelskörper der Gruppe der erdähnlichen oder der jupiterähnlichen Planeten zu!

20. Verwenden Sie die Daten der Planetentabelle von S. 20 und erstellen Sie daraus ein a-T-Diagramm (a: große Halbachse)!

a) Lesen Sie aus dem Diagramm die Umlaufzeit für einen Himmelkörper ab, der zwischen dem Mars und dem Jupiter bei $a = 2{,}8$ AE die Sonne umkreist!

b) Erkunden Sie im Internet, ob es in dieser Entfernung ein Objekt gibt, welches die Sonne umkreist!

*** 21.** Eine Raumsonde fliegt nach dem Start von der Erde ohne Antrieb zum Mars. Sie bewegt sich so auf einer Keplerbahn, dass sich im Aphel der Mars und im Perihel die Erde befinden (s. Abb.).

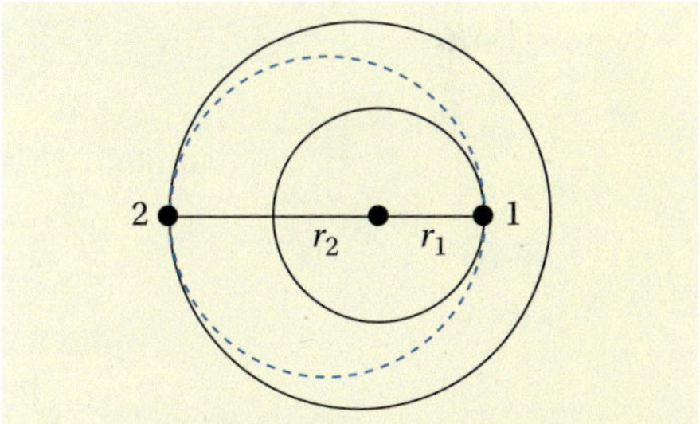

a) Ermitteln Sie mithilfe der Abbildung, wie groß die große Halbachse der Bahn der Raumsonde ist!

b) Berechnen Sie mit dem 3. keplerschen Gesetz die Flugdauer der Raumsonde zum Mars!

22. Die englischsprachige Seite des Hubble-Weltraumteleskops findet man unter folgender Internetadresse:
http://hubblesite.org/gallery/.

a) Suchen Sie sich ein Bild des Weltraumteleskops heraus, welches Sie besonders anspricht!

b) Lesen Sie die englische Bilderklärung, sodass Sie das Wesentliche erfassen!

c) Bereiten Sie ein Kurzreferat vor, in dem Sie Ihren Mitschülern das abgebildete Himmelsobjekt vorstellen!
Erläuteren Sie, welche Erkenntnisse man über dieses Objekt gewonnen hat!

Das Wichtigste auf einen Blick

Entwicklung des astronomischen Weltbilds

Erste systematische Beobachtungen

Geozentrisches Weltbild

Heliozentrisches Weltbild

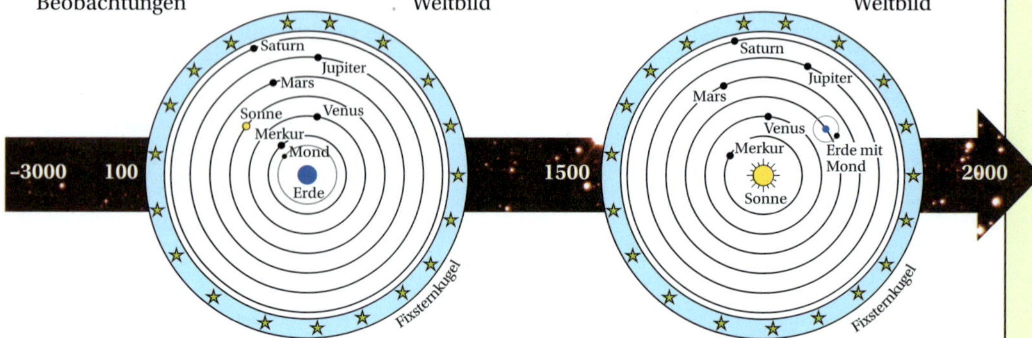

C. Ptolemäus (100 – 160)

N. Kopernikus (1473–1543)
G. Galilei (1564–1642)
J. Kepler (1571–1630)
I. Newton (1643–1727)

Die drei keplerschen Gesetze beschreiben

die Bahnformen von Planeten.

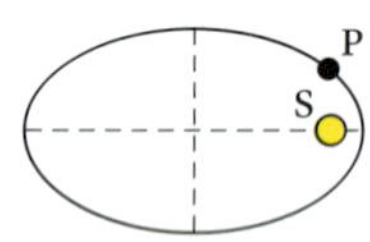

Alle Planeten bewegen sich auf elliptischen Bahnen. In einem gemeinsamen Brennpunkt steht die Sonne.

die Bewegung eines Planeten auf seiner Bahn um die Sonne.

$\frac{A}{\Delta t}$ = konstant

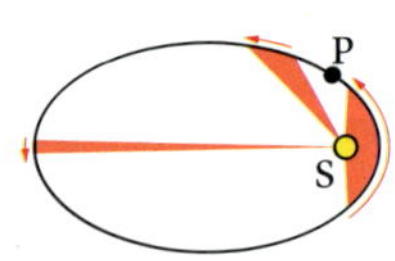

Die Verbindungslinie Sonne – Planet überstreicht in gleichen Zeiten gleiche Flächen.

den Zusammenhang zwischen Umlaufzeiten und großen Halbachsen für zwei Planeten.

$$\frac{T_1^2}{T_2^2} = \frac{a_1^3}{a_2^3}$$

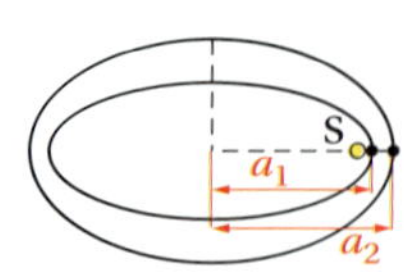

Die Quadrate der Umlaufzeiten zweier Planeten verhalten sich wie die dritten Potenzen der großen Halbachsen ihrer Bahnen.

1

1.2 Aspekte der modernen Kosmologie

Sterne und Galaxien ▸▸ Große Teleskope, wie das Very Large Telescope (VLT) in Chile oder das Hubble Space Telescope (HST) im Orbit der Erde, verschaffen den Menschen neue, tiefere Einblicke in das Universum. Geforscht wird in allen Bereichen des elektromagnetischen Spektrums.
Welche Erkenntnisse wurden dabei über Sterne und Sternsysteme sowie deren Entwicklung gewonnen? Was wissen wir über unsere „kosmische Umgebung“?

Entwicklung und Struktur des Weltalls ▸▸ Astronomische Forschungen der letzten Jahrzehnte haben zu neuen Erkenntnissen über die Entstehung und die Entwicklung des Weltalls geführt.
Was besagt die Theorie des Urknalls? Wie lange existiert unser Weltall? Können wir voraussagen, wie es sich entwickeln wird?

Die Kosmologie – eine neue Wissenschaftsdisziplin

Zum Ende des 19. Jahrhunderts zeigte sich, dass auch die newtonsche Physik nicht ausreichte, um neue Beobachtungen zu erklären. Es genügte nun nicht mehr, nur Sternpositionen zu beschreiben. Man wollte auch die Entstehung und Entwicklung des Weltalls erklären und vorhersagen können.
Anfang des 20. Jahrhunderts begründete ALBERT EINSTEIN (1879–1955) mit seiner allgemeinen Relativitätstheorie zugleich die wissenschaftliche Kosmologie, die unter anderem auf die Entwicklungsvorgänge unseres Universums angewandt werden kann. Aber auch das Modell von KEPLER und NEWTON konnte EINSTEIN verbessern: Erst mit der allgemeinen Relativitätstheorie konnte man z.B. die beobachteten Abweichungen der Merkurbahn um die Sonne von den Keplerellipsen erklären.

Wir betrachten Kosmos, Weltall und Universum als synonyme Begriffe.

Die Kosmologie ist die Lehre vom Ursprung und von der Entwicklung des Universums oder Weltalls.

Die Kosmologie ist ein Teilgebiet der Astronomie, nutzt aber vor allem auch die Erkenntnisse der modernen Physik. Eine wichtige Arbeitshypothese der Kosmologie ist im **kosmologischen Prinzip** zusammengefasst.

1 ▸ Galaxienhaufen mit unterschiedlich geformten Galaxien

Aufgrund aller bisherigen Erfahrungen und Erkenntnisse muss man davon ausgehen, dass kein Punkt im Universum in besonderer Weise ausgezeichnet ist.

Das bedeutet: Wir gehen davon aus, dass die Zusammenhänge und Gesetze, die wir kennen, überall im Weltraum unter den gleichen Bedingungen in der gleichen Weise gelten.
Für die Entwicklung des Weltalls gibt es noch eine grundsätzliche Frage. Aus der Tatsache, dass es uns Menschen im Universum gibt, leitet sich die Frage ab, ob wir Menschen die von Anbeginn geplante „Krone der Schöpfung" oder doch nur zufällige Produkte der Entwicklung des Weltalls sind. Alle Erkenntnisse darüber sind in dem folgenden grundlegenden Prinzip zusammengefasst:

Das Universum muss jene Eigenschaften aufweisen, die in irgendeinem Stadium zur Entwicklung von Leben führen.

Aus der Sicht der modernen Naturwissenschaft gibt es als Teile des Universums eine Vielzahl von Welten, die sehr verschiedene physikalische Eigenschaften aufweisen. Auf der Erde herrschen gerade jene Bedingungen, die zur Herausbildung von Leben erforderlich sind. In anderen Welten herrschen möglicherweise ähnliche, vielleicht aber auch ganz andere Bedingungen.
Die besondere Bedeutung unserer Welt ergibt sich aus unserer subjektiven Betrachtungsweise. In Wirklichkeit spielt unsere Welt keine ausgezeichnete Rolle im Universum.

1

Die Milchstraße – unser Sternsystem

Die heutigen Astrophysiker forschen und denken weit über die Grenzen unseres Sonnensystems hinaus. Mit riesigen Teleskopen wie dem VLT in Chile und dem Weltraumteleskop Hubble, zahlreichen speziellen Forschungssatelliten und modernen Auswertungsmethoden kann man Licht empfangen, das vor einigen Milliarden Jahren von den weit entfernten Himmelsobjekten abgestrahlt wurde.

Wir wissen heute: Es gibt vermutlich Milliarden Galaxien (Sternsysteme), die ihrerseits aus jeweils Milliarden Sternen bestehen. Eines dieser Sternsysteme ist die **Milchstraße** oder **Galaxis.**

Die Milchstraße besitzt ein **Zentralgebiet,** dessen Ausdehnung senkrecht zur Scheibenebene etwa 5 000 pc beträgt (Abb. 1). In der Mitte dieses Zentralgebiets sitzt ein extrem kompaktes und massereiches Objekt, wahrscheinlich ein **schwarzes Loch.** Das ist ein Objekt mit einer so hohen Massekonzentration, dass selbst Licht seine Oberfläche nicht mehr verlassen kann. Nachweisbar ist es nur durch seine Wirkungen auf umliegende kosmische Objekte.

Die Sonne und damit auch die Erde befinden sich, nur leicht aus der Mitte der Scheibenebene versetzt, unweit des Rands der Milchstraße.

Die Scheibendicke der äußeren Regionen ist mit ca. 1 000 pc wesentlich kleiner als

Z ist das galaktische Zentrum, S unsere Sonne.

2 ▸ Schematische Darstellung der Milchstraße. Sie ist von Kugelsternhaufen (Punkte in der Skizze) umgeben.

Kugelsternhaufen gehören mit etwa 13 Milliarden Jahren zu den ältesten Objekten, die in der Galaxis entdeckt wurden. Zum Vergleich: Die Sonne ist etwa 4,6 Milliarden Jahre alt.

in Zentrumsnähe. Die gesamte Scheibe ist von kugelförmigen Sternhaufen umschlossen, die den **galaktischen Halo** bilden (Abb. 2). Als Radius des Halo nimmt man etwa 25 kpc an.

Die Milchstraße ist in eine **Korona** genannte Hülle aus dunkler Materie gebettet, die noch weiter als der Halo in den Raum hinausreicht. In den letzten Jahrzehnten gab es immer wieder Vermutungen, wie groß die Masse der Korona tatsächlich ist und woraus sie bestehen könnte. Auch wenn bisher keine abschließende Klarheit über diese Fragen herrscht, dürften ausgebrannte Sterne und ausgedehnte Wasserstoffwolken niedriger Konzentration einen merklichen Anteil an der dunklen Materie besitzen.

In der Einheit ein Parsec (1 pc) werden kosmische Entfernungen angegeben. Es gilt: 1 pc = 3,26 ly = $2{,}06 \cdot 10^5$ AE = $3{,}09 \cdot 10^{16}$ m
ly ist die Abkürzung für ein Lichtjahr. Es ist die Entfernung, die Licht im Vakuum in einem Jahr zurücklegt.

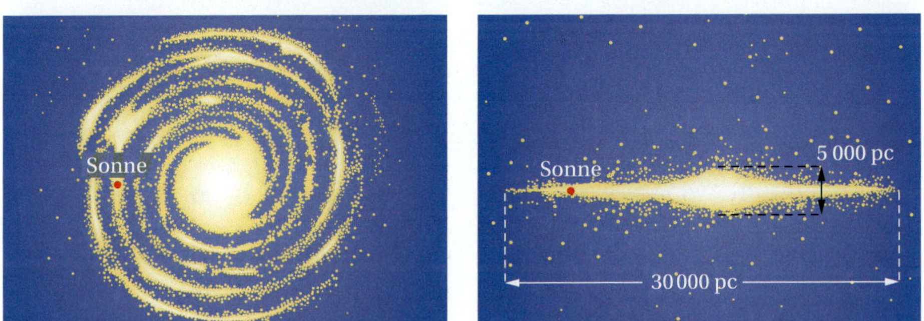

1 ▸ Wenn man „von außen“ auf die Milchstraße (Galaxis) sehen könnte, würde sie je nach Blickrichtung wie eine Scheibe oder wie eine Spirale aussehen.

Die Milchstraße besteht aus einer flachen Scheibe, in die das Zentralgebiet eingebettet ist, einem galaktischen Halo und der das gesamte Sternsystem umhüllenden Korona.

Die Stabilität der Milchstraße ist ähnlich wie die unseres Sonnensystems gewährleistet. Die Sterne umkreisen das galaktische Zentrum und verhindern so, dass sie in den massereichen galaktischen Kern hineingezogen werden. Die Sonne benötigt für einen Umlauf um das galaktische Zentrum etwa 250 Millionen Jahre. Das flache Aussehen der Milchstraße ist ebenfalls auf ihre Rotationsbewegung zurückzuführen.

Interstellares Gas besteht vorrangig aus Wasserstoff. In interstellaren Wolken befinden sich 10 bis 100 Atome je cm^3. In Luft sind es bei 0 °C und normalem Luftdruck etwa $2{,}7 \cdot 10^{19}$ Moleküle.

Ein wichtiger Bestandteil unserer Galaxis ist die interstellare Materie (lat. die zwischen den Sternen befindliche Materie), die das gesamte Sternsystem erfüllt und in konzentrierter Form als Gas- und Staubwolken in Erscheinung tritt (Abb. 2). Hier entstehen beständig neue Sterne, die durch ihr Aufleuchten dafür sorgen, dass das Band der Milchstraße auch in einer fernen Zukunft nicht verblassen wird.

Sterne befinden sich meist in größeren Ansammlungen, die man **Sternhaufen** nennt.

Offene Sternhaufen (Abb. 1) enthalten bis zu 1 000 meist jüngere Sterne. Die Anziehungskraft zwischen ihnen ist aber zu gering, um sie dauerhaft zusammenzuhalten. Sie driften allmählich auseinander.

2 ▸ Der Pferdekopfnebel ist eine Dunkelwolke vor dem Hintergrund einer leuchtenden Gaswolke.

Kugelsternhaufen (Abb. 3) bestehen aus bis zu 100 Millionen Sternen. Die Anziehungskraft zwischen ihnen vermag den Haufen dauerhaft zusammenzuhalten. In Kugelsternhaufen findet man häufig sehr alte Sterne.

Die Scheibe der Milchstraße besteht aus Sternen, die sich kurz nach ihrer Entstehung in offenen Sternhaufen befinden, und interstellarer Materie, die besonders in Gas- und Staubwolken konzentriert ist. Der galaktische Halo wird aus sehr alten Kugelsternhaufen gebildet.

1 ▸ Die Plejaden im Sternbild Stier sind ein typischer offener Sternhaufen.

3 ▸ Im Sternbild Tukan kann man den Kugelsternhaufen M 80 beobachten.

1

Die Welt der Galaxien

Unsere Milchstraße stellt eine Art kosmische Sterneninsel dar. Unzählige weitere dieser Sterneninseln bevölkern das Weltall, und in jeder von ihnen befinden sich Milliarden von Sternen.

Um auf Sternsysteme zu stoßen, deren Größe unserer Galaxis vergleichbar ist, müsste man sehr weit reisen. Selbst mit Lichtgeschwindigkeit wäre man etwa 2,3 Millionen Jahre unterwegs, bis man zum **Andromeda-Nebel** (Abb. 1) gelangen würde. Der am nördlichen Sternhimmel sichtbare Andromeda-Nebel ist eine Spiralgalaxie. Erst 1923 gelang es EDWIN POWELL HUBBLE (1889-1953), einzelne Sterne in diesem „Nebel" nachzuweisen. Zu Beginn des 20. Jahrhunderts hielten einige Wissenschaftler die Galaxie nur für Gas- und Staubnebel. Durch HUBBLES Beobachtungen wurde jedoch klar, dass sich der Andromeda-Nebel weit außerhalb der Milchstraße befindet.

Am südlichen Sternhimmel kann man die **Große** und die **Kleine Magellansche Wolke** beobachten. Diese Sternsysteme sind weitaus kleiner als unsere Milchstraße und bestehen „nur" aus einigen Milliarden Sternen. Sie besitzen ein unregelmäßiges Aussehen und gehören zur Gruppe der sogenannten irregulären Galaxien. Allerdings benötigt das Licht von ihnen bis zur Erde „lediglich" 150 000 Jahre. Diese kurze kosmische Distanz ermöglichte es den Astronomen, die beiden Galaxien sehr gut zu erforschen.

So wie sich Sterne bevorzugt in Sternhaufen und Galaxien anordnen, halten sich viele Sternsysteme in **Galaxienhaufen** auf. Die Milchstraße gehört mit dem Andromeda-Nebel und den Magellanschen Wolken zu einem kleinen Galaxienhaufen, den man **lokale Gruppe** nennt. Galaxienhaufen können bis zu 1 000 Galaxien beherbergen (Abb. 3). Die Galaxienhaufen bilden die größten Strukturen, die im Weltall bekannt sind.

1 ▸ Der Andromeda-Nebel

Die historische Bezeichnung „Nebel" kommt dadurch zustande, weil man zunächst nur diffuse Gebilde beobachten konnte.

2 ▸ Die Große Magellansche Wolke

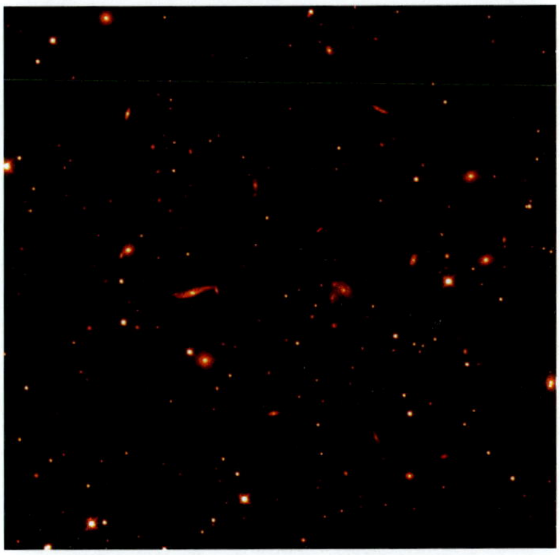

3 ▸ Galaxienhaufen im Sternbild Herkules

Einige Daten zur Galaxis (Milchstraße)	
Alter Beobachtete Masse	13 bis 15 Milliarden Jahre 200 Milliarden Sonnenmassen
Zahl der Sterne Durchmesser der Scheibe	100 Milliarden 100 000 Lichtjahre
Dicke der Scheibe in Sonnennähe Durchmesser des zentralen Wulstes	700 Lichtjahre 16 000 Lichtjahre
Entfernung der Sonne vom galaktischen Zentrum Sonnenabstand von der galaktischen Ebene	30 000 Lichtjahre 45 Lichtjahre (nördlich)
Geschwindigkeit der Sonne um das galaktische Zentrum Dauer eines Sonnenumlaufs um das galaktische Zentrum	220 $\frac{\text{km}}{\text{s}}$ 250 Millionen Jahre

Die lokale Gruppe, zu der auch die Milchstraße gehört, ist eine vergleichsweise kleine Zusammenballung von Sternsystemen. Große Galaxienhaufen haben hunderte oder gar tausende Mitglieder.
Die Galaxien ordnen sich zellen- oder wabenförmig im Raum an. An den Überlappungsstellen einzelner Zellen befinden sich bevorzugt große Galaxienhaufen, während weiträumige Gebiete zwischen den Zellwänden nahezu leer sind (Abb. 1).

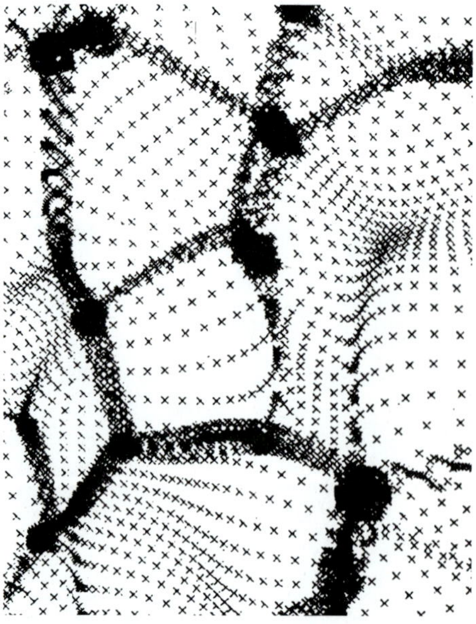

1 ▸ Großräumige Verteilung der Galaxien und Galaxienhaufen in einer Wabenstruktur

Die Geburt des Weltalls

Unser Universum kann nicht seit unendlich langer Zeit existieren. Beispielsweise wären dann alle Sterne schon längst erloschen. Es kann auch nicht mit Galaxien erfüllt sein, die reglos seit unendlichen Zeiten an ihrem Ort verharren. Schon längst hätte die Gravitationskraft diese Galaxien zu einer riesigen Materieansammlung zusammengeballt. Aus solchen Überlegungen folgt, dass sich unser Universum beständig entwickeln und verändern muss.
Astronomische Beobachtungen und Theorien ermöglichen Aussagen über die Entwicklung der verschiedenen Himmelsobjekte. Da jeder Bestandteil des Universums offenbar eine eigene Entstehungsgeschichte besitzt, darf man mit Recht fragen, welchen Veränderungen die Welt in ihrer Gesamtheit unterworfen ist und wie sie vor langer Zeit einmal ausgesehen haben mag.

Eine bedeutende Entdeckung zur Beantwortung dieser Fragen gelang dem amerikanischen Astronomen E. P. HUBBLE (1889–1953). Er fand heraus, dass sich alle weiträumig im All verteilten Sternsysteme voneinander entfernen und dabei einen Zusammenhang befolgen, der als **hubblesches Gesetz** bezeichnet wird.

Je weiter zwei Galaxien voneinander entfernt sind, desto schneller vergrößert sich auch ihr Abstand.

Das hubblesche Gesetz wirft eine Reihe von Fragen auf, etwa:
Wieso entfernen sich die Galaxien voneinander? Wenn sie ihren Abstand beständig vergrößern, müssten sie sich dann nicht früher sehr dicht beieinander befunden haben? Wie sah das Weltall damals aus?

Gegenwärtig geht man davon aus, dass das Universum vor etwa 15 Milliarden Jahren in einer gewaltigen Explosion, dem sogenannten **Urknall** (Big Bang), geboren wurde (Abb. 1). Mit dem Urknall begann die Ausdehnung des Weltalls, die bis heute in Form der Fluchtbewegung der Galaxien fortbesteht.

Kurz nach dem Urknall bestand das Universum aus einem extrem heißen Gemisch verschiedener Teilchen, aus denen alle bekannten elementaren Bausteine, wie Protonen, Neutronen oder Elektronen, hervorgegangen sind. Vorhanden war auch elektromagnetische Strahlung.

Das Gesetz von Hubble

Wie HUBBLE herausfand, ist der Zusammenhang zwischen der Fluchtgeschwindigkeit v einer Galaxie und ihrem Abstand r zu uns von einfacher linearer Struktur. Es gilt:

$$v = H \cdot r$$

Dabei ist H die Hubble-Konstante. Für sie wird heute ein Wert von

$H = (72 \pm 7)\,\frac{\mathrm{km/s}}{\mathrm{Mpc}}$ angegeben.

Die Messung der Fluchtgeschwindigkeit von Galaxien lässt darauf schließen, dass die Expansion des Weltalls vor etwa 15 Milliarden Jahren begann.
Festgestellt wurden Fluchtgeschwindigkeiten von bis zu $270\,000\,\frac{\mathrm{km}}{\mathrm{s}}$.

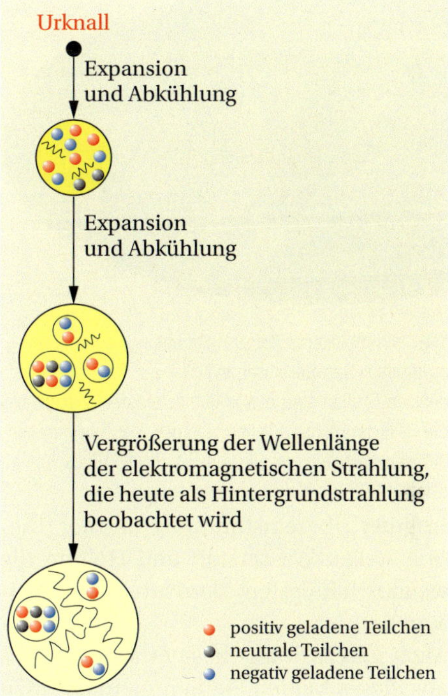

1 ▸ Die Entwicklung des Universums begann mit dem Urknall (Big Bang).

Wenige Millionen Jahre nach dem Urknall war die Welt ein dichtes Gemisch aus Elementarteilchen und elektromagnetischer Strahlung. Mit der Abkühlung bildeten sich aus Protonen und Neutronen zunächst Kerne, später durch Bindung von Elektronen die Atome. Mit der weiteren Ausdehnung des Universums konnte sich auch die Strahlung ungehindert ausbreiten. Dabei vergrößerte sich allmählich ihre Wellenlänge. Sie füllt heute das Weltall gleichmäßig aus und ist als sogenannte **3-K-Hintergrundstrahlung** (genau: 2,725 K mit nur sehr geringer Abweichung, wie der Satellit WMAP nachwies, s. S. 34, Abb. 1) der radioastronomischen Beobachtung zugänglich.

Statt von Urknalltheorie spricht man auch vom Standardmodell der Kosmologie.

Aus Modellrechnungen ist zu entnehmen, dass sich während des Urknalls nur die chemischen Elemente Wasserstoff und, in geringem Umfang, Helium gebildet haben. Alle anderen Elemente sind erst später im Innern der Sterne entstanden.

Man geht von 78 % Wasserstoff und 22 % Helium aus.

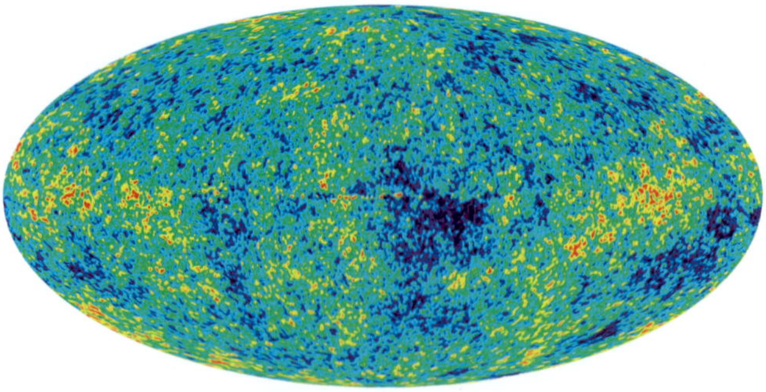

1 ▸ Himmelskarte der 3-K-Strahlung, aufgenommen durch den Satelliten WMAP der NASA. Die dunklen Stellen sind etwas kühler als der Mittelwert, die helleren gelben Stellen wärmer. Die Temperaturdifferenz beträgt nur winzige Bruchteile eines Kelvin.

In guter Übereinstimmung mit der Theorie stellen Wasserstoff und Helium die weitaus häufigsten Elemente im Universum dar.
Auch unsere Sonne besteht zu etwa 98 % aus diesen beiden Elementen und nur zu etwa 2 % aus schweren Elementen.

Die Fluchtbewegung der Galaxien, die 3-K-Hintergrundstrahlung und die richtig vorhergesagte Elementhäufigkeit im Universum sind die wichtigsten Belege für die Theorie des Urknalls.

Trotz aller Erfolge der modernen Kosmologie sind aber noch viele Fragen zu den Frühphasen und zur Zukunft unseres Universums ungeklärt und auch die Urknalltheorie ist nicht unumstritten. Dazu gehören solche Fragen wie:
Dehnt sich das Universum immer weiter aus oder zieht es sich irgendwann zusammen? Gemessen wurde eine beschleunigte Ausdehnung des Weltalls seit ca. 7,5 Milliarden Jahren. Was sind Ursachen dafür? Gibt es neben dunkler Materie auch dunkle Energie? Besteht das Universum zu über 90 % daraus? Was ist dunkle Energie?
Viele Fragen sind heute noch unbeantwortet.

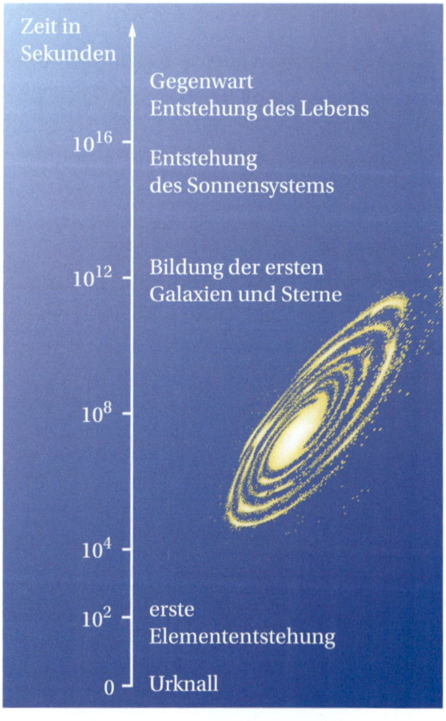

2 ▸ Zeitliche Entwicklung des Weltalls nach der Urknalltheorie

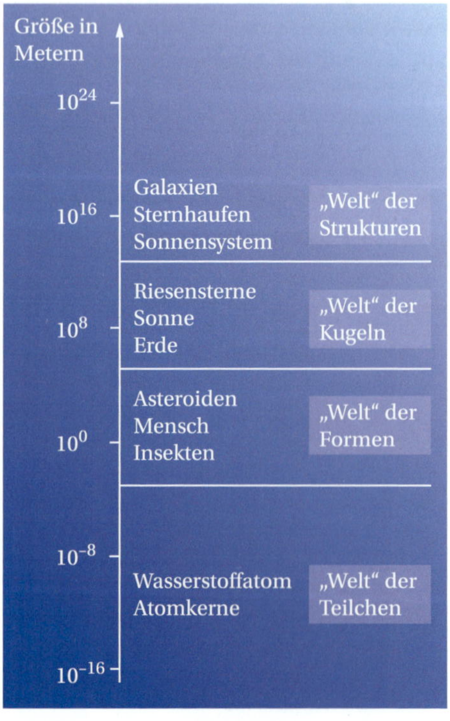

3 ▸ Räumliche Struktur des Weltalls, wie sie sich nach dem Urknall entwickelt hat

Aufgaben

1. Bei den meisten drehbaren Sternkarten ist die Milchstraße als helles Band markiert.
   a) Ermitteln Sie mithilfe einer solchen Sternkarte, durch welche Sternbilder die Milchstraße verläuft!
   b) Beobachten Sie in einer klaren Nacht die Milchstraße! Beschreiben Sie Ihre Beobachtungen!

2. Die Abbildung unten zeigt ein Sternsystem, welches ähnlich wie die Milchstraße einen spiralförmigen Aufbau hat.
   Ordnen Sie die in der Abbildung verzeichneten Buchstaben A bis D den folgenden Begriffen zu:
   - Zentralgebiet
   - galaktischer Halo
   - Gebiet, in dem sich junge und helle Sterne befinden
   - Gas- und Staubwolken

3. Beschreiben Sie anhand von Skizzen den Aufbau der Milchstraße! Geben Sie dabei die wesentlichen Größen mit an!

4. Stellen Sie die in der Astronomie üblichen Entfernungseinheiten und die Umrechnungen ineinander zusammen!

5. Welche Zeit benötigt das Licht, um vom 138 pc entfernten Stern Antares im Sternbild Skorpion zu uns zu gelangen?

6. Der Andromeda-Nebel ist ca. 2,3 Mio. Lichtjahre von uns entfernt. Geben Sie diese Entfernung in pc und in km an!

7. Erkunden Sie mithilfe von Nachschlagewerken bzw. dem Internet, welche Galaxien neben der Milchstraße zur lokalen Gruppe gehören! Geben Sie die von uns aus gemessenen Entfernungen einiger Galaxien an!

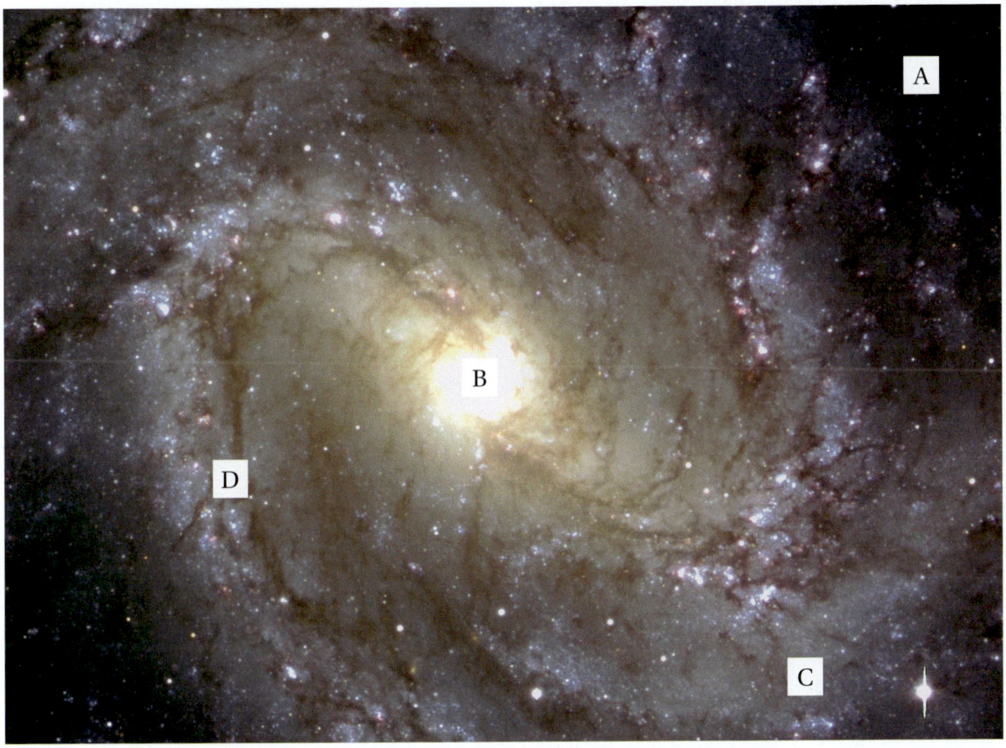

8. Berechnen Sie die Geschwindigkeit der Sonne um das galaktische Zentrum! Gehen Sie von einem Abstand der Sonne vom Zentrum von 10 kpc und von einer Umlaufzeit von 250 Millionen Jahren aus.

9. Die Galaxie S22–24 entfernt sich mit einer Geschwindigkeit von $2{,}5 \cdot 10^5\,\frac{\text{km}}{\text{s}}$ von uns.

a) Erläutern Sie, wie HUBBLE diese Fluchtgeschwindigkeit gedeutet hat!

***b)** Berechnen Sie die Entfernung dieser Galaxie!

10. Erläutern Sie mit eigenen Worten die grundlegenden Positionen der Urknalltheorie über die Entstehung des Universums!

11. Nennen Sie einige astronomische Beobachtungsergebnisse, die als Beleg für die Richtigkeit der Urknalltheorie gelten!

12. Viele neue Erkenntnisse über den Weltraum wurden in den letzten Jahren durch Forschungssatelliten gewonnen. Das Foto zeigt den Röntgensatelliten Chandra.

Informieren Sie sich über eine dieser Forschungsmissionen genauer! Nutzen Sie dazu auch das Internet! Bereiten Sie eine Präsentation vor, in der Sie auf folgende Fragen eingehen:

- Wann wurde die Mission durchgeführt?
- Was waren die Ziele?
- Welche Ergebnisse wurden erzielt?

***13.** Für die Erforschung des Kosmos werden auch erdgebundene Beobachtungsinstrumente genutzt. Das Foto zeigt das VLT (Very Large Telescope) auf dem 2 600 m hohen Berg Paranal in Chile.

Ein Teleskop in Arizona wird als LBT (Large Binocular Telescope) bezeichnet.

a) Warum werden solche Riesenteleskope auf hohen Bergen weit weg von großen Städten errichtet?

b) Bereiten Sie zu einem dieser Instrumente eine Präsentation vor! Gehen Sie dabei unter anderem ein auf

- den Aufbau des Instruments,
- Forschungsergebnisse, die damit gewonnen wurden.

Informationen zum VLT sind unter www.eso.org zu finden, Hinweise zum LBT unter www.mpia.de.

14. Die maßstäbliche Abbildung zeigt einige der entdeckten Planetensysteme um andere Sterne. Vergleichen Sie diese Planetensysteme mit unserem Planetensystem! Benennen Sie die wesentlichen Unterschiede!

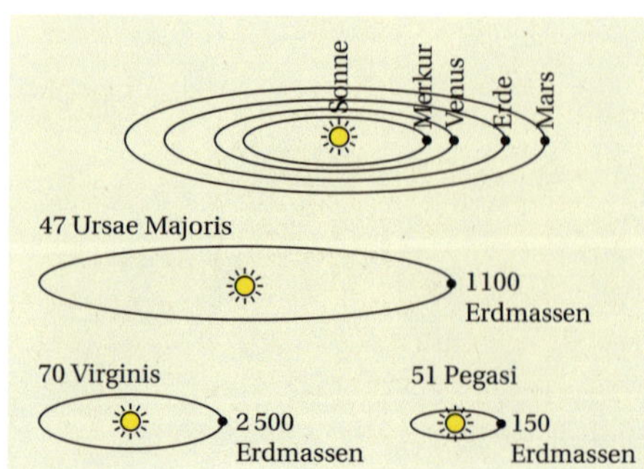

1

Das Wichtigste auf einen Blick

Aspekte der modernen Kosmologie

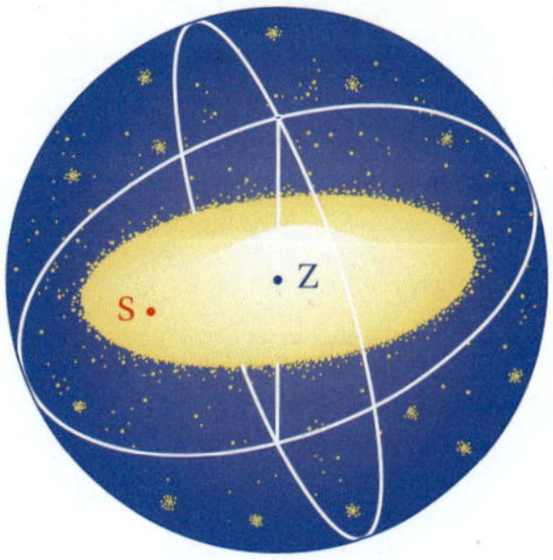

Sterne sind in Sternsystemen, den **Galaxien,** angeordnet. Das Sternsystem, in dem sich unsere Sonne und alle Planeten des Sonnensystems befinden, ist die **Milchstraße** oder **Galaxis.**

Die Sonne S mit den Planeten befindet sich in der Scheibenebene der Milchstraße. Als einer von Millionen Sternen rotiert sie um das Zentrum Z der Milchstraße.

Im Universum gibt es eine Vielzahl von Galaxien und Galaxienhaufen. Es gilt das **kosmologische Prinzip:** Kein Punkt im Universum ist in einer besonderen Weise ausgezeichnet.

Die Entstehung und die zeitliche Entwicklung des Universums werden heute durch die **Theorie vom Urknall** beschrieben.

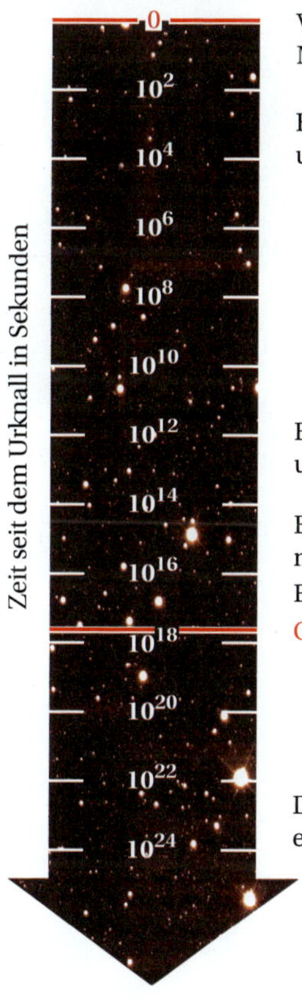

Vor ca. 15 Milliarden Jahren explodierte sehr heiße und dichte Materie in einer gewaltigen Explosion, dem Urknall (Big Bang).

Entstehung erster Atome und Elemente

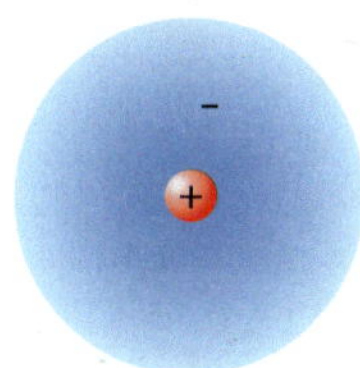

Bildung der ersten Sterne und Sternsysteme (Galaxien)

Entstehung des Sonnensystems mit den Planeten

Entstehung von Leben auf der Erde

Gegenwart ($5 \cdot 10^{17}$ s)

Das Universum entwickelt sich weiter.

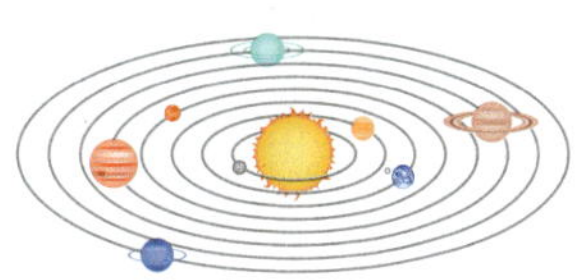

2 Die Mechanik Newtons

2.1 Newtons Gesetze

Aufs Detail kommt es an ▸▸ Um die Bewegung eines Körpers möglichst genau vorhersagen zu können, muss man wissen, welche Kräfte auf einen Körper einwirken und wie sie zusammenwirken.
Welche Kräfte wirken auf einen Bob, der beim Start auf einer abfallenden Strecke von mehreren Personen angeschoben wird? Was für eine Bewegung wird dadurch hervorgerufen? Wie kann man diese Bewegung mathematisch beschreiben?

Abschätzen hilft weiter ▸▸ Manchmal sind Größen, die für die Berechnung oder die grafische Darstellung einer Bewegung benötigt werden, nicht bekannt. Man kann sich hier mit sinnvollen Abschätzungen behelfen.
Welche Beschleunigungen treten beim Anfahren und Bremsen von Fahrzeugen auf? Wie schwer sind die Körper? Welche Kraft ist notwendig, um ein Fahrrad abzubremsen?

Kräfte und Bewegungen

Aus dem bisherigen Physikunterricht wissen Sie bereits:

- Es gibt unterschiedliche Arten von Kräften, z. B. Gewichtskräfte, Gravitationskräfte, Reibungskräfte, magnetische und elektrische Kräfte, die auf verschiedene Ursachen zurückzuführen sind (s. Übersicht auf S. 41).
- Kräfte sind an ihren Wirkungen erkennbar. Sie können eine Änderung der Bewegung oder der Form von Körpern oder beides bewirken.
- Das Formelzeichen für die Kraft ist F, die Einheit der Kraft ein Newton (1 N). Dabei gilt:

$$1\ \mathrm{N} = 1\ \frac{\mathrm{kg \cdot m}}{\mathrm{s^2}}$$

Benannt ist diese Einheit nach ISAAC NEWTON (1643 bis 1727)

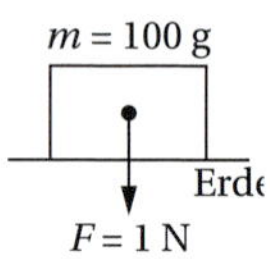

- Die Wirkung einer Kraft ist von ihrem **Angriffspunkt,** ihrem **Betrag** und ihrer **Richtung** abhängig. Die Kraft ist eine gerichtete (vektorielle) Größe. Kräfte werden deshalb durch Pfeile dargestellt.

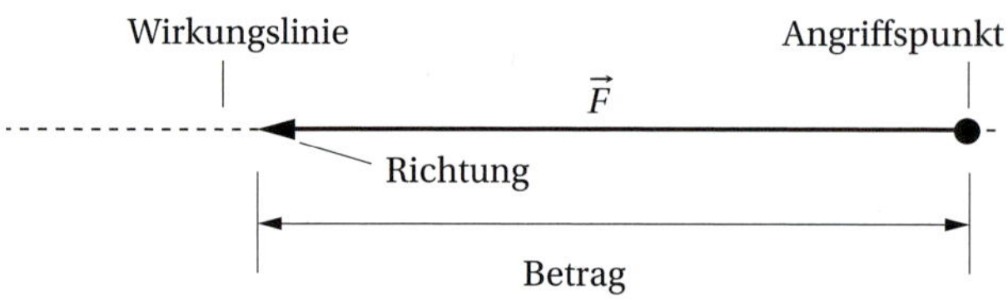

$\vec{F}$ gerichtete Größe Kraft $\quad F$ Betrag der Kraft

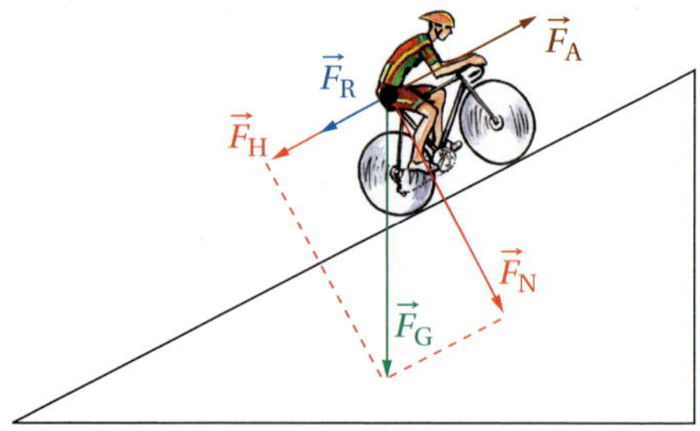

1 ▸ Auf einer ansteigenden bzw. abfallenden Straße wirkt neben der Antriebskraft $\vec{F}_A$ und Reibungskräften $\vec{F}_R$ die Hangabtriebskraft $\vec{F}_H$. Diese ist eine Komponente der Gewichtskraft $\vec{F}_G$.

Für Zeichnungen sollte man einen Maßstab vereinbaren, z. B. 1 N ≙ 1 cm.
Auf einen Körper wirken in der Regel mehrere Kräfte. So wirkt auf einen Radfahrer auf ebener Strecke neben Gewichtskraft und Gegenkraft eine Antriebskraft in Fahrtrichtung und Reibungskräfte in entgegengesetzter Richtung (s. Übersicht unten). Bei Berg- und Talfahrten wirkt zusätzlich eine Hangabtriebskraft (Abb. 1).
Allgemein gilt für den Zusammenhang zwischen Kräften und Bewegungen, die ein Körper ausführt:

Ob und wie sich ein Körper bewegt, hängt von der Summe der auf ihn wirkenden Kräfte ab. (M)

Beispiele dafür sind in der Übersicht unten dargestellt.

Kräfte auf einen Radfahrer bei geradliniger Bewegung auf einer ebenen Strecke

Vergrößern der Geschwindigkeit		Die Antriebskraft ist größer als die Reibungskräfte. $F_A > F_R$	Radfahrer beschleunigt: $F = F_A - F_R = m \cdot a$
Fahren mit konstanter Geschwindigkeit		Die Antriebskraft und die Reibungskräfte sind gleich groß. $F_A = F_R$	Radfahrer bewegt sich gleichförmig: $F = 0 \longrightarrow a = 0$
Verringern der Geschwindigkeit		Die Antriebskraft ist kleiner als die Reibungskräfte. $F_A < F_R$	Radfahrer wird abgebremst: $F = F_A - F_R = m \cdot a$ (a negativ)

2

Arten von Kräften

Magnetische Kraft

Ein Elektromagnet zieht Körper aus Eisen an. Zwischen Magnet und Eisenkörper wirken **magnetische Kräfte.**

Elektrische Kraft

Ein Kamm wird durch Reibung elektrisch geladen. Zwischen Kamm und Styroporkugeln wirken **elektrische Kräfte.**

Gravitationskraft

Zwischen der Erde und einem Erdsatelliten wirken aufgrund der Massen anziehende Kräfte, die **Gravitationskräfte.**

Gewichtskraft

Jeder Körper wird von der Erde angezogen und übt auf seine Unterlage eine Kraft aus, die man **Gewichtskraft** nennt: $F_G = m \cdot g$.

Reibungskraft

Beim Fahren mit dem Fahrrad wirken immer auch Kräfte, die die Bewegung hemmen. Sie heißen **Reibungskräfte.**

Zugkraft

Waggons werden durch eine Lokomotive in Bewegung gesetzt. Dabei wirken auf die Waggons **Zugkräfte.**

Auftriebskraft

Auf Körper in Flüssigkeiten und Gasen wirkt entgegengesetzt zur Gewichtskraft eine volumenabhängige **Auftriebskraft.**

Druckkraft

Durch den Luftdruck im Reifen wirkt auf seine Innenfläche eine Kraft, die ihn „in Form hält“ und die man **Druckkraft** nennt.

Schubkraft

Beim Start einer Rakete werden Verbrennungsgase sehr schnell ausgestoßen. Auf die Rakete wirkt eine **Schubkraft.**

Zusammensetzung von zwei Kräften, die auf einen Körper wirken		
Wirken die Kräfte längs einer Wirkungslinie in gleicher Richtung, so addieren sich die Beträge.	Wirken die Kräfte längs einer Wirkungslinie in entgegengesetzter Richtung, so subtrahieren sich die Beträge.	Wirken die Kräfte in beliebiger Richtung zueinander, so erhält man die Gesamtkraft durch ein Kräfteparallelogramm.
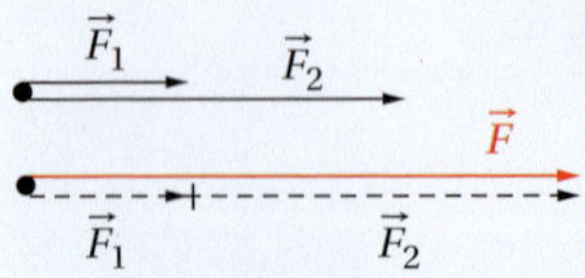	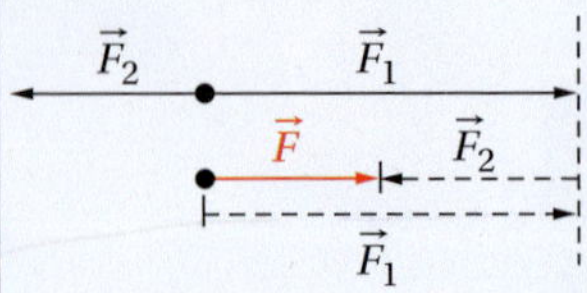	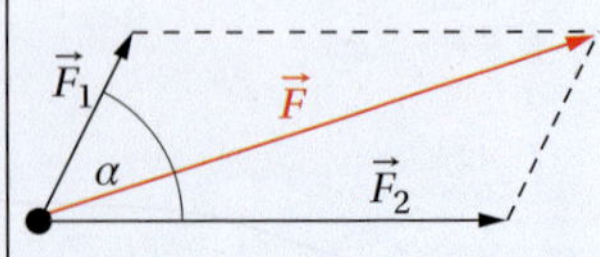
$F = F_1 + F_2$	$F = F_1 - F_2$	für $\alpha = 90°$: $F = \sqrt{F_1^2 + F_2^2}$

Auf einen Radfahrer oder auf ein Auto wirken nicht nur die Antriebskraft und bewegungshemmende Reibungskräfte.
Es wirkt auch die Gewichtskraft und eine gleich große Gegenkraft, die von der Straße aufgebracht wird. Bei Kurvenfahrten kommen weitere Kräfte hinzu. Für beliebige Körper gilt:

Der an der Feder hängende Körper ist im Kräftegleichgewicht.

M **Ein Körper befindet sich im Kräftegleichgewicht, wenn die auf ihn wirkende Gesamtkraft null ist.**

1 ▸ Ein Heißluftballon befindet sich im Kräftegleichgewicht, wenn die Auftriebskraft F_A und die Gewichtskraft F_G gleich groß sind.

Für einen ruhenden Körper ist das immer der Fall. Der an einer elastischen Feder hängende Körper (Skizze links) wirkt mit seiner Gewichtskraft nach unten, eine gleich große Federkraft wirkt nach oben. Die Gesamtkraft ist null.
Analog ist das bei einem schwebenden Heißluftballon (Abb. 1) oder bei einem stehenden Auto.

Wie ist der Sachverhalt aber bei Körpern, die sich bewegen? Ist es z. B. möglich, dass sich ein Körper bewegt und dabei zugleich im Kräftegleichgewicht ist? Die Antwort auf die letzte Frage lautet „Ja“. Ein Beispiel dafür ist in der Übersicht auf S. 40 unten zu finden.
Die Frage, wie Bewegungen zustande kommen, welches die Ursachen für Bewegungen sind und welche Gesetze dafür gelten, hat schon Gelehrte in der Antike beschäftigt. Es ist das Verdienst des genialen englischen Naturforschers ISAAC NEWTON (1643–1727), dass er eine Theorie der Mechanik entwickelt hat. Mit drei grundlegenden Gesetzen, die ihm zu Ehren heute als newtonsche Gesetze bezeichnet werden, schuf er die wissenschaftlichen Grundlagen für die Erklärung und Voraussage der Bewegung von Körpern. Diese Gesetze sind auf den Seiten 43–44 und 47 dargestellt. Eine Zusammenfassung ist auf S. 55 zu finden.

Das Trägheitsgesetz

Wir wissen bereits: Um einen Körper zu beschleunigen oder abzubremsen, ist eine Kraft erforderlich. Ist eine solche Kraft nicht vorhanden, so bleibt der betreffende Körper in Ruhe oder in gleichförmiger geradliniger Bewegung. Das ist der Inhalt des **Trägheitsgesetzes.**

Das Trägheitsgesetz wird auch als 1. newtonsches Gesetz bezeichnet.

M **Ein Körper bleibt in Ruhe oder in gleichförmiger geradliniger Bewegung, solange sich alle auf ihn wirkenden Kräfte gegenseitig aufheben.**

Die Eigenschaft von Körpern, ohne Krafteinwirkung in gleichförmiger geradliniger Bewegung oder in Ruhe zu bleiben, bezeichnet man als **Trägheit.** Sie tritt z. B. beim Abbremsen eines Körpers auf (Abb. 2). Bei dem Aufprall eines Pkw auf ein Hindernis bewegt sich der Fahrer gleichförmig geradlinig weiter, wenn er nicht durch die Kraft eines Airbags bzw. durch einen Sicherheitsgurt abgebremst wird. Die beim plötzlichen Abbremsen auftretenden Kräfte können sehr groß sein. Die Trägheit eines Körpers ist umso größer, je größer seine Masse ist.
Die Bedingungen des Trägheitsgesetzes können in unterschiedlicher Weise erfüllt sein.

1 ▸ Ein Flugzeug bewegt sich gleichförmig und geradlinig, wenn für die Gesamtkraft $\vec{F}$ gilt:
$\vec{F} = \vec{F}_G + \vec{F}_A + \vec{F}_{AN} + \vec{F}_L = 0$

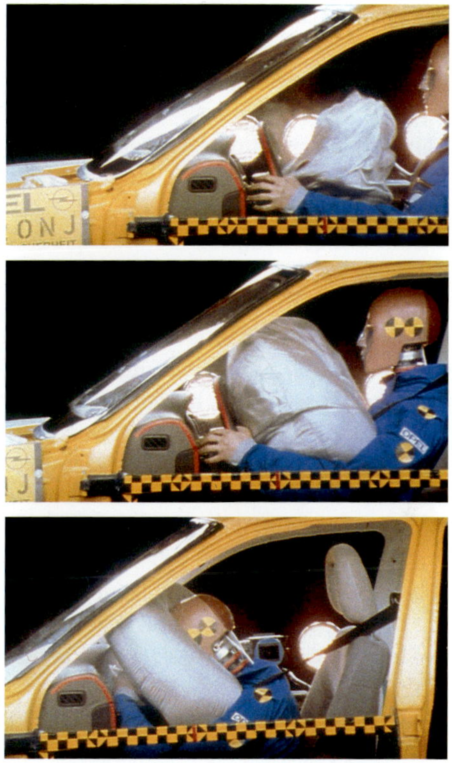

2 ▸ Trägheit eines Körpers beim plötzlichen Abbremsen des Autos und Auffangen mittels Airbag

(1) Auf einen Körper wirken verschiedene Kräfte, deren Summe aber null ergibt. Damit ist die auf den Körper wirkende Gesamtkraft null. Ein Beispiel dafür ist in Abb. 1 dargestellt. Ein anderes Beispiel ist ein mit konstanter Geschwindigkeit auf gerader Strecke fahrendes Auto.

Der Körper befindet sich im Kräftegleichgewicht (s. S. 42).

(2) Die Gewichtskraft eines Körpers wird durch eine gleich große Gegenkraft der Unterlage kompensiert. Die Reibungskraft ist vernachlässigbar klein. Das ist bei einem Körper auf einer Luftkissenbahn der Fall. Stößt man den Körper an, so bleibt er in Bewegung.

(3) Ein Körper bewegt sich weitgehend kräftefrei. Ein Beispiel dafür ist ein Astronaut, der sich im freien Weltraum befindet. Genauere Erläuterungen dazu sind auf Seite 49 gegeben.

Das newtonsche Grundgesetz

Das Trägheitsgesetz beschreibt die Bewegung eines Körpers, wenn die auf den Körper wirkende resultierende Kraft null ist. Im Unterschied dazu geht es im newtonschen Grundgesetz oder 2. newtonschen Gesetz um die Bewegung eines Körpers, wenn die auf ihn wirkende Gesamtkraft von null verschieden ist.
Sie wissen bereits: Eine Kraft auf einen Körper kann eine Verformung oder eine Bewegungsänderung hervorrufen. Wir betrachten nachfolgend nur Bewegungsänderungen. So wird z. B. beim Start eines Sprinters sein Körper durch Muskelkräfte beschleunigt (Abb. 1).

Bei einem Pkw auf ebener Strecke ist F die Resultierende aus Antriebskraft und Reibungskräften.

Wie stark ein Körper durch eine Kraft F beschleunigt wird, hängt davon ab,
- wie groß die auf den Körper wirkende Kraft ist und
- wie groß die Masse des Körpers ist.

Quantitative Untersuchungen der Zusammenhänge zwischen der beschleunigenden Kraft F, der Masse m und der Beschleunigung a ergeben:
- Je größer bei einer konstanten Masse die auf einen Körper wirkende Kraft ist, desto stärker wird er beschleunigt.
  Es gilt $F \sim a$, wenn m = konstant.
  So erreicht z. B. ein Sprinter mit einer größeren Kraft eine größere Beschleunigung als ein gleich schwerer Sprinter mit kleinerer Kraft.
- Je kleiner bei einer konstanten Kraft die Masse des betreffenden Körpers ist, umso stärker wird er beschleunigt.
  Es gilt $a \sim \frac{1}{m}$, wenn F = konstant.
  Bei zwei Sprintern mit gleich großer Kraft erreicht derjenige die größere Beschleunigung, der die kleinere Masse hat.

Aus $F = m \cdot a$ ergibt sich die Einheit ein Newton (1 N) für die Kraft:
$1\,N = 1\,\frac{kg \cdot m}{s^2}$

Die Zusammenhänge zwischen der auf einen Körper wirkenden Kraft, seiner Masse und der Beschleunigung hat I. NEWTON in Form einer Gleichung zusammengefasst. Das newtonsche Grundgesetz, auch 2. newtonsches Gesetz genannt, lautet:

1 ▸ Beim Start werden die Körper durch Muskelkräfte beschleunigt.

Wirkt auf einen Körper der Masse m die Kraft F, so erfährt er die Beschleunigung a. Dabei gilt:

$F = m \cdot a$

Dabei ist zu beachten:
- Die Kraft F ist die auf den Körper wirkende beschleunigende Kraft. Sie kann die Resultierende aus verschiedenen Kräften sein. Wie sich Teilkräfte zu einer resultierenden Kraft zusammensetzen, ist auf Seite 42 oben dargestellt.
- Kraft und Beschleunigung sind gerichtete Größen. Sie haben immer die gleiche Richtung.
  Kraft in Bewegungsrichtung bedeutet Geschwindigkeitsvergrößerung ($a > 0$), in Gegenrichtung Verringerung der Geschwindigkeit ($a < 0$).
- Die Beschleunigung ist bei bestimmter Masse nur konstant, wenn auch die Kraft konstant ist. Das ist aber bei vielen Vorgängen in Natur und Technik nicht der Fall. Es muss also stets geprüft werden, ob das Gesetz für einen gegebenen Sachverhalt anwendbar ist oder nicht. Man kann aber bei vielen Vorgängen, z. B. beim Start eines Sprinters, von einer konstanten mittleren Kraft ausgehen und daraus eine mittlere Beschleunigung ermitteln.

2

Methoden

Interpretieren einer Gleichung

Beim Interpretieren einer Gleichung ist es zweckmäßig, in bestimmten Schritten vorzugehen. Diese Schritte werden am Beispiel des Zeit-Ort-Gesetzes der gleichmäßig beschleunigten Bewegung erläutert.

1. *Nennen Sie zunächst die physikalischen Größen, zwischen denen Zusammenhänge in der Gleichung dargestellt sind!*
   Die Gleichung $s = \frac{a}{2} t^2$ beschreibt den Zusammenhang zwischen dem Ort bzw. Weg s, der konstanten Beschleunigung a und der Zeit t bei einer gleichmäßig beschleunigten Bewegung.
   Gehen Sie auf wichtige Bedingungen ein, unter denen die Gleichung gilt!
   Die Bewegung erfolgt aus dem Stillstand.

2. *Leiten Sie aus der mathematischen Struktur der Gleichung Zusammenhänge zwischen physikalischen Größen ab! Gehen Sie dabei z. B. auf direkte oder indirekte Proportionalität und auf wichtige Bedingungen ein, unter denen Zusammenhänge gelten!*
   - $s \sim t^2$, wenn a = konstant.
     Bei einer bestimmten Beschleunigung nimmt der Weg mit dem Quadrat der Zeit zu. Verdoppelt man die Zeit für eine Bewegung, so wird der vierfache Weg zurückgelegt.
   - $s \sim a$, wenn t = konstant.
     In einer bestimmten Zeit ist der Weg doppelt so groß, wenn sich die Beschleunigung verdoppelt.

3. *Leiten Sie praktische Folgerungen aus den Zusammenhängen zwischen den Größen ab!*
   - Ein Auto, das mit konstanter Beschleunigung anfährt, legt in zwei Sekunden einen viermal so langen Weg zurück wie in einer Sekunde.
   - Ein Auto, das seine Beschleunigung verdoppelt, legt in der gleichen Zeit einen doppelt so langen Weg zurück.

Newtonsches Grundgesetz, die Gewichtskraft und die Bewegungsgesetze

Setzt man im newtonschen Grundgesetz für die Beschleunigung a die Fallbeschleunigung g ein, so erhält man die Gleichung für die Gewichtskraft:

$$F_G = m \cdot g$$

Die Gleichung kann man so interpretieren: Wirkt auf einen Körper der Masse m seine Gewichtskraft F_G, so bewegt er sich mit der Beschleunigung $g = 9{,}81\ \mathrm{m/s^2}$ senkrecht nach unten. Es liegt also ein freier Fall vor.

Die Fallbeschleunigung g beträgt:
$g = 9{,}81\ \frac{m}{s^2}$
$g = 9{,}81\ \frac{N}{kg}$

Bei beliebigen anderen Bewegungen, etwa beim Start eines Sprinters oder beim Anfahren eines Pkw, ist es häufig sinnvoll, von einer mittleren konstanten Kraft auszugehen. Damit hat auch die Beschleunigung einen mittleren (konstanten) Wert. Es liegt demzufolge eine gleichmäßig beschleunigte Bewegung vor.

M

Für die gleichmäßig beschleunigte Bewegung eines Körpers aus dem Stillstand gilt:

a = konstant	a Beschleunigung
$v = a \cdot t$	v Geschwindigkeit
$s = \frac{a}{2} \cdot t^2$	t Zeit
$s = \frac{v^2}{2a}$	s Ort bzw. Weg

1 ▸ Aus der Beschleunigung kann man auf die beschleunigende Kraft schließen.

Herleitung der Bewegungsgesetze

Die Bewegungsgesetze für gleichmäßig beschleunigte Bewegungen kann man durch experimentelle Untersuchungen (Abb. 1) erhalten. Man kann sie auch auf theoretischem Weg ableiten, indem man von bekannten Gesetzen und Zusammenhängen ausgeht. Wir betrachten die Bewegung eines Fahrzeugs, das zunächst steht und dann anfährt, wobei eine konstante mittlere Kraft wirken soll.

Am Auto wird Beschleunigungsarbeit verrichtet. Damit vergrößert sich seine kinetische Energie (Abb. 2). Es gilt:

$$W_B = \Delta E_{kin} \quad \text{oder}$$

$$F \cdot s = \frac{m}{2} \cdot v^2$$

Setzt man nach NEWTON für die Kraft $F = m \cdot a$ ein, so erhält man:

$$m \cdot a \cdot s = \frac{1}{2} m \cdot v^2$$

Aufgelöst nach dem Weg s ergibt das:

$$s = \frac{v^2}{2a} \qquad (1)$$

Der Zusammenhang zwischen der Geschwindigkeit und der Beschleunigung eines Körpers bei einer gleichmäßig beschleunigten Bewegung ist:

$$v = a \cdot t$$

Das Einsetzen in Gleichung (1) ergibt:

$$s = \frac{v^2}{2a} = \frac{(a \cdot t)^2}{2a} = \frac{1}{2} a \cdot t^2$$

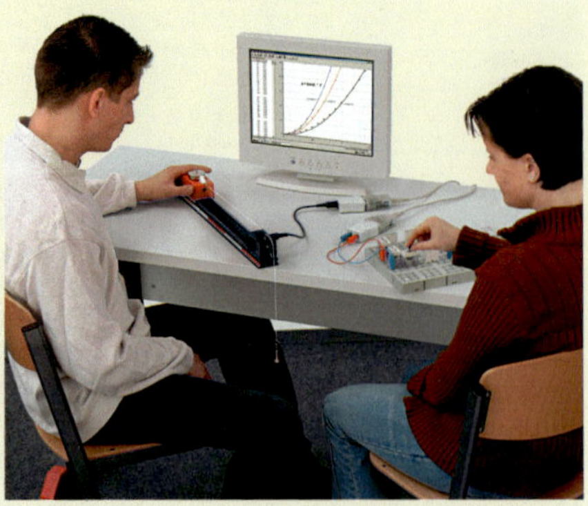

1 ▸ Erfassung von Weg und Zeit

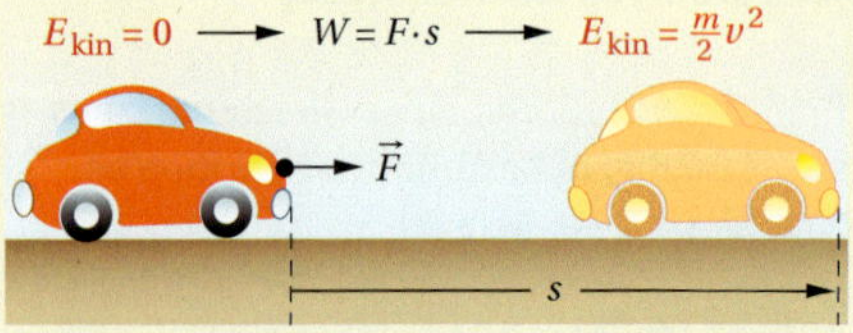

2 ▸ Beim Beschleunigen eines Autos wird Arbeit verrichtet. Dadurch vergrößert sich E_{kin}.

Die Zusammenhänge zwischen Weg, Geschwindigkeit, Beschleunigung und Zeit lassen sich anschaulich in Diagrammen darstellen.

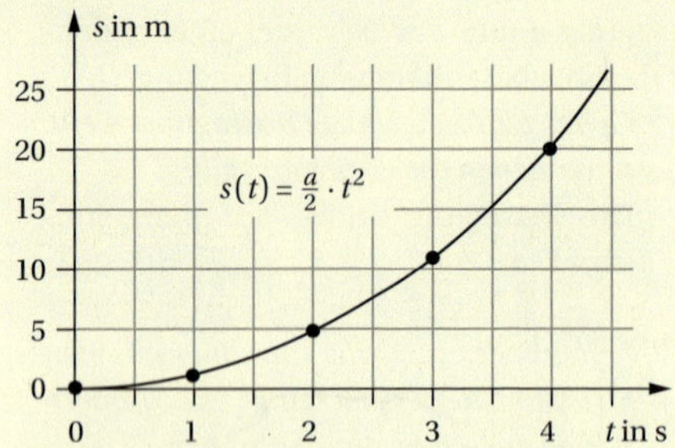

3 ▸ Zeit-Weg-Diagramm

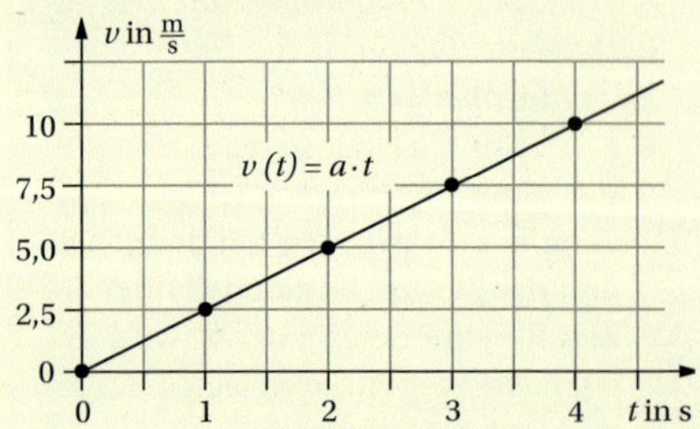

4 ▸ Zeit-Geschwindigkeit-Diagramm

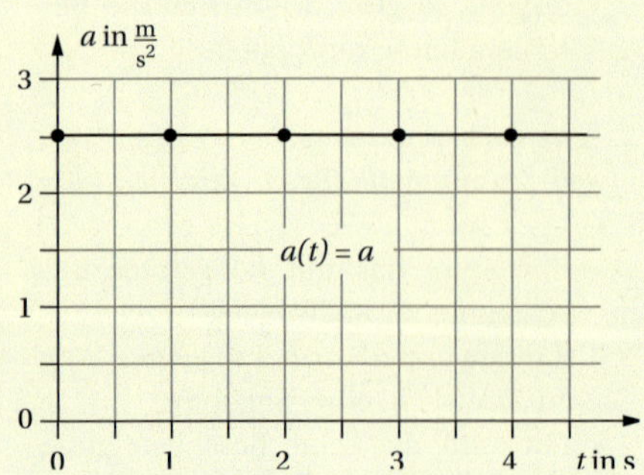

5 ▸ Zeit-Beschleunigung-Diagramm

2

Das Wechselwirkungsgesetz

Wirken zwei verschiedene Körper aufeinander ein, so wirkt auf jeden der beiden Körper eine Kraft.
Ein Beispiel dafür ist ein Crashtest (Abb. 1): Das Auto wirkt auf die Wand, aber die Wand auch auf das Auto. Weitere Beispiele sind: Zwei Magnete können sich je nach der Lage ihrer Pole anziehen oder abstoßen. Die Erde zieht unseren Körper an, unser Körper zieht auch die Erde an.
Solche zwischen verschiedenen Körpern auftretenden Kräfte werden als Wechselwirkungskräfte bezeichnet. Für diese Kräfte gilt ein Gesetz, das man als **Wechselwirkungsgesetz** bezeichnet.
Man spricht auch vom 3. newtonschen Gesetz.

2 ▸ Die europäische Trägerrakete Ariane 5: Durch die Kraft $\vec{F}_1$ wird die Rakete beschleunigt, durch die Kraft $\vec{F}_2$ die Verbrennungsgase.

M **Wirken zwei Körper aufeinander ein, so wirkt auf jeden der Körper eine Kraft. Die Kräfte sind gleich groß und entgegengesetzt gerichtet:**

$\vec{F}_1 = -\vec{F}_2$

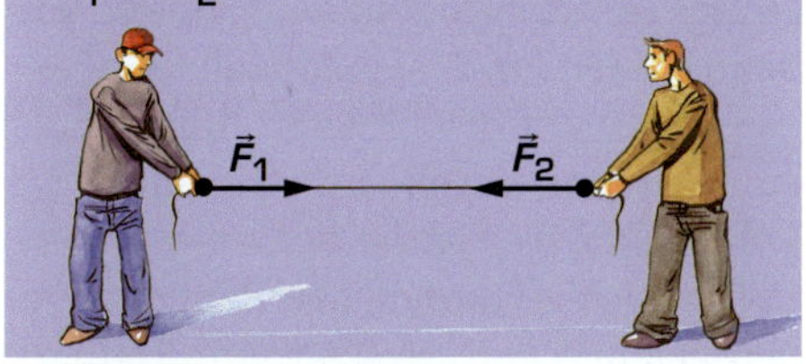

In Kurzform formuliert man das Wechselwirkungsgesetz als „actio = reactio". Es gilt immer, wenn zwei Körper aufeinander einwirken, auch wenn man in einer Reihe von Anwendungen nur eine dieser Kräfte genauer betrachtet.
Das Wechselwirkungsgesetz ist z. B. der Grund dafür, dass beim Aussteigen einer Person aus einem Boot sich dieses entgegengesetzt wegbewegt (Abb. 3). Dieses Prinzip nennt man **Rückstoßprinzip** oder **Raketenprinzip** (Abb. 2).

Während beim Wechselwirkungsgesetz immer zwei Körper aufeinander einwirken, geht es beim Kräftegleichgewicht (s. S. 42) um verschiedene Kräfte auf einen Körper.

1 ▸ Crashtest eines Autos: Auto und Wand wirken wechselseitig aufeinander ein. Die Kräfte sind gleich groß und entgegengesetzt gerichtet.

3 ▸ Boot und Mensch bewegen sich entgegengesetzt. Für die Wechselwirkung zwischen beiden Körpern gilt: actio = reactio.

Physik in Natur und Technik

Trägheit im Straßenverkehr

Wenn man mit einem Bus fährt, kann man feststellen, wie träge man aufgrund seiner Masse ist (Abb. 1, 2). Damit ist nicht gemeint, dass man sich müde in einen Sitz fallen lässt, sondern dass jeder Körper aufgrund seiner Masse träge ist, ob er will oder nicht.
Erklären Sie, warum es im Bus vor allem aus Sicherheitsgründen sinnvoll ist, sich im Stehen gut festzuhalten!

Die auf eine Person wirkende Kraft hängt von ihrer Masse und der Beschleunigung ab.

Beim Anfahren, beim Bremsen und bei Kurvenfahrten wird der Bewegungszustand des Busses verändert. Das heißt: Der Bus wird beschleunigt, verzögert oder ändert die Bewegungsrichtung. Nach dem **Trägheitsgesetz** muss dazu eine Kraft wirken. Solange keine Kraft wirkt, bleiben Bus und Personen in ihm in Ruhe oder in gleichförmiger geradliniger Bewegung.

Die bei Bewegungsänderungen wirkenden Kräfte werden auch auf die Fahrgäste übertragen, was das Stehen im Bus, ohne sich festzuhalten, schwierig macht.
Vor dem **Anfahren** befinden sich Bus und Fahrgast in Ruhe. Durch die Motorkraft wird der Bus beschleunigt. Die Füße eines Fahrgastes sind mit dem Boden verbunden und werden ebenfalls beschleunigt. Der Oberkörper des Fahrgastes bleibt aufgrund seiner Trägheit in Ruhe. Deshalb kippt der Fahrgast beim Anfahren nach hinten, wenn er sich nicht festhält (Abb. 1). Erst durch das Festhalten wird die Kraft zum Beschleunigen gut auf den Oberkörper übertragen.
Vor dem **Bremsen** befinden sich Bus und Fahrgast in gleichförmiger geradliniger Bewegung. Durch die Bremskraft wird diese Bewegung verzögert. Diese Kraft wird am besten auf den Fahrgast übertragen, wenn er sich festhält (Abb. 2).

Bei Unfällen können kurzzeitig Beschleunigungen bis zu 15 g ($150 \frac{m}{s^2}$) auftreten.

1 ▸ Anfahren eines Busses

2 ▸ Bremsen eines Busses

Bei Auffahrunfällen macht sich die Trägheit besonders stark bemerkbar. In Pkws (Abb. 3) gilt deshalb Gurtpflicht.
Aus Sicherheitsgründen sollten sich auch Personen auf den Rücksitzen grundsätzlich anschnallen.
Träge sind auch Gegenstände, die sich in einem Fahrzeug befinden, z. B. ein Verbandskasten, ein Fotoapparat, ein Regenschirm auf der hinteren Ablage oder ein schwerer Kasten mit Getränken im Kofferraum. Sie können, wenn sie ungesichert abgelegt werden, bei Unfällen zu lebensgefährlichen „Geschossen“ werden.

3 ▸ Sicherheitsgurte sind Pflicht. Das gilt nicht nur für Fahrer und Beifahrer, sondern für alle Insassen.

Methoden

Erklären und Voraussagen von Erscheinungen

Mithilfe physikalischer Gesetze oder Modelle können Erscheinungen in Natur, Technik und Alltag erklärt oder vorausgesagt werden.

Beim **Erklären** wird zusammenhängend und geordnet dargestellt, warum eine Erscheinung in Natur, Technik oder Alltag so und nicht anders auftritt.
Beim Erklären sollte man deshalb in folgenden Schritten vorgehen:

1. Beschreiben Sie die für das Wirken von Gesetzen oder das Anwenden von Modellen wesentlichen Seiten in der Erscheinung! Lassen Sie unwesentliche Seiten unberücksichtigt!
2. Nennen Sie Gesetze oder Modelle, mit denen die Erscheinung erklärt werden kann! Beachten Sie dabei die Gültigkeitsbedingungen von Gesetzen oder die Anwendbarkeit von Modellen!
3. Führen Sie die Erscheinung auf das Wirken von Gesetzen bzw. auf das Anwenden von Modellen zurück!

Beim **Voraussagen** wird auf der Grundlage von Gesetzen oder Modellen eine Folgerung in Bezug auf eine Erscheinung in Natur, Technik oder Alltag abgeleitet und zusammenhängend dargestellt.
Dabei muss von den Wirkungsbedingungen der Gesetze bzw. den Grenzen der Modelle ausgegangen werden.

Beim Voraussagen sollte man deshalb so vorgehen:

1. Beschreiben Sie die für das Wirken von Gesetzen oder Anwenden von Modellen wesentlichen Seiten in der Erscheinung! Lassen Sie unwesentliche Seiten unberücksichtigt!
2. Nennen Sie Gesetze oder Modelle, die der Erscheinung zugrunde liegen!
3. Leiten Sie Folgerungen für die Erscheinung ab!

Reibungsfrei im Weltraum

Auf der Erde lassen sich reibungsfreie Bedingungen nur sehr schwer herstellen. Im Weltraum dagegen herrscht näherungsweise ein Vakuum. Es gibt dort keine Luft und damit auch keine Luftreibung. Schwebt ein Astronaut im Weltraum, so erfährt er nahezu keine Reibung.
Wie bewegt sich ein Astronaut, wenn die Summe aller ansonsten auf ihn wirkenden Kräfte null ist? Welche Konsequenzen ergeben sich daraus?

Der Astronaut bewegt sich so, wie es aus dem Trägheitsgesetz vorhersagbar ist: Er bleibt gegenüber der Raumstation in Ruhe oder in gleichförmiger geradliniger Bewegung.
Aus diesem Grund ist es für einen Astronauten, der die Raumstation kurzzeitig verlässt, lebensnotwendig, den Kontakt zur Raumstation nicht zu verlieren. Stößt sich der Astronaut nämlich auch nur leicht von der Raumstation ab, so bewegt er sich mit konstanter Geschwindigkeit geradlinig von dort weg. Ohne eine Sicherungsleine oder einen eigenen Antrieb hat der Astronaut keine Möglichkeit mehr, zur Raumstation zurückzugelangen.

Die Gravitationskraft zwischen einem 10 t schweren Raumschiff und einem 80 kg schweren Astronauten beträgt bei 5 m Entfernung lediglich $2 \cdot 10^{-6}$ N.

1 ▸ Ein Astronaut in der Schwerelosigkeit: Er schwebt näherungsweise kräftefrei im Raum.

Beschleunigungen und Kräfte bei Verkehrsunfällen

Moderne Pkw verfügen über eine Reihe von Einrichtungen, die schwere Personenschäden bei Verkehrsunfällen verhindern sollen. Dazu gehören Sicherheitsgurte mit Gurtstraffern, Airbags, eine Sicherheitszelle um die Insassen herum und eine Knautschzone.
Trotz aller Sicherheitsmaßnahmen werden im Straßenverkehr jedes Jahr zahlreiche Menschen verletzt oder sogar getötet. Dabei spielen nicht selten Leichtsinn und eine Unterschätzung der bei Unfällen wirkenden Kräfte eine Rolle.
Betrachten wir folgenden Fall: Ein Pkw fährt mit nur 25 km/h auf ein festes Hindernis. Dabei wird die Knautschzone des Fahrzeugs um 18 cm zusammengedrückt und der Fahrer bewegt sich im Sicherheitsgurt noch einmal 12 cm nach vorn, bevor er zum Stillstand kommt.
Welche Bremsbeschleunigung erfährt der Kraftfahrer beim Unfall? Vergleiche diese mit der Fallbeschleunigung!
Mit welcher Kraft wird ein Fahrer mit der Masse 75 kg bei diesem Unfall abgebremst?
Wie beeinflusst die Knautschzone des Pkw die Unfallfolgen?

Aus $a = \frac{v}{t}$ und $s = \frac{a}{2}t^2$ ergibt sich $s = \frac{a}{2} \cdot \frac{v^2}{a^2}$ und durch Umstellen $a = \frac{v^2}{2s}$.

Analyse:
Beim Unfall wird der Pkw mit dem Kraftfahrer aus der Bewegung bis zum Stillstand abgebremst. Dabei legt er noch einen Weg zurück, der sich aus dem Zusammendrücken der Knautschzone und dem Weg im Sicherheitsgurt ergibt.

Gesucht: a in $\frac{\text{m}}{\text{s}^2}$
F in N

Gegeben: $v = 25\,\frac{\text{km}}{\text{h}}$
$s_1 = 18\text{ cm} = 0{,}18\text{ m}$
$s_2 = 12\text{ cm} = 0{,}12\text{ m}$
$m = 75\text{ kg}$
$g = 9{,}81\,\frac{\text{m}}{\text{s}^2}$

Beachten Sie immer: Das Ergebnis einer Rechnung kann nie genauer sein als der ungenaueste Ausgangswert.

1 ▸ Crash von Autos bei einem Autorennen

Lösung:
Es wird eine gleichmäßig verzögerte Bewegung angenommen. Die Beschleunigung kann man aus der Geschwindigkeitsänderung und dem Weg berechnen. Der Weg ergibt sich als Summe aus den beiden Teilwegen (s_1 und s_2).
Für die Bremsbeschleunigung ergibt sich:

$$a = \frac{v^2}{2s}$$

$$a = \frac{(25:3{,}6)^2\,\text{m}^2}{2 \cdot 0{,}30\,\text{m} \cdot \text{s}^2}$$

$$\underline{a = 80\,\frac{\text{m}}{\text{s}^2}}$$

Die Bremsbeschleunigung ist ca. achtmal so groß wie die Fallbeschleunigung. Mit dem **newtonschen Grundgesetz** kann die Bremskraft auf den Fahrer berechnet werden.

$$F = m \cdot a$$

$$F = 75\text{ kg} \cdot 80\,\frac{\text{m}}{\text{s}^2}$$

$$\underline{F = 6{,}0\text{ kN}}$$

Ergebnis:
Die Bremskraft beträgt ca. 6 kN. Aufgrund des **Wechselwirkungsgesetzes** wirkt der Kraftfahrer beim Unfall mit dieser Kraft auf den Sicherheitsgurt und wird durch diesen abgebremst.
Ohne Knautschzone wären Bremsverzögerung und Bremskraft größer, die Unfallfolgen möglicherweise schlimmer.

Experimente

Kraft und Bewegung

Experiment 1

Legen Sie auf ein Glas ein Blatt Papier und auf das Papier eine Münze! Halten Sie das Glas fest und ziehen Sie das Papier

a) langsam,

b) sehr schnell weg!

Beschreiben Sie und erklären Sie das Ergebnis des Versuchs!

Experiment 2

Stapeln Sie einige 50-Cent-Stücke übereinander! Entfernen Sie das unterste 50-Cent-Stück, ohne den Stapel anzuheben oder umzukippen! Begründen Sie Ihr Vorgehen!

Experiment 3

Bauen Sie nach folgender Skizze eine Versuchsanordnung auf!

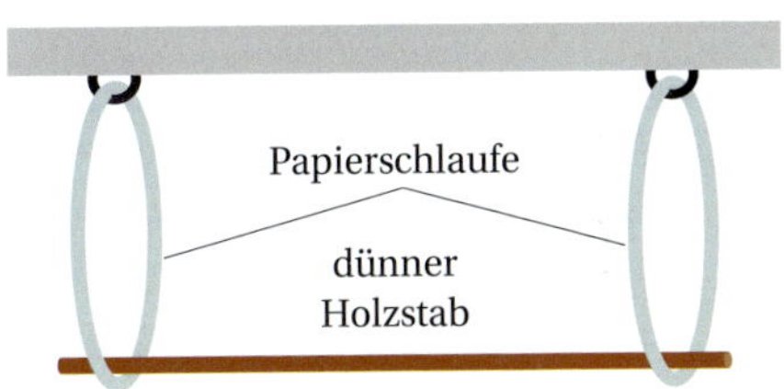

a) Sagen Sie voraus, was passiert, wenn Sie sehr schnell auf den Holzstab schlagen!

b) Überprüfen Sie Ihre Voraussage!

c) Begründen Sie das Versuchsergebnis!

Experiment 4

Auch Flüssigkeiten sind träge. Weisen Sie das in einem Experiment nach!

Auswertung:

Führen Sie das Experiment Ihren Mitschülern vor und begründen Sie das Ergebnis!

Experiment 5

Zeigen Sie, dass ein aufgeblasener Luftballon, den man loslässt, in eine vorbestimmte Richtung fliegt!

Durchführung:

Blasen Sie den Luftballon auf und lassen Sie ihn los!

Auswertung:

Begründen Sie, unter welcher Bedingung der Ballon nach oben, nach unten, nach links bzw. nach rechts fliegt!

Experiment 6

Stellen Sie sich mit einem schweren Gegenstand auf ein Skateboard und werfen Sie diesen in eine bestimmte Richtung! Achten Sie darauf, dass Sie niemanden verletzen! Was stellen Sie fest? Begründen Sie!

Experiment 7

Weisen Sie zusammen mit einem Mitschüler das Gesetz „actio = reactio“ nach!

Durchführung:

a) Ziehen Sie wie in der Abbildung an zwei Federkraftmessern, die einen unterschiedlichen Messbereich haben!

b) Sagen Sie voraus, ob die Federkraftmesser gleiche oder unterschiedliche Kräfte anzeigen werden!

c) Führen Sie das Experiment in drei Schritten durch!
   - Zunächst übt nur der links stehende Schüler eine Kraft aus, der andere hält den Kraftmesser lediglich fest.
   - Nun bleibt der links stehende Schüler inaktiv und der rechts stehende zieht am Federkraftmesser.
   - Im dritten Schritt ziehen beide.

Auswertung:

Vergleichen Sie Ihre Voraussagen mit den Versuchsergebnissen! Konnte das Wechselwirkungsgesetz nachgewiesen werden?

Allgemeine Hinweise zur Vorbereitung, Durchführung und Auswertung von Experimenten sind auf S. 109 gegeben.

Aufgaben

1. Beim schnellen Anfahren eines Pkw wird man kräftig in den Sitz gedrückt.
Erklären Sie, wie das kommt!

2. Beim Abschleppen eines defekten Autos mit einem Seil sollte man langsam anfahren. Erklären Sie, warum beim ruckartigen Anfahren das Seil reißen kann!

3. Ladungen auf Dachgepäckträgern von Pkw müssen sehr gut befestigt werden.
Begründen Sie, warum das notwendig ist!

4. Sie stehen in einem Bus, der eine Rechtskurve fährt. In welche Richtung würden Sie sich bewegen, wenn Sie sich leichtsinnigerweise nicht festhalten?
Begründen Sie!

5. Für die Sicherheit beim Autofahren sind u. a. Sicherheitsgurte, Airbags und Kopfstützen vorgesehen.

a) Warum helfen Sicherheitsgurte und Airbags, Unfallschäden zu verringern?

b) Erklären Sie, warum die Sitze unbedingt Kopfstützen haben sollten!

6. Die maximale Startmasse eines Flugzeugs vom Typ A 380 beträgt 560 t, die maximale Schubkraft jedes der vier Triebwerke 312 kN. Das Flugzeug kann 310 000 Liter Kerosin ($\varrho = 0{,}80\ \frac{g}{cm^3}$) an Bord nehmen.

a) Welche maximale Beschleunigung erreicht dieses Flugzeug auf der Startbahn?

b) Wie lang ist dann die Rollstrecke beim Start, wenn die Geschwindigkeit beim Abheben 260 km/h beträgt?

c) In Beschreibungen wird eine Startrollstrecke von etwa 3 000 m angegeben. Vergleichen Sie mit dem bei Teilaufgabe b berechneten Wert! Wie kann der Unterschied zustande kommen?

***d)** Wie groß ist die Beschleunigung des Flugzeugs, wenn bei maximaler Triebwerksleistung die Tanks nur zur Hälfte mit Treibstoff gefüllt sind?

7. Für einen Sprinter wurden bei einem 100-Meter-Lauf nach jeweils 10 m die Zeiten seit dem Start gemessen. Dabei erhielt man folgende Werte:

s in m	0	10	20	30	40
t in s	0	1,95	2,93	3,81	4,69

a) Wie groß ist die Durchschnittsgeschwindigkeit auf den ersten 40 m? Vergleichen Sie mit der Durchschnittsgeschwindigkeit für die Gesamtstrecke, wenn der Sprinter eine Weltklassezeit von 9,79 s erreicht hat!

b) Bestimmen Sie für die einzelnen Streckenabschnitte die durchschnittlichen Geschwindigkeiten! Begründen Sie die Unterschiede!

c) Der Sprinter hat eine Masse von 75 kg. Wie groß war die durchschnittliche beschleunigende Kraft auf den ersten 10 m?

8. Bei starkem Gegenwind fährt eine Radfahrerin eine gleichmäßig abfallende Straße hinunter.

a) Skizzieren Sie alle auf die Radfahrerin wirkenden Kräfte!

b) Stellen Sie in einer Übersicht die Bedingungen für eine gleichmäßig beschleunigte Bewegung, eine gleichmäßig verzögerte Bewegung bzw. eine gleichförmige Bewegung zusammen!

2

9. Erkunden Sie, welche Beschleunigungen bei Fahrzeugen (Zug, Pkw, Flugzeug, Rakete) auftreten! Was ergibt sich daraus für die Kräfte, die auf Personen wirken?

10. Bei einem Experiment zur Untersuchung des Zusammenhangs zwischen der Beschleunigung eines Körpers und der beschleunigenden Kraft wurden folgende Messwertepaare aufgenommen:

F in N	0	2,0	4,0	6,0	8,0
a in $\frac{m}{s^2}$	0	0,60	1,18	1,82	2,40

a) Zeichnen Sie das Kraft-Beschleunigung-Diagramm!
b) Interpretieren Sie das Diagramm!
c) Ermitteln Sie aus den Messwerten die Masse des Körpers!

11. Ein Pkw steht auf einer Straße mit 15 % Steigung.

a) Erkunden Sie, was 15 % Steigung bedeutet! Ermitteln Sie rechnerisch und zeichnerisch den Neigungswinkel α!
b) Welche Kräfte wirken auf diesen Pkw? Seine Masse beträgt 1 500 kg. Fertigen Sie im Heft eine Skizze an und zeichnen Sie maßstäblich die wirkenden Kräfte ein!
c) Der Pkw-Fahrer will beim Anfahren schnell beschleunigen und erreicht eine mittlere Beschleunigung von 4,2 m/s^2. Wie groß muss dabei die antreibende Motorkraft mindestens sein?

12. Ein Fußballspieler schlägt einen 430 g schweren Ball mit einer Geschwindigkeit von 80 km/h weg. Die Wechselwirkung mit dem Ball beim Abschuss dauert 0,1 s.

a) Wie groß ist die Beschleunigung des Balls?
b) Mit welcher durchschnittlichen Kraft wirkt der Spieler auf den Ball ein?
c) In welcher Zeit würde der Ball 11 m zurücklegen?

13. Bei einem Crashtest treten ähnlich wie bei Unfällen große Beschleunigungen auf. Dadurch wirken auf Körper erhebliche Kräfte. Welche Kraft wirkt auf einen Fahrer mit einer Masse von 70 kg, wenn die Beschleunigung 75 m/s^2 beträgt? Diskutieren Sie mögliche Folgen!

14. Der Physiker G. Atwood entwickelte 1784 eine Anordnung, mit der man beschleunigte Bewegungen untersuchen kann. Die Anordnung wird als atwoodsche Fallmaschine bezeichnet (s. Skizze). Links und rechts befinden sich Hakenkörper mit je einer Gesamtmasse von $M = 500$ g, links kleine Hakenkörper als Reibungsausgleich und eine Zusatzmasse von $m = 10$ g, die als beschleunigende Masse dient.

a) Wie bewegen sich die Körper, wenn sie sich selbst überlassen bleiben? Begründen Sie!
b) Wie groß ist die beschleunigende Kraft im Ausgangszustand, d. h. bei $v = 0$?
c) Mit welcher Beschleunigung bewegen sich die Körper? Welche Geschwindigkeit erreichen sie nach 5 s? In welcher Zeit legen sie 1 m zurück?

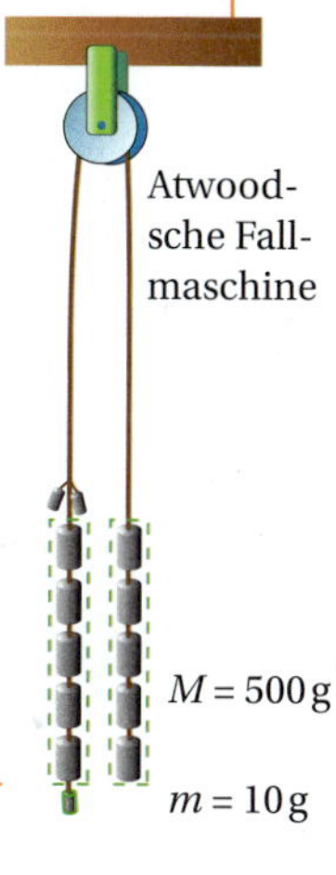

15. In einer Autozeitschrift war die folgende Meldung zu lesen:

„... Ein Experte rechnet vor: Ein 4 kg schwerer Autoatlas auf der Hutablage donnert bei einem Aufprall mit Stadttempo mit einer kinetischen Energie von umgerechnet 160 kg nach vorn ..."

Analysieren Sie den Text aus physikalischer Sicht und bewerten Sie ihn kritisch! Formulieren Sie den Sachverhalt physi-kalisch korrekt!

16. Zwei Schüler stehen sich auf Rollschuhen gegenüber. Robert stößt sich von Katharina ab.

a) Beschreiben und begründen Sie die Bewegung beider Schüler nach dem Abstoßen! Wie bewegen sich die Schüler bei gleicher bzw. unterschiedlicher Masse?

b) Was geschieht, wenn sich Katharina von Robert abstößt?

17. Suchen und erläutern Sie Beispiele aus Natur und Technik, bei denen das Rückstoßprinzip angewendet wird! Finden Sie auch Beispiele aus der Biologie! Bereiten Sie eine kurze Präsentation vor!

18. Die Abbildung zeigt das Modell einer Rakete.

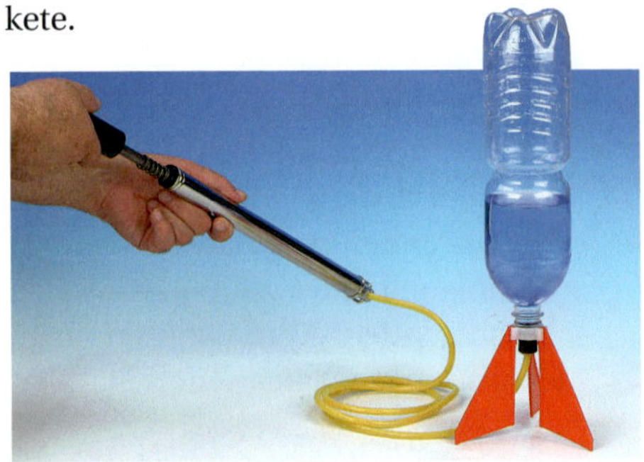

Beschreiben Sie den Aufbau und erklären Sie die Wirkungsweise eines solchen Raketenmodells!

19. Aus einer Getränkedose, mehreren Teelichtern und einer Holz- oder Styroporplatte kann man sich ein Dampfboot bauen (siehe Abb.).
Geben Sie die Energieumwandlungen an und erklären Sie die Wirkungsweise eines solchen Dampfboots!

20. Düsenflugzeuge verfügen über Triebwerke, bei denen das Wechselwirkungsgesetz genutzt wird. Erkunden Sie, wie ein solches Triebwerk aufgebaut ist und wie es funktioniert! Bereiten Sie dazu eine kurze Präsentation vor!

Das Wichtigste auf einen Blick

Newtons Gesetze

Ob und wie sich ein Körper bewegt, hängt von der Summe aller auf ihn wirkenden Kräfte ab.
Die Wirkung dieser resultierenden Kraft F ist abhängig von
- ihrem Betrag,
- ihrer Richtung und
- ihrem Angriffspunkt.

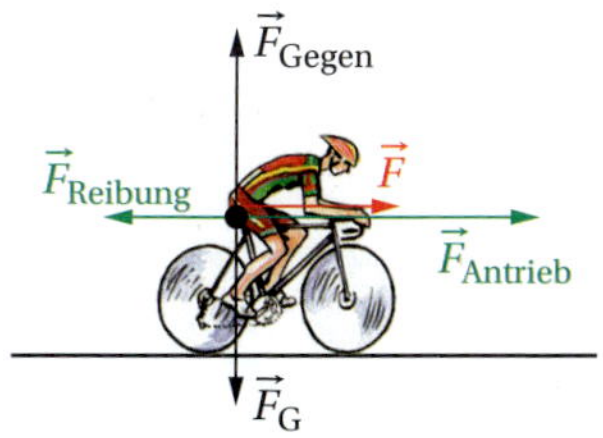

Mithilfe der von I. NEWTON (1643–1727) gefundenen Gesetze lassen sich die Bewegungen von Körpern erklären und voraussagen.

Newtonsche Gesetze

1. newtonsches Gesetz (Trägheitsgesetz)

Ein Körper bleibt in Ruhe oder in gleichförmiger geradliniger Bewegung, solange die Summe der auf ihn wirkenden Kräfte null ist.

2. newtonsches Gesetz (newtonsches Grundgesetz)

Wirkt auf einen Körper der Masse m die Kraft F, so erfährt er die Beschleunigung a.

$$F = m \cdot a$$

3. newtonsches Gesetz (Wechselwirkungsgesetz)

Wirken zwei Körper aufeinander ein, so wirkt auf jeden der Körper eine Kraft. Die Kräfte sind gleich groß und entgegengesetzt gerichtet.

$$\vec{F}_1 = -\vec{F}_2$$

Die Bewegungsgleichungen für gleichmäßig beschleunigte Bewegungen, d. h. für a = konstant, lauten:

$v = a \cdot t$

$s = \frac{a}{2} t^2$ $\qquad$ $s = \frac{v^2}{2a}$

a	Beschleunigung
v	Geschwindigkeit
s	Weg oder Ort
t	Zeit

2.2 Eindimensionale Bewegungen

Geschicktes Annähern ▸▸ Bei vielen Bewegungen in Natur, Technik und Alltag ist die wirkende Kraft und damit die Beschleunigung nicht konstant. Das gilt z. B. für einen Fallschirmspringer.
Wie kann man solche Bewegungen mithilfe von sinnvollen Näherungen mathematisch beschreiben? Wie stark weichen die Ergebnisse von der Realität ab?

Im Takt bleiben ▸▸ Zieht man an einem an einer Feder aufgehängten Körper und lässt ihn dann los, so vollführt er gleichmäßige Schwingungen.
Wovon hängt die Dauer einer einzelnen Schwingung ab? Warum kommt der Körper schließlich zum Stillstand?

Beschreibung von Bewegungen

Gleichförmige und gleichmäßig beschleunigte Bewegungen lassen sich mithilfe von Diagrammen (s. S. 60) oder den entsprechenden Bewegungsgesetzen beschreiben. Das gilt z. B. für ein anfahrendes Auto ebenso wie für einen fallenden Stein.
Um die jeweilige Lage des Körpers eindeutig zu kennzeichnen, reicht eine Koordinate (Ort oder Weg) aus. Diese Art von Bewegungen bezeichnet man in der Physik als **eindimensionale Bewegungen.** Wir betrachten nachfolgend solche eindimensionalen Bewegungen genauer.

Die Methode der kleinen Schritte

Mithilfe des 2. newtonschen Gesetzes lässt sich die Bewegung eines Körpers, der durch eine konstante Kraft beschleunigt wird, erklären. Mithilfe von Gesetzen lassen sich auch Voraussagen treffen. Man kann z. B. berechnen, wie lange ein Stein braucht, um aus 1 m Höhe bis zum Boden zu fallen. Das Ergebnis ist eine Voraussage, die man experimentell prüfen kann. In der Realität ist die auf einen Körper wirkende resultierende Kraft aber häufig nicht konstant. Ein Fallschirmspringer (Abb. 1) beispielsweise erfährt zwar eine konstante beschleunigende Kraft durch die Erdanziehung. Gleichzeitig jedoch wirkt auf ihn auch die Luftwiderstandskraft, die der Erdanziehungskraft entgegenwirkt und die mit steigender Geschwindigkeit zunimmt.

Die Resultierende aus beiden Kräften, also die beschleunigende Kraft, wird mit der Zeit kleiner. Demzufolge ist auch die Beschleunigung a nicht konstant. Die Anwendung der bisher behandelten Bewegungsgesetze würde zu Ergebnissen führen, die nicht mit der Realität übereinstimmen.

Wie behilft man sich nun, wenn die beschleunigende Kraft und damit die Beschleunigung selbst nicht konstant ist und man trotzdem die Bewegung mathematisch beschreiben will? Hier bietet sich der Einsatz eines numerischen Verfahrens an, das wir als **Methode der kleinen Schritte** bezeichnen.

Um diese Methode zu verdeutlichen und um ihre Zuverlässigkeit zu prüfen, wenden wir sie zunächst auf ein Beispiel an, das auch mithilfe der Bewegungsgesetze rechnerisch gelöst werden kann. Wir betrachten dazu einen Stein, der aus einer bestimmten Höhe frei zu Boden fällt.

Bei dieser typisch physikalischen Vorgehensweise bedient man sich in der Regel auch geeigneter Software. Es wird z. B. ein Tabellenkalkulationsprogramm verwendet.

1 ▸ Bei dem Springer bleibt die Erdanziehungskraft F_G immer gleich. Die Luftwiderstandskraft F_W vergrößert sich.

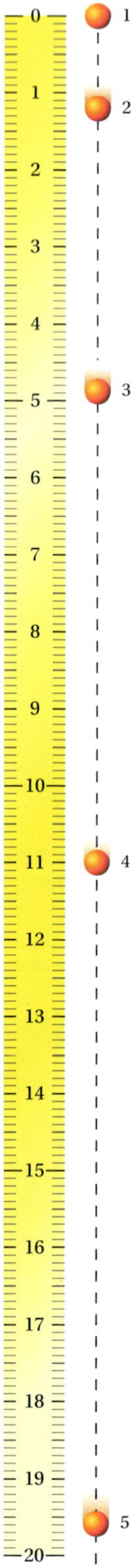

Für vernachlässigbar kleinen Luftwiderstand, also für kleine Fallhöhen schwerer Körper, gelten dann die Gesetze des freien Falls. In der Randspalte sind die Orte eines frei fallenden Körpers nach jeweils 0,05 s dargestellt.

Für den freien Fall eines Körpers gilt:

$a = -g$	g	Fallbeschleunigung
$v = -g \cdot t$	v	Geschwindigkeit
$y = -\frac{1}{2} g \cdot t^2$	y	Ort bzw. Weg

Die Minuszeichen verdeutlichen die Bewegungsrichtung nach unten.
Mithilfe dieser Gleichungen lässt sich der Ort des Steins zu jedem Zeitpunkt während des Falls berechnen.

Bei der **Methode der kleinen Schritte** teilt man nun die gesamte Bewegung in kleine Zeitabschnitte Δt auf, wobei man für jeden einzelnen Zeitabschnitt jeweils von vereinfachenden Annäherungen ausgeht. So nimmt man in obigem Beispiel Folgendes an:

- Die Geschwindigkeit bleibt während eines Zeitabschnitts Δt konstant.
- Beim Übergang von einem Zeitabschnitt zum nächsten erhöht sich die Geschwindigkeit um $\Delta v = a \cdot \Delta t$.

Mathematisch kann man die Annahmen so beschreiben:

$$t_{neu} = t_{alt} + \Delta t$$

$$a_{neu} = a_{alt} = -g = -9{,}81\ \frac{\text{m}}{\text{s}^2}$$

$$v_{neu} = v_{alt} + \Delta v = v_{alt} + a_{neu} \cdot \Delta t$$

$$y_{neu} = y_{alt} + \Delta y = y_{alt} + v_{neu} \cdot \Delta t$$

Damit lässt sich auf diese Weise für jeden Zeitpunkt des Falls der zurückgelegte Weg bzw. der Ort des fallenden Steins näherungsweise ermitteln.

t in s	y in m ($\Delta t = 0{,}10$ s)	y in m
0,00	0,00	0,00
0,10	-0,098	-0,049
0,20	-0,294	-0,196
0,30	-0,589	-0,441
0,40	-0,981	-0,785
0,50	-1,472	-1,226
0,60	-2,060	-1,766
0,70	-2,747	-2,403
0,80	-3,532	-3,139

1 ▸ Werte für die Wege, berechnet nach der Methode der kleinen Schritte (Δt = 0,10 s) und mithilfe der Bewegungsgesetze (rot)

Wählt man als Länge des Zeitintervalls $\Delta t = 0{,}10$ s, so erhält man mithilfe der Methode der kleinen Schritte die oben in der Tabelle enthaltenen schwarz gedruckten Werte für y. Zum Vergleich sind rote Werte angegeben, die man aus den Bewegungsgesetzen erhält.

Eingezeichnet in ein Zeit-Weg-Diagramm zeigt sich, dass sich die Graphen noch recht deutlich voneinander unterscheiden (Abb. 2), also nur eine noch nicht gute Näherung vorliegt.

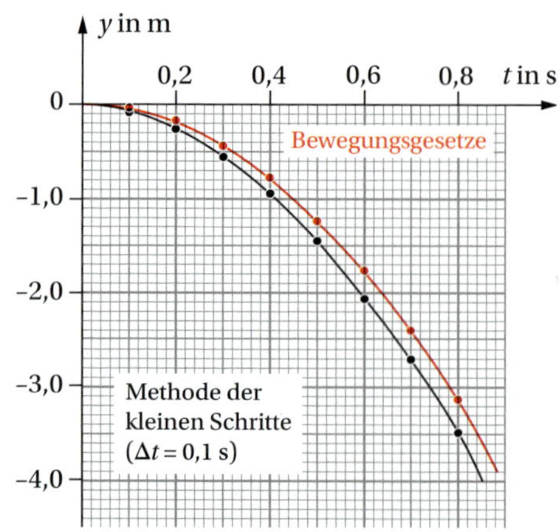

2 ▸ Darstellung der berechneten Werte im Zeit-Weg-Diagramm

t in s	y in m (Δt = 0,01 s)	y in m
0,00	0,00	0,00
0,10	-0,054	-0,049
0,20	-0,206	-0,196
0,30	-0,456	-0,441
0,40	-0,804	-0,785
0,50	-1,251	-1,226
0,60	-1,795	-1,766
0,70	-2,438	-2,403
0,80	-3,178	-3,139

1 ▸ Werte für die Wege nach der Methode der kleinen Schritte für ein Zeitintervall von 0,01 s. Angegeben ist nur jeder zehnte Wert.

Verkleinert man die Schrittweite Δt, so nähern sich die Ergebnisse an die Berechnungen mit den Bewegungsgesetzen an (Abb. 1, 2).

M **Die Methode der kleinen Schritte ist ein einfaches Näherungsverfahren zur mathematischen Beschreibung von Bewegungen, ausgehend vom jeweiligen Kraftgesetz.**

Die Ergebnisse sind umso genauer, je kleiner man das Zeitintervall Δt wählt.

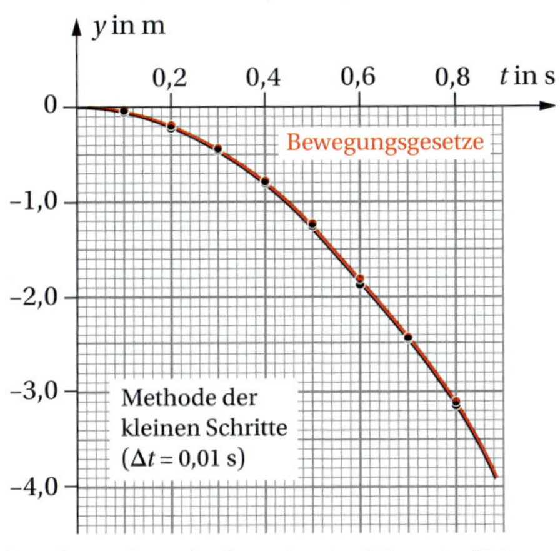

2 ▸ Darstellung der berechneten Werte im Zeit-Weg-Diagramm

Methode

Die galileische Methode

Der italienische Naturforscher GALILEO GALILEI (1564-1642) war nicht nur ein bedeutender Forscher - er formulierte die Gesetze für den freien Fall von Körpern und entdeckte die vier hellsten Monde des Planeten Jupiter. Er gilt auch als Begründer der modernen Naturwissenschaften, weil er theoretische Überlegungen und experimentelle Untersuchungen eng miteinander verband und somit eine Herangehensweise entwickelte, die heute als **experimentelle** oder **galileische Methode** bezeichnet wird. Sie ist nicht die einzige, aber eine wichtige und häufig genutzte Methode.

Auf der Grundlage bisheriger Erkenntnisse, aber auch durch Beobachtungen oder Experimente, kann man begründete Vermutungen ableiten. In der Physik spricht man von einer **Hypothese.** Eine solche Hypothese ist z. B.: Bei einer gleichmäßig beschleunigten Bewegung wächst der Weg mit dem Quadrat der Zeit.

Hypothesen müssen geprüft werden. Eine solche Prüfung kann experimentell oder auf der Grundlage bisheriger Erkenntnisse erfolgen. Die Übersicht zeigt das typische Herangehen.

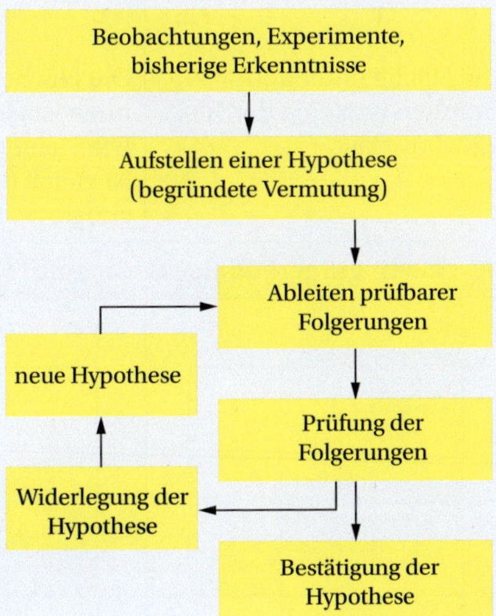

Übersicht über Bewegungsgesetze und Bewegungsdiagramme

Im bisherigen Physikunterricht haben Sie Bewegungsgesetze und Bewegungsdiagramme für gleichförmige geradlinige Bewegungen und für gleichmäßig beschleunigte geradlinige Bewegungen kennengelernt. Nachfolgend sind die wichtigsten Gleichungen und Diagramme zusammengestellt. Sie können sie zum Nachschlagen nutzen.

Gleichförmige geradlinige Bewegung ($F = 0$, $a = 0$)

$a = 0$

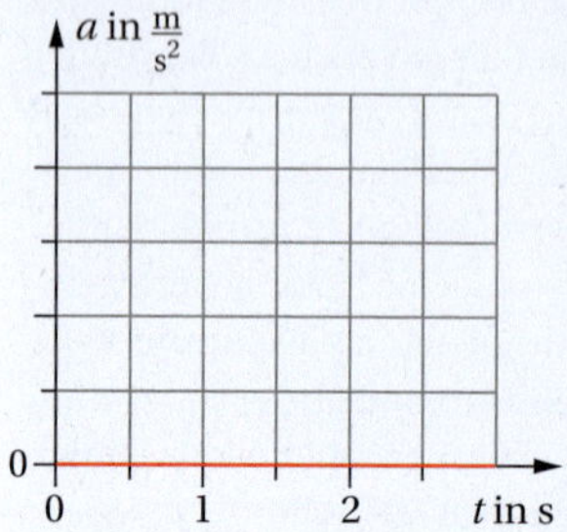

Die Beschleunigung ist null.

$v =$ konstant

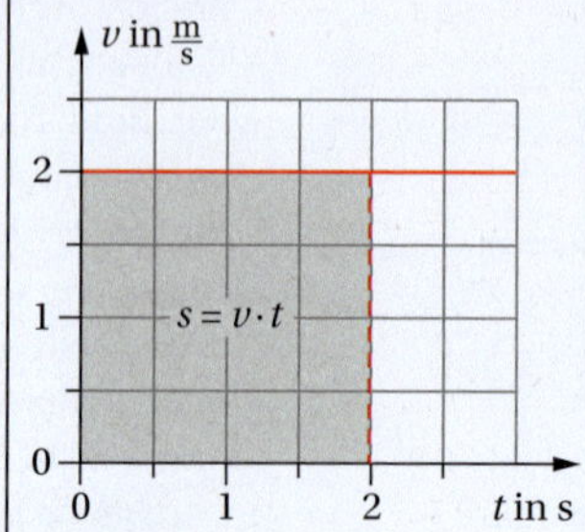

Die Fläche unter dem Graphen ist gleich dem zurückgelegten Weg.

$s = v \cdot t$

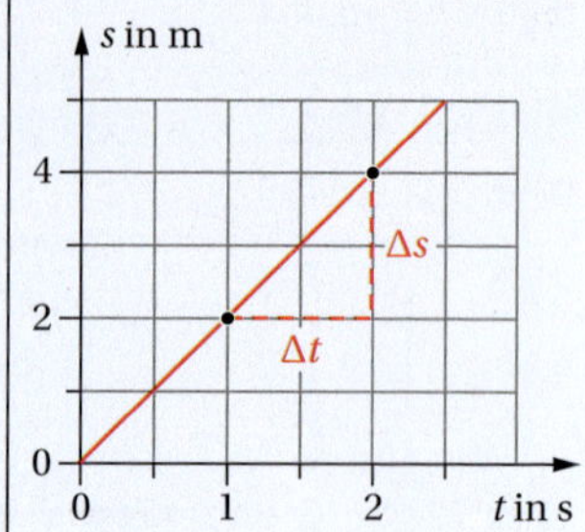

Die Steigung des Graphen ist gleich der Geschwindigkeit.

Gleichmäßig beschleunigte geradlinige Bewegung ($F =$ konstant $\neq 0$)

$a =$ konstant

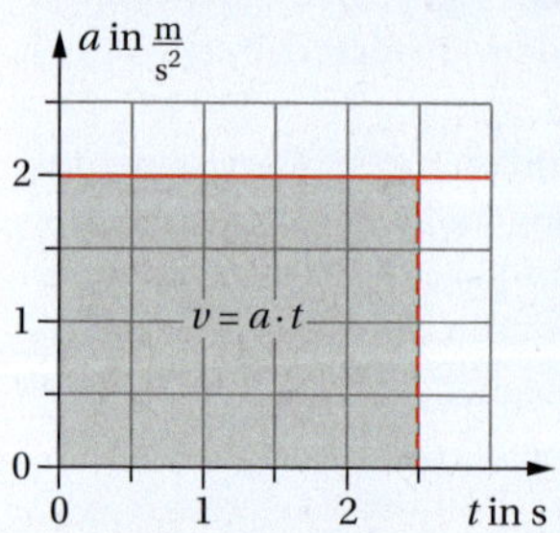

Die Fläche unter dem Graphen ist gleich der Geschwindigkeit.

$v = a \cdot t$

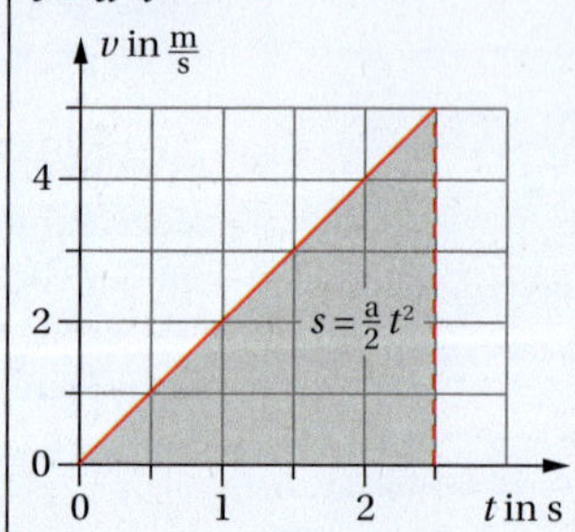

Die Fläche unter dem Graphen ist gleich dem Weg. Die Steigung des Graphen ist gleich der Beschleunigung.

$s = \frac{a}{2} \cdot t^2$

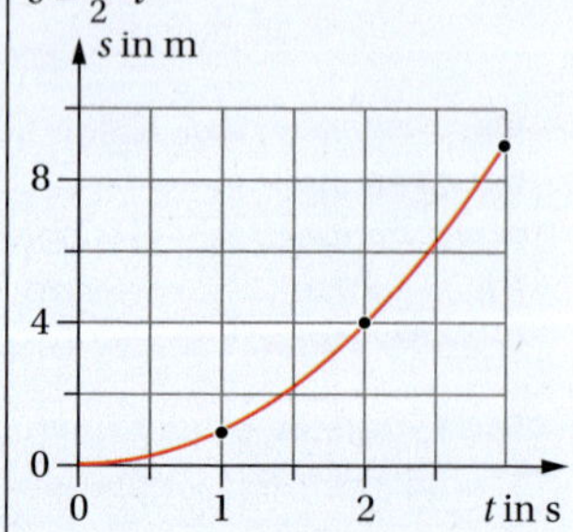

Der Graph ist Teil einer Parabel.

Beschleunigte geradlinige Bewegung ($F \neq$ konstant, $a \neq$ konstant)

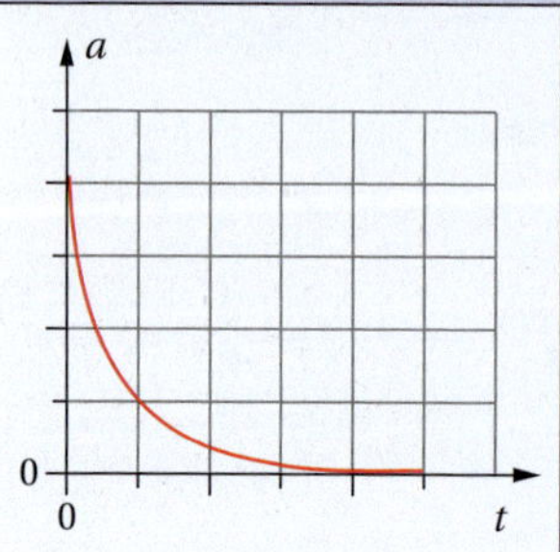

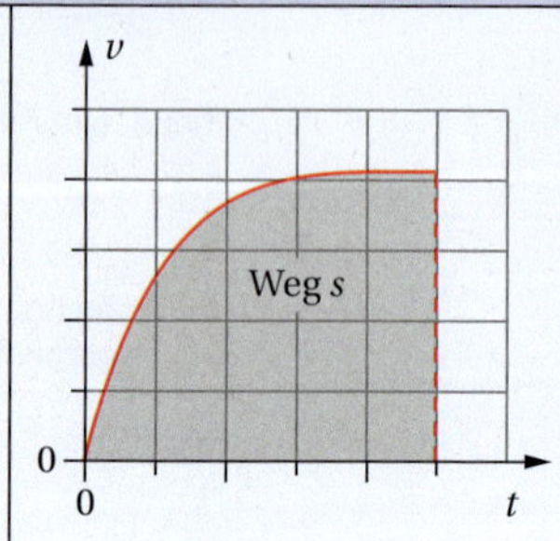

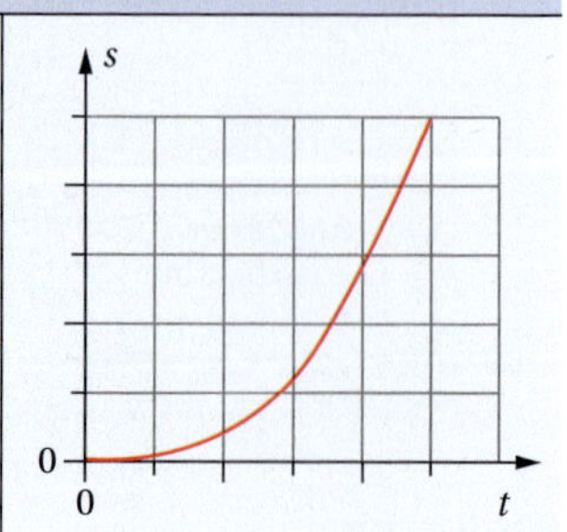

2

Methode

Arbeiten mit Diagrammen

Diagramme sind ein wichtiges Hilfsmittel in Wissenschaft und Technik. Zum einen lässt sich in einem Diagramm der Zusammenhang zwischen zwei Größen anschaulich darstellen. Zum anderen ermöglicht das Interpretieren von Diagrammen, Zusammenhänge zu erkennen. Darüber hinaus ist es möglich, mithilfe eines Diagramms Voraussagen zu machen. Als Beispiel betrachten wir das nachfolgende Zeit-Weg-Diagramm, das die Bewegung eines Autos beschreibt.

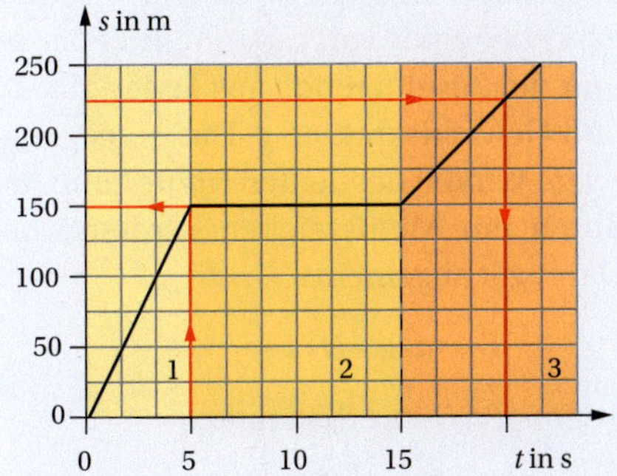

Beim Interpretieren eines Diagramms sollte man folgendermaßen vorgehen:

1. Nennen Sie die physikalischen Größen, die auf den Achsen angetragen sind!

Im Diagramm ist der Zusammenhang zwischen dem Weg s und der Zeit t dargestellt.

2. Beschreiben Sie den Zusammenhang zwischen den Größen, die auf den Achsen angetragen sind! Unterscheiden Sie dabei, wenn es zweckmäßig ist, zwischen verschiedenen Abschnitten!

In **Abschnitt 1** nimmt der Weg mit der Zeit gleichmäßig zu. Das bedeutet: Das Auto bewegt sich gleichförmig.

In **Abschnitt 2** ändert sich der Weg nicht. Das Auto steht.

In **Abschnitt 3** vergrößert sich wiederum der Weg gleichmäßig mit der Zeit. Das Auto bewegt sich mit bestimmter Geschwindigkeit.

3. Nennen Sie charakteristische Werte! Gehen Sie, wenn möglich, auf die Bedeutung der Fläche unter dem Graphen und der Steigung des Graphen ein!

Von 0 bis 5 s bewegt sich das Auto gleichförmig und legt dabei einen Weg von 150 m zurück. Dann steht es 10 s lang und fährt anschließend gleichförmig weiter. In Abschnitt 3 ist allerdings die Geschwindigkeit kleiner als in Abschnitt 1, da die Steigung des Graphen dort kleiner ist.

Manchmal ist es auch zweckmäßig, die Schritte 2 und 3 zusammenzufassen.

Ablesen von Werten

Aus einem Diagramm kann man den Wert einer Größe ablesen, wenn die andere Größe bekannt ist. So ergibt sich z. B. aus dem Diagramm für eine Zeit von 5 s ein Weg von 150 m. Für einen Weg von 225 m erhält man als zugehörige Zeit 20 s.

Berechnen von Größen (Vorhersagen)

Mit den in einem Diagramm dargestellten Werten lassen sich auch Größen berechnen, so beispielsweise aus einem t-s-Diagramm unterschiedliche Geschwindigkeiten.

So ergibt sich für Abschnitt 1 des dargestellten Diagramms: In 5 s wurden 150 m zurückgelegt.

Demzufolge ist:

$$v_1 = \frac{s}{t} = \frac{150\,\text{m}}{5\,\text{s}} = 30\,\frac{\text{m}}{\text{s}}$$

Für Abschnitt 2 erhält man $v_2 = 0$ und für den dritten Abschnitt $15\,\frac{\text{m}}{\text{s}}$. Die Durchschnittsgeschwindigkeit in den ersten 20 s der Bewegung beträgt $\bar{v} = \frac{225\,\text{m}}{20\,\text{s}} = 11\,\frac{\text{m}}{\text{s}}$.

Harmonische Schwingungen

Nach einer bestimmten Zeit kommt die Gondel eines Riesenrads immer wieder an derselben Stelle vorbei. Der Vorgang ist periodisch, aber es ist keine Schwingung.

Häufig sind in Natur und Technik Vorgänge zu beobachten, bei denen Körper periodisch ihre Lage im Raum oder ihr geometrisches Erscheinungsbild ändern und sich dabei immer wieder ein gleicher oder weitgehend ähnlicher Bewegungsvorgang abspielt. Beispiele dafür sind die Bewegung einer Schaukel oder das Hin- und Herschwingen der Saite einer Gitarre (Abbildungen 1, 2–4). Die Körper bewegen sich dabei zeitlich periodisch um eine Gleichgewichtslage. Eine solche Bewegung bezeichnet man in der Physik als **mechanische Schwingung.**

M **Eine mechanische Schwingung ist eine zeitlich periodische Bewegung eines Körpers um eine Gleichgewichtslage.**

Damit ein Körper überhaupt Schwingungen vollführen kann, müssen bestimmte Voraussetzungen erfüllt sein:

- Es muss ein schwingungsfähiger Körper vorhanden sein.
- Der Körper muss aus seiner Gleichgewichtslage ausgelenkt werden. Dazu ist Kraft bzw. Energie erforderlich.
- Es muss eine in Richtung Gleichgewichtslage rücktreibende Kraft vorhanden sein.

Betrachten wir als Beispiel ein **Federpendel,** auch Federschwinger genannt.

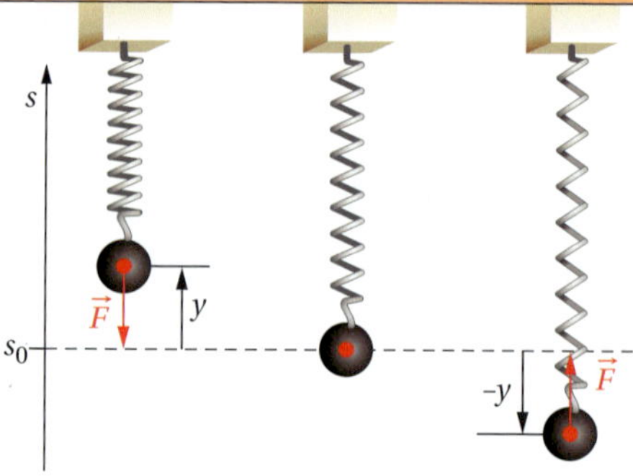

1 ▸ Rücktreibende Kraft bei einem vertikalen Federpendel

Es handelt sich hierbei um ein Massestück, das an einer elastischen Feder hängt. Lenkt man das Massestück aus, dann schwingt es um seine Gleichgewichtslage. Als rücktreibende Kraft F wirkt bei einer vorgespannten Feder immer die Resultierende aus Federkraft $D \cdot s$ und Gewichtskraft $m \cdot g$. Das entgegengesetzte Wirken der beiden Kräfte kann man durch ein Minuszeichen verdeutlichen. Dann gilt allgemein:

$$F = m \cdot g - D \cdot s$$

Mit $m \cdot g = D \cdot s_0$ erhält man:

$$F = D \cdot s_0 - D \cdot s = -D(s - s_0)$$

$s - s_0$ ist die jeweilige Auslenkung y. Somit gilt:

$$F = -D \cdot y$$

M **Eine Schwingung, bei der die rücktreibende Kraft F proportional zur Auslenkung y ist, nennt man eine harmonische Schwingung.**

2 ▸ Eine Stimmgabel schwingt um eine Gleichgewichtslage.

3 ▸ Die Flügel eines Vogels führen Schwingungen aus.

4 ▸ Die Saiten einer Gitarre schwingen um eine Gleichgewichtslage.

Beschreibung mechanischer Schwingungen

Mechanische Schwingungen können in verschiedener Weise aufgezeichnet werden. Eine Möglichkeit ist ein Sandpendel (Abb. 2). Die Schwingungen einer Stimmgabel lassen sich auf einer berußten Glasplatte sichtbar machen. Es kann dazu auch ein Oszilloskop genutzt werden. Damit erhält man Darstellungen vom zeitlichen Verlauf von Schwingungen.
Solche Darstellungen können auch in einem Diagramm erfolgen (Abb. 1), wenn man z. B. die zeitliche Änderung des Abstands eines schwingenden Körpers von der Gleichgewichtslage darstellt. Der jeweilige Abstand von der Gleichgewichtslage wird **Auslenkung** y genannt. In der Physik ist dafür die Bezeichnung **Elongation** üblich.

Im t-y-Diagramm (Abb. 1) erhält man für eine harmonische Schwingung einen Graphen, der so wie bei einer Sinusfunktion oder einer Kosinusfunktion verläuft. Harmonische Schwingungen werden deshalb **Sinusschwingungen** genannt.

2 ▸ Aufzeichnung von Pendelschwingungen mithilfe eines Sandpendels

Verläuft der Graph im t-y-Diagramm nicht sinusförmig, so liegt eine **nicht harmonische Schwingung** vor. So sind z. B. die Schwingungen, die ein Fahrzeug nach Durchfahren einer Bodenwelle ausführt, in der Regel nicht harmonisch.

Da sich bei mechanischen Schwingungen mechanische Größen wie die Auslenkung y oder die Geschwindigkeit v zeitlich periodisch ändern, kann man diese Größen zur mathematischen Beschreibung von Schwingungen nutzen.

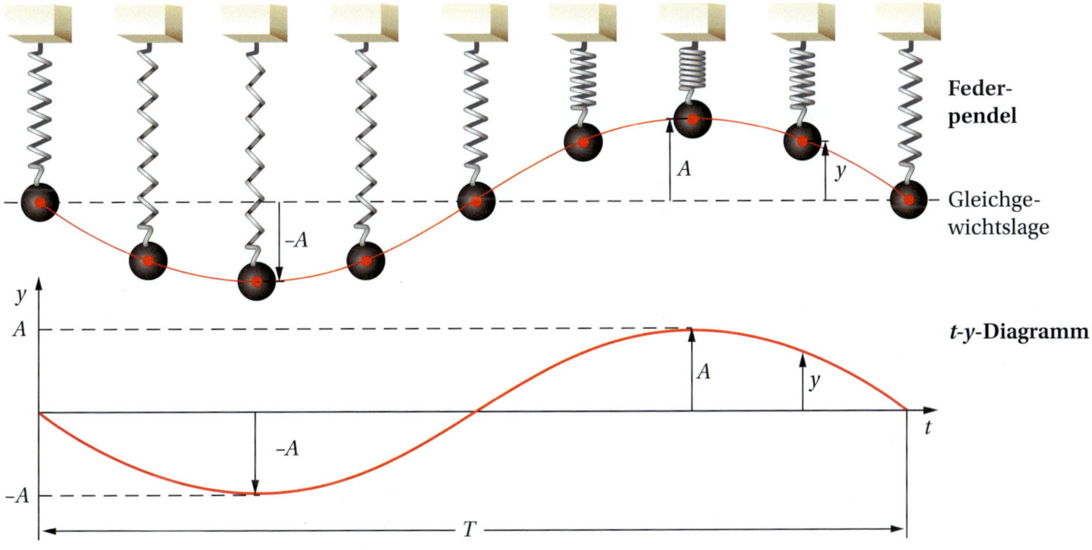

1 ▸ Stellt man die Auslenkung eines Federpendels in Abhängigkeit von der Zeit dar, erhält man im t-y-Diagramm der Schwingung eine Sinuskurve.

Bei kleinen Winkeln α führt ein Fadenpendel eine harmonische Schwingung aus. Die rücktreibende Kraft ist eine Komponente der Gewichtskraft.

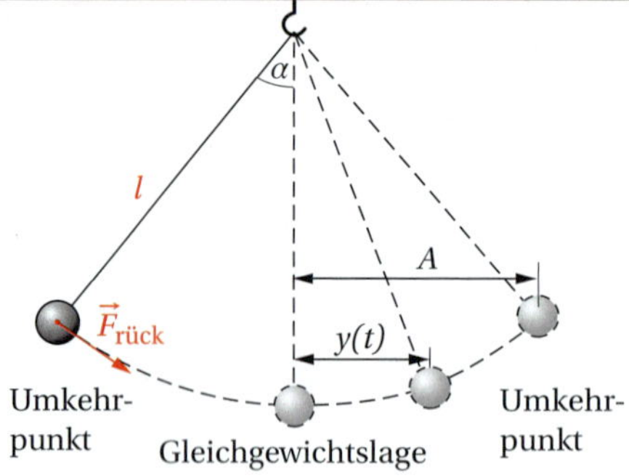

1 ▸ Auslenkung *y(t)* und Amplitude *A* gehören zu den Kenngrößen einer Schwingung.

Schwingende Körper wie ein Fadenpendel oder ein Federpendel bewegen sich zwischen zwei Umkehrpunkten hin und her. Diese Punkte haben den größten Abstand von der Ruhelage. Man nennt ihn **Amplitude** *A* (Abb. 1 und S. 63, Abb. 1).

> Ⓜ **Die Amplitude einer Schwingung ist der maximale Abstand des schwingenden Körpers von der Ruhelage.**
>
> **Formelzeichen:** *A*
> **Einheit:** ein Meter (1 m)

Eine vollständige Schwingung nennt man ***Periode.***

Die Zeit für eine vollständige Schwingung, d. h. eine Hin- und Herbewegung, wird als **Schwingungsdauer** oder **Periodendauer** bezeichnet.
So hat z. B. der Flügelschlag einer Hummel eine kleinere Schwingungsdauer als der Flügelschlag eines Schwans.

Frequenzen in Natur und Technik	
1 m langes Fadenpendel	0,5 Hz
durchschnittliche Frequenz des Herzschlags beim Menschen	1,3 Hz
tiefste vom Menschen hörbare Frequenz	16 Hz
Flügel einer Hummel	200 Hz
Kammerton a	440 Hz
Frequenzen beim Sprechen	100 … 1 000 Hz
höchste von jungen Menschen hörbare Frequenz	20 000 Hz
Ultraschall	über 20 000 Hz

> Ⓜ **Die Schwingungsdauer (Periodendauer) gibt die Zeit für eine vollständige Schwingung an.**
>
> **Formelzeichen:** *T*
> **Einheit:** eine Sekunde (1 s)

Je nachdem, wie groß die Schwingungsdauer ist, können unterschiedlich viele Schwingungen in einer bestimmten Zeit ablaufen. Dies wird durch die **Frequenz** erfasst (s. Tabelle unten).

> Ⓜ **Die Frequenz einer Schwingung gibt an, wie viele Schwingungen in jeder Sekunde ablaufen.**
>
> **Formelzeichen:** *f*
> **Einheit:** ein Hertz (1 Hz)
> $1\ \text{Hz} = \frac{1}{\text{s}}$

Die Einheit 1 Hz ist nach dem deutschen Physiker HEINRICH HERTZ (1857–1894) bezeichnet worden. HERTZ entdeckte 1886 die nach ihm benannten hertzschen Wellen. Er untersuchte deren Eigenschaften und schuf damit die Grundlagen für die drahtlose Nachrichtenübertragung.
Vielfache der Einheit 1 Hz sind ein Kilohertz (1 kHz), ein Megahertz (1 MHz) und ein Gigahertz (1 GHz). Es gilt:

$$1\ \text{kHz} = 1\,000\ \text{Hz} = 10^3\ \text{Hz}$$
$$1\ \text{MHz} = 1\,000\,000\ \text{Hz} = 10^6\ \text{Hz}$$
$$1\ \text{GHz} = 1\,000\,000\,000\ \text{Hz} = 10^9\ \text{Hz}$$

Wenn beispielsweise eine Schaukel in 10 Sekunden 6-mal hin- und herschwingt, so kann man daraus ihre Frequenz berechnen. Sie beträgt $f = \frac{6}{10\ \text{s}} = 0{,}6\ \text{Hz}$.
Frequenz und Schwingungsdauer hängen unmittelbar zusammen:

> Ⓜ **Die Frequenz einer Schwingung kann berechnet werden mit der Gleichung:**
>
> $f = \frac{1}{T}$ oder $f = \frac{n}{t}$
>
> *T* Schwingungsdauer
> n Anzahl der Schwingungen
> *t* Zeit für n Schwingungen

Ungedämpfte und gedämpfte Schwingungen

Bei mechanischen Schwingungen wird Höhenenergie in kinetische Energie umgewandelt und umgekehrt.
Für ein Fadenpendel sind die Energieumwandlungen in Abb. 2 dargestellt. Die Werte für die kinetische bzw. die Höhenenergie schwanken zwischen null und einem Maximalwert. Dieser Maximalwert ist von der Masse des schwingenden Körpers und von der maximalen Auslenkung bzw. der maximalen Geschwindigkeit abhängig.
Lässt man ein solches Pendel längere Zeit hin- und herschwingen, dann zeigt sich: Die Amplitude der Schwingungen wird kleiner. Ursache dafür sind die Reibung an der Aufhängung und der Luftwiderstand. Ein Teil der mechanischen Energie wird in innere Energie umgewandelt und als Wärme an die Umgebung abgegeben. Eine solche Schwingung wird als **gedämpfte Schwingung** bezeichnet (Abb. 1). Für eine gedämpfte mechanische Schwingung gilt:

$$E_H + E_{kin} + E_i = \text{konstant}$$

Bei diesem Vorgang verkleinert sich ständig der Anteil der mechanischen Energie. Die innere Energie, die in Form von Wärme an die Umgebung abgegeben wird, vergrößert sich.
Beispiele für gedämpfte Schwingungen sind das Hin- und Herschwingen eines Autos nach dem Durchfahren einer Bodenwelle oder die Schwingung einer Gitarrensaite.
Bei einer gedämpften Schwingung ändern sich die Form der Schwingungskurve und die Schwingungsdauer in vielen Fällen nicht, wohl aber die Amplitude der Schwingung. Sie wird immer kleiner und letztendlich null. Das kann man z. B. bei einer angeschlagenen Stimmgabel oder bei einem Fadenpendel beobachten.
Führt man einem Schwinger die mechanische Energie, die ihm durch Reibung verloren geht, ständig wieder zu oder sieht man im Idealfall von der Reibung ab, so bleibt die Amplitude der Schwingung konstant (Abb. 3). In einem solchen Fall spricht man von einer **ungedämpften Schwingung.** Der Graph im Diagramm entspricht dem einer Sinuskurve. Für eine ungedämpfte mechanische Schwingung gilt der Energieerhaltungssatz der Mechanik:

$$E_H + E_{kin} = \text{konstant}$$

Beispiele für ungedämpfte mechanische Schwingungen sind die Pendel von Pendeluhren oder die Hin- und Herbewegung bei einem Metronom (s. Randspalte).

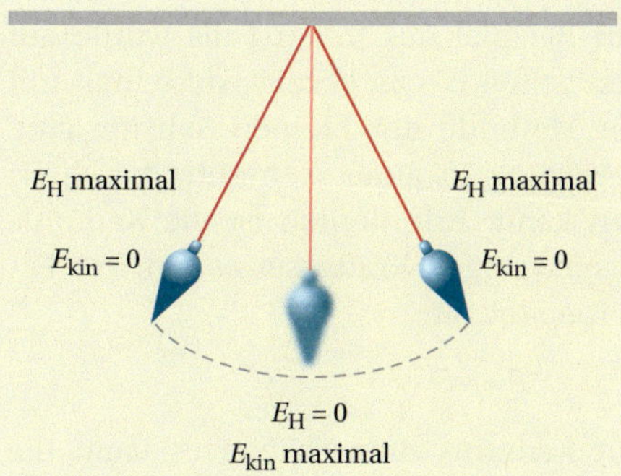

2 ▸ Energieumwandlungen beim Fadenpendel

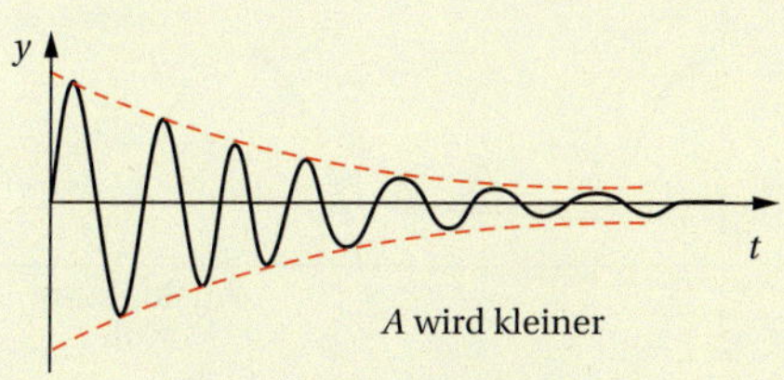

1 ▸ *t-y*-Diagramm einer gedämpften Schwingung: Die Amplitude nimmt ab.

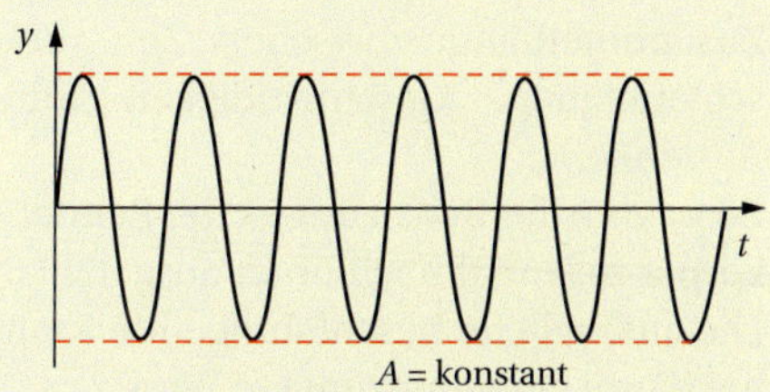

3 ▸ *t-y*-Diagramm einer ungedämpften Schwingung: Die Amplitude bleibt konstant.

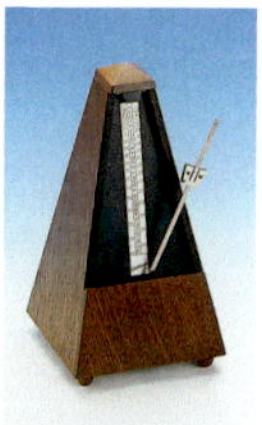

Beim Metronom führt eine aufgezogene Spiralfeder die Energie zu, die durch Reibung „verloren" geht.

Beschreibung harmonischer Schwingungen

Am Beispiel des freien Falls wurde auf den Seiten 57–59 gezeigt, dass man mit der **Methode der kleinen Schritte** eine Bewegung in guter Näherung beschreiben kann. Erforderlich ist die Kenntnis des jeweiligen Kraftgesetzes. Für ein Federpendel gilt:

$$F = -D \cdot y$$

D ist die Federkonstante, y die jeweilige Auslenkung und damit der Ort, an dem sich der Pendelkörper befindet.

Mit Kenntnis dieses Gesetzes kann die Methode der kleinen Schritte auf die Schwingung eines Federpendels angewendet werden. Es lassen sich damit die Zusammenhänge zwischen Beschleunigung a und Zeit t, zwischen Geschwindigkeit v und Zeit t sowie zwischen Auslenkung (Ort) y und Zeit t ermitteln.

Wir gehen dabei von folgenden Annahmen aus:

- Die beschleunigende Kraft und damit die Beschleunigung bleiben während eines Zeitintervalls Δt konstant. Damit kann man die Beschleunigung a für das jeweilige Zeitintervall Δt berechnen:

  $$a = \frac{F}{m} = -\frac{D \cdot y}{m}$$

  Daraus wiederum ergibt sich die Geschwindigkeitsänderung $\Delta v = a \cdot \Delta t$, die man zur aktuellen Geschwindigkeit hinzuaddiert.

  Mit Kenntnis der Geschwindigkeit kann die während des Zeitintervalls erfolgte Änderung der Auslenkung $\Delta y = v \cdot \Delta t$ berechnet werden. Auf diese Weise erhält man Schritt für Schritt die Zusammenhänge zwischen Zeit, Beschleunigung, Geschwindigkeit und Auslenkung.
- Zu Beginn der Bewegung ist der Pendelkörper maximal nach oben ausgelenkt. Die anfängliche beschleunigende Kraft hat damit einen maximalen Wert.
- Das Zeitintervall Δt wird sehr klein gewählt, weil damit die Genauigkeit des Ergebnisses größer ist.

Zu empfehlen ist ein Wert von $\Delta t = 0{,}01$ s oder kleiner.

Mathematisch kann man die Annahmen mit dem folgenden Algorithmus beschreiben:

$$t_{neu} = t_{alt} + \Delta t$$

$$F = -D \cdot y$$

$$a = \frac{F}{m} = -\frac{D}{m} \cdot y$$

$$\Delta v = a \cdot \Delta t$$

$$v_{neu} = v_{alt} + \Delta v \qquad (\Delta v = a_{alt} \cdot \Delta t)$$

$$\Delta y = v_{neu} \cdot \Delta t$$

$$y_{neu} = y_{alt} + \Delta y \qquad (\Delta y = v_{alt} \cdot \Delta t)$$

Die Anfangsbedingungen (m, D, Δt, Ausgangsposition des Pendelkörpers) müssen festgelegt werden.

Mit einem Tabellenkalkulationsprogramm lassen sich dann die Werte näherungsweise berechnen und grafisch darstellen (Abb. 1).

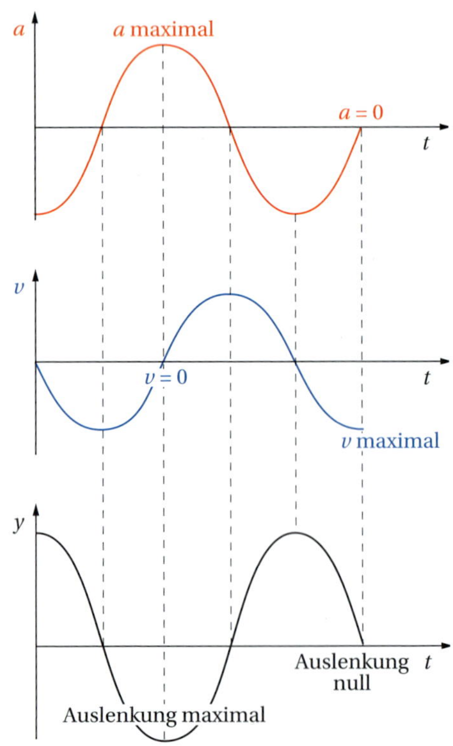

1 ▸ Zeit-Ort, Zeit-Geschwindigkeit- und Zeit-Beschleunigung-Diagramm für den Pendelkörper.

2

Bei den auf S. 66 dargestellten Graphen handelt es sich um Graphen einer Sinus- bzw. einer Kosinusfunktion. Solche Kurven erhält man auch, wenn man Pendelschwingungen experimentell darstellt (s. S. 63, Abb. 2).
Einen solchen Graphen erhält man ebenfalls, wenn man einen Massepunkt gleichförmig eine Kreisbahn durchlaufen lässt und die Ordinate in Abhängigkeit von der Zeit aufträgt (Abb. 1). Dann gilt:

$$y = A \cdot \sin \varphi \qquad (1)$$

Die Umlaufzeit T ist gleich der Schwingungsdauer. Setzt man den Winkel (φ) (2) in die Gleichung (1) ein, so erhält man:

$$\frac{\varphi}{t} = \frac{2\pi}{T} \quad \text{oder} \quad \varphi = \frac{2\pi}{T} \cdot t \qquad (2)$$

Damit gilt für die Auslenkung:

$$y = A \cdot \sin\left(\frac{2\pi}{T} \cdot t\right)$$

Der Term $\frac{2\pi}{T}$ wird als Kreisfrequenz ω bezeichnet. Damit gilt:

M

Die Funktionsgleichung $y(t)$ für eine harmonische Schwingung lautet:

$$y(t) = A \cdot \sin\left(\frac{2\pi}{T} \cdot t\right) = A \cdot \sin(\omega \cdot t)$$

- A Amplitude
- T Schwingungsdauer
- t Zeit
- ω Kreisfrequenz

Energien bei einer Federschwingung

Beim Schwingen eines Federpendels vollziehen sich ständig Energieumwandlungen. Welche Aussagen kann man über die Energien in den Umkehrpunkten und in der Gleichgewichtslage machen?
Bei Vernachlässigung der Reibung spielen drei Energieformen eine Rolle: die Höhenenergie E_H des Pendelkörpers, seine kinetische Energie E_{kin} und die Spannenergie E_{Sp} der Feder. Nach dem Energieerhaltungssatz gilt bei Vernachlässigung der Reibung:

$$E_H + E_{kin} + E_{Sp} = \text{konstant}$$

Diese drei Energieformen werden ständig ineinander umgewandelt. Genauere Aussagen über die Energien an den drei Orten kann man treffen, wenn man als Nullniveau für die Höhenenergie den unteren Umkehrpunkt wählt. Der Abstand des Pendelkörpers von der Gleichgewichtslage sei dann Δs. Dann erhält man folgende Bilanz:

	unterer Umkehrpunkt	Gleichgewichtslage	oberer Umkehrpunkt
E_{Sp}	$\frac{1}{2}D \cdot (2\Delta s)^2$	$\frac{1}{2}D \cdot (\Delta s)^2$	0
E_{kin}	0	$\frac{1}{2}m \cdot v_{max}^2$	0
E_H	0	$m \cdot g \cdot \Delta s$	$m \cdot g \cdot 2\Delta s$

Im oberen Umkehrpunkt ist die Feder gerade vollständig entspannt. Ist die Feder um die Strecke s_0 vorgespannt, muss man die Energie $E_{sp,0} = \frac{1}{2}D \cdot s_0^2$ in allen drei Fällen mit berücksichtigen.

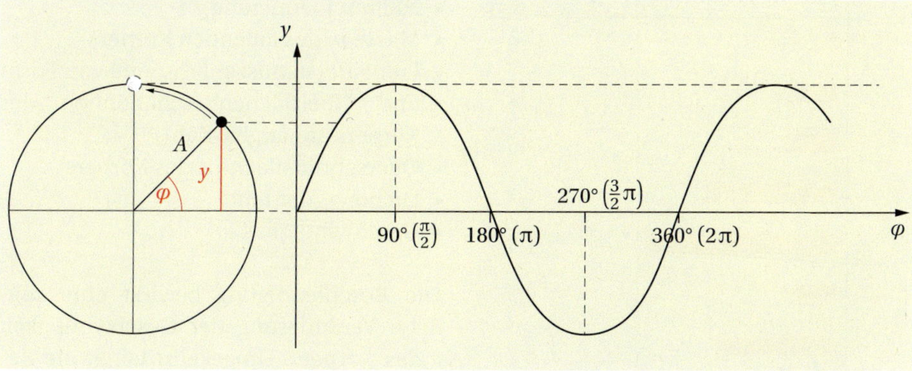

1 ▸ Projektion einer gleichförmigen Kreisbewegung: Es ergibt sich der Graph einer Sinusfunktion. Den Winkel φ kann man in Grad oder im Bogenmaß angeben.

Fallbewegung mit Luftwiderstand

Der Luftwiderstand spielt bei vielen Bewegungen eine Rolle. Er beeinflusst nicht nur die Bewegung eines Fallschirmspringers oder eines Regentropfens, sondern auch die eines Radfahrers oder eines Pkw. Für die Luftwiderstandskraft gilt die Formel:

Die Dichte ϱ eines Stoffs ist definiert als Quotient aus Masse m und Volumen V: $\varrho = \frac{m}{V}$

$$F_W = \frac{1}{2} c_W \cdot A \cdot \varrho_L \cdot v^2$$

c_W Luftwiderstandszahl
A Querschnittsfläche des Körpers
ϱ_L Dichte der Luft
v Geschwindigkeit des Körpers (relativ zur Luft)

Der c_W-Wert ist ein körperspezifischer Wert. Bei modernen Pkw liegt er bei etwa 0,3.

Der c_W-Wert berücksichtigt die Form und die Oberflächenbeschaffenheit des Körpers. In der Tabelle unten sind einige charakteristische c_W-Werte angegeben.
Die Luftwiderstandskraft wirkt immer entgegen der Bewegungsrichtung, also bewegungshemmend.

Wir betrachten nachfolgend als Beispiel einen Ball, der in Luft herabfällt.
Auf einen solchen Körper wirkt die Gewichtskraft F_G in Bewegungsrichtung und die Luftwiderstandskraft F_W entgegengesetzt zur Bewegungsrichtung. Die jeweilige Beschleunigung hängt von der resultierenden beschleunigenden Kraft ab. Diese ergibt sich aus Gewichtskraft und Luftwiderstandskraft:

Luftwiderstandszahlen

Körperform	Luftwiderstandszahl c_W	
		0,06
		0,35
		0,45
		1,1
		1,5
		0,3
		1,0
		1,4

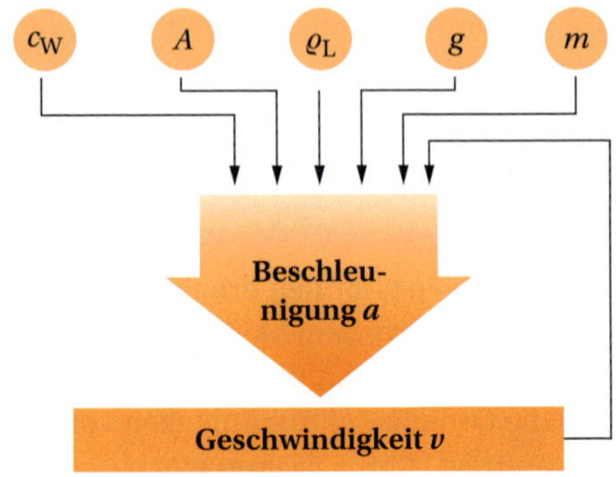

1 ▸ Größen, die die Beschleunigung a eines in Luft fallenden Körpers beeinflussen

$$a = \frac{F}{m} = \frac{F_G - F_W}{m}$$

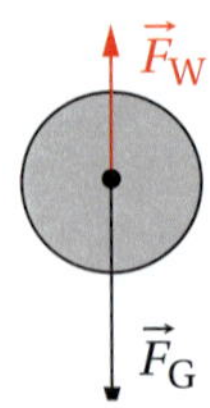

Für die Gewichtskraft gilt

$$F_G = m \cdot g,$$

für die Luftwiderstandskraft

$$F_W = \frac{1}{2} c_W \cdot A \cdot \varrho_L \cdot v^2.$$

Für die Beschleunigung ergibt sich damit unter Berücksichtigung ihrer Richtung:

$$a = -g + \frac{1}{2m} \cdot c_W \cdot A \cdot \varrho_L \cdot v^2$$

Die Beschleunigung ist demzufolge von folgenden Größen abhängig:
- Fallbeschleunigung g
- Masse m des fallenden Körpers
- Luftwiderstandszahl c_W, eine von Form und Oberflächenbeschaffenheit des Körpers abhängige Zahl
- Querschnittsfläche A des Körpers
- Dichte ϱ_L der Luft
- Geschwindigkeit v

Die Beschleunigung bewirkt eine zeitliche Veränderung der Geschwindigkeit v des Körpers. Umgekehrt hängt die Beschleunigung von der Geschwindigkeit ab (Abb. 1).

2

Eine Berechnung der Beschleunigung ist elementar nicht möglich. Hier hilft die **Methode der kleinen Schritte** weiter. Ihre Stärke liegt darin, dass sich auch Bewegungen näherungsweise berechnen lassen, bei denen die Beschleunigung nicht konstant bleibt. Genau das tritt beim Fallen eines Balls auf. Zwar wirkt immer die konstante Gewichtskraft. Aufgrund der wachsenden Geschwindigkeit wird die Luftwiderstandskraft aber immer größer und damit die resultierende beschleunigende Kraft kleiner.
Bei hinreichend großer Fallhöhe wird schließlich die Luftwiderstandskraft genauso groß wie die Gewichtskraft. Es herrscht dann Kräftegleichgewicht. Der Körper würde sich somit gleichförmig bewegen.

Wendet man auf eine solche Fallbewegung die Methode der kleinen Schritte an, so geht man von folgenden vereinfachenden Annahmen aus:

- Die beschleunigende Kraft und damit die Beschleunigung bleibt während eines Zeitabschnitts der Länge Δt konstant.
- Zu Beginn der Bewegung gilt für die beschleunigende Kraft $F = -m \cdot g$. Beim Übergang zum nächsten Zeitabschnitt verringert sich die beschleunigende Kraft auf $F = a_{neu} \cdot m$, wobei gilt:

$$a_{neu} = -g + \frac{1}{2m} \cdot c_W \cdot A \cdot \varrho_L \cdot v_{alt}^2$$

Der Algorithmus für diese Bewegung ist dann festgelegt durch:

$$t_{neu} = t_{alt} + \Delta t$$

$$a_{neu} = -g + \frac{1}{2m} \cdot c_W \cdot A \cdot \varrho_L \cdot v_{alt}{}^2$$

$$v_{neu} = v_{alt} + a_{neu} \cdot \Delta t$$

$$y_{neu} = y_{alt} + v_{neu} \cdot \Delta t$$

Um möglichst genaue Werte zu erhalten, muss Δt klein gewählt werden (s. S. 58 f.).

Wir beginnen zur Zeit $t = 0$ mit der Geschwindigkeit $v = 0$ und gehen von folgenden Bedingungen aus:

$$\Delta t = 0{,}01\ \text{s}$$
$$c_W = 0{,}45\ \text{(Kugel)}$$
$$A = 1\ \text{m}^2$$
$$\varrho_L = 1{,}29\ \text{kg/m}^3 \quad \text{(bei 0 °C)}$$
$$m = 1{,}0\ \text{kg}$$

Man spricht hier auch von einem Modellbildungssystem. Mehr Informationen dazu sind auf Seite 172 ff. zu finden.

Dann erhält man unter Berücksichtigung sinnvoller Genauigkeit folgende Werte:

t in s	**a in $\frac{m}{s^2}$**	**v in $\frac{m}{s}$**
0	-9,81	0
0,01	-9,81	-0,10
0,02	-9,81	-0,20
0,03	-9,80	-0,29
0,04	-9,78	-0,39
0,05	-9,77	-0,49

Die Abhängigkeit der Geschwindigkeit von der Zeit wird dann z. B. in einem Diagramm dargestellt (Abb. 1). Es zeigt: Bei $c_W = 0$ (freier Fall) nimmt die Geschwindigkeit proportional zur Zeit zu. Bei $c_W > 0$ wird die Geschwindigkeitszunahme immer kleiner. Die Geschwindigkeit strebt hier einem Wert von etwa $-6\ \frac{m}{s}$ zu.

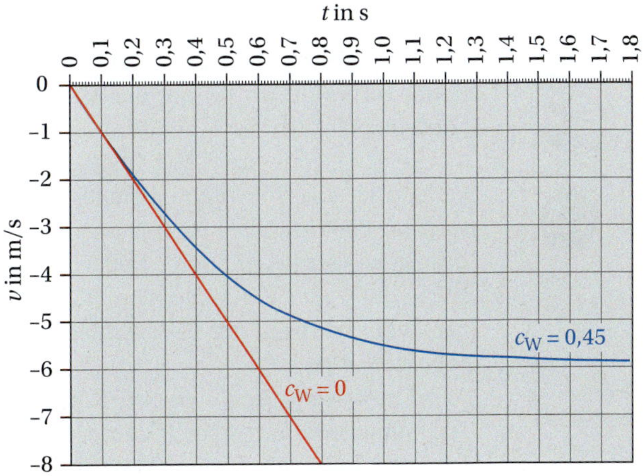

1 ▸ Fallbewegung ohne Luftwiderstand ($c_W = 0$) und mit Luftwiderstand

Fadenpendel und Federpendel

Einfache mechanische Schwinger sind das **Fadenpendel** (s. S. 64, Abb. 1) und das **Federpendel** (Abb. 1). Mit ihnen kann man eine Reihe von mechanischen Schwingern vereinfacht darstellen.
Beispiele, die man vereinfacht als Fadenpendel betrachten kann, sind eine Kinderschaukel, das Pendel einer Uhr oder Artisten am Trapez.

Die Gleichungen für die Schwingungsdauern kann man z. B. experimentell gewinnen. Hinweise dazu sind auf den Seiten 76–77 gegeben. Schülerexperimente sind auf Seite 80 ausgewiesen.

Für die Schwingungsdauer eines Fadenpendels gilt unter der Bedingung kleiner Auslenkungen aus der Ruhelage:

$$T = 2\pi\sqrt{\frac{l}{g}}$$

l Länge des Fadenpendels
g Fallbeschleunigung

Die **Schwingungsdauer eines Fadenpendels** ist nur von der Pendellänge und von der Fallbeschleunigung abhängig, die am jeweiligen Ort herrscht. Die Masse des Pendelkörpers hat keinen Einfluss auf die Schwingungsdauer.

Alle elastischen Körper können Schwingungen ausführen, wenn sie verformt und anschließend sich selbst überlassen werden. Ein **Federpendel** ist eine Anordnung aus einer elastischen Feder und einem damit verbundenen Körper der Masse m (Abb. links). Als rücktreibende Kraft wirkt die Resultierende aus Gewichtskraft und Federkraft. Die Schwingungsdauer eines solchen Federpendels ist von der Masse des schwingenden Körpers und von der Härte der Feder abhängig. Die Härte einer Feder wird mit der **Federkonstanten** D beschrieben.

Die Federkonstante ist umso größer, je größer die Kraft ist, die man zum Dehnen um eine bestimmte Länge braucht.

Wird beispielsweise durch eine Kraft von 10 N eine Feder um 4 cm gedehnt, so hat die Federkonstante D einen Wert von:

$$D = \frac{10\ \text{N}}{4\ \text{cm}} = 2{,}5\ \frac{\text{N}}{\text{cm}}$$

Für die Schwingungsdauer eines Federpendels gilt:

$$T = 2\pi\sqrt{\frac{m}{D}}$$

m Masse des schwingenden Körpers
D Federkonstante

Schwingungsfähige elastische Anordnungen sind z. B. die Federungen von Autos und Motorrädern, ein Kranseil mit angehängter Last oder eine Stimmgabel. Auch die Fundamente von Maschinen können schwingen, wenn sie elastisch verformbar sind.
In grober Näherung können elastische Anordnungen als Federpendel dargestellt werden.

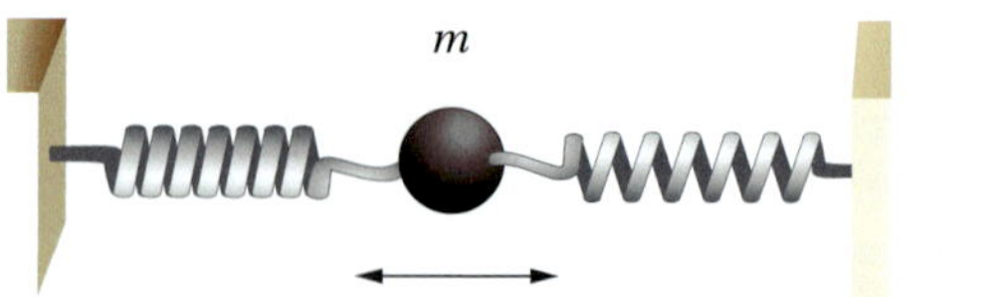

1 ▸ Die Schwingungsdauer eines Federpendels hängt von der Masse m ab.

Der Herzschlag – eine Schwingung

Beim Herzschlag ändert sich zeitlich periodisch der Druck in den Blutgefäßen. Diese periodische Druckänderung kann als Puls registriert werden.
Die Vorgänge im Herzen sind recht kompliziert. Es sind periodische Vorgänge, bei denen die linke Herzkammer wie eine Pumpe wirkt. Man könnte auch von einer Schwingung sprechen.
Der normale Blutdruck schwankt dabei zwischen 16 und 11 kPa. Kilopascal (kPa) ist die Einheit des Drucks. Bei 10 kPa wirkt eine Kraft von 1 N senkrecht auf eine Fläche von 1 cm^2.
In der Medizin wird der Blutdruck meist nicht in der Einheit Pascal (Pa) angegeben, sondern in Millimeter Quecksilbersäule (Torr). Die Werte betragen dann 120 Torr und 80 Torr.

Die Energie als Erhaltungsgröße

Aus dem bisherigen Physikunterricht wissen Sie bereits, dass die Energie eine grundlegende physikalische Größe ist. Sie spielt nicht nur in der Physik, sondern auch in der Technik und in anderen Naturwissenschaften eine zentrale Rolle.

Mit Energie können Körper bewegt, verformt, erwärmt oder zur Aussendung von Strahlung gebracht werden.

Für diese Größe gilt ein Erhaltungssatz, der **Energieerhaltungssatz.** Er lautet:

In einem abgeschlossenen System bleibt die Gesamtenergie erhalten. Es gilt:

$E = E_1 + E_2 + ... =$ konstant

E Gesamtenergie des Systems
$E_1, E_2, ...$ Energieformen

Solche Größen, für die ein Erhaltungssatz gilt, nennt man **Erhaltungsgrößen.** Ein System ist dabei ein gedanklich von seiner Umgebung abgetrennter Bereich. In ihm können sich Körper oder andere Objekte (Felder, Elementarteilchen) befinden. Ein System wird durch eine gedachte Systemgrenze von seiner Umgebung abgetrennt. In der Übersicht unten sind verschiedene Systeme dargestellt.

1 ▸ Innerhalb des abgebildeten Systems erfolgen Energieumwandlungen.

Wir betrachten nachfolgend **abgeschlossene Systeme.** Ein solches abgeschlossenes System ist der oben abgebildete Bungee-Springer mit dem Seil.
Beim Fall des Springers wird Höhenenergie in kinetische Energie und Spannenergie umgewandelt.
Für rein mechanische Vorgänge, also für Vorgänge, bei denen nur mechanische Energieformen auftreten und die Reibung vernachlässigt werden kann, gilt der **Energieerhaltungssatz der Mechanik:**

$$E = E_H + E_{kin} + E_{Sp} = \text{konstant}$$

Dabei sind E_H die Höhenenergie, E_{kin} die kinetische Energie und E_{Sp} die Spannenergie.

Art des Systems	Kennzeichen für das System	Beispiele
offenes System	Systemgrenze ist durchlässig für Energie und Stoff.	Motor eines Pkw, Mensch
geschlossenes System	Systemgrenze ist durchlässig für Energie und undurchlässig für Stoff.	Kühlschrank, Wärmepumpe, Sonnenkollektor
abgeschlossenes System	Systemgrenze ist undurchlässig für Energie und Stoff.	gut isoliertes, verschlossenes Thermogefäß

Der Impuls als Erhaltungsgröße

Bei Ballspielen (Abb. 1) oder beim Stoß einer Billardkugel gegen eine andere tritt eine Wechselwirkung zwischen zwei Körpern auf. Für solche Vorgänge gilt ebenfalls der allgemeine Energieerhaltungssatz. Er ermöglicht uns aber z. B. keine Voraussage darüber, mit welcher Geschwindigkeit sich ein Ball nach einem Stoß bewegt (Abb. 1).

Es gibt aber eine Möglichkeit, solche Vorgänge quantitativ zu beschreiben, wenn man von der Wechselwirkung und den dabei wirkenden Kräften ausgeht. Wir betrachten dazu folgendes Beispiel (Abb. 2): Zwei Wagen bewegen sich längs einer Geraden. Da sie unterschiedliche Geschwindigkeiten v_1 und v_2 haben, stoßen sie zusammen. Aufgrund der Wechselwirkung bewegen sie sich nach dem Zusammenstoß mit anderen Geschwindigkeiten u_1 und u_2 weiter. Während des Zusammenstoßes gilt das Wechselwirkungsgesetz. Beide Kräfte sind zu jedem Zeitpunkt gleich groß und entgegengesetzt gerichtet.

Es gilt also:

$$F_{21} = -F_{12} \qquad (1)$$

F_{21} bewirkt eine Beschleunigung des Körpers 1, F_{12} eine Beschleunigung von Körper 2. Mit dem newtonschen Grundgesetz ergibt sich:

Δt ist die Zeitspanne, in der sich die beiden Körper berühren.

$$m_1 \cdot a_1 = -m_2 \cdot a_2 \qquad (2)$$

Die Multiplikation mit dem Zeitintervall Δt ergibt:

1 ▸ Bei Ballspielen verändert sich durch kurzzeitige Wechselwirkung zwischen Hand und Ball die Geschwindigkeit des Balls.

$$m_1 \cdot a_1 \cdot \Delta t = -m_2 \cdot a_2 \cdot \Delta t \qquad (3)$$

Für ein sehr kleines Δt kann man die Kraft und damit die Beschleunigung a als konstant ansehen. Dann gilt:

$$a \cdot \Delta t = \Delta v \qquad (4)$$

Eingesetzt in (3) erhält man:

$$m_1 \cdot \Delta v_1 = -m_2 \cdot \Delta v_2 \qquad (5)$$

Für den Gesamtprozess des Zusammenstoßes aufsummiert ergibt sich:

$$m_1 \cdot (u_1 - v_1) = -m_2 \cdot (u_2 - v_2) \qquad (6)$$

Ordnet man die Gleichung so, dass links die Größen vor dem Stoß und rechts die nach dem Stoß stehen, so erhält man:

$$m_1 \cdot v_1 + m_2 \cdot v_2 = m_1 \cdot u_1 + m_2 \cdot u_2$$

Das bedeutet: Die Summe der Produkte aus Masse und Geschwindigkeit ist vor

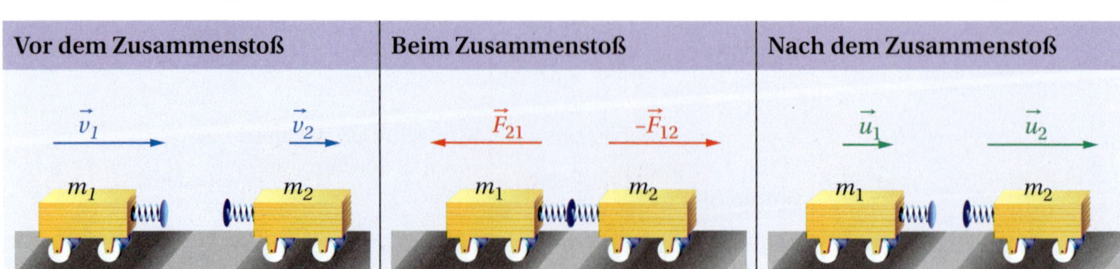

2 ▸ Wechselwirkung von zwei Wagen, die sich mit unterschiedlichen Geschwindigkeiten bewegen

dem Stoß genauso groß wie nach dem Stoß. Das Produkt $m \cdot v$ hat offensichtlich bei dem beschriebenen Vorgang eine erhebliche Bedeutung und hat deshalb in der Physik eine spezielle Bezeichnung erhalten.

M **Das Produkt aus Masse m und Geschwindigkeit v eines Körpers nennt man Impuls p:**

$p = m \cdot v$

Hat z.B. ein Ball ($m = 500\,\text{g}$) eine Geschwindigkeit von 72 km/h, so beträgt sein Impuls:

$$p = 0{,}5\,\text{kg} \cdot 20\,\frac{\text{m}}{\text{s}} = 10\,\frac{\text{kg} \cdot \text{m}}{\text{s}}$$

Da die Geschwindigkeit eine gerichtete Größe ist, gilt das auch für den Impuls. Die Richtungen von Geschwindigkeit und Impuls stimmen stets überein. Wir betrachten nur Bewegungen längs einer Geraden. Damit kann man die unterschiedlichen Richtungen durch das Vorzeichen kenntlich machen und braucht nur mit den Beträgen zu arbeiten.

Der Impulserhaltungssatz

Wenn ein Auto auf ein anderes auffährt, dann ändern sich die Impulse beider Autos. Auch beim Zusammenstoß zweier Billardkugeln oder beim Aneinanderkoppeln zweier Waggons ändern sich die Impulse der einzelnen Körper. Der Gesamtimpuls ist aber vor und nach der Wechselwirkung der Körper gleich groß.
Das gilt z.B. auch für eine Rakete. Sie hat auf der Startrampe den Impuls null, da ihre Geschwindigkeit $v = 0$ ist. Nach dem Start haben die ausströmenden Gase und die Rakete selbst einen Impuls größer als null. Der Gesamtimpuls des Systems bleibt aber unverändert null.
Ähnlich wie für die Energie gilt für den Impuls ein Erhaltungssatz. Der **Impulserhaltungssatz** ist wie der Energieerhaltungssatz ein grundlegender Erfahrungssatz.

1 ▸ Ein Spaceshuttle hat beim Start eine Masse von ca. 2000 t.

M **In einem abgeschlossenen System bleibt der Gesamtimpuls erhalten.**
Es gilt:

$p = p_1 + p_2 + \ldots =$ konstant

p	Gesamtimpuls des Systems
$p_1, p_2, \ldots$	Impulse der einzelnen Körper

Aus $p = m \cdot v$ ergibt sich als Einheit des Impuls:
$1\,\text{kg} \cdot 1\,\frac{m}{s}$
$= 1\,\frac{\text{kg} \cdot m}{s}$
$= 1\,\text{Ns}$

Besonders einfach überschaubar sind die Zusammenhänge, wenn ein System nur aus einem oder zwei Körpern besteht.
Für ein System aus zwei Körpern bei Bewegung längs einer Geraden gilt:

$$m_1 \cdot v_1 + m_2 \cdot v_2 = m_1 \cdot u_1 + m_2 \cdot u_2$$

Dabei sind v_1 und v_2 die Geschwindigkeiten vor dem Zusammenstoß, u_1 und u_2 die Geschwindigkeiten nach dem Zusammenstoß. Sie können unterschiedliche Richtungen (Vorzeichen) haben.

Physik in Natur und Technik

Der Raketenantrieb

Raketen müssen beim Start in sehr kurzer Zeit eine große Geschwindigkeit erreichen. Um in eine Kreisbahn um die Erde zu gelangen, ist eine Geschwindigkeit von 7,9 $\frac{\text{km}}{\text{s}}$ oder 28 440 $\frac{\text{km}}{\text{h}}$ erforderlich.
Bei Raketen und Raumflugkörpern wird das Rückstoßprinzip genutzt. Diese Antriebsart stellt die einzige Möglichkeit dar, um Richtung und Geschwindigkeit von Raumflugkörpern zu ändern.
Wie funktioniert bei einer Rakete das Rückstoßprinzip?

Eine Rakete stellt ein abgeschlossenes System dar. Demzufolge gilt dafür der Impulserhaltungssatz. Vor dem Zünden der Triebwerke ist der Gesamtimpuls null. Das ändert sich auch nicht, wenn die Triebwerke gezündet werden. Dann gilt nach dem Impulserhaltungssatz:

$$p_{\text{Rakete}} + p_{\text{Gase}} = 0 \qquad \text{oder}$$

$$m_R \cdot v_R - m_G \cdot v_G = 0$$

Das bedeutet: Die Verbrennungsgase haben einen Impuls in der einen Richtung, die Rakete einen gleich großen Impuls in der entgegengesetzten Richtung. Für den Betrag der Geschwindigkeit der Rakete erhält man durch Umstellen der oben genannten Gleichung:

$$v_R = \frac{m_G \cdot v_G}{m_R}$$

Das heißt: Die Geschwindigkeit v_R der Rakete ist umso größer,
- je größer Masse und Geschwindigkeit der Verbrennungsgase sind und
- je kleiner die Masse m_R der Rakete ist.

Die genannte Gleichung gilt nur für den Fall, dass die Rakete kurzzeitig beschleunigt wird. Bleiben die Triebwerke längere Zeit eingeschaltet, dann kann die Masse der Rakete nicht mehr als konstant angesehen werden, weil sich ständig die Masse des Treibstoffs verringert.

1 ▸ Raketen und Raumflugkörper werden mit dem Rückstoßprinzip angetrieben.

Der Rückstoß

Beim Abfeuern einer Waffe spürt man einen Rückstoß.
Wie kommt der Rückstoß bei einer Pistole zustande?

Pistole und Geschoss sind vor dem Abfeuern ein abgeschlossenes System mit dem Gesamtimpuls null (Abb. 2). Das ist auch nach dem Abfeuern der Fall:

$$m_W \cdot v_W - m_G \cdot v_G = 0$$

Das Geschoss bewegt sich in die eine Richtung, die Waffe in die entgegengesetzte. Das spüren wir als Rückstoß.

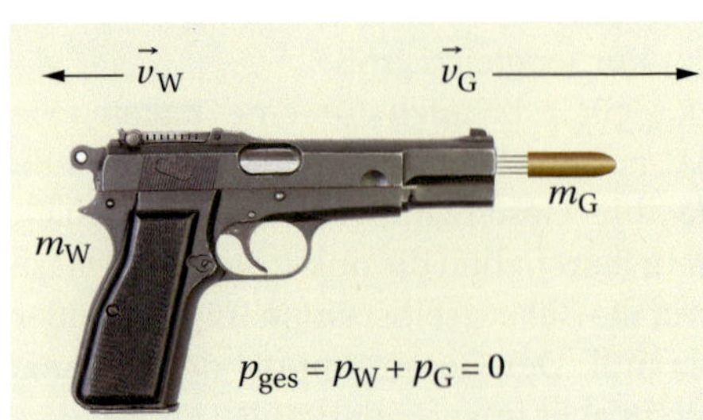

2 ▸ Der Gesamtimpuls ist vor und nach dem Abfeuern des Geschosses null.

Methode

Arbeiten mit Erhaltungsgrößen

Im bisherigen Physikunterricht haben Sie einige Größen kennengelernt, für die ein **Erhaltungssatz** gilt. Solche Größen sind die Masse, die elektrische Ladung und die Energie. Die betreffenden Größen nennt man in der Physik **Erhaltungsgrößen.** Für sie gibt es jeweils ein Erhaltungssatz.

> Für Vorgänge, bei denen Erhaltungsgrößen eine Rolle spielen, kann man für diese Größen Bilanzen aufstellen. Bilanzen sind dazu geeignet, zeitliche Veränderungen zu erfassen und effektiv Berechnungen durchzuführen.

Insbesondere bieten **Energiebilanzen** dazu viele interessante Möglichkeiten. Die typische Herangehensweise soll an zwei Beispielen verdeutlicht werden.

Beispiel 1: Energie bei einem Federpendel

Zum Zeitpunkt t_1 sei das Federpendel voll nach unten ausgelenkt. Er besitzt dann die Energie E_1, die in der Feder gespeichert ist. Zum Zeitpunkt t_2 bewegt sich das Massestück durch die Ruhelage. Das Pendel insgesamt besitzt die Energie E_2. Zum Zeitpunkt t_3 befindet sich der Pendelkörper im höchsten Punkt seiner Bewegung. Die Energie beträgt E_3. Wenn keine Reibung auftritt und kein äußerer Antrieb vorhanden ist, dann wird weder Energie zugeführt noch abgeführt. Damit gilt:

$$E_1 = E_2 = E_3$$

Wenn man z. B. weiß, dass $E_1 = 50$ J ist und die Höhenenergie zum Zeitpunkt t_2 einen Wert von 25 J hat, dann ergibt sich:

	t_1	t_2	t_3
Spannenergie	50 J	12,5 J	0
Bewegungsenergie	0	12,5 J	0
Höhenenergie	0	25 J	50 J
Summe	50 J	50 J	50 J

Die Bilanz ergibt: Zum Zeitpunkt t_2 ist nicht nur Höhenenergie vorhanden, sondern auch Bewegungsenergie und Spannenergie. Die Aufteilung ist in der Tabelle angegeben.

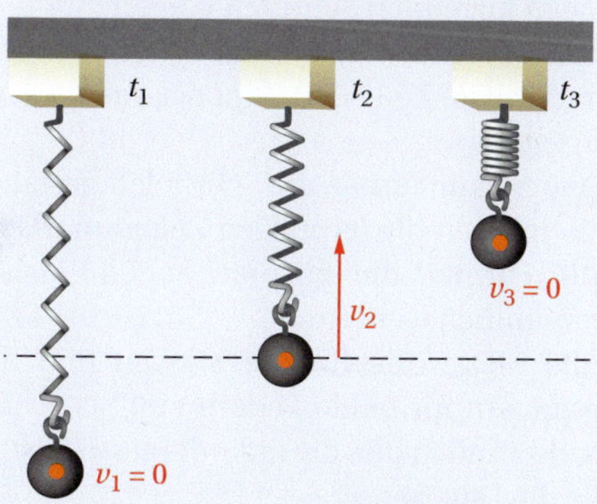

1 ▸ Federpendel zu verschiedenen Zeitpunkten seiner Bewegung

Beispiel 2: Wasserspringer

Es wird Höhenenergie in kinetische Energie umgewandelt. Damit ergibt sich folgende Energiebilanz:

E_{vorher}	$E_{nachher}$
$E_H = m \cdot g \cdot h$	$E_H = 0$
$E_{kin} = 0$	$E_{kin} = \frac{1}{2} m \cdot v^2$

Damit erhält man:

$$m \cdot g \cdot h = \frac{1}{2} m \cdot v^2 \quad \text{oder} \quad v^2 = 2 g \cdot h$$

Bei 10 m Fallhöhe ergibt sich damit eine Auftreffgeschwindigkeit des Springers von:

$$v = \sqrt{2 \cdot 9{,}81\,\frac{\text{m}}{\text{s}^2} \cdot 10\,\text{m}}$$

$$\underline{v = 14\,\frac{\text{m}}{\text{s}}}$$

Physik-Klick

Verarbeiten von Messwerten mit einem Computer

Beachten Sie!
Mithilfe von **Tabellenkalkulationsprogrammen** kann man Daten in Tabellen ordnen, in Diagrammen veranschaulichen und auch Berechnungen durchführen. Für die dargestellten Beispiele eignet sich jedes gängige Tabellenkalkulationsprogramm.

Zusammenhang von Schwingungsdauer und Masse bei Federpendeln

Für zwei verschiedene Federn wurde die Schwingungsdauer eines Federpendels in Abhängigkeit von der Masse des angehängten Körpers experimentell bestimmt. Die Messwerte sind in der nachfolgenden Messwertetabelle erfasst:

m in g	0	50	100	150	200	250
T_1 in s	0	0,8	1,15	1,4	1,6	1,8
T_2 in s	0	1,15	1,6	2,0	2,3	2,6

Um zu erkennen, welcher Zusammenhang zwischen der Masse und der Schwingungsdauer bei einem Federpendel vorliegt, stellt man die Messwerte in einem Masse-Schwingungsdauer-Diagramm (m-T-Diagramm) dar.
Das kann mit einem Computer in einem **Tabellenkalkulationsprogramm** realisiert werden. Dabei kann man jeweils den Graphen für eine Feder oder auch für beide darstellen.

Darstellen der Messwerte in einem *m*-*T*-Diagramm

Dazu können Sie in folgenden Schritten vorgehen:

1. Öffnen Sie das Tabellenkalkulationsprogramm!
2. Tragen Sie in die erste Zeile den Kopf der Tabelle ein, wie links dargestellt!
   Der Tabellenkopf kann farbig, die Schrift fett gestaltet werden. Dazu müssen die jeweiligen Zellen markiert und im Menü „Format" die entsprechenden Einstellungen vorgenommen werden.
3. Geben Sie die Messwerte für die Massen und die Schwingungsdauern für beide Federn ein! Sie erhalten eine Tabelle ähnlich der, die links dargestellt ist.
4. Speichern Sie die Daten!

So kann man die Messwerte in einem Tabellenkalkulationsprogramm darstellen:

	A	B	C	D
1	Masse m in g	T in s für Feder 1	T in s für Feder 2	
2	0	0	0	
3	50	0,8	1,15	
4	100	1,15	1,6	
5	150	1,4	2	
6	200	1,6	2,3	
7	250	1,8	2,6	
8				

5. Markieren Sie die Zellen Feder 1 und Feder 2 und die Messwerte für die Schwingungsdauern!
6. Rufen Sie den Diagramm-Assistenten durch Klicken auf das entsprechende Symbol in der Menüleiste auf! Wählen Sie ein **Liniendiagramm mit Datenpunkten** aus! Drücken Sie dann auf die Schaltfläche „Weiter“!
7. Gehen Sie zum Bereich Reihe! Setzen Sie den Cursor in die Beschriftung der Rubrikenachse (X)! Markieren Sie die Messwerte für die Masse in der Tabelle! Mit „Weiter“ kommen Sie zum nächsten Schritt.
8. Nun können Sie das Diagramm und die Achsen beschriften und das Diagramm fertigstellen.
9. Die Graphen verlaufen manchmal nicht durch den Punkt (0;0). Um das zu ändern, bewegen Sie den Mauszeiger in die Nähe der Massenachse. Wenn das Wort „Rubrikenachse“ erscheint, öffnet sich durch Doppelklick ein Menü. Öffnen Sie „Skalierung“ und entfernen Sie bei der Größenachse das Häkchen!

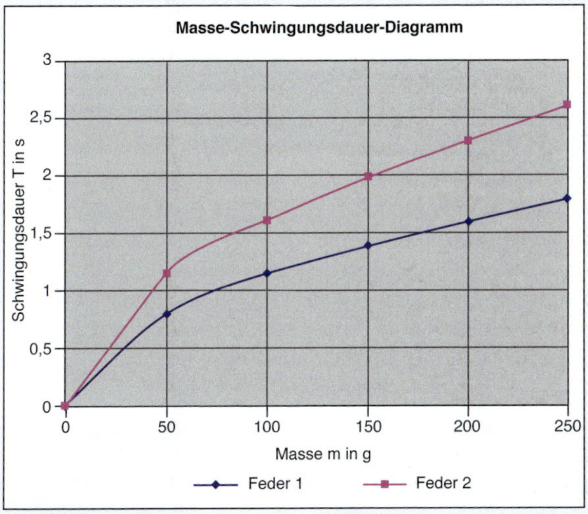

Aus dem Diagramm ist Folgendes erkennbar:

- Zwischen der Masse m und der Schwingungsdauer T besteht keine direkte Proportionalität.
- Feder 1 muss härter als Feder 2 sein, weil ihre Schwingungsdauer bei gleicher Masse des schwingenden Körpers kleiner ist.

Der Diagramm-Assistent hat das Symbol: 

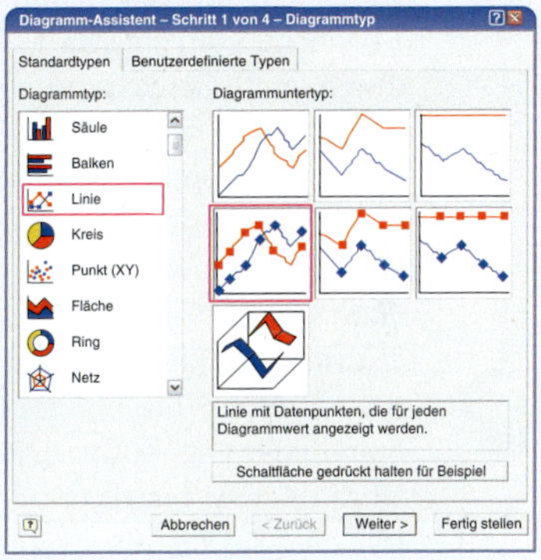

Die Farben der Graphen und der Flächen können Sie beliebig ändern!

Das Diagramm lässt vermuten, dass zwischen T und m ein **quadratischer Zusammenhang** besteht. Um das zu prüfen, können Sie das Quadrat der Schwingungsdauer über der Zeit auftragen. Ergibt sich als Graph eine Gerade, dann kann die Vermutung bestätigt werden und es gilt:
$T^2 \sim m$ oder $T \sim \sqrt{m}$
Dieser Zusammenhang ergibt sich auch aus der Gleichung für die Schwingungsdauer (s. S. 70).

Aus der Entwicklung der Zeitmessung

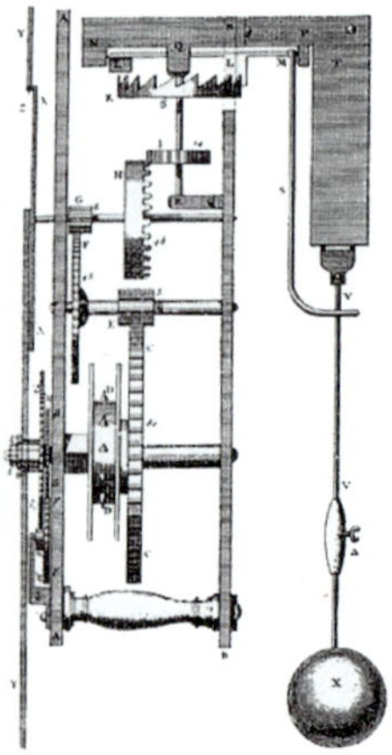

Die ältesten bekannten Uhren zur Zeitmessung sind **Sonnenuhren.** Man findet sie heute in verschiedenen Varianten an Gebäuden.
Viele Jahrhunderte hindurch wurden auch **Wasser-** oder **Sanduhren** benutzt, bei denen man eine fließende Wasser- oder Sandmenge für die Zeitmessung verwendet.
Die ersten **mechanischen Uhren** aus dem 14. Jahrhundert besaßen Räderwerke, die durch große Gewichte angetrieben wurden.

Im 16. Jahrhundert wurden die ersten tragbaren Taschenuhren entwickelt. So baute um 1512 der Nürnberger Schlosser PETER HENLEIN (1479–1542) Taschenuhren, die als „Nürnberger Eier" bekannt wurden. Als Antrieb für diese Taschenuhren wurden kleine Spiralfedern genutzt. Die verschiedenen Uhren hatten bis zu dieser Zeit den Nachteil, dass sie alle noch sehr ungenau waren. Die Schifffahrt und die astronomische Forschung in der damaligen Zeit verlangten aber nach genaueren Uhren.

Einer, der wesentlich zur Verbesserung der Uhren beigetragen hat, war der Holländer CHRISTIAAN HUYGENS (1629–1695). Er nutzte für seine Uhren die von ihm untersuchten Gesetze der Pendelbewegung und konstruierte 1656 eine Pendeluhr, in der er das bekannte Räderuhrwerk mit einem Pendel koppelte (s. Abb. rechts oben). 1657 erhielt er für diese geniale Idee ein Patent. 1674 konstruierte er unabhängig vom Engländer ROBERT HOOKE (1635–1703) eine Taschenuhr mit einer Spiralfeder als Unruh, die ebenfalls mechanische Schwingungen ausführte.

Diese mechanischen Uhren wurden in vielfältigen Formen und Größen gebaut, ihre Mechanik wurde ständig weiterentwickelt.
Auch die Genauigkeit der mechanischen Uhren wurde in den folgenden Jahrzehnten immer weiter verbessert. Die physikalischen Prinzipien aber, auf denen diese Uhren beruhten, die mechanischen Schwingungen, blieben gleich.

Erst im 20. Jahrhundert wurden elektrische Uhren konstruiert, die elektromagnetische Schwingungen zur Steuerung der Zeiger nutzen. 1929 wurde in den USA die erste **Quarzuhr** gebaut.

Eine noch größere Genauigkeit als Quarzuhren weisen **Atomuhren** auf, bei denen der Gang von Schwingungen in Atomen gesteuert wird. Die erste Atomuhr wurde 1948 für das National Bureau of Standards, das nationale amerikanische Normungsinstitut, gebaut.
Eine der genauesten Atomuhren befindet sich in der Physikalisch-Technischen Bundesanstalt in Braunschweig (Abb. 2). Bei dieser Uhr tritt in 200 000 Jahren eine Abweichung von weniger als einer Sekunde auf.
Durch Atomuhren werden über einen Sender alle Funkuhren gesteuert.

1 ▸ Uhr mit Unruh: Zur Steuerung werden mechanische Schwingungen genutzt.

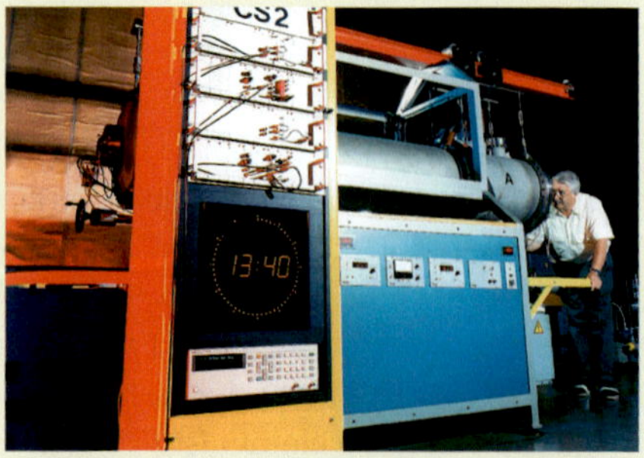

2 ▸ Atomuhr in der Physikalisch-Technischen Bundesanstalt in Braunschweig

Wie schnell ist ein Regentropfen?

Über Regen zur richtigen Zeit freut sich jeder Landwirt. Im Urlaub ist er meist unerwünscht. Starkregen kann auch zu erheblichen Schäden führen. Jeder weiß: Regentropfen können unterschiedlich groß sein. Bei Sprühregen beträgt der Tropfendurchmesser 0,06 – 0,6 mm, bei einem Platzregen dagegen 4 – 6 mm.

Mit welcher Geschwindigkeit treffen Regentropfen, die einen Durchmesser von 6 mm haben, auf den Erdboden?

Wie hängt die Geschwindigkeit von der Tropfengröße ab?

Analyse:

Regentropfen fallen aus großer Höhe auf den Erdboden. Sie werden zunächst durch ihre Gewichtskraft beschleunigt. Mit zunehmender Geschwindigkeit vergrößert sich aber die Luftwiderstandskraft, bis schließlich beide Kräfte gleich groß sind. Dann erfolgt keine Beschleunigung mehr. Die Geschwindigkeit bleibt gleich. Für diese maximale Geschwindigkeit gilt damit die Bedingung:

$$F_G = F_W$$

Darüber hinaus können wir in guter Näherung von folgenden Annahmen ausgehen:

- Die Gewichtskraft in der Nähe der Erdoberfläche ist konstant.
- Die Dichte der Luft in der Nähe der Erdoberfläche ist ebenfalls konstant.
- Die Tropfen sind kugelförmig.

Gesucht: v

Gegeben: $d = 6\text{ mm}$ $\qquad g = 9{,}81\ \frac{\text{m}}{\text{s}^2}$

$\varrho_W = 1{,}0\ \frac{\text{g}}{\text{cm}^3}$ $\qquad c_W = 0{,}45$

$\varrho_L = 1{,}29\ \frac{\text{kg}}{\text{m}^3}$

Lösung:

Wir gehen von der Bedingung $F_G = F_W$ aus. Mit $F_G = m \cdot g$ und $F_W = \frac{1}{2} c_W \cdot A \cdot \varrho_L \cdot v^2$ erhält man folgende Beziehung:

$$m \cdot g = \frac{1}{2} c_W \cdot A \cdot \varrho_L \cdot v^2$$

Die Umstellung der Gleichung nach v ergibt:

$$v = \sqrt{\frac{2m \cdot g}{c_W \cdot A \cdot \varrho_L}}$$

Die Masse m eines Regentropfens ergibt sich aus Durchmesser und Dichte, die Querschnittsfläche A aus dem Durchmesser. Damit erhält man:

Es gilt $\varrho = \frac{m}{V}$ und damit $m = \varrho \cdot V$. Für eine Kugel ist $V = \frac{4}{3}\pi \cdot r^3$ und $A = \pi \cdot r^2$.

$$v = \sqrt{\frac{8\varrho_W \cdot r \cdot g}{3c_W \cdot \varrho_L}}$$

$$v = \sqrt{\frac{8 \cdot 1{,}0\ \frac{\text{g}}{\text{cm}^3} \cdot 0{,}003\text{ m} \cdot 9{,}81\ \frac{\text{m}}{\text{s}^2}}{3 \cdot 0{,}45 \cdot 0{,}00129\ \frac{\text{g}}{\text{cm}^3}}}$$

$$\underline{v = 12\ \frac{\text{m}}{\text{s}}}$$

Ergebnis:

Die 6 mm großen Regentropfen treffen mit einer Geschwindigkeit von etwa 40 $\frac{\text{km}}{\text{h}}$ auf den Erdboden.

Das Ergebnis stimmt recht gut mit den Daten überein, die man in der Literatur findet.

Für den Zusammenhang zwischen Tropfengröße und Geschwindigkeit gilt nach der oben abgeleiteten Gleichung:

$$v \sim \sqrt{r}$$

Damit gilt: Je größer der Tropfenradius ist, desto größer ist die maximale Geschwindigkeit der Tropfen. Die oben abgeleitete Gleichung ermöglicht es auch zu erklären, weshalb Hagelkörner schneller fallen als Regentropfen.

Wenn sich der Tropfenradius verdoppelt, so vergrößert sich die Geschwindigkeit um den Faktor $\sqrt{2} \approx 1{,}4$.

1 ▸ Die Geschwindigkeit von Regentropfen hängt von ihrer Größe ab.

Experimente

Mechanische Schwingungen

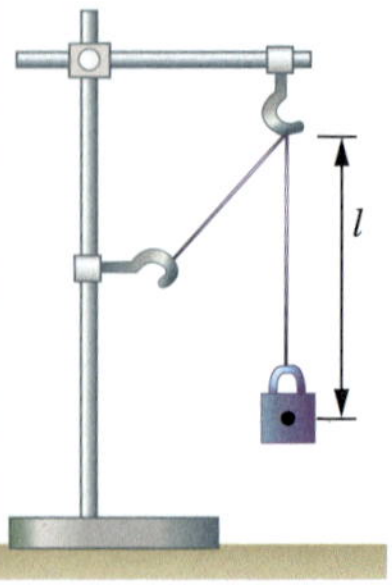

Experiment 1

1. Untersuchen Sie die Abhängigkeit der Schwingungsdauer eines Fadenpendels von seiner Länge!
2. Bestimmen Sie mithilfe eines Fadenpendels die Fallbeschleunigung!

Vorbereitung:

a) Nennen und interpretieren Sie die Gleichung für die Schwingungsdauer!

b) Stellen Sie die Gleichung nach der Fallbeschleunigung um!

Durchführung:

a) Bauen Sie den Versuch auf (s. Abb. links)! Die Anordnung ermöglicht es, die Pendellänge zu verändern.

b) Bestimmen Sie für fünf verschiedene Pendellängen die Schwingungsdauer! Beachten Sie: Die Pendellänge ist der Abstand Aufhängungspunkt – Massenmittelpunkt des Hakenkörpers, wobei die Lage dieses Punkts abgeschätzt werden muss! Die Schwingungsdauer für eine Schwingung ergibt sich als Mittelwert aus zehn Schwingungen! Wählen Sie kleine Auslenkwinkel ($\alpha < 20°$)!

c) Übernehmen Sie die Messwertetabelle ins Protokoll und tragen Sie die Messwerte ein!

Auswertung:

Nr.	l in cm	t in s (10 Schwingungen)	$\overline{T}$ in s
1	...	...	...

a) Formulieren Sie ein Ergebnis in Bezug auf die erste Aufgabe!

b) Berechnen Sie die Fallbeschleunigung für zwei verschiedene Pendellängen! Bilden Sie den Mittelwert und vergleichen Sie ihn mit dem Tabellenwert aus einer Formelsammlung! Begründen Sie Abweichungen!

c) Wie lang müsste ein Sekundenpendel sein, d. h. ein Pendel, das für eine halbe Schwingung zwischen den beiden Umkehrpunkten eine Sekunde benötigt?

Experiment 2

Bestimmen Sie mithilfe des Pulsschlags die Frequenz Ihres Herzschlags!

Durchführung:

a) Messen Sie die Zeit für zehn Pulsschläge und ermitteln Sie daraus die Frequenz!

b) Führen Sie mehrere Messungen durch, um einen genaueren Wert zu erhalten, und bilden Sie den Mittelwert!

Auswertung:

Bewerten Sie die Genauigkeit des Pulsschlags als Grundlage für die Zeitmessung!

Experiment 3

Bestimmen Sie für zwei verschiedene Federn die Federkonstanten aus der Schwingungsdauer des betreffenden Federpendels!

Vorbereitung:

a) Was versteht man unter der Härte einer Feder?

b) Interpretieren Sie die Gleichung für die Schwingungsdauer eines Federpendels!

c) Stellen Sie die Gleichung nach der Federkonstanten D um!

Durchführung:

a) Bauen Sie den nebenstehenden Versuch auf!

b) Bestimmen Sie für einen Körper bekannter Masse mehrfach die Schwingungsdauer und tragen Sie die Werte in die Messwertetabelle ein!

c) Führen Sie diese Messungen für die andere Feder durch!

Auswertung:

a) Nutzen Sie folgende Messwertetabelle:

Nr.	m in g	t in s (10 Schwingungen)	$\overline{T}$ in s
1	...	...	...

b) Berechnen Sie den Mittelwert der Schwingungsdauer für beide Federn!

c) Berechnen Sie aus den Messwerten die beiden Federkonstanten!

Aufgaben

1. Erläutern Sie die Methode der kleinen Schritte am Beispiel eines Fallschirmspringers!

***2.** Berechnen Sie unter Nutzung der Tabelle von S. 68 die Luftwiderstandskraft einer Gummikugel ($\varrho_K = 1{,}20\ \text{g/cm}^3$) mit 5 cm Radius, die mit einer Geschwindigkeit von $10\ \frac{\text{m}}{\text{s}}$ bzw. $20\ \frac{\text{m}}{\text{s}}$ zu Boden fällt!
Die Dichte von Luft beträgt $\varrho_L = 1{,}29\ \frac{\text{kg}}{\text{m}^3}$.

3. **a)** Berechnen Sie mithilfe der Methode der kleinen Schritte sowie eines Tabellenkalkulationsprogramms den Weg eines fallenden Steins bei Vernachlässigung der Luftreibung! Wählen Sie dabei als Zeitintervall 0,5 s bzw. 0,05 s!
b) Vergleichen Sie die Ergebnisse der Methode der kleinen Schritte mit den Ergebnissen, die sich beim Anwenden der Bewegungsgesetze ergeben!

***4.** Eine Holzkugel ($m = 2{,}0$ kg; $r = 10$ cm) wird von einem zehn Meter hohen Turm fallen gelassen. Berechnen Sie mithilfe der Methode der kleinen Schritte sowie eines geeigneten Tabellenkalkulationsprogramms den Weg der Kugel während der ersten Sekunde ihres Falls. Die Luftreibung ist dabei zu berücksichtigen.

5. Aus welcher Höhe müsste ein Körper frei fallen, damit er beim Auftreffen eine Geschwindigkeit von $50\ \frac{\text{km}}{\text{h}}$ hat?

6. Ein Stein fällt aus 35 m Höhe frei herab.
a) In welcher Höhe befindet er sich nach 1 s und nach 2 s?
b) Nach welcher Zeit und mit welcher Geschwindigkeit trifft er auf?

7. Im Diagramm ist die Bewegung eines Fallschirmspringers dargestellt, der aus größerer Höhe abspringt.

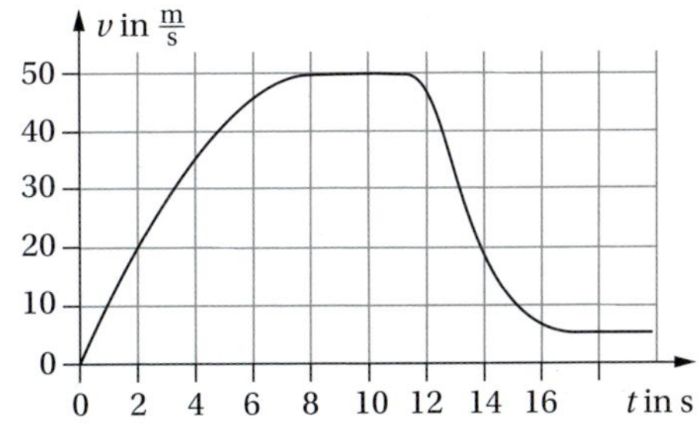

a) Interpretieren Sie das Diagramm!
b) Nennen Sie Bedingungen, unter denen man die Bewegung eines realen Körpers näherungsweise als freien Fall ansehen kann!
c) Erläutern Sie Beispiele, bei denen der Luftwiderstand nicht vernachlässigt werden kann!

8. Regentropfen fallen in unmittelbarer Nähe der Erdoberfläche meist mit konstanter Geschwindigkeit.
Für einen Tropfendurchmesser von 3 mm wird in der Literatur eine Auftreffgeschwindigkeit auf dem Erdboden von etwa 15 km/h angegeben.
a) Skizzieren und benennen Sie die Kräfte, die auf einen fallenden Regentropfen wirken! Wovon sind sie abhängig?
b) Die Tropfen fallen aus einer Wolke ca. 300 m bis zum Erdboden. Mit welcher Geschwindigkeit würde ein Regentropfen auf den Erdboden treffen, wenn kein Luftwiderstand vorhanden wäre?
c) Welche maximale Energie hätte ein solcher Regentropfen?
d) Wie hoch könnte man mit dieser Energie eine Tafel Schokolade (100 g) heben?

9. Die Unruh eines mechanischen Weckers führt 120 Schwingungen in der Minute aus.
a) Wie groß ist die Frequenz dieser Schwingung?
b) Wie viele Schwingungen vergehen, bis der Sekundenzeiger um eine Sekunde weiterrückt?

10. Die folgenden Abbildungen zeigen periodische Vorgänge:

Bei welchen dieser Vorgänge handelt es sich um mechanische Schwingungen, bei welchen nicht? Begründen Sie!

11. Die Schwingungen einer Stimmgabel wurden aufgezeichnet. Dabei ergab sich folgendes Schwingungsbild:

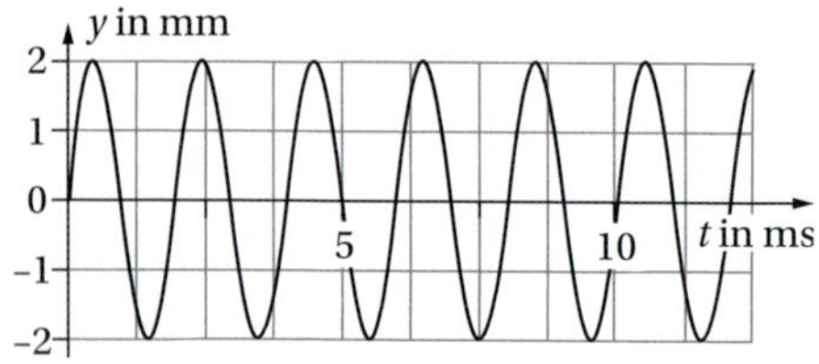

a) Ermitteln Sie aus dem Diagramm die Amplitude, die Schwingungsdauer und die Frequenz der Schwingung!

b) Wie lautet die Schwingungsgleichung für diese Schwingung?

12. Die Schwingungsgleichung für eine mechanische Schwingung lautet:

$y = 0{,}2\ \mathrm{m} \cdot \sin\left(\frac{2\pi}{0{,}8\ \mathrm{s}} \cdot t\right)$

Geben Sie die Amplitude, die Schwingungsdauer und die Frequenz an!
Stellen Sie die Schwingung grafisch dar!

13. Mithilfe eines Fadenpendels wies der französische Physiker LÉON FOUCAULT die Erdrotation nach. Das Pendel hatte eine Länge von 67,0 m und eine Masse von 28 kg. Wie groß waren Schwingungsdauer und Frequenz dieses Pendels?

14. Die Länge eines Pendels, das für eine Halbschwingung 1,0 s benötigt, beträgt am Äquator 99,09 cm und am Pol 99,61 cm. Ermitteln Sie aus diesen Angaben die Fallbeschleunigung am jeweiligen Ort!

***15.** Ein Fadenpendel schwingt zwischen den zwei Umkehrpunkten hin und her.

a) Skizzieren Sie ein solches Pendel! Der Pendelkörper soll sich in einem der Umkehrpunkte befinden.

b) Zerlegen Sie die Gewichtskraft des Pendelkörpers in zwei Komponenten tangential und senkrecht zur Bahnkurve! Was bewirkt die jeweilige Komponente?

c) Welchen Zusammenhang gibt es zwischen dem Betrag der rücktreibenden Kraft und dem Auslenkwinkel?

16. Die Abbildungen zeigen den Aufbau eines Schwingungsdämpfers (Stoßdämpfers), so wie er bei Pkws verwendet wird.

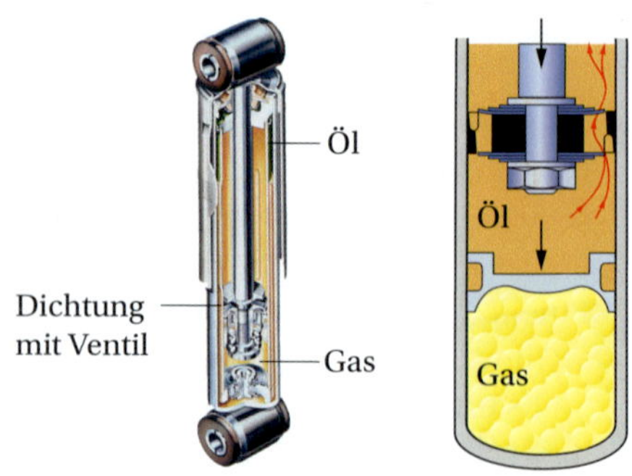

Beschreiben Sie den Aufbau und erklären Sie die Wirkungsweise eines solchen Schwingungsdämpfers!
Recherchieren Sie dazu auch im Internet!

17. Jede Feder der dargestellten Federpendel hat eine Federkonstante von $4{,}8\,\frac{\text{N}}{\text{m}}$, der schwingende Körper eine Masse von 100 g. Die Bewegung der Körper erfolgt reibungsfrei.

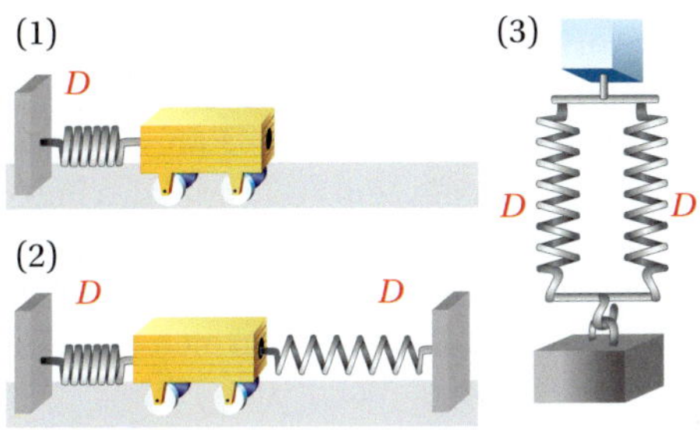

a) Geben Sie für jeden der Schwinger eine Gleichung zur Berechnung der Schwingungsdauer an!

b) Schwinger 1 wird um 6,3 cm ausgelenkt. Welche Kraft ist dazu erforderlich? Welche Arbeit wird verrichtet?

c) Begründen Sie, dass der Körper nach dem Loslassen harmonische Schwingungen ausführt!

d) Welche Geschwindigkeit hat der Körper beim Durchgang durch die Gleichgewichtslage?

18. Bei einem Federpendel wird der Zusammenhang zwischen der Masse des Pendelkörpers und der Schwingungsdauer untersucht. Dabei erhält man für eine Feder folgende Messwerte:

m in g	*T* in s
20	2,15
50	3,30
70	3,96
100	4,65
150	5,73
170	6,15
200	6,62

a) Stellen Sie die Messwerte in einem *m*-*T*-Diagramm dar! Interpretieren Sie das Diagramm!

b) Stellen Sie eine Vermutung über den Zusammenhang zwischen *m* und *T* auf! Wie können Sie Ihre Vermutung überprüfen?

***19.** In einem U-Rohr wird eine Flüssigkeit zu Schwingungen angeregt.

a) Weisen Sie nach, dass für die Schwingungsdauer einer solchen Flüssigkeitssäule die Gleichung

$$T = 2\pi\sqrt{\frac{l}{2g}}$$

gilt, wobei *l* die Länge der Flüssigkeitssäule ist!

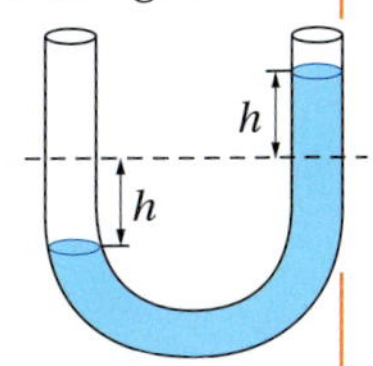

b) Wie lang müsste ein Fadenpendel sein, das die gleiche Schwingungsdauer wie eine 40 cm lange Flüssigkeitssäule hat?

20. Eine experimentelle Untersuchung des Zusammenhangs zwischen der Federkonstanten und der Schwingungsdauer eines Federpendels liefert das im Diagramm dargestellte Ergebnis.

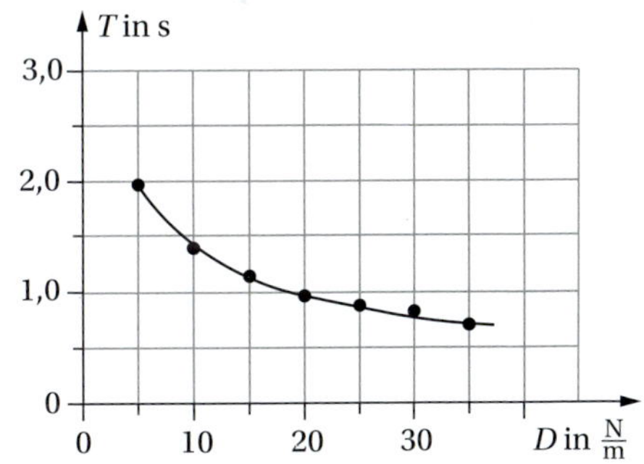

a) Interpretieren Sie das Diagramm! Welchen Zusammenhang zwischen *T* und *D* könnte man vermuten?

b) Ermitteln Sie aus dem Diagramm, wie groß die Masse des Pendelkörpers war!

21. Erkunden Sie, welchen Frequenzbereich ein Mensch mit seinen Ohren wahrnehmen kann (Hörbereich)!
Wie groß ist die Schwingungsdauer beim Kammerton a (440 Hz)?

22. Ein Hubschrauber ($m = 5\,600$ kg) fliegt in 250 m Höhe mit einer Geschwindigkeit von 180 km/h.

a) Vergleichen Sie seine Höhenenergie mit seiner kinetischen Energie!

b) Geben Sie zwei verschiedene Kombinationen von Höhe und Geschwindigkeit an, bei denen die beiden Formen mechanischer Energie gleich groß sind!

23. Mit einem Rammbär können Pfähle eingerammt werden.

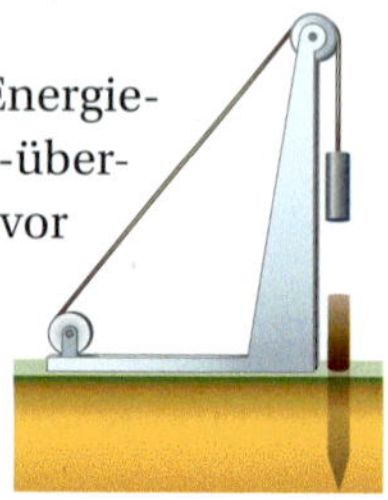

a) Beschreiben Sie die Energieumwandlungen und -übertragungen, die dabei vor sich gehen!

b) Mit welcher Geschwindigkeit trifft der 850 kg schwere Körper auf den Pfahl, wenn er aus 3,5 m Höhe herabfällt?

24. Wie groß ist die kinetische Energie

a) eines Sprinters ($m = 75$ kg) bei einer Geschwindigkeit von $10\,\frac{\text{m}}{\text{s}}$,

b) eines Geschosses ($m = 7{,}5$ g) bei $800\,\frac{\text{m}}{\text{s}}$,

c) eines Pkw ($m = 1\,300$ kg) bei Autobahnrichtgeschwindigkeit von $130\,\frac{\text{km}}{\text{h}}$?

25. Eine Hochspringerin überquerte bei einem Wettkampf eine Höhe von 2,09 m. Der Höhenunterschied ihres Körperschwerpunkts betrug vom Absprung bis zur maximalen Höhe 1,11 m.

a) Wie groß war die Änderung ihrer Höhenenergie, wenn ihre Masse 56 kg beträgt?

b) Wie groß war mindestens die senkrecht nach oben gerichtete Komponente der Absprunggeschwindigkeit?

26. Von einer überhängenden Felswand löst sich ein 450 kg schwerer Felsbrocken und stürzt 60 m frei herunter.

a) Mit welcher Geschwindigkeit trifft er unten auf?

b) Beim Fall werden 10 % seiner ursprünglichen Energie durch Reibung in Wärme umgewandelt. Was ergibt sich daraus für die Auftreffgeschwindigkeit?

27. Ein Ball ($m = 800$ g) wird nach oben geworfen und erreicht eine maximale Höhe von 10 m.

a) Beschreiben Sie die Energieumwandlungen des Balls während des Fluges!

b) Wie groß ist die Höhenenergie des Balls im höchsten Punkt seiner Bahn?

c) Welche Geschwindigkeit hat der Ball in der halben maximalen Höhe?

28. Ein Fahrzeug fährt bei einem Crashtest mit $30\,\frac{\text{km}}{\text{h}}$ gegen eine feste Wand.
Aus welcher Höhe müsste das Fahrzeug fallen, um eine ebenso große Energie zu besitzen?

29. Welche Aussage ist für den freien Fall richtig? Begründen Sie!

a) Eine Verdopplung der Fallhöhe führt zu einer Verdopplung der maximalen kinetischen Energie.

b) Doppelte Endgeschwindigkeit erreicht man durch ein Vervierfachen der Fallhöhe.

c) Die Endgeschwindigkeit ist umso größer, je schwerer der Gegenstand ist.

30. Ein Radfahrer fährt einen Berg hinab und erreicht im Tal maximal 30 km/h. Welche Höhe erreicht er ohne Antrieb auf der dann ansteigenden Straße, wenn sich durch Reibung seine mechanische Energie um 20 % verringert?

31. Vergleichen Sie den Impuls eines Fußgängers ($m = 65$ kg, $v = 5$ km/h) mit dem eines Geschosses ($m = 12$ g, $v = 750\ \frac{\text{m}}{\text{s}}$)!

32. Beim Rudern wird der Impulserhaltungssatz genutzt.

a) Erklären Sie die Vorwärtsbewegung eines Ruderboots mithilfe des Impulserhaltungssatzes!

b) Wie kann man eine möglichst große Geschwindigkeit erreichen?

33. Ein Geschoss ($m = 12$ g) verlässt den Lauf eines Gewehres der Masse 5,2 kg mit $750\ \frac{\text{m}}{\text{s}}$. Wie groß ist die Rückstoßgeschwindigkeit?

34. Bei einigen Spielzeugautos nutzt man den Druck der Luft in einem Luftballon als Antriebsmittel (↗ Abb.). Erläutern Sie, wie der Druck der Luft im Ballon das Fahrzeug antreiben kann!

35. Beim Elfmeterschießen wird der 450 g schwere Ball mit $96\ \frac{\text{km}}{\text{h}}$ auf das Tor geschossen.

a) Wie groß ist der Impuls des Balls?

b) Der 72 kg schwere Torwart hat Glück und fängt den Ball.
Mit welcher Geschwindigkeit bewegt er sich dadurch nach hinten?

36. Bereiten Sie eine Präsentation zum Thema „Ein Raketenstart“ vor. Gehen Sie dabei auf die wirkenden Kräfte sowie auf die Geschwindigkeit und auf die Masse der Verbrennungsgase ein!

37. Es gibt Tiere, die sich mithilfe des Rückstoßprinzips fortbewegen. Recherchieren und präsentieren Sie ein Beispiel!

38. Ein Güterwagen der Masse 25 t stößt beim Ankoppeln mit 4 km/h gegen einen stehenden Güterwagen der Masse 5 t. Die automatische Kupplung verbindet beide Wagen sofort. Vergleichen Sie die Energien vor und nach dem Stoß!
Mit welcher gemeinsamen Geschwindigkeit bewegen sich die Wagen weiter?

*** 39.** Astronauten führen Montage- und Reparaturarbeiten auch außerhalb der Raumstation aus. Zur Fortbewegung können Rückstoßpistolen genutzt werden.

a) Welche mittlere Kraft wirkt auf einen Astronauten, wenn aus der Rückstoßpistole in jeder Sekunde 40 g Gas mit einer Geschwindigkeit von $120\ \frac{\text{m}}{\text{s}}$ ausströmen?

b) Wie groß ist die Beschleunigung des Astronauten, wenn er mit Ausrüstung 83 kg wiegt?

c) Welche Geschwindigkeit erreicht er aus der Ruhe, wenn er die Rückstoßpistole 3,0 s lang betätigt?

d) Wie lange benötigt er, um mit dieser Geschwindigkeit einen Weg von 5,0 m zurückzulegen?

*** 40.** Bei einem Kugelstoßapparat fliegen immer genauso viele Kugeln weg, wie man stoßen lässt. Wie ist das zu erklären?

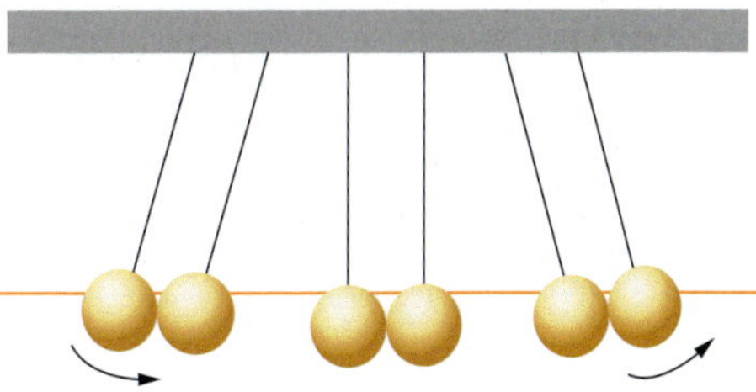

Das Wichtigste auf einen Blick

Eindimensionale Bewegungen

Bei eindimensionalen Bewegungen (Auto auf gerader Strecke, Fallbewegung eines Körpers, Schwingung eines Federpendels) lässt sich die Lage eines Körpers eindeutig durch eine Koordinate (Ort, Weg) kennzeichnen.

Art der Bewegung

- $\boldsymbol{F = 0}$ $\boldsymbol{a = 0}$
  Gleichförmige geradlinige Bewegung oder Ruhe
- $\boldsymbol{F}$ **= konstant ≠ 0** $\boldsymbol{a}$ **= konstant**
  Gleichmäßig beschleunigte geradlinige Bewegung (z. B. freier Fall)
- $\boldsymbol{F}$ **nicht konstant** $\boldsymbol{a}$ **≠ konstant**
  Ungleichmäßig beschleunigte geradlinige Bewegung (z. B. Fall mit Luftwiderstand, Federschwingung)

Ist die beschleunigende Kraft bekannt, kann man die Bewegung mit der **Methode der kleinen Schritte** mathematisch beschreiben. Ausgehend vom jeweiligen Kraftgesetz wird für kleine Zeitintervalle die Kraft jeweils als konstant angenommen und Beschleunigung, Geschwindigkeit und Ort berechnet. Das Näherungsverfahren liefert umso genauere Werte, je kleiner das Zeitintervall gewählt wird.

Eine harmonische Schwingung liegt vor, wenn die rücktreibende Kraft F proportional zur Auslenkung y ist. Für eine solche harmonische Schwingung gilt:

$$y = A \cdot \sin\left(\frac{2\pi}{T} \cdot t\right) = A \cdot \sin(\omega \cdot t)$$

Federpendel: $T = 2\pi\sqrt{\frac{m}{D}}$

Fadenpendel bei kleiner Auslenkung: $T = 2\pi\sqrt{\frac{l}{g}}$

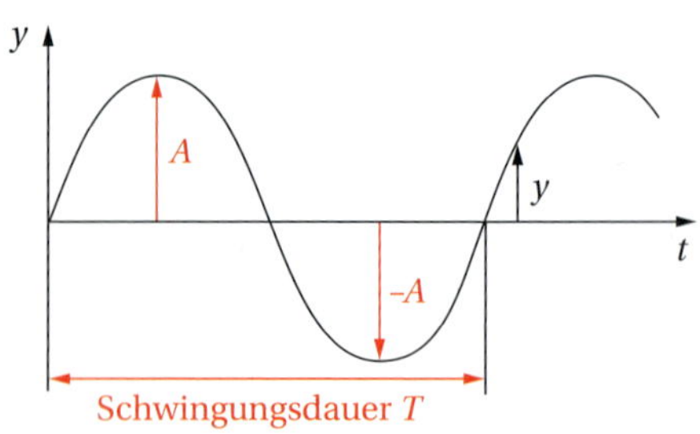

Mithilfe von **Erhaltungsgrößen (Energie, Impuls)** kann man für Vorgänge in Natur und Technik Bilanzen aufstellen und Berechnungen durchführen.

In einem abgeschlossenen System bleibt die Gesamtenergie E erhalten.

Es gilt: $E = E_1 + E_2 + \ldots =$ konstant

$E_1, E_2, \ldots$ Energieformen

In einem abgeschlossenen System bleibt der Gesamtimpuls p erhalten.

Es gilt: $p = p_1 + p_2 + \ldots =$ konstant

$p_1, p_2, \ldots$ Impulse der einzelnen Körper

2.3 Zweidimensionale Bewegungen

Physik im Sport ▸▸ Physik spielt für den Leistungssport eine wichtige Rolle. Die Nutzung physikalischer Gesetze und Modelle ermöglicht es, die Bedingungen zu optimieren, unter denen die Wurfweite eines Kugelstoßers, die Sprungweite einer Weitspringerin oder die Sprunghöhe eines Hochspringers besonders groß sind.
Unter welchen Bedingungen erreichen Sie beim Ballweitwurf eine maximale Weite? Wie beeinflusst der Luftwiderstand die Wurfweite?

Kurvenfahrten sind gefährlich ▸▸ Motorräder und andere Fahrzeuge können nicht beliebig schnell durch eine Kurve fahren. Die maximal mögliche Geschwindigkeit hängt von verschiedenen Faktoren ab.
Welche Kräfte wirken bei einer Kurvenfahrt? Wodurch wird die maximale Geschwindigkeit zum sicheren Durchfahren einer Kurve bestimmt?

Zweidimensionale Bewegungen

Viele Bewegungen in Natur und Technik sind keine einfachen geradlinig gleichförmigen oder geradlinig gleichmäßig beschleunigten Bewegungen. Beispiele dafür sind ein geworfener Ball (Abb. 1), die Bewegung eines Skispringers oder die Bewegung von Wasserteilchen bei einem Springbrunnen.

Zur Beschreibung nutzt man meist ein x-y-Koordinatensystem.

Bei solchen Bewegungen sind zur eindeutigen Beschreibung der Lage eines Körpers meist zwei Koordinaten erforderlich. Deshalb werden solche Bewegungen als **zweidimensionale Bewegungen** bezeichnet.

Der waagerechte Wurf

Wird ein Körper mit einer bestimmten Geschwindigkeit v_0 waagerecht abgeworfen und dann sich selbst überlassen, so spricht man von einem **waagerechten Wurf.** Beispiele dafür sind ein waagerecht abgefeuertes Geschoss, ein horizontal abgeworfener Ball oder das Wasser eines Wasserstrahls, das waagerecht aus einer Düse austritt. Den Verlauf der Bewegung zeigen die Abb. 1 und 2.

Die Bewegung eines horizontal abgeworfenen Körpers kann man experimentell oder theoretisch untersuchen.

Lässt man eine Kugel frei fallen und stößt man gleichzeitig eine zweite, gleichartige Kugel horizontal weg, dann zeigt sich: Beide Kugeln treffen zur gleichen Zeit auf dem Fußboden auf. Daraus kann man folgern: In vertikaler Richtung bewegt sich eine waagerecht abgeworfene Kugel genauso wie eine frei fallende Kugel (Abb. 1).

Der Ablauf eines waagerechten Wurfs kann erfasst werden, wenn man vor einem dunklen Hintergrund eine Kugel waagerecht abwirft, die Kugel mit Lichtblitzen im gleichen zeitlichen Abstand beleuchtet und den Gesamtvorgang fotografiert. Das Foto zeigt dann den Ort der Kugel nach jeweils gleichen Zeitintervallen, so wie es in Abb. 2 dargestellt ist.

t in s	*y* in cm	*x* in cm
0,04	-0,8	0,6
0,08	-3,2	1,1
0,12	-7,0	1,8
0,16	-12,7	2,5
0,20	-19,7	2,9
0,24	-28,2	3,6
0,28	-38,0	4,2

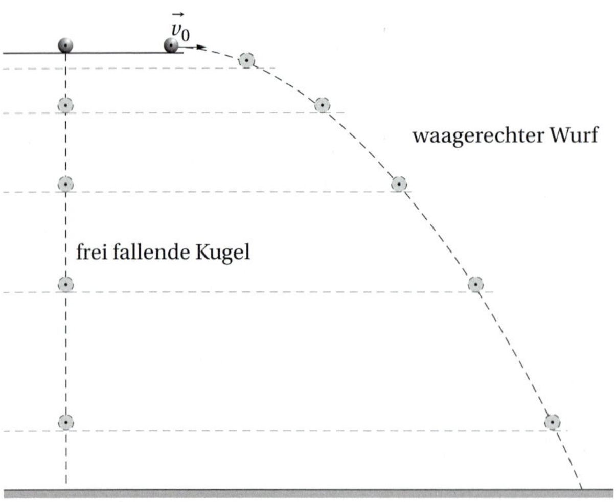

1 ▸ Vergleich zwischen einem freien Fall und einem waagerechten Wurf

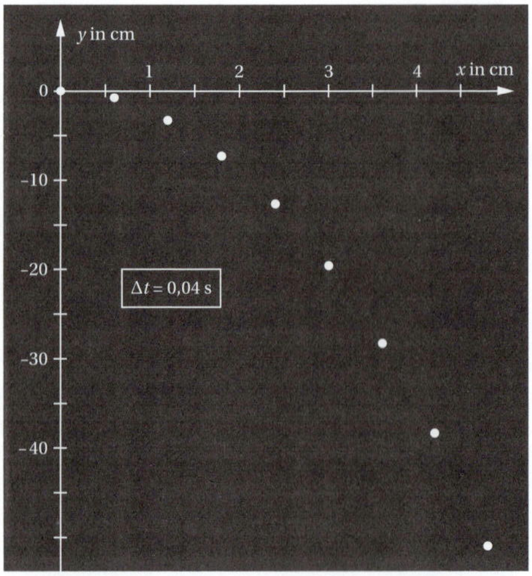

2 ▸ Ein solches Bild erhält man bei einer stroboskopischen Aufnahme.

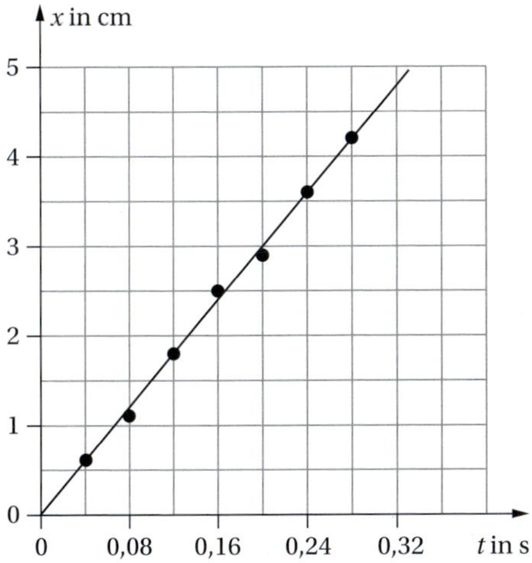

1 ▸ *t-x*-Diagramm für einen waagerechten Wurf

Aus Abb. 2 auf S. 88 kann man die Werte für x und y nach den jeweils gleichen Zeitintervallen ablesen. Sie sind in der Messwertetabelle auf S. 88 unten erfasst.

Die Darstellung im *t-x*-Diagramm (Abb. 1) ergibt eine Ursprungsgerade. Das bedeutet: In *x*-Richtung liegt eine gleichförmige Bewegung vor, also eine Bewegung mit konstanter Geschwindigkeit.

Der Graph im *t-y*-Diagramm ist parabelförmig. Es liegt also vermutlich in dieser Richtung eine gleichmäßig beschleunigte Bewegung vor.

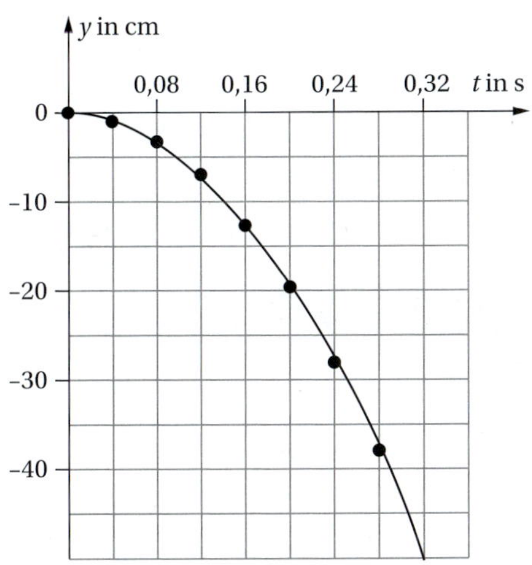

2 *t-y*-Diagramm für einen waagerechten Wurf: Der Graph verläuft parabelförmig.

Dieselben Ergebnisse erhält man durch theoretische Überlegungen. Betrachten wir dazu die Bewegung einer Kugel in der Horizontalen (*x*-Richtung) und in der Vertikalen (*y*-Richtung).

In *x*-Richtung bewegt sich die Kugel mit der Anfangsgeschwindigkeit v_0. In dieser Richtung wirkt auf die Kugel keine Kraft. Sie bewegt sich demzufolge in dieser Richtung gleichförmig weiter.

Nach dem Trägheitsgesetz (s. S. 43) gilt: Bei $F = 0$ ist $a = 0$ und damit v = konstant.

In vertikaler Richtung wirkt, wenn man den Luftwiderstand vernachlässigt, die Gewichtskraft als beschleunigende Kraft. Demzufolge erfolgt in dieser Richtung ein freier Fall.

M

Ein waagerechter Wurf setzt sich zusammen aus einer gleichförmigen Bewegung in horizontaler Richtung und einer gleichmäßig beschleunigten Bewegung in vertikaler Richtung. Es gilt:

$x(t) = v_0 \cdot t \qquad y(t) = -\frac{g}{2} t^2$

v_0 wird Anfangsgeschwindigkeit genannt. Das Minuszeichen gibt an, dass die Bewegung nach unten verläuft. g ist die Fallbeschleunigung ($g = 9{,}81\,\frac{m}{s^2}$).

Aus diesen beiden Gleichungen kann man eine Gleichung für die **Bahnkurve** ableiten.

Die Umstellung von $x = v_0 \cdot t$ nach t ergibt

$$t = \frac{x}{v_0}$$

Setzt man das in die Gleichung für y ein, so erhält man:

$$y = -\frac{g}{2}\left(\frac{x}{v_0}\right)^2 \quad \text{oder}$$

$$y = -\frac{g}{2 v_0^2} \cdot x^2$$

Das ist die Gleichung für eine Parabel. Eine solche Parabel kann man im Experiment beobachten (s. S. 88, Abb. 2).

M

Die Bahnkurve beim waagerechten Wurf ist Teil einer Parabel. Die Gleichung für die Bahnkurve lautet:

$y = -\frac{g}{2 v_0^2 \cdot x^2}$

Die Bahnkurve ist folglich Teil einer nach unten offenen Parabel.

Wurfdauer, Wurfweite und Geschwindigkeiten beim waagerechten Wurf

Um die Wurfweite eines horizontal abgeworfenen Balls oder die eines Geschosses zu ermitteln, benötigt man zwei Angaben: die Abwurfhöhe h und die Anfangsgeschwindigkeit v_0 (Abb. 1). Beim Aufprall zum Zeitpunkt t erreicht die Kugel die Höhe $y = -h$. Für die beiden Bewegungsgleichungen in x-Richtung und in y-Richtung erhält man durch Einsetzen:

$$x_{max} = v_0 \cdot t \qquad (1)$$

$$h = \frac{1}{2} g \cdot t^2 \qquad (2)$$

Die Auflösung der Gleichung (2) nach der Zeit t ergibt:

$$t = \sqrt{\frac{2h}{g}}$$

Setzt man das in Gleichung (1) ein, so erhält man für die Wurfweite:

$$x_{max} = v_0 \sqrt{\frac{2h}{g}}$$

Die Wurfdauer t ist bei einem waagerechten Wurf nur von der Abwurfhöhe abhängig:

$$t = \sqrt{\frac{2h}{g}}$$

Die Wurfweite hängt von der Anfangsgeschwindigkeit v_0 und von der Abwurfhöhe h ab.

$$x_{max} = v_0 \sqrt{\frac{2h}{g}}$$

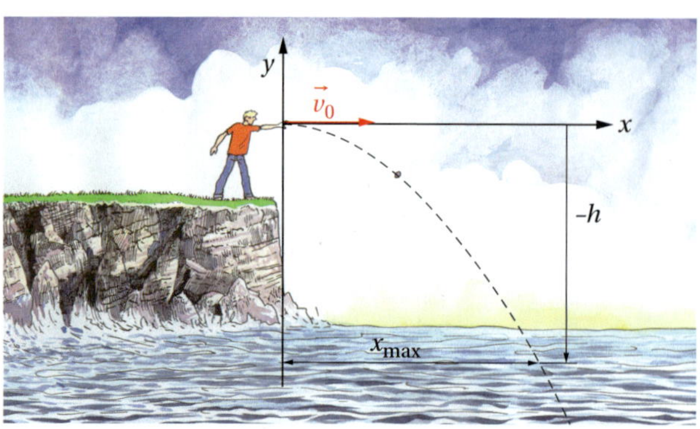

1 ▸ Wurfweite x_{max} bei einem waagerechten Wurf

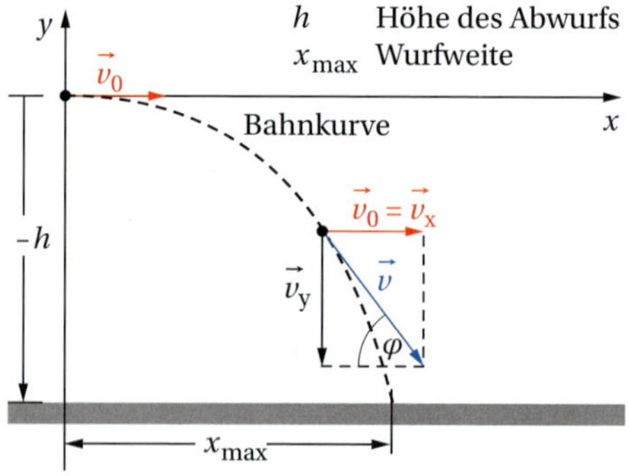

2 ▸ Geschwindigkeiten beim waagerechten Wurf

Für die Geschwindigkeit eines Körpers, der waagerecht abgeworfen wird, ist entscheidend, dass sich die Gesamtbewegung aus zwei Komponenten zusammensetzt.

In x-Richtung bewegt sich der Körper gleichförmig. Folglich gilt:

$$v_x = v_0$$

In y-Richtung fällt der Körper frei. Demzufolge gilt für diese Richtung:

$$v_y = -g \cdot t$$

Die resultierende Geschwindigkeit ergibt sich analog wie eine resultierende Kraft (s. S. 91). Da beide Geschwindigkeiten senkrecht aufeinanderstehen, erhält man als Ergebnis:

Die Richtung der resultierenden Geschwindigkeit v eines Körpers beim waagerechten Wurf ist für jeden Ort gleich der Richtung der Tangente an die Bahnkurve. Der Betrag ergibt sich aus den beiden Komponenten zu:

$$v = \sqrt{v_0^2 + (g \cdot t)^2}$$

Der Winkel, unter dem ein Körper gegen die Horizontale auf dem Boden auftrifft, lässt sich ebenfalls aus den beiden Geschwindigkeiten ermitteln. Wendet man die Tangensfunktion an, so erhält man:

$$\tan \varphi = \frac{v_y}{v_x}$$

2

Skalare und vektorielle Größen

In der Physik unterscheidet man zwischen skalaren (ungerichteten) und vektoriellen (gerichteten) Größen.

Eine **skalare Größe** ist durch einen Zahlenwert mit Einheit gekennzeichnet.
Skalare Größen sind z.B. die Temperatur, die Ladung, die Masse, die Energie und die Dichte.
Der Wert ist bei einigen Größen, z.B. der Energie, nur null oder positiv. Bei anderen, z.B. bei der Ladung, kann er positiv, null oder negativ sein.
Skalare Größen einer Größenart können addiert und voneinander subtrahiert werden. Dabei muss man auf die Einheiten achten. Bei gleicher Einheit addiert oder subtrahiert man die Zahlenwerte unter Berücksichtigung des Vorzeichens.

Eine **vektorielle Größe** ist durch Betrag und Richtung gekennzeichnet. Vektorielle Größen werden durch Pfeile dargestellt, deren Länge maßstäblich den Betrag der Größe unter Berücksichtigung der Einheit symbolisiert.

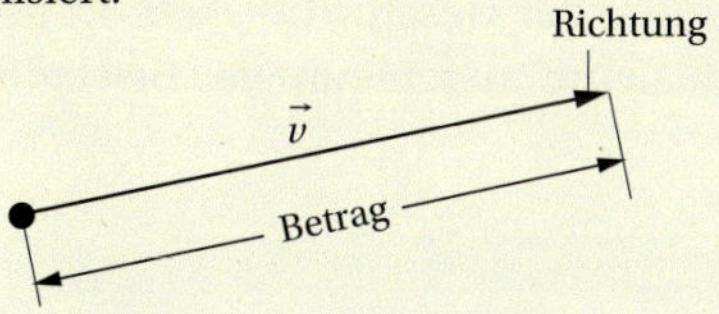

Die Richtung wird durch den Pfeil angegeben. Ein Pfeil über dem Kurzzeichen einer Größe bedeutet: Es handelt sich um eine vektorielle Größe. Dabei ist v der Betrag der Geschwindigkeit, $\vec{v}$ schließt auch die Richtung mit ein.
Vektorielle Größen sind z.B. Geschwindigkeit, Beschleunigung und Kraft.
Der Betrag einer vektoriellen Größe ist immer nicht negativ. Nur bei eindimensionalen Vorgängen deutet man manchmal durch ein Minuszeichen die entgegengesetzte Richtung an.
Bei der Addition von vektoriellen Größen muss man neben dem Betrag auch die Richtung berücksichtigen.
In der Übersicht unten sind die charakteristischen Fälle für die Zusammensetzung von zwei Geschwindigkeiten zu einer Resultierenden angegeben. Das spielt überall dort eine Rolle, wo sich eine Bewegung aus Teilbewegungen zusammensetzt, also beispielsweise bei allen Würfen. In analoger Weise setzen sich Kräfte und Beschleunigungen zusammen.
Nicht nur eine Kraft, sondern auch eine Geschwindigkeit kann man in Komponenten zerlegen. So ist z.B. bei einem waagerechten Wurf (s. S. 90) von Interesse, wie groß die Komponenten der Anfangsgeschwindigkeit in x-Richtung und in y-Richtung sind.

Zusammensetzung von zwei Geschwindigkeiten			
Gleiche Richtung	**Entgegengesetzte Richtung**	**Im rechten Winkel zueinander**	**Bei beliebigem anderen Winkel**
Schwimmer in Strömungsrichtung eines Flusses.	Schwimmer entgegen der Strömungsrichtung eines Flusses.	Schwimmer quer zur Strömungsrichtung eines Flusses.	Schwimmer schräg zur Strömungsrichtung eines Flusses.
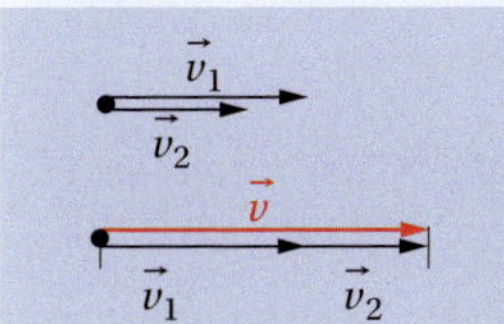	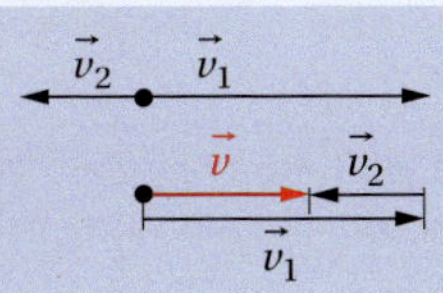	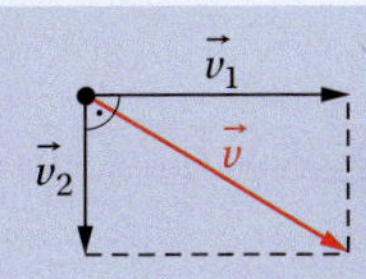	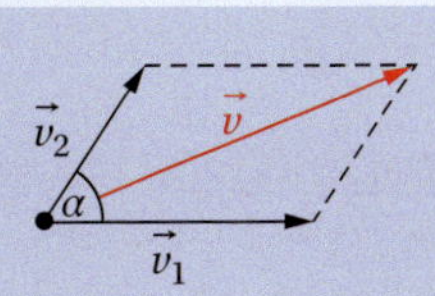
$v = v_1 + v_2$	$v = v_1 - v_2$	$v = \sqrt{v_1^2 + v_2^2}$	$v = \sqrt{v_1^2 + v_2^2 + 2\,v_1 \cdot v_2 \cdot \cos\alpha}$

Im Kreis bewegen

Sie wissen bereits, dass sich Körper auf sehr unterschiedlichen Bahnen bewegen können. Dabei kann der Betrag der Geschwindigkeit konstant sein oder sich ändern.

Bewegt sich ein Körper auf einer Kreisbahn mit einem konstanten Betrag der Geschwindigkeit, so führt dieser Körper eine **gleichförmige Kreisbewegung** aus. Zu unterscheiden ist die **Kreisbewegung** eines Körpers von einer **Drehbewegung.** Von einer **Kreisbewegung** spricht man nur dann, wenn der betreffende Körper als Massepunkt angesehen werden kann. Das ist z. B. bei der Gondel eines Riesenrads oder auch bei der Bewegung der Erde um die Sonne der Fall. Im Unterschied dazu wird die Bewegung eines Körpers um eine Drehachse, z. B. die Bewegung des Riesenrads oder die Rotation der Erde um ihre Achse, als **Drehbewegung** bezeichnet.

Der Massepunkt ist ein Modell für einen Körper. Man denkt sich die Masse des Körpers in einem Punkt vereinigt.

Wir betrachten nachfolgend ausschließlich Kreisbewegungen von Körpern, die man in guter Näherung als Massepunkte ansehen kann. Die nachfolgend genannten Gesetze gelten exakt nur für solche Massepunkte.

1 ▸ Die Gondeln des Riesenrads und mit ihnen die Insassen führen eine Kreisbewegung aus. Das Riesenrad als Ganzes führt eine Drehbewegung aus.

Ein Vergleich zwischen einer gleichförmigen geradlinigen Bewegung und einer gleichförmigen Kreisbewegung (s. Übersicht unten) zeigt:

- Bei beiden Bewegungen ist der Betrag der Geschwindigkeit konstant.
- Bei einer gleichförmigen Kreisbewegung ändert sich im Unterschied zu einer geradlinigen Bewegung ständig die Richtung der Geschwindigkeit. Es liegt damit eine beschleunigte Bewegung vor.

Vergleich verschiedener Bewegungen

Gleichförmige geradlinige Bewegung	Gleichförmige Kreisbewegung
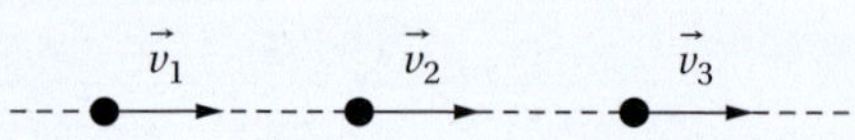	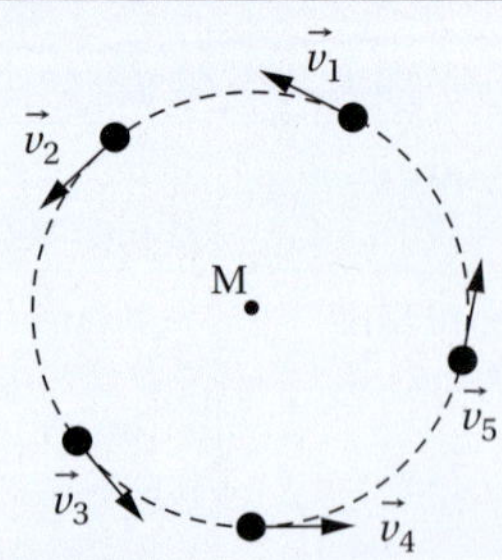
Der Betrag und die Richtung der Geschwindigkeit sind immer gleich.	Der Betrag der Geschwindigkeit ist immer gleich groß. Die Richtung ist tangential zur Kreisbahn.
Die Beschleunigung ist null. Es liegt damit eine unbeschleunigte Bewegung vor.	Die Beschleunigung längs der Bahn ist null. Da sich aber die Richtung der Geschwindigkeit ständig ändert, liegt eine beschleunigte Bewegung vor.

Beschreibung gleichförmiger Kreisbewegungen

Für die Geschwindigkeit eines Körpers bei einer gleichförmigen Bewegung gilt folgender Zusammenhang:

$$v = \frac{s}{t}$$

Dabei ist s der zurückgelegte Weg und t die Zeit für die Bewegung. Für eine gleichförmige Kreisbewegung kann man diese Gleichung anpassen. Die Zeit für einen vollständigen Umlauf eines Körpers wird in der Physik **Umlaufzeit T** genannt. Der in dieser Zeit zurückgelegte Weg ist gleich dem Umfang des Kreises, auf dem sich der Körper bewegt: $s = 2\pi \cdot r$
Damit ergibt sich:

> **Bei einer gleichförmigen Kreisbewegung kann man die Geschwindigkeit v mit folgender Gleichung berechnen:**
>
> $v = \frac{2\pi \cdot r}{T}$
>
> r **Radius der Kreisbahn**
> T **Umlaufzeit**

Eine solche Kreisbewegung kann auch mit anderen Größen beschrieben werden. Bewegt sich ein Körper mit konstantem Betrag der Geschwindigkeit auf einer Kreisbahn, so ändert sich auch ständig der Drehwinkel φ (Abb. 1). Die zeitliche Änderung des Drehwinkels φ wird **Winkelgeschwindigkeit ω** genannt.

> **Die Winkelgeschwindigkeit ω gibt an, wie schnell sich der Drehwinkel φ ändert:**
>
> $\omega = \frac{\Delta\varphi}{\Delta t}$ **Einheit:** $\frac{1}{s}$

Da φ im Bogenmaß angegeben wird, hat ω die Einheit $\frac{1}{s}$. Bei einer gleichförmigen Kreisbewegung ist ω konstant. In der Umlaufzeit T beträgt der Drehwinkel im Bogenmaß 2π. Demzufolge ergibt sich:

$$\omega = \frac{2\pi}{T}$$

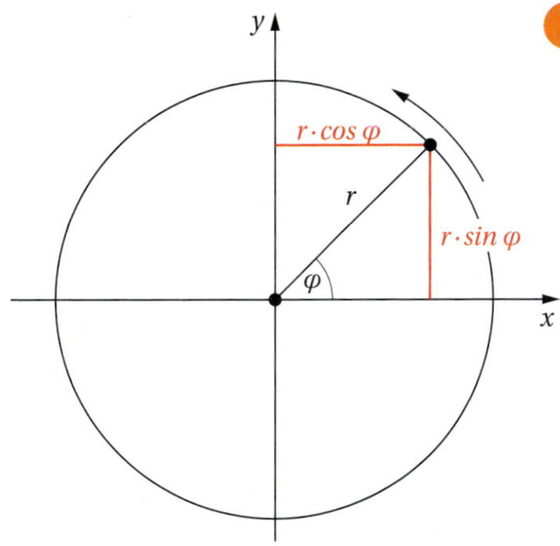

1 ▸ Der Drehwinkel φ bei einer Kreisbewegung

In der Technik wird häufig mit der Drehzahl n gearbeitet. Es gilt: $n = \frac{1}{T}$ oder $T = \frac{1}{n}$

Vergleicht man die Formeln für die Geschwindigkeit und die Winkelgeschwindigkeit miteinander, dann ist erkennbar, dass zwischen v, ω und r ein enger Zusammenhang besteht.

> **Für eine gleichförmige Kreisbewegung gilt:**
>
> $v = \omega \cdot r$
>
> v **Geschwindigkeit des Körpers**
> ω **Winkelgeschwindigkeit**
> r **Radius der Kreisbahn**

Aus der Gleichung ergibt sich:
- Bei ω = konstant ist die Geschwindigkeit eines Massepunkts umso größer, je größer r ist.
- Bei konstantem Radius ist die Geschwindigkeit eines Massepunkts umso größer, je größer die Winkelgeschwindigkeit ist.

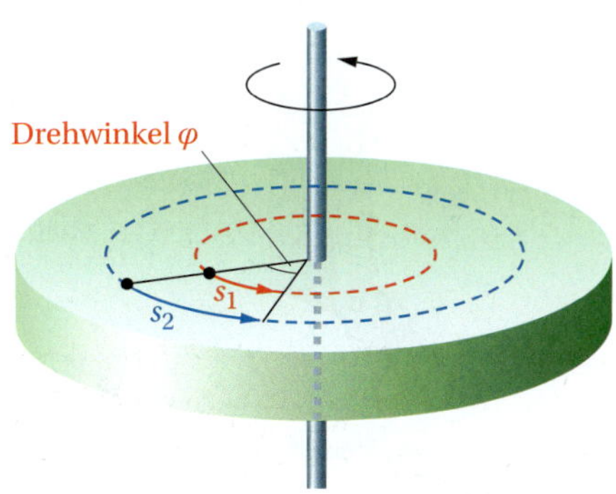

2 ▸ Massepunkte in unterschiedlicher Entfernung von einer Drehachse

Die Winkelgeschwindigkeit ist für beide Punkte gleich. Die zurückgelegten Wege sind unterschiedlich.

Die Zentripetalkraft

Abgeleitet ist der Begriff vom lateinischen centrum (Mittelpunkt) und petere (anstreben).

Ein Junge, der einen an einer Schnur befestigten Ball herumschleudert, muss eine Kraft aufbringen, die den Ball fortwährend nach innen zieht (Abb. 1). Reißt der Faden oder lässt der Junge den Faden los, so fliegt der Ball tangential weg.
Auch bei Kurvenfahrten muss eine nach innen gerichtete Kraft wirken, damit das Fahrzeug in der Spur bleibt.

Damit ein Körper eine gleichförmige Kreisbewegung ausführt, benötigt man eine auf den Mittelpunkt des Kreises hin gerichtete Zentripetalkraft F_Z.

Die Zentripetalkraft als beschleunigende Kraft ist die Summe aller auf den Körper wirkenden Kräfte. Nur wenn diese Gesamtkraft zu einem Punkt, dem Kreismittelpunkt, zeigt und den richtigen Betrag hat, beschreibt der Körper eine Kreisbahn.
Wenn man einen Stein im Kreis schleudert, sind diese Bedingungen automatisch

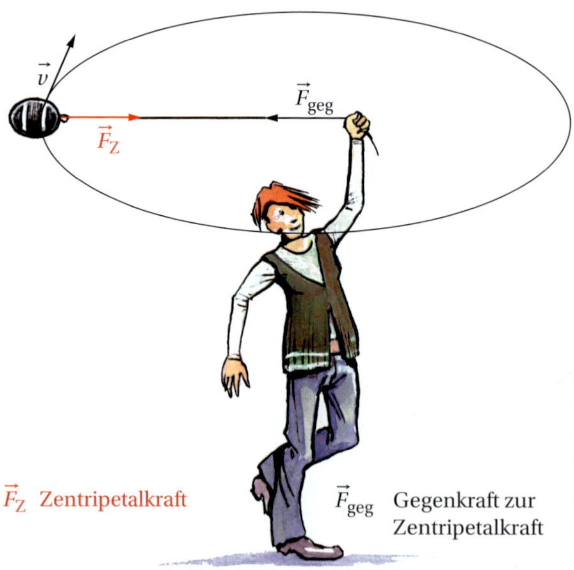

1 ▸ Kräfte bei einer Kreisbewegung: Zentripetalkraft und Gegenkraft sind gleich groß.

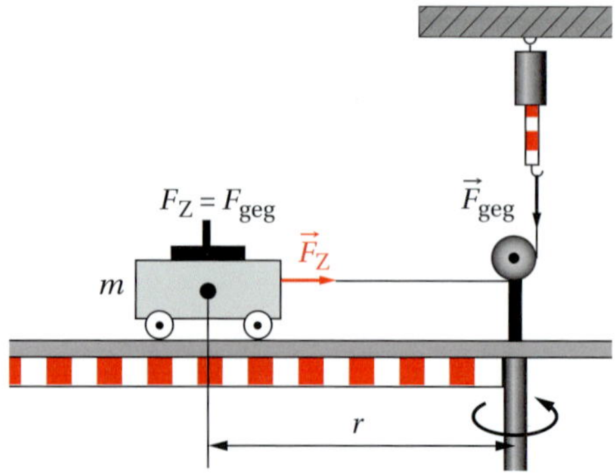

2 ▸ Mit einer solchen Anordnung kann die Abhängigkeit der Zentripetalkraft von verschiedenen Größen untersucht werden.

erfüllt. Durch die Schnur wird der Stein in Richtung Mitte gezogen. An der Hand wirkt in entgegengesetzter Richtung eine gleich große Kraft nach außen (Abb. 1). Die Kraft, die man an der Hand spürt, ist die Gegenkraft, die der Stein nach dem newtonschen Wechselwirkungsgesetz auf die Hand ausübt.
Aus den Erfahrungen beim Kurvenfahren oder beim Herumschleudern eines Körpers kann man schließen:
Die für die Kreisbahn eines Körpers benötigte Zentripetalkraft ist umso größer,

- je größer die Geschwindigkeit des Körpers ist,
- je kleiner der Radius des Kreises ist,
- je größer die Masse des Körpers ist.

Diese Zusammenhänge lassen sich experimentell genauer untersuchen, z. B. mit einer Anordnung, wie sie in Abb. 2 dargestellt ist. Experimentelle Untersuchungen (s. S. 96) oder theoretische Überlegungen (s. S. 97) ergeben:

Für die Zentripetalkraft bei einer gleichförmigen Kreisbewegung gilt:

$$F_Z = m \cdot \frac{v^2}{r} \quad \text{oder} \quad F_Z = m \cdot \omega^2 \cdot r$$

m Masse des Körpers
v Geschwindigkeit des Körpers
r Radius der Kreisbahn
ω Winkelgeschwindigkeit

Gesamtkraft auf einen Körper und seine Bewegung				
Gesamtkraft $\vec{F} = 0$	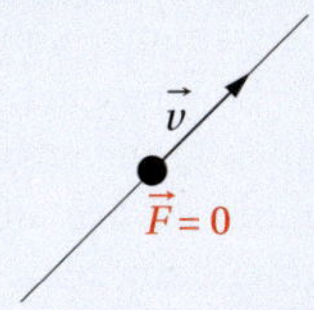	Körper behält Bewegungsrichtung bei, seine Geschwindigkeit ist konstant.	Ein Auto fährt mit konstanter Geschwindigkeit.	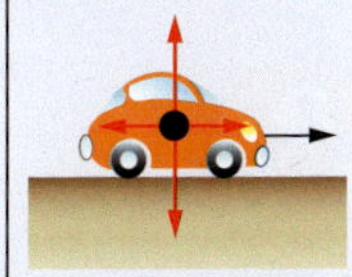
Gesamtkraft $\vec{F}$ in Bewegungsrichtung	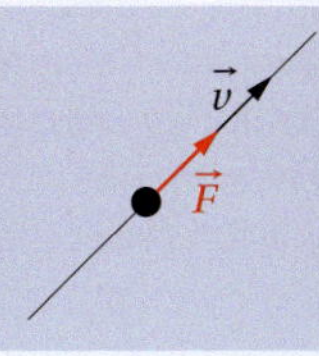	Körper behält Bewegungsrichtung bei, seine Geschwindigkeit nimmt zu.	Ein Auto beschleunigt.	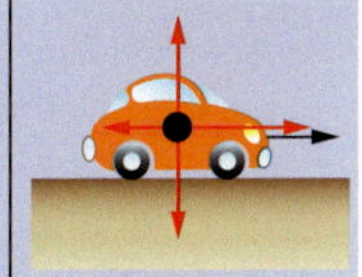
Gesamtkraft $\vec{F}$ entgegen der Bewegungsrichtung	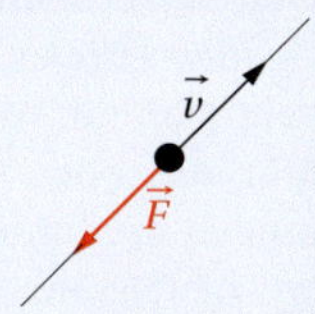	Körper behält Bewegungsrichtung bei, seine Geschwindigkeit nimmt ab.	Ein Auto bremst ab.	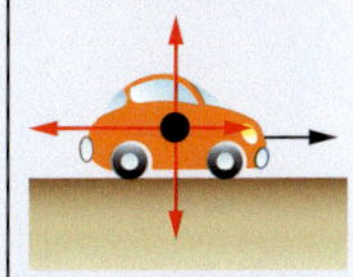
Gesamtkraft $\vec{F}$ senkrecht zur Bewegungsrichtung	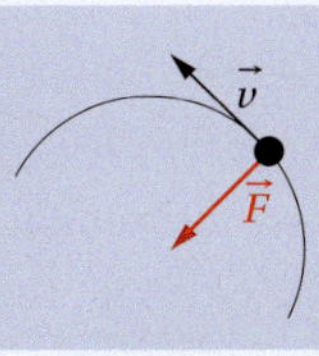	Körper behält den Betrag seiner Geschwindigkeit bei, deren Richtung ändert sich jedoch.	Bewegung der Erde um die Sonne (näherungsweise)	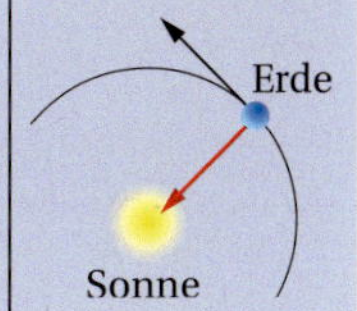
Gesamtkraft $\vec{F}$ weder parallel noch senkrecht zur Bewegungsrichtung	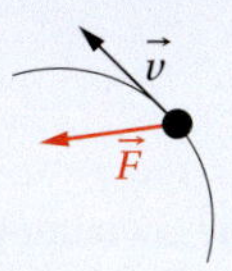	Körper bewegt sich auf einer krummen Bahn, seine Geschwindigkeit ändert sich.	Bewegung eines Kometen um die Sonne	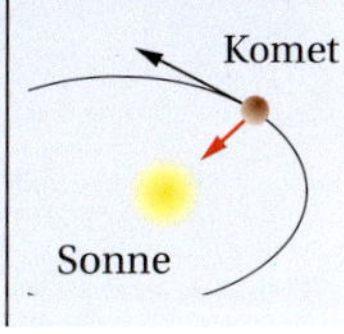

Das bedeutet z. B.:

- Wenn sich bei bestimmtem Radius die Geschwindigkeit eines Körpers auf einer Kreisbahn verdoppelt, so ist die vierfache Kraft erforderlich, um ihn auf der Kreisbahn zu halten.
- Wenn sich bei bestimmter Geschwindigkeit der Radius der Kreisbahn halbiert, so ist die doppelte Kraft erforderlich, um den Körper auf der Kreisbahn zu halten.

Diese Zusammenhänge sind z. B. bei Kurvenfahrten von Bedeutung.

Die Zentripetalkraft ist eine beschleunigende Kraft. Sie beschleunigt den Körper ständig in Richtung Mittelpunkt der Kreisbahn. Ein Vergleich mit dem newtonschen Grundgesetz $F = m \cdot a$ zeigt:

Der Term $\frac{v^2}{r}$ bzw. $\omega^2 \cdot r$ ist die Beschleunigung in Richtung Kreismittelpunkt. Man bezeichnet sie als **Zentripetalbeschleunigung.**

1 ▸ Bei schnellen Kurvenfahrten treten erhebliche Zentripetalbeschleunigungen auf.

Methode

Methoden zum Finden physikalischer Gesetze

Aus dem bisherigen Physikunterricht kennen Sie bereits eine Reihe physikalischer Gesetze.

Wie gelangt man aber zu solchen Gesetzen?

Es gibt dafür unterschiedliche Möglichkeiten, die darüber hinaus noch miteinander kombiniert werden können. Nachfolgend sind zwei für die Physik typische Methoden dargestellt und an einem Beispiel erläutert.
Weitere Methoden sind

- die galileische oder experimentelle Methode (s. S. 59),
- heuristische Methoden, bei denen neben Erkenntnissen und Erfahrungen auch Intuition und Zufall eine Rolle spielen.

Die induktive Methode

Eine häufig angewandte Methode ist die induktive Methode. Wir wollen sie an folgendem Beispiel erläutern:
Es soll untersucht werden, wovon die Kraft abhängt, mit der man einen Körper mit konstanter Geschwindigkeit auf einer Kreisbahn hält.

Aus Beobachtungen und Erfahrungen wissen Sie:

- Je größer die Masse eines Balls ist, den man auf einer Kreisbahn herumschleudern will, desto größer ist die erforderliche Kraft.
- Je schneller man den Ball herumschleudert, desto mehr Kraft muss man aufwenden.
- Je enger eine Kurve ist, die man durchfahren will, desto mehr muss man die Geschwindigkeit verringern.

Aus diesen und weiteren Erfahrungen kann man ableiten: Die Kraft F, die einen Körper auf eine Kreisbahn zwingt, hängt von der Masse m des Körpers, von seiner Geschwindigkeit v und von seinem Bahnradius r ab.

Im nächsten Schritt plant und realisiert man Experimente, mit denen man die vermuteten Zusammenhänge genauer untersuchen kann. Eine mögliche Experimentanordnung ist auf S. 92 angegeben.
Dabei ist zu beachten: Wenn man den Zusammenhang zwischen zwei Größen untersucht, müssen alle anderen Größen und Bedingungen konstant gehalten werden. Wird die Kraft F in Abhängigkeit von der Masse m untersucht, dann müssen Bahnradius r und Geschwindigkeit v immer gleich groß sein.
Man erhält damit Messreihen für zwei Größen. Ist der Zusammenhang zwischen diesen beiden Größen nicht sofort erkennbar, so stellt man die Wertepaare in einem Diagramm dar oder wendet mathematische Methoden an, um die Art des Zusammenhangs zu erfassen.

In unserem Beispiel findet man folgende Zusammenhänge:

- $F \sim m$ bei konstantem v und r
- $F \sim \frac{1}{r}$ bei konstantem v und m
- $F \sim v^2$ bei konstantem m und r

Da der Proportionalitätsfaktor 1 ist, erhält man die Gleichung $F = m \cdot \frac{v^2}{r}$.

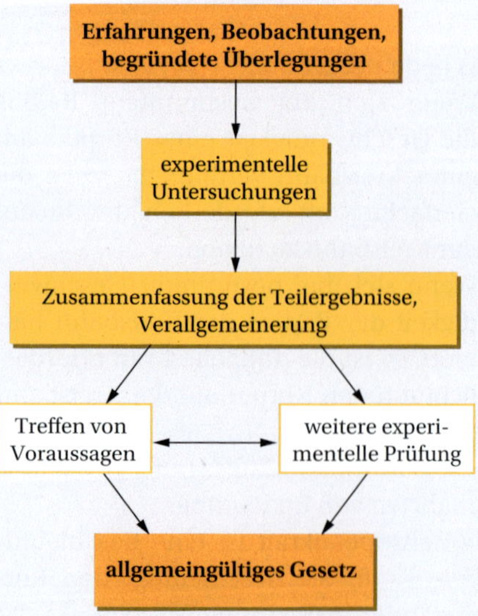

1 ▸ Die induktive Methode im Überblick

Methode

Die deduktive Methode

Bei der deduktiven Methode geht man von bekannten Zusammenhängen und Gesetzen und deren Gültigkeitsbedingungen aus (Abb. 1). Unter Nutzung mathematischer Verfahren leitet man daraus ein neues Gesetz ab.

Wir betrachten als Beispiel wiederum die Kraft, die man benötigt, um einen Körper auf einer Kreisbahn zu halten.

Die auf S. 94 genannte Formel $F = m \cdot \frac{v^2}{r}$ kann man auch mit der deduktiven Methode herleiten. Dabei gehen wir davon aus, dass die Bewegungsgesetze für gleichförmige und gleichmäßig beschleunigte Bewegungen sowie das newtonsche Grundgesetz bekannt sind.

Die Kreisbewegung wird in zwei voneinander unabhängige Bewegungen zerlegt: eine Bewegung mit konstanter Geschwindigkeit tangential zur Kreisbahn und eine Bewegung mit konstanter Beschleunigung in Richtung des Mittelpunkts der Kreisbahn. Beide Teilbewegungen sind in Abb. 2 rot eingezeichnet.

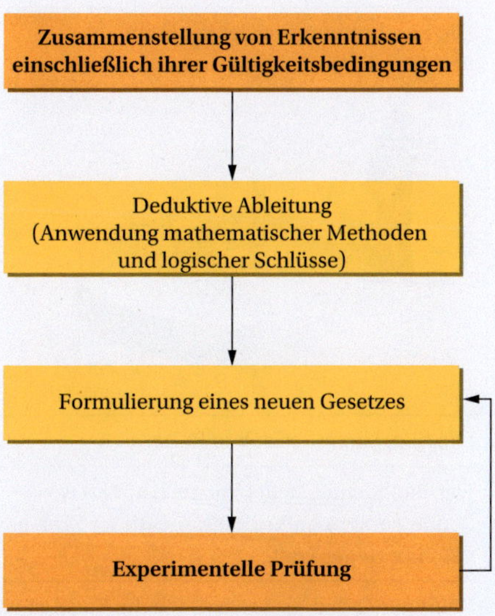

1 ▸ Die deduktive Methode im Überblick

Das Dreieck ABC ist nach dem Satz des THALES rechtwinklig. Dann gilt nach dem Höhensatz:

$$\overline{AP} \cdot \overline{PB} = (\overline{PC})^2$$

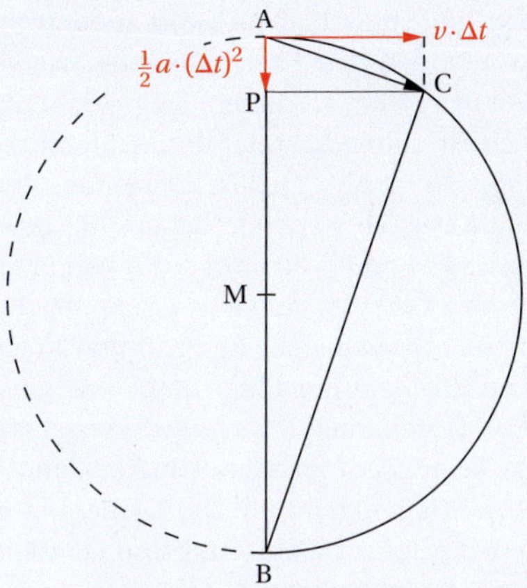

2 ▸ Herleitung des Zusammenhangs zwischen Radius, Beschleunigung und Geschwindigkeit

Setzt man die in Abb. 2 genannten physikalischen Größen ein, so erhält man:

$$\frac{1}{2} a \cdot (\Delta t)^2 \cdot \left(2r - \frac{1}{2} a \cdot \Delta t^2\right) = (v \cdot \Delta t)^2$$

Die Umformung ergibt:

$$r \cdot a \cdot (\Delta t)^2 - \frac{1}{4} a^2 \cdot (\Delta t)^4 = v^2 \cdot (\Delta t)^2$$

$$r \cdot a - \frac{1}{4} a^2 \cdot (\Delta t)^2 = v^2$$

Lässt man Δt immer kleiner werden, dann kann bei $\Delta t \longrightarrow 0$ der Term $\frac{1}{4} a^2 \cdot (\Delta t)^2$ vernachlässigt werden und es gilt:

$$r \cdot a = v^2 \quad \text{oder} \quad a = \frac{v^2}{r}$$

Setzt man diese Beschleunigung a in das newtonsche Grundgesetz $F = m \cdot a$ ein, so erhält man:

$$F = m \cdot \frac{v^2}{r}$$

Wir haben auf diese Weise aus bekannten Gesetzen durch mathematische Überlegungen ein neues Gesetz hergeleitet. Es ist allerdings nicht selbstverständlich, dass das newtonsche Grundgesetz auch für Kreisbewegungen gilt. Das muss experimentell geprüft werden.

Zentrifugalkraft und Corioliskraft

Jede Bewegung kann von verschiedenen Bezugssystemen aus beschrieben werden. Das gilt auch für eine Kreisbewegung.
Eine Möglichkeit besteht darin, dass sich der Beobachter außerhalb des rotierenden Systems befindet, eine Kreisbewegung also von außen betrachtet. In diesem Fall spricht man von einem ruhenden oder unbeschleunigten Bezugssystem (Abb. 1). Beschreibt eine neben einem Karussell stehende Person die Bewegung einer Gondel, so erfolgt das von einem ruhenden Bezugssystem aus. Ein Beobachter in diesem System stellt fest: Auf den Körper wirken die Zentripetalkraft und eine gleich große Gegenkraft (Wechselwirkungskraft). Wirkt keine Zentripetalkraft mehr, dann ist auch die Gegenkraft null. Der Körper bewegt sich demzufolge gleichförmig und geradlinig weiter. Er fliegt tangential weg.

Eine andere Möglichkeit ist die Beschreibung durch einen mitbewegten Beobachter (s. Übersicht unten). Dieser stellt fest: Der Körper befindet sich in Ruhe. Auf ihn wirkt aber eine Kraft nach außen. Sie wird in der

1 ▸ Eine Person auf dem Karussell spürt die nach außen wirkende Zentrifugalkraft.

Physik als **Zentrifugalkraft** bezeichnet. Sie können sie selbst spüren, wenn Sie in einem Bus sitzen, der eine Kurve durchfährt.
Für den Betrag der Zentrifugalkraft gilt:

$$F = m \cdot \frac{v^2}{r} = m \cdot \omega^2 \cdot r$$

Reißt der Faden, so bewegt sich der Körper unter dem Einfluss der Zentrifugalkraft nach außen. Darüber hinaus wird der Körper für den Beobachter noch seitlich abgelenkt, im unten skizzierten Fall nach rechts. Diese zusätzliche

Ruhender Beobachter	**Mitbewegter Beobachter**
Die Beschreibung erfolgt in einem unbeschleunigten Bezugssystem.	Die Beschreibung erfolgt in einem beschleunigten Bezugssystem.
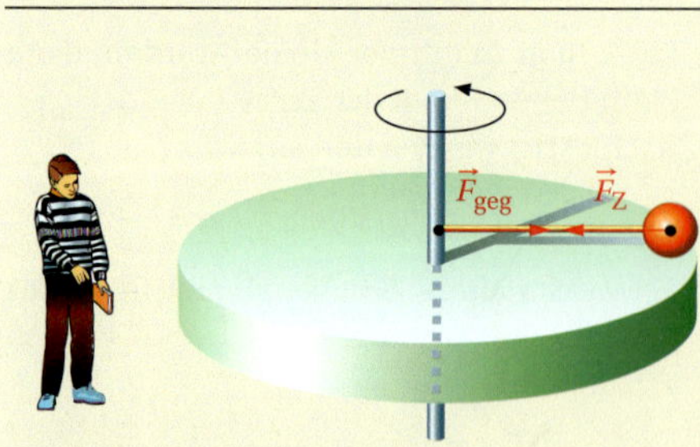	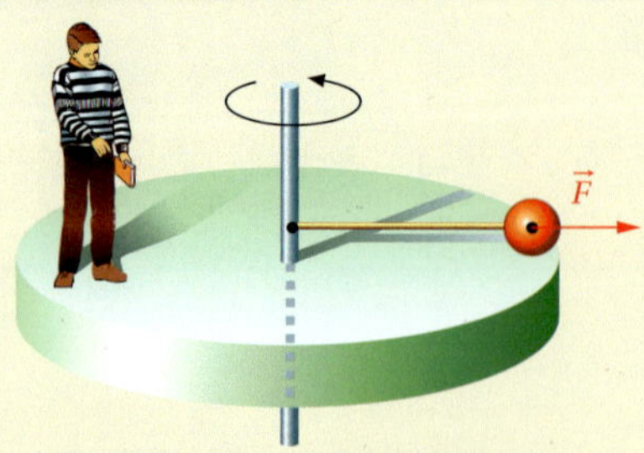
Die Kugel bewegt sich auf einer Kreisbahn.	Die Kugel befindet sich in Ruhe.
Die Kugel wird durch die Zentripetalkraft auf der Kreisbahn gehalten. Als Wechselwirkungskraft wirkt die Gegenkraft zur Zentripetalkraft.	Der Beobachter stellt eine nach außen wirkende **Zentrifugalkraft** fest. Zu dieser Kraft gibt es keine Gegenkraft.
Reißt der Faden, so bewegt sich die Kugel tangential weiter.	Reißt der Faden, so bewegt sich die Kugel nach außen.

ablenkende Kraft auf einen bewegten Körper in einem rotierenden Bezugssystem wird als **Corioliskraft** bezeichnet.
Benannt ist sie nach dem französischen Naturforscher G. G. DE CORIOLIS (1792–1843).
Da die Erde um ihre Achse rotiert, befinden wir uns alle in einem mitrotierenden Bezugssystem. Auf Körper, die sich auf der Erde bewegen, wirkt demzufolge die Corioliskraft. Für die Nordhalbkugel bedeutet das: Blickt man in Richtung der Bewegung eines Körpers, so bewirkt die Corioliskraft eine Ablenkung nach rechts. Insbesondere gilt das auch für strömendes Wasser (Flüsse) und für Luftströmungen in der Atmosphäre. Vor allem großräumige Luftströmungen werden durch die Corioliskraft beeinflusst.
Die Corioliskraft auf der Erde ist von der geografischen Breite φ abhängig. Für sie gilt:

$$F_C = 2m \cdot v \cdot \omega \cdot \sin\varphi$$

Dabei sind m die Masse des sich bewegenden Körpers, v seine Geschwindigkeit und ω die Winkelgeschwindigkeit der Erde.
Zentrifugalkräfte spielen in Natur und Technik eine wichtige Rolle. Infolge der Erdrotation wirkt nicht nur auf jeden Körper auf der Erdoberfläche eine (sehr kleine) Zentrifugalkraft, sondern auch auf die Erde selbst wirken diese Kräfte. Wegen $F_Z \sim r$ sind die Zentrifugalkräfte unterschiedlich groß. Da die Erde kein starrer Körper ist, haben sie zu der typischen Form der Erde geführt (Abb. 2).

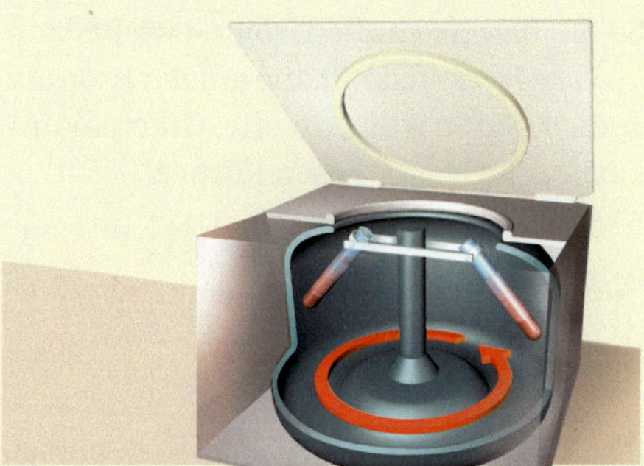

1 ▸ Bei einer Zentrifuge werden die Zentrifugalkräfte genutzt, um Stoffe voneinander zu trennen.

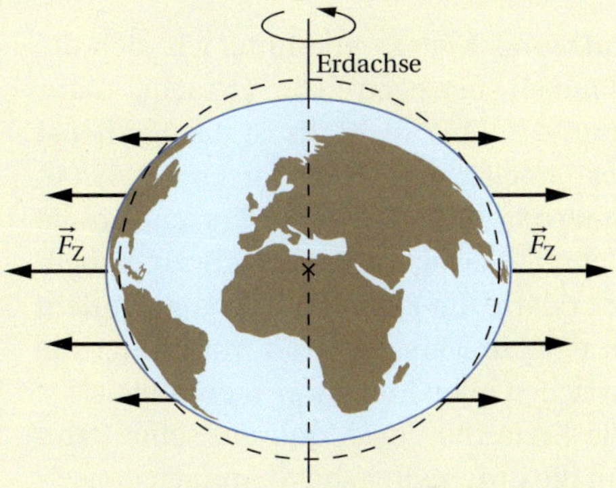

2 ▸ Die um ihre Achse rotierende Erde ist näherungsweise ein Ellipsoid.

Genutzt werden die Zentrifugalkräfte z. B. beim Schleudergang von Waschmaschinen und bei **Zentrifugen** (Abb. 1). Zentrifugen werden vor allem dazu verwendet, um die in einer Flüssigkeit enthaltenen Stoffe verschiedener Dichte voneinander zu trennen.
Da die Zentrifugalkraft zur Masse proportional ist, wirken auf Teilchen größerer Masse entsprechend größere Zentrifugalkräfte. Sie sammeln sich außen und können von dort abgeleitet werden.

Kreiselpumpen (Abb. 3) sind die heute am meisten verwendete Art von Pumpen. Bei ihnen wird die Flüssigkeit innen zugeführt und strömt dann, durch die Schaufeln eines Laufrads geleitet, infolge der Zentrifugalkräfte nach außen. Dort erfolgt die Ableitung der Flüssigkeit.

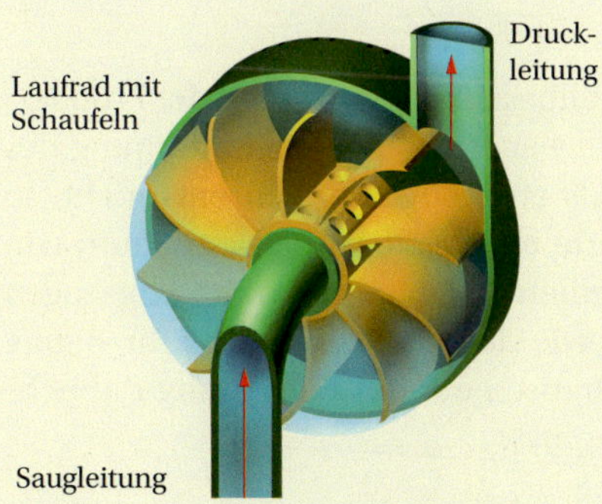

3 ▸ Bei Kreiselpumpen wird die Trägheit von Flüssigkeiten genutzt: Die Flüssigkeit strömt entlang den Schaufeln nach außen.

Das Gravitationsgesetz

Die keplerschen Gesetze der Planetenbewegung sind auf den Seiten 18–19 dargestellt.

JOHANNES KEPLER erkannte, wie sich die Planeten bewegen. Die Ursache dafür kannte er aber nicht. Es ist das Verdienst des englischen Naturforschers ISAAC NEWTON (1643–1727), die Ursache für die Planetenbewegung gefunden zu haben. Er erklärte die Planetenbewegung, indem er eine universelle Kraft vorschlug, die zwischen allen Massen wirken sollte.
Die Kraft, die den Mond auf seine Bahn um die Erde zwingt, hat demnach denselben Ursprung wie die Kraft, die die Erde auf einen am Baum hängenden Apfel oder einen fallenden Stein ausübt.

Die Bezeichnung ist vom lateinischen gravis = schwer abgeleitet.

Die Erscheinung wird als **Gravitation** oder Massenanziehung bezeichnet. Die dabei wirkenden Kräfte sind die **Gravitationskräfte.**

Aus der damals schon bekannten Entfernung des Monds (etwa 60 Erdradien) und seiner Umlaufzeit (27,3 Tage) berechnete NEWTON die für den Mond notwendige Zentripetalbeschleunigung a.
Setzt man $F = m \cdot a$ mit der Zentripetalkraft $F = m \cdot \omega^2 \cdot r$ gleich, so ergibt die Umstellung nach a:

$\omega = \frac{2\pi}{T}$
r_{EM} ist die Entfernung Erde–Mond.

$$a = \omega^2 \cdot r_{EM} = \frac{4\pi^2}{T^2} \cdot r_{EM}$$

NEWTON stellte fest, dass die so errechnete Zentripetalbeschleunigung gerade

$$\frac{1}{3600} = \frac{1}{60^2}$$

der Fallbeschleunigung g auf der Erdoberfläche war. Weil aber die Entfernung des Monds etwa 60 Erdradien entspricht, so folgerte er, dass der Apfel am Baum von derselben Gravitationskraft angezogen wird wie der Mond und dass ihr Betrag quadratisch mit der Entfernung r abnehmen muss:

$$F \sim \frac{1}{r^2}$$

Weitere Überlegungen unter Einbeziehung des Wechselwirkungsgesetzes ergaben: Der von einem Baum fallende Apfel der Masse m wird einerseits von der Erde angezogen. Der Apfel zieht aber die Erde der Masse M mit genau derselben Kraft an. Entsprechendes gilt auch für Erde und Mond. Daraus folgerte NEWTON, dass die Gravitationskraft von der Masse beider Körper abhängt:

$$F \sim m \cdot M$$

In Zusammenfassung aller Überlegungen fand NEWTON das **Gravitationsgesetz.**

Für die Gravitationskraft F zwischen zwei Körpern gilt:

$$F = G \cdot \frac{m \cdot M}{r^2}$$

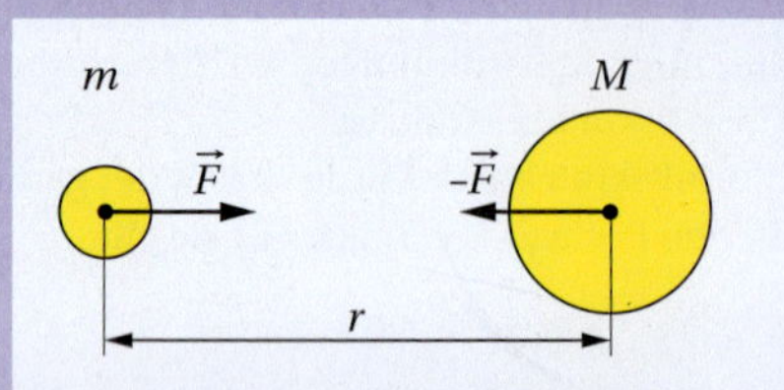

G	Gravitationskonstante ($G = 6{,}67 \cdot 10^{-11} \frac{m^3}{kg \cdot s^2}$)
m, M	Massen der Körper
r	Abstand der Massenmittelpunkte der Körper

Die Gravitationskraft ist nicht nur die Ursache für die Bewegung von Planeten und anderen Himmelskörpern. Sie hängt auch unmittelbar mit einer Kraft zusammen, die Sie bereits kennen, der Gewichtskraft F_G. Die Gewichtskraft, die auf der Erde auf einen Körper wirkt, ist die Gravitationskraft der Erde auf diesen Körper.
Es gilt also:

$$\text{Gewichtskraft } F_G = \text{Gravitationskraft } F$$

$$m \cdot g = G \cdot \frac{m \cdot M}{r^2}$$

M ist die Masse der Erde, für die Erdoberfläche ist r der mittlere Erdradius. Entfernt sich ein Körper von der Erdoberfläche, so wird r größer und damit seine Gewichtskraft kleiner.

2

Physik in Natur und Technik

Die Flugbahn eines Geschosses

Wenn man den Luftwiderstand vernachlässigt, dann ist die Flugbahn des Geschosses, das mit einem Gewehr abgefeuert wird, relativ einfach zu berechnen. Man muss nur die Anfangsgeschwindigkeit des Geschosses und den Winkel kennen, unter dem es abgefeuert wird. Beim Sturmgewehr G36, der Standardwaffe der Bundeswehr, beträgt die Anfangsgeschwindigkeit $920\,\frac{\text{m}}{\text{s}}$. Die Ergebnisse, die man bei einer solchen Berechnung erhalten würde, sind allerdings nicht sonderlich realistisch, weil der Luftwiderstand merklichen Einfluss auf die Bewegung des Geschosses hat.
Wie beeinflusst der Luftwiderstand die Bewegung des Geschosses? Wie verändert sich die Flugbahn, wenn man das Gewehr schräg nach oben abfeuert?

Wir betrachten zunächst den Fall, dass das Geschoss horizontal abgefeuert wird. Wir haben dann einen waagerechten Wurf, bei dem allerdings der Luftwiderstand zu berücksichtigen ist. Für einen c_W-Wert von 0,2 und eine Abschusshöhe von 1,60 m erhält man die in Abb. 1 dargestellten Werte.

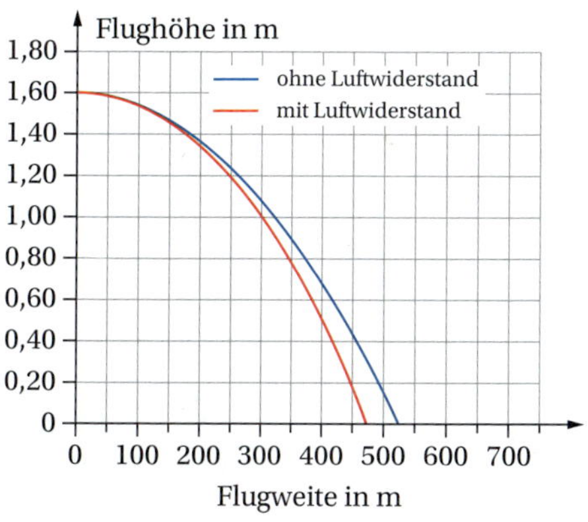

1 ▸ Verlauf der Flugbahn eines horizontal abgefeuerten Geschosses

Aus dem Diagramm ist ersichtlich, dass das Geschoss ohne Luftwiderstand etwa 50 m weiter fliegen würde. Überraschend ist dabei, dass es selbst ohne Berücksichtigung des Luftwiderstands nach ca. 400 m einen ganzen Meter an Höhe verloren hat. Man wird also etwas nach oben zielen müssen, wenn man ein horizontal liegendes Ziel treffen will.

Die Visiereinrichtung eines Gewehrs ist so gestaltet, dass der beschriebene Effekt berücksichtigt wird.

Feuert man ein Geschoss unter einem kleinen Winkel nach oben ab (Abb. 2), dann zeigt sich: Bereits eine kleine Änderung des Abschusswinkels führt schon in 200 m Entfernung zu einer deutlichen Änderung der Flughöhe. Es dürfte also schwierig sein, in 200 m Entfernung ein kleines Ziel sicher zu treffen.
Beim Fall nach unten trifft bei horizontalem Abschuss das Geschoss bei Berücksichtigung des Luftwiderstands geringfügig später als ohne Luftwiderstand auf.

Aufgrund der Geschwindigkeitsverhältnisse macht sich beim Fall nach unten der Luftwiderstand kaum bemerkbar. Beachte: Das Geschoss fällt bei Abb. 1 nur 1,6 m nach unten.

Beim Abschuss schräg nach oben fällt das Geschoss mit Luftwiderstand sogar etwas schneller als ohne Luftwiderstand zu Boden. Hier überwiegt, dass das Geschoss aufgrund der Luftreibung weniger hoch fliegt und damit kürzere Zeit fällt als ohne Luftwiderstand.

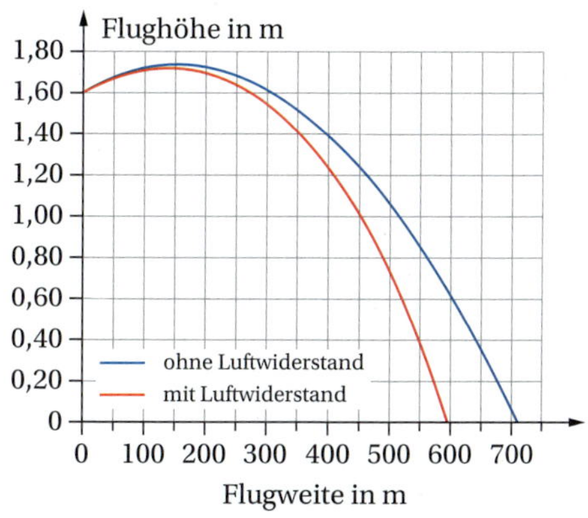

2 ▸ Verlauf der Flugbahn eines Geschosses bei einem Abschusswinkel von 0,1°

Die Daten für die Diagramme ergeben sich mit der Methode der kleinen Schritte.

So können Sie Ihre Wurfweite verbessern

Um beim Weitwurf den Ball möglichst weit zu schleudern, muss man ihn mit hoher Geschwindigkeit abwerfen. Mindestens genauso wichtig ist aber der richtige Abwurfwinkel. Die Anfangsgeschwindigkeit lässt sich nur durch hartes Training verbessern. Ein zweckmäßiger Abwurfwinkel ergibt sich aus folgenden Überlegungen: Aus den Bewegungsgleichungen für den schrägen Wurf kann man eine Gleichung für die Wurfweite ableiten. Diese Gleichung lautet:

$$x(\alpha) = v_0{}^2 \cdot \frac{\sin 2\alpha}{g}$$

Dabei ist v_0 die Anfangsgeschwindigkeit, α der Abwurfwinkel und g die Fallbeschleunigung. Die Interpretation der Gleichung ergibt:

- Bei bestimmter Abwurfgeschwindigkeit ist die Wurfweite maximal, wenn $\sin 2\alpha = 1$ ist. Das ist für $\alpha = 45°$ der Fall.
- Die Wurfweite vergrößert sich quadratisch mit der Abwurfgeschwindigkeit. Hier liegen also besonders große Reserven.
- Gleiche Wurfweiten werden bei Abwurfwinkeln erreicht, die sich zu 90° ergänzen (Abb. 1). So erhält man z. B. bei $\alpha = 30°$ (Flachwurf) und $\alpha = 60°$ (Steilwurf) die gleiche Wurfweite, auch wenn die Bahnkurven ganz anders verlaufen.

Folgerung:
Sie müssen sich bemühen, bei möglichst großer Anfangsgeschwindigkeit einen Abwurfwinkel von etwa 45° zu erreichen.

Bei Beachtung des Luftwiderstands und der Abwurfhöhe werden die größten Wurfweiten bei einem Winkel von etwa 40° erreicht.

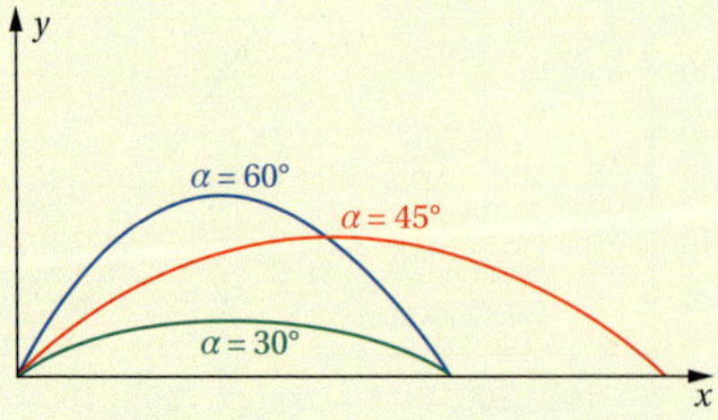

1 ▸ Wurfweite bei gleicher Anfangsgeschwindigkeit und verschiedenen Abwurfwinkeln

Vorsicht bei Kurvenfahrten

Kurvenfahrten sind sehr gefährlich, vor allem deshalb, weil man häufig nicht sehen kann, was hinter einer Kurve kommt. Deshalb ist das Überholen vor und in Kurven grundsätzlich streng verboten, weil lebensgefährlich.
Für einen Fahrzeugführer ist darüber hinaus aber vor allem wichtig, so durch eine Kurve zu fahren, dass das Fahrzeug nicht aus der Kurve getragen wird und von der Fahrbahn abkommt. Hierbei spielt die Zentripetalkraft die entscheidende Rolle. Sie zwingt das Fahrzeug zu einer kreisförmigen Bewegung. Bei Kurvenfahrten wird diese Zentripetalkraft durch die Reibungskraft zwischen Straße und Reifen des Fahrzeuges aufgebracht. Die Gleichung für die Zentripetalkraft lautet:

$$F_Z = m \cdot \frac{v^2}{r}$$

Interpretiere Sie die Gleichung im Hinblick auf eine Kurvenfahrt! Gehen Sie bei den Folgerungen insbesondere auf Konsequenzen für Kurvenfahrten ein!

Die Gleichung beschreibt Zusammenhänge zwischen der Zentripetalkraft F_Z, der Masse m eines Körpers, seiner Geschwindigkeit v und dem Radius r der Kreisbahn. Bei der Anwendung dieser Gleichung ist zu beachten, dass die bewegten Körper näherungsweise als punktförmig betrachtet werden können. Bei der Interpretation der Gleichung sollen drei Fälle unterschieden werden.

1. Unter der Bedingung, dass die Geschwindigkeit und der Radius der Kreisbahn konstant sind, gilt:

$$F_Z \sim m$$

1 ▸ Bei Bergstraßen ist der Kurvenradius manchmal sehr klein.

Das bedeutet: Die erforderliche Zentripetalkraft, um ein Fahrzeug mit einer bestimmten Geschwindigkeit auf einer Kreisbahn mit dem Radius r zu halten, ist umso größer, je größer die Masse des Fahrzeugs ist. Zwischen der Masse eines Körpers und der aufzubringenden Zentripetalkraft besteht direkte Proportionalität.

Fährt also ein Motorradfahrer mit Beifahrer durch eine Kurve, so ist die Masse größer als ohne Beifahrer. Die notwendige Zentripetalkraft für die sichere Kurvenfahrt muss also im gleichen Maße wie die Masse steigen, sonst könnte das Fahrzeug aus der Kurve getragen werden.

Da aber die Reibungskraft ebenfalls mit der Masse des Fahrzeugs wächst, kann die Kurve unabhängig von der Masse mit der gleichen Geschwindigkeit sicher durchfahren werden.

2. Unter der Bedingung, dass die Masse des bewegten Fahrzeugs und der Radius der Kreisbahn konstant sind, gilt:

$$F_Z \sim v^2$$

Das heißt: Die aufzubringende Zentripetalkraft, um ein Fahrzeug der Masse m auf einer Kreisbahn mit dem Radius r zu halten, ist direkt proportional zum Quadrat der Geschwindigkeit. Verdoppelt man die Geschwindigkeit des Fahrzeugs, so muss die notwendige Zentripetalkraft für die Kreisbewegung bereits viermal so groß sein. Verdreifacht man die Geschwindigkeit, so muss die notwendige Zentripetalkraft neunmal so groß sein. Dieser Zusammenhang zeigt, wie wichtig die richtige Wahl der Geschwindigkeit bei Kurvenfahrten ist.

Fährt man mit einer zu hohen Geschwindigkeit in eine Kurve, kann es leicht passieren, dass aufgrund der Abhängigkeit der Zentripetalkraft vom Quadrat der Geschwindigkeit diese Zentripetalkraft durch die Reibungskraft nicht mehr aufgebracht wird und das Fahrzeug tangential und geradlinig aus der Kurve getragen wird (Abb. 2). Häufig kommt es so zu tragischen Unfällen, wenn ein Fahrzeug gegen einen Baum oder gegen ein anderes Fahrzeug fährt.

3. Unter der Bedingung, dass die Masse und die Geschwindigkeit des Fahrzeugs konstant sind, gilt:

$$F_Z \sim \frac{1}{r}$$

Das bedeutet: Die notwendige Zentripetalkraft, um ein Fahrzeug der Masse m mit der Geschwindigkeit v auf einer Kreisbahn zu halten, ist umgekehrt proportional zum Radius der Kreisbahn. Je kleiner der Radius ist, umso größer muss die aufzubringende Zentripetalkraft sein.

Für Kurvenfahrten bedeutet dies, dass bei „schärferen" Kurven, also Kurven mit kleinem Radius, die notwendige Zentripetalkraft größer ist als bei Kurven mit größerem Radius.

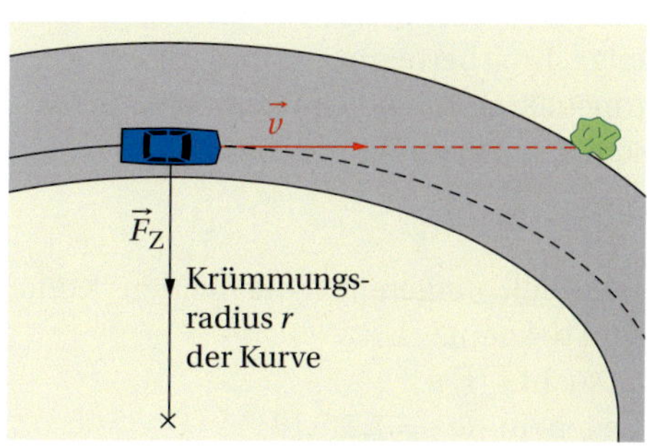

2 ▸ Reicht die Zentripetalkraft nicht aus, wird das Fahrzeug aus der Kurve getragen.

Ein geostationärer Satellit

Seit den 60er-Jahren des 20. Jahrhunderts werden Satelliten dazu genutzt, um Nachrichten von einem Punkt der Erde zu einem anderen zu übermitteln und um Fernsehprogramme abzustrahlen.
Die Nachrichten- oder Fernsehsatelliten (s. Abb. 1) müssen im Weltall so positioniert sein, dass sie sich stets am selben Punkt über dem Äquator bzw. über dem Horizont befinden. Für einen optimalen Empfang werden die Richtantennen oder „Satellitenschüsseln" auf diesen Punkt über dem Horizont ausgerichtet. Solche Satelliten, die sich immer über einem bestimmten Punkt der Erdoberfläche befinden, nennt man **geostationär.**
Unter welchen Bedingungen bewegt sich ein Satellit auf einer geostationären Bahn?

Damit sich ein Satellit immer über der gleichen Stelle der Erde befindet, muss er dieselbe Winkelgeschwindigkeit wie die Erde bei der täglichen Rotation um ihre Achse besitzen. Diese beträgt:

24 h sind 86 400 s.

$$\omega = \frac{2\pi}{T} = \frac{2\pi}{24\,\text{h}} = 7{,}27 \cdot 10^{-5}\,\frac{1}{\text{s}}$$

In welchem Abstand von der Erdoberfläche bewegt sich ein solcher Satellit? Wie schnell bewegt er sich?

Analyse:
Wir nehmen vereinfacht an, dass sich der Satellit auf einer Kreisbahn um die Erde bewegt (Abb. 1). Die für eine gleichförmige Kreisbewegung erforderliche Zentripetalkraft ist die Gravitationskraft zwischen Satellit und Erde. Damit gilt:

$F_Z = m \cdot \omega^2 \cdot r$
$F_G = G \cdot \frac{m \cdot M}{r^2}$

$$F_Z = F_G \qquad (1)$$

Die Gleichungen für die beiden Kräfte sind bekannt.
Gesucht: r, v
Gegeben: $\omega = 7{,}27 \cdot 10^{-5}\,\frac{1}{\text{s}}$
$M_E = 5{,}97 \cdot 10^{24}\,\text{kg}$
$G = 6{,}67 \cdot 10^{-11}\,\frac{\text{m}^3}{\text{kg} \cdot \text{s}^2}$

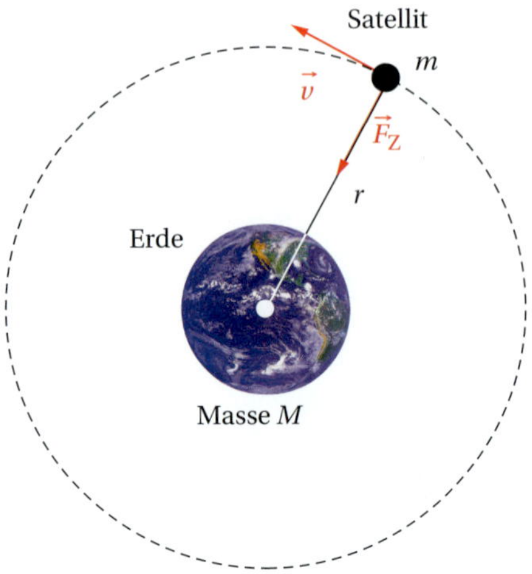

1 ▸ Ein Satellit wird durch die Gravitationskraft der Erde auf seiner Bahn gehalten.

Lösung:
Zentripetalkraft = Gravitationskraft

$$m \cdot \omega^2 \cdot r = G \cdot \frac{m \cdot M}{r^2}$$

Vereinfacht man die Gleichung und stellt sie nach r um, so erhält man:

$$r = \sqrt[3]{G \cdot \frac{M}{\omega^2}}$$

$$r = \sqrt[3]{6{,}67 \cdot 10^{-11}\,\frac{\text{m}^3}{\text{kg} \cdot \text{s}^2} \cdot \frac{5{,}97 \cdot 10^{24}\,\text{kg}}{(7{,}27 \cdot 10^{-5}\,\frac{1}{\text{s}})^2}}$$

$$\underline{r = 42\,200\,\text{km}}$$

Die Entfernung von der Erdoberfläche beträgt dann:

$$42\,200\,\text{km} - 6\,371\,\text{km} = 35\,800\,\text{km}$$

Die Geschwindigkeit, die der Satellit in dieser Höhe haben muss, folgt aus seiner Winkelgeschwindigkeit ω und dem Abstand r zum Erdmittelpunkt:

$$v = \omega \cdot r$$

$$v = 7{,}27 \cdot 10^{-5}\,\frac{1}{\text{s}} \cdot 42\,200\,\text{km}$$

$$v = 3{,}1\,\frac{\text{km}}{\text{s}}$$

Ergebnis:
Ein geostationärer Satellit bewegt sich etwa 36 000 km über der Erdoberfläche mit einer Geschwindigkeit von $3{,}1\,\frac{\text{km}}{\text{s}}$.

Die Gravitation – Herrscherin über das All

In der Nähe massereicher Himmelskörper sind die Gravitationskräfte besonders groß. Die massereichen Objekte „beherrschen“ die masseärmeren. Die Sonnenmasse dominiert unser Planetensystem. Die Gravitationskraft zwischen der Sonne und einem beliebigen Himmelskörper zwingt diesen Himmelskörper in eine kreisähnliche Bahn um die Sonne. Dies erkennt man beispielsweise durch einen Vergleich der Gravitationskräfte im System Erde-Mond-Sonne.

Vergleichen Sie die Gravitationskraft F_{SM} der Sonne auf den Mond mit der Gravitationskraft F_{EM}, welche die Erde auf den Mond ausübt!

Analyse:
Es sind mit dem Gravitationsgesetz die Gravitationskräfte zwischen Himmelskörpern zu berechnen. Die Massen und die mittleren Abstände findet man in Nachschlagewerken oder im Internet. Für den mittleren Abstand des Monds von der Sonne dürfen wir den Abstand Erde-Sonne einsetzen.
Wir dividieren die Gravitationskraft zwischen Sonne und Mond durch die Gravitationskraft zwischen Erde und Mond und erkennen daraus, wie viel mal größer die Kraft zwischen Sonne und Mond ist als die zwischen Erde und Mond.

Gesucht: $\boldsymbol{F}_{SM}$ und $\boldsymbol{F}_{EM}$
Gegeben: $m_E = 5{,}97 \cdot 10^{24}$ kg
$m_M = 7{,}35 \cdot 10^{22}$ kg
$M = 1{,}99 \cdot 10^{30}$ kg
$r_{SM} = 149{,}6 \cdot 10^9$ m
$r_{EM} = 3{,}84 \cdot 10^8$ m

Dabei bedeuten:
m_E Erdmasse
m_M Mondmasse
M Sonnenmasse
r_{SM} Abstand Sonne-Mond
r_{EM} Abstand Erde-Mond

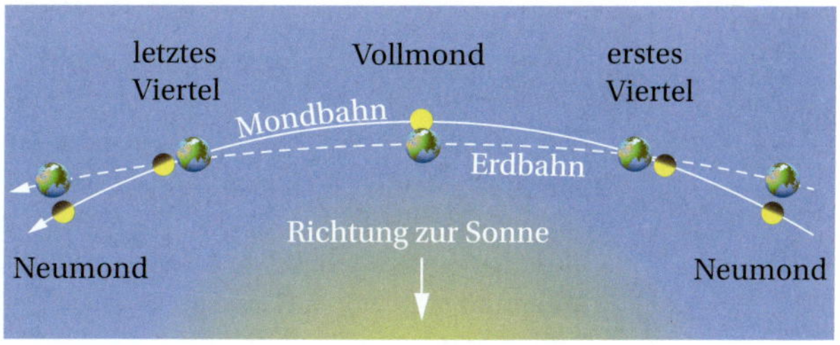

1 ▸ Die Bewegung des Erdmonds

Lösung:
Für F_{SM} und F_{EM} gilt:

$$F_{SM} = G \cdot \frac{m_M \cdot M}{r_{SM}^2}, \quad F_{EM} = G \cdot \frac{m_E \cdot m_M}{r_{EM}^2}$$

Für den Quotienten aus F_{SM} und F_{EM} folgt:

$$\frac{F_{SM}}{F_{EM}} = G \cdot \frac{m_M \cdot M}{r_{SM}^2} \cdot \frac{1}{G} \cdot \frac{r_{EM}^2}{m_E \cdot m_M}$$

$$\frac{F_{SM}}{F_{EM}} = \frac{M \cdot r_{EM}^2}{m_E \cdot r_{SM}^2}$$

Mit den gegebenen Größen ergibt sich das Verhältnis beider Gravitationskräfte:

$$\frac{F_{SM}}{F_{EM}} = \frac{1{,}99\,\text{kg} \cdot (3{,}84)^2\,\text{m}^2 \cdot 10^{30} \cdot 10^8 \cdot 10^8}{5{,}97\,\text{kg} \cdot (149{,}6)^2\,\text{m}^2 \cdot 10^{24} \cdot 10^9 \cdot 10^9}$$

$$\frac{F_{SM}}{F_{EM}} = 2{,}2$$

Beachten Sie: Ergebnisse sind immer mit sinnvoller Genauigkeit anzugeben.

Ergebnis:
Die Sonne übt eine etwa doppelt so große Gravitationskraft auf den Mond aus wie die Erde. Wie ist das möglich? Schließlich bewegt sich doch der Mond um die Erde. Würde man von einem Raumschiff auf die Mondbahn blicken, so sähe die Mondbahn ganz ähnlich wie die Erdbahn aus (Abb. 1). Sie ist, wie die Erdbahn, zur Sonne hin gekrümmt. Erst beim genaueren Hinsehen würde man relativ geringfügige Unregelmäßigkeiten in der Mondbahn feststellen. Sie ergeben sich, weil der Mond bei seinem Umlauf um die Sonne zusätzlich noch um die Erdbahn hin- und herpendelt. Die relativ schwache Gravitationskraft der Erde lässt den Mond nur „ein wenig“ pendeln. Lediglich der irdische Beobachter erblickt darin eine Bewegung um die Erde.

Seit der Entdeckung des Gravitationsgesetzes gibt es keinen Zweifel mehr an der Tatsache, dass vor allem die Gravitationskraft der Sonne die Bewegung der Himmelskörper des Planetensystems bestimmt.

Höhepunkte der bemannten Weltraumfahrt

Die bemannte Weltraumfahrt begann am 12. April 1961: Als erster Mensch startete der Russe Juri A. Gagarin (1934–1968) zu einem 89-minütigen Flug in den erdnahen Weltraum und umrundete die Erde einmal. Ihm folgte am 6. August 1961 German S. Titow (*1935) mit einem 25-stündigen Flug (16 Erdumläufe). Kurze Zeit später zogen die USA nach. Am 16. Februar 1962 startete nach zwei ballistischen Flügen mit John Glenn (*1921) der erste Amerikaner zu einem Orbitalflug (5 Stunden, 3 Erdumläufe). In den darauffolgenden Jahren wurden sowohl von der Sowjetunion als auch von den USA zahlreiche weitere Flüge mit verbesserten Raumschiffen durchgeführt, die Flugzeiten verlängert und neben Ausstiegen in den freien Weltraum auch Rendezvous- und Kopplungsmanöver vorgenommen.

Im Wettlauf zwischen der Sowjetunion und den USA, der nach dem Start des ersten Erdsatelliten „Sputnik 1" im Jahre 1957 eingesetzt hatte, wurde in den USA 1960/61 eine weitreichende Entscheidung getroffen, die der damalige Präsident John F. Kennedy 1961 in einer Rede verkündete:
„Ich bin der Ansicht, dass es sich unsere Nation zum Ziel setzen sollte, noch vor Ende dieses Jahrzehnts eine bemannte Mondlandung durchzuführen und die Besatzung wohlbehalten zur Erde zurückzubringen. Kein Raumfahrtprojekt dieser Epoche wird für die Menschheit so eindrucksvoll und für die weitere Erforschung des Alls so bedeutend sein wie dieses, und keines wird sich so schwer verwirklichen lassen. Es wird nicht ein Mensch allein zum Mond fliegen, sondern ein ganzes Volk."

Das war der Auftakt zum Apollo-Mondlandeprogramm, eines der aufwendigsten und spektakulärsten Weltraumunternehmen des 20. Jahrhunderts. Es waren nicht nur Fragen der Flugbahn und des Landeortes zu klären. Vor allem mussten auch die raketentechnischen Voraussetzungen geschaffen werden. Dazu wurde unter der wissenschaftlichen Leitung von Wernher von Braun (1912–1977) die Großrakete „Saturn V" entwickelt, die eine Höhe von 112 m und ein Startgewicht von ca. 2 900 t hatte. Davon entfielen auf die Treibstoffe ca. 2 500 t und auf die Mondfähre insgesamt 14,7 t.

Nach der Erprobung einzelner Komponenten und Flugphasen erfolgten mit Apollo 8 (1968), Apollo 9 (März 1969) und Apollo 10 (Mai 1969) Mondumkreisungen bis hin zu einer simulierten Landung. Die entscheidende Mission Apollo 11 begann am 16. 7. 1969. Bild 1 zeigt den prinzipiellen Ablauf. Zunächst wurde das Apollo-Raumschiff mit den drei weltraumerfahrenen Astronauten Neil Armstrong (*1930), Edwin Aldrin (*1930) und Michael Collins (*1930) in eine 197 km hohe Parkbahn um die Erde gebracht, die 12 min nach dem Start erreicht wurde. Nach erneutem Zünden der Triebwerke und Be-

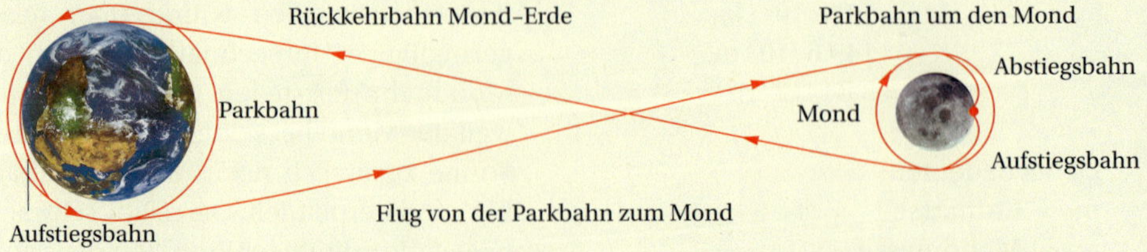

1 ▸ Verlauf des Flugs zum Mond und zurück bei Apollo 11 und den weiteren Mondmissionen im Rahmen des Apollo-Programms in den Jahren 1969–1972

schleunigen auf eine Geschwindigkeit von $10{,}8\,\frac{\text{km}}{\text{s}}$ schlug das Raumschiff eine Flugbahn zum Mond ein. Am 18.7.1969 erreichte Apollo 11 nach kurzer Zündung der Triebwerke eine Parkbahn in 111 km Höhe über der Mondoberfläche.

Am 20.7.1969 wurde die 14,7 t schwere Mondfähre „Eagle" mit N. ARMSTRONG und E. ALDRIN vom Apollo-Raumschiff getrennt, das mit M. COLLINS im Mondorbit verblieb. Die Landung auf dem Mond erfolgt um 21.18 MEZ. Den ersten Ausstieg der Astronauten kommentierte NEIL ARMSTRONG in einer Fernseh-Direktübertragung, die ca. 600 Millionen Menschen verfolgten, mit den Worten: *„Ich bin am Fuß der Leiter. Die LM (lunar module)-Füße drücken nur ein oder zwei Zoll in die Oberfläche ein, obwohl sie sehr feinkörnig wirkt, wenn man näher kommt. Sie ist fast wie Puder. Ich steige jetzt vom LM herunter."*

Dann sprach er den berühmten Satz: *„That's one small step for a man; one gigant leap for mankind."*

Übersetzt wird dieser Satz meist als: *„Das ist ein kleiner Schritt für einen Menschen, aber ein gewaltiger Sprung für die Menschheit."*

Dieser „Sprung" erfolgte am 21.7.1969 um 3.56 MEZ. Nach ca. 22 Stunden Aufenthalt auf dem Mond, darunter etwa 2 Stunden außerhalb der Mondfähre, kehrten beide Astronauten mit dem Aufstiegsteil der Mondfähre und 21 kg Mondgestein zum Apollo-Raumschiff im Mondorbit zurück. Am 22.7.1969 ging Apollo 11 nach Abstoßen des Aufstiegsteils auf Erdkurs. Die Landekapsel prallte am 24.7.1969 südwestlich von Hawaii auf dem Wasser auf. Die drei Astronauten wurden zunächst 18 Tage unter Quarantäne gehalten, um das Einschleppen eventueller Mondbakterien auszuschließen.

Das Apollo-Programm wurde 1969–1972 mit Mondflügen von Apollo 12–16 fortgesetzt und 1972 mit Apollo 17 beendet. An der auf dem Mond verbliebenen Landestufe von Apollo 17 ist eine Plakette mit folgender Inschrift angebracht:

„Hier beendete der Mensch seine erste Erkundung des Mondes. Dezember 1972 A. D. Möge sich der Geist des Friedens, in dem wir kamen, im Leben der ganzen Menschheit widerspiegeln."

1 ▸ Ein amerikanischer Astronaut mit Mondfähre und dem Mondmobil (rechts)

Wesentliche wissenschaftliche Ergebnisse des Mondlandeprogramms waren Untersuchungen an 6 Landestellen auf dem Mond, die Gewinnung von 385 kg Mondgestein und Bodenproben, der Aufbau von Messstationen auf der Mondoberfläche, die fotografische Erfassung von Mond und Erde sowie die Untersuchung der kosmischen Strahlung.

Kontinuierliche Forschungen im erdnahen Weltraum wurden durch bemannte Weltraumstationen ermöglicht. Bereits ab 1971 wurden sowjetische Weltraumstationen vom Typ „Saljut" betrieben, 1973 folgte die amerikanische Station „Skylab".

Die erfolgreichste Mission war die 1986 gestartete und immer weiter ausgebaute sowjetische Station „Mir" (Frieden). Nachfolgerin ist die Internationale Raumstation (ISS). Aktuelle Informationen und Bilder der ISS sind unter den Internetadressen www.nasa.gov und www.esa.de zu finden.

Der Aufbau der International Space Station (ISS, siehe Foto) begann 1998.

Experimente

Zweidimensionale Bewegungen

Experiment 1

Vergleichen Sie die Fallzeiten zweier Kugeln, z. B. zweier Murmeln, beim freien Fall und beim waagerechten Wurf!

Vorbereitung:

Bauen Sie sich aus einem Holzbrett, zwei Nägeln und Pappe die folgende Anordnung!

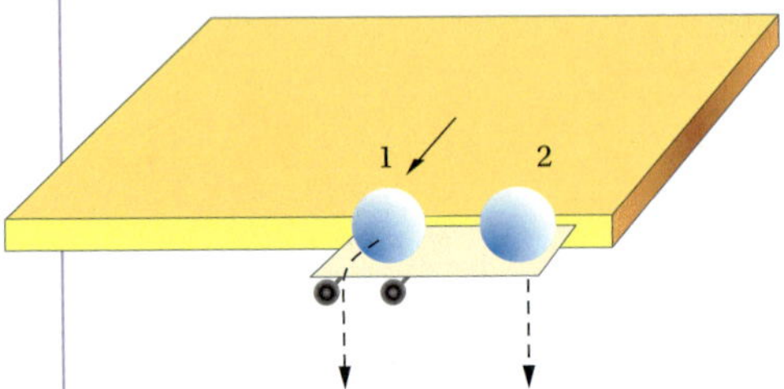

Durchführung und Auswertung:

A) Schlagen Sie Kugel 1 mit einem kleinen Hammer nach vorn weg! Kugel 2 fällt dann gleichzeitig senkrecht nach unten.

b) Wiederholen Sie das Experiment für verschiedene Fallhöhen und Abschlaggeschwindigkeiten! Formulieren Sie das Ergebnis Ihrer Untersuchungen!

Experiment 2

Führen Sie mithilfe einer wassergefüllten, durchsichtigen Plastikflasche Untersuchungen zum waagerechten Wurf durch!

Vorbereitung:

Bringen Sie bei einer 1-l-Flasche in gleichmäßigen Abständen kleine Löcher an, z. B. mit einer heißen Metallspitze. Bei Bedarf können Sie die einzelnen Löcher mit Klebeband verschließen.

Durchführung:

a) Untersuchen Sie bei einem geöffneten Loch die Abhängigkeit der Wurfweite von der Höhe h der Wassersäule!
Erfassen Sie die Messwerte in einer Messwertetabelle!

b) Durch kontinuierliche Zufuhr von Wasser wird der Wasserstand konstant gehalten. Vergleichen Sie die Wurfweite des Wassers, das gleichzeitig aus verschiedenen Öffnungen ausströmt!

Auswertung:

a) Stellen Sie die Messwerte zu Teilaufgabe a grafisch dar! Interpretieren Sie!

b) Formulieren Sie die Ergebnisse der Untersuchung als „Je-desto-Aussagen"!

Experiment 3

Legen Sie mehrere Münzen in unterschiedlichen Abständen zur Rotationsachse auf eine Kreisscheibe (s. Skizze).

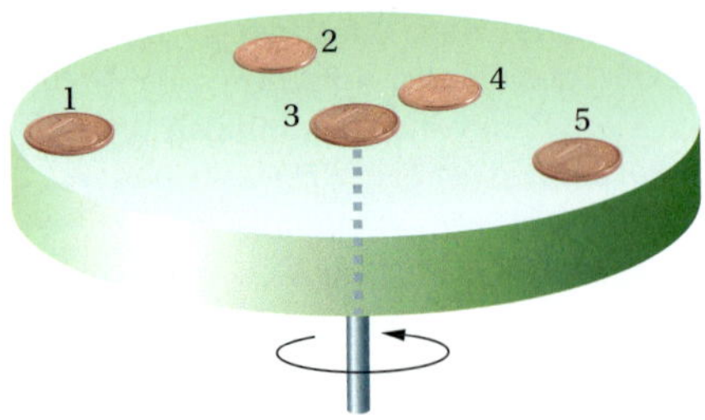

Erhöhen Sie langsam die Winkelgeschwindigkeit und beobachten Sie, in welcher Reihenfolge die Münzen herabrutschen! Wiederholen Sie den Versuch mehrmals! Beschreiben Sie Ihre Beobachtungen und erklären Sie diese!

Experiment 4

Führen Sie Untersuchungen zur gleichförmigen Kreisbewegung durch!

Vorbereitung:

Befestigen Sie einen Flaschenkorken an einem ca. 80 cm langen Faden!

Durchführung und Auswertung:

A) Der Korken wird zunächst bei einer Fadenlänge von 30 cm horizontal herumgeschleudert. Bestimmen Sie für die maximale Drehzahl, die Sie erreichen, die Umlaufzeit! Führen Sie den Versuch mehrmals durch und bestimmen Sie den Mittelwert der Umlaufzeit!

b) Der Korken wird nun vertikal herumgeschleudert. Ermitteln Sie, wie groß die Winkelgeschwindigkeit bei einer bestimmten Fadenlänge mindestens sein muss, damit der Korken die Kreisbahn sicher durchläuft! Der Faden muss dabei im obersten Punkt der Bahn gerade noch gespannt sein.

2

Methode

Das Experiment – eine Frage an die Natur

Das Vorbereiten, Durchführen und Auswerten von Experimenten gehört zu den grundlegenden Arbeitsweisen des Physikers.
Mithilfe von Experimenten kann man Zusammenhänge erkennen und genauer erfassen. Es lassen sich Naturerscheinungen exakt untersuchen und Größen bestimmen. So kann man z. B. an einer schiefen Ebene (Abb. 1) ermitteln, welche Kräfte auf einen Körper wirken und wie sie sich mit Änderung der Neigung der Ebene verändern.

Am Anfang steht eine Frage oder eine Aufgabe, die experimentell zu lösen ist. Ist die Aufgabenstellung klar, dann laufen Experimente im Wesentlichen in drei Etappen ab: Vorbereitung, Durchführung und Auswertung.

Beim **Vorbereiten eines Experiments** ist zu überlegen,
- welche Größen zu messen sind und wie sie gemessen werden können,
- welche Messfehler auftreten können und wie man sie klein halten kann,
- was verändert wird und welche Größen konstant gehalten werden müssen,
- welche Geräte und Hilfsmittel erforderlich sind,
- wie die Experimentieranordnung gestaltet werden muss,
- wie die gewonnenen Messwerte ausgewertet werden sollen.

Beispiel: Will man die kinetische Energie einer rollenden Kugel bestimmen, so muss man deren Masse und Geschwindigkeit ermitteln. Die Messfehler kann man klein halten, wenn man für die Massebestimmung eine genaue Waage verwendet. Die Geschwindigkeit sollte mehrmals aus Weg und Zeit bestimmt und dann der Mittelwert berechnet werden.

Beim **Durchführen eines Experiments** wird die Experimentieranordnung aufgebaut.
Dabei gilt:
- Mit Geräten und Hilfsmitteln ist sorgfältig umzugehen, um Schäden zu vermeiden.
- Es sind alle Sicherheitsvorschriften einzuhalten, damit nicht fahrlässig die eigene Gesundheit oder die Gesundheit anderer gefährdet wird.
- Das Experiment muss wiederholbar sein, d. h., es muss klar sein, welche Größen bzw. Bedingungen verändert und welche konstant gehalten werden.
- Alle Beobachtungen und Messwerte werden protokolliert.

Beim **Auswerten eines Experiments** werden Vergleiche durchgeführt, Diagramme angefertigt und Berechnungen vorgenommen. Es wird ein Ergebnis formuliert. Bestandteil der Auswertung vieler Experimente sind Fehlerbetrachtungen zur Abschätzung der Genauigkeit der Messungen.
Alle wichtigen Angaben zu einem Experiment und die Ergebnisse einschließlich der Auswertung werden in einem **Versuchsprotokoll** erfasst. Es sollte enthalten:
1. Aufgabe
2. Vorbereitung (Geräte, Hilfsmittel, Versuchsaufbau, Messwertetabelle)
3. Durchführung
4. Auswertung

1 ▸ Jedes Experiment muss wiederholbar und damit seine Ergebnisse überprüfbar sein. Deshalb müssen die gemessenen und die konstant gehaltenen Größen protokolliert werden.

Aufgaben

*1. Ermitteln Sie mithilfe des Stroboskoplichtbilds und der dazugehörenden Tabelle auf S. 88 die Anfangsgeschwindigkeit der Kugel sowie ihre mittlere Beschleunigung in y-Richtung! Für die Bestimmung der Beschleunigung ist es sinnvoll, ein t-v_y-Diagramm anzulegen.

*2. Ein Jäger schießt sein Gewehr aus 1,70 m Höhe in horizontaler Richtung ab.
Die Mündungsgeschwindigkeit des Projektils beträgt 800 $\frac{m}{s}$.
  a) Wie weit kommt die Kugel ohne Berücksichtigung des Luftwiderstands?
  b) Um wie viele Zentimeter sinkt die Kugel bereits nach 100 bzw. 200 m ab?
  c) Was hat folglich eine gute Visiereinrichtung bei einem Gewehr zu berücksichtigen?

*3. Ein Feuerwehrmann steht auf einer Leiter in 8,0 m Höhe und spritzt mit seinem Schlauch in horizontaler Richtung.
  a) In welcher Entfernung trifft das Wasser am Boden auf, wenn es mit einer Geschwindigkeit von 30 $\frac{m}{s}$ austritt?
  b) Mit welcher Geschwindigkeit und unter welchem Winkel zur Horizontalen trifft es auf?

*4. Ein Flugzeug soll Lebensmittel für ein Flüchtlingslager abwerfen. Die Flughöhe beträgt 200 m, die Geschwindigkeit des Flugzeugs über Grund 180 km/h.
Wie viele Meter vor dem vorgesehenen Auftreffpunkt muss der Abwurf erfolgen? Die Luftreibung wird vernachlässigt.

*5. Beim Bogenschießen erreicht der Pfeil Geschwindigkeiten von bis zu 100 $\frac{m}{s}$.
Die 65–72 cm langen Pfeile haben eine Masse von 25 g. Es wird auf Scheiben in Entfernungen bis 70 m (Frauen) bzw. bis 90 m (Männer) geschossen.

  a) Beschreiben Sie die Energieumwandlungen, angefangen beim Spannen des Bogens!
  B) Welche Energie hat ein Pfeil bei maximaler Geschwindigkeit?
  c) Welche maximale (theoretische) Weite erreicht ein Pfeil, wenn er aus 1,70 m Höhe waagerecht abgeschossen wird und schließlich auf den Boden auftrifft?
  d) Um wie viele Zentimeter ist der Pfeil bei den maximalen Entfernungen (70 m für Frauen, 90 m für Männer) gefallen?

*6. Toni will über eine 4 m breite Gebirgsschlucht springen. Die Seite, auf der er steht, ist etwa 2 m höher als die Landefläche. Seine waagerechte Absprunggeschwindigkeit schätzt er vorsichtig. Er nimmt dafür seine durchschnittliche Laufgeschwindigkeit, die er von seinen 100-m-Sprints im Sportunterricht her kennt. Kann er es schaffen?

7. Der große Zeiger einer Turmuhr hat eine Länge von 1,0 m, der kleine Zeiger ist 0,75 m lang.

a) Mit welchen Geschwindigkeiten bewegen sich im Mittel die Zeigerspitzen?

b) Berechnen Sie die Winkelgeschwindigkeiten beider Zeiger!

8. Wie groß ist die mittlere Bahngeschwindigkeit für den Umlauf

a) der Erde um die Sonne,

b) des Monds um die Erde?

9. Eine Zentrifuge rotiert mit einer Drehzahl von $n = 1\,000\,\frac{1}{\text{s}}$. Mit welcher Geschwindigkeit bewegen sich Punkte, die 3 cm, 6 cm bzw. 9 cm von der Drehachse entfernt sind?

10. Wie groß ist die Geschwindigkeit eines Punkts der Erdoberfläche am Äquator infolge der Erdrotation?
Wie verändert sich diese Geschwindigkeit und wie die Winkelgeschwindigkeit mit zunehmender geografischer Breite?

11. Rücksichtslose Kraftfahrer „schneiden" Kurven. Das bedeutet, sie bleiben nicht in ihrer Fahrbahnhälfte (s. Abb.).

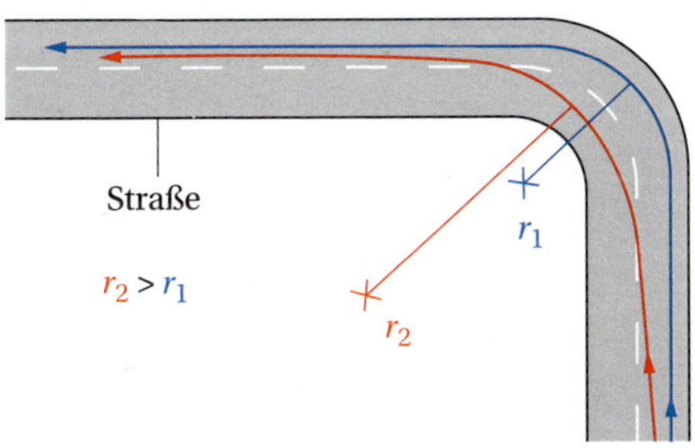

a) Was wird physikalisch mit einem solchen „Schneiden" der Kurve erreicht?

b) Warum neigen vor allem Fahrer bei hoher Geschwindigkeit dazu, Kurven zu schneiden?

c) Warum ist das „Schneiden" von Kurven streng verboten?

12. Ein Radfahrer fährt mit $18\,\frac{\text{km}}{\text{h}}$ durch eine Kurve mit dem Krümmungsradius 40 m (entspricht etwa einer Stadionkurve). Radfahrer und Fahrrad haben zusammen eine Masse von 90 kg.

a) Welche Zentripetalkraft muss durch die Reibung zwischen Reifen und Fahrbahn aufgebracht werden, damit der Radfahrer nicht aus der Kurve getragen wird?

b) Kann der Radfahrer die Kurve mit einer Geschwindigkeit von 36 km/h durchfahren, wenn die maximale Reibungskraft zwischen Fahrbahn und Reifen in diesem Fall 200 N beträgt?

13. Ein Autofahrer durchfährt an einem Autobahnkreuz verschiedene Kurven. Er besitzt zusammen mit dem Auto eine Masse von 1 000 kg. Die maximale Reibungskraft zwischen Straße und Reifen beträgt 1 700 N.

Mit welcher Geschwindigkeit darf er in eine Kurve mit dem Radius 60 m fahren?

14. Ein Pkw der Masse 1,5 t will eine Kurve mit dem Radius 30 m durchfahren. Die maximale Reibungskraft zwischen Straße und Reifen beträgt 4 500 N. Mit welcher Geschwindigkeit darf der Pkw höchstens die Kurve durchfahren? Was würde passieren, wenn er schneller fahren würde?

15. Ein Körper der Masse m wird um den Punkt M auf einer vertikalen Kreisbahn herumgeschleudert. Die Schnur reißt, wenn sich der Körper oben befindet (s. Skizze).

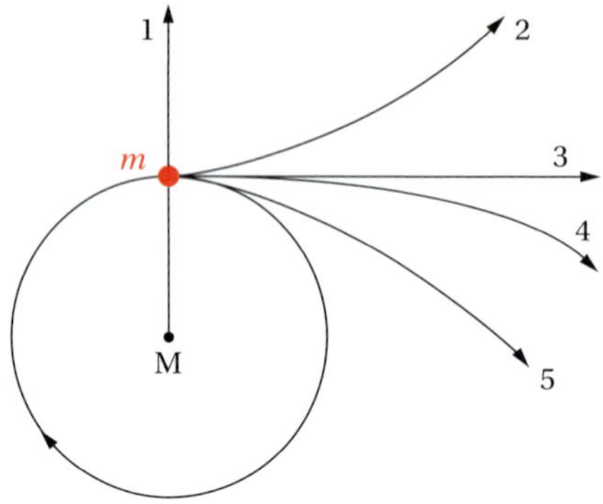

In welche der eingezeichneten Richtungen bewegt er sich? Begründen Sie!

16. Stelle Je-desto-Regeln für die Kurvenfahrt mit einem Fahrrad oder Motorrad auf!

***17.** Wie schnell muss man eine mit Wasser gefüllte Kanne auf einer vertikalen Kreisbahn herumschleudern, damit kein Wasser ausfließt? Leiten Sie für die Mindestgeschwindigkeit im oberen Punkt der Bewegung eine allgemeine Beziehung ab!

18. Beim Hammerwerfen betragen die Masse des Wurfkörpers 7,0 kg und die maximale Abwurfgeschwindigkeit 100 km/h.
Wie groß ist die maximale Kraft, die ein Hammerwerfer aufbringen muss, wenn Wurfgerät und Arme eine Gesamtlänge von 2,5 m haben?

19. Berechnen Sie die Gravitationskraft zwischen Erde und Mond sowie zwischen Sonne und Erde!

20. Vergleichen Sie die Gewichtskraft eines 10,0 kg schweren Körpers mit der Gravitationskraft, die die Erde auf diesen Körper ausübt, wenn er sich auf der Erdoberfläche befindet!

21. Ein Astronaut hat eine Masse von 80 kg.
a) Wie viel Prozent seiner Gewichtskraft auf der Erde besitzt der Astronaut auf dem Mond?
b) Begründen Sie, weshalb ein Astronaut trotz schwerer Ausrüstung auf dem Mond größere Sprünge ausführen kann als auf der Erde!
c) Wie groß ist seine Gewichtskraft in einer Raumstation? Begründe!

22. Im Film „Asterix erobert Rom“ wirft Obelix einen Speer so weit, dass er die Erde umrundet.
a) Welche Geschwindigkeit müsste der Speer haben, wenn er horizontal abgeworfen wurde, die Luftreibung keine Rolle spielt und auch keine Berge im Weg waren?
b) Überlegen Sie, warum gerade diese Geschwindigkeit, man nennt sie die 1. kosmische Geschwindigkeit, in der Raumfahrt von Bedeutung ist!
c) Informieren Sie sich im Internet, welche weiteren kosmischen Geschwindigkeiten es gibt! Bereiten Sie eine Präsentation zum Thema „Kosmische Geschwindigkeiten“ vor!

23. Das Hubble Space Telescope, das zum Beobachten ferner Himmelskörper dient, umkreist die Erde in einer Höhe von ca. 590 km. Wie lange braucht das Teleskop, um die Erde einmal zu umrunden? Welche Bahngeschwindigkeit besitzt es?

24. Wir kennen heute die Masse der Erde und die anderer Himmelskörper. Ihre bisher erworbenen physikalischen Kenntnisse reichen aus, um die Masse der Erde zu berechnen.
a) Erläutern Sie eine Möglichkeit der Berechnung der Erdmasse! Führen Sie die Berechnung durch!
b) Wie kann man die Masse der Sonne oder die eines Planeten bestimmen?

Das Wichtigste auf einen Blick

Zweidimensionale Bewegungen

Zweidimensionale Bewegungen (waagerechter Wurf, Kreisbewegung) lassen sich in x-y-Koordinatensystemen beschreiben.

Ein **waagerechter Wurf** setzt sich aus einer gleichförmigen Bewegung in horizontaler Richtung und dem freien Fall in vertikaler Richtung zusammen.

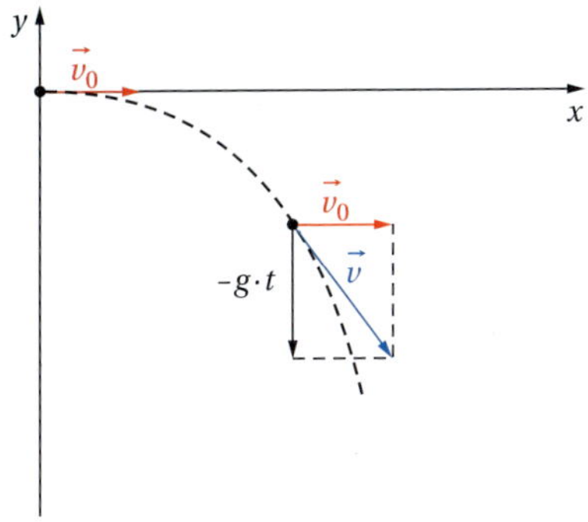

Die Bahnkurve ist Teil einer Parabel.

$x(t) = v_0 \cdot t \qquad v_x = v_0$

$y(t) = -\frac{g}{2} t^2 \qquad v_y = -g \cdot t$

Als beschleunigende Kraft wirkt die Gewichtskraft

$F_G = m \cdot g$

nach unten.

Eine **gleichförmige Kreisbewegung** ist die Bewegung eines Körpers auf einer Kreisbahn mit konstanter Bahngeschwindigkeit bzw. Winkelgeschwindigkeit.

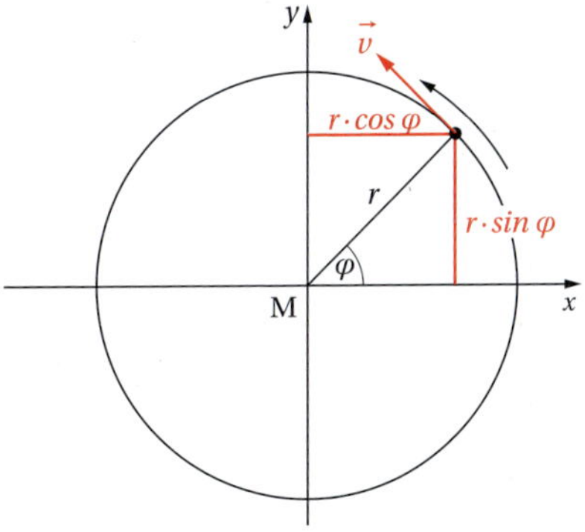

Die Bahnkurve ist ein Kreis.

$v = \frac{2\pi \cdot r}{T} = \omega \cdot r$

$\omega = \frac{\Delta\varphi}{\Delta t} = \frac{2\pi}{T}$

Als beschleunigende Kraft wirkt die Zentripetalkraft

$F_Z = \frac{m \cdot v^2}{r} = m \cdot \omega^2 \cdot r$

in Richtung Kreismittelpunkt M.

Die Ursache für die Bewegung der Planeten um die Sonne oder von Satelliten um die Erde ist die Gravitation. Die Gravitationskraft wirkt als die Kraft, die Planeten oder Satelliten auf ihrer Bahn hält. Das Gravitationsgesetz lautet:

$$F = G \cdot \frac{m \cdot M}{r^2}$$

G ist die Gravitationskonstante, eine allgemeine Naturkonstante.

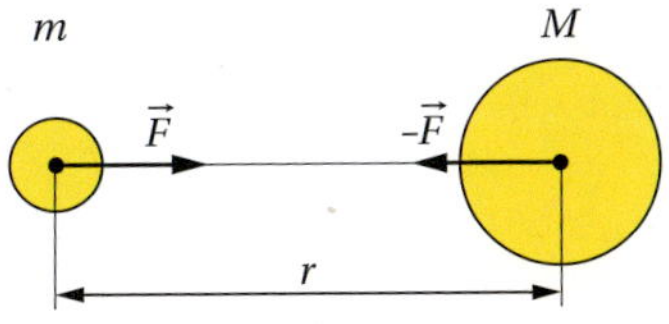

2.4 Grenzen der Gültigkeit der newtonschen Mechanik

Ein genialer Physiker ▸▸ Mit dem Namen ALBERT EINSTEIN (1879–1955) ist untrennbar die Entwicklung der modernen Physik verknüpft. Er entwarf zu Beginn des 20. Jahrhunderts die spezielle Relativitätstheorie, die die Gültigkeit der newtonschen Mechanik einschränkte.
Was sind die wichtigsten Erkenntnisse der speziellen Relativitätstheorie?

Wettervorhersagen ▸▸ Zahlreiche Wetterstationen weltweit und moderne Wettersatelliten registrieren ständig Wetterdaten. Sie werden in leistungsfähigen Computern ausgewertet und daraus werden Wetterkarten berechnet.
Warum sind trotzdem längerfristige Wettervorhersagen so gut wie unmöglich?

Das Kausalitätsprinzip in der modernen Physik

Die Stärke der klassischen Physik ist die genaue Vorhersage eines Versuchsergebnisses. Dazu muss man nach dem **Kausalitätsprinzip** nur genau genug alle Parameter des Systems kennen. Das veranlasste Oscar II. von Schweden Ende des 19. Jahrhunderts dazu, die Physiker aufzufordern, die Stabilität unseres Sonnensystems zu beweisen. Dem Mathematiker Henri Poincaré (1854–1912) gelang dann auch ein Beweis. Allerdings konnte er nur beweisen, dass man die Stabilität unseres Sonnensystems nicht vorhersagen kann. Mit dieser Aussage öffnete sich ein neues Teilgebiet der Physik, die **Chaostheorie.**

Diese stellt das Kausalitätsprinzip „Gleiche Ursachen haben gleiche Wirkungen" nicht infrage. Es erweist sich aber als notwendig, zwischen starker und schwacher Kausalität zu unterscheiden.

Da wir die Ursachen nie mit absoluter Genauigkeit herstellen können, verwenden wir die sogenannte **starke Kausalität** in der Form „Ähnliche Ursachen haben ähnliche Wirkungen". Das ist bei vielen Experimenten der klassischen Physik erfüllt. Beispiele sind in der Übersicht unten links dargestellt. Leicht veränderte Anfangsbedingungen verändern den Endzustand nur wenig. Die Ursachen bestimmen (determinieren) weitgehend die Wirkungen. Man spricht deshalb auch vom **Determinismus.**

Für viele Bereiche der Physik, der Technik und des Alltags gilt die starke Kausalität: Ähnliche Ursachen haben ähnliche Wirkungen.

M

Beispiel: *Wenn auf einen Körper eine bestimmte Kraft wirkt, dann erfährt er in Richtung der Kraft die Beschleunigung* $a = \frac{F}{m}$.

Bei einer Reihe von Vorgängen in Natur und Technik ist die Situation aber anders. Bei etwas veränderten Anfangsbedingungen (s. Übersicht unten rechts) kann man sehr unterschiedliche Wirkungen erhalten. Die starke Kausalität ist verletzt, auch wenn immer noch die Aussage „Gleiche Ursachen haben gleiche Wirkungen" gelten mag. Letztere nennt man das Prinzip der **schwachen Kausalität.**

Starke Kausalität	Verletzung der starken Kausalität
Mehrfaches Werfen eines Balls 	Mehrfaches Werfen einer Karteikarte 
Ähnliche Ursachen führen zu ähnlichen Wirkungen.	**Ähnliche Ursachen können zu unterschiedlichen Wirkungen führen.**
Weitere Beispiele: • Werfen einer Kugel • Fallen eines Steins • Erwärmen einer Flüssigkeit • Fließen von Strom durch eine Spule	Weitere Beispiele: • Werfen eines Würfels • Herunterfallen eines Blatts • Wirbel hinter einem Brückenpfeiler • Wetter der nächsten Woche

Der amerikanische Meteorologe EDWARD N. LORENZ *(*1917) hat in den 60er-Jahren des 20. Jahrhunderts seine Ergebnisse etwas überspitzt in folgender Frage zusammengefasst: „Kann der Flügelschlag eines Schmetterlings in Brasilien einen Wirbelsturm in Texas auslösen?“ Antwort: „Ja!“*

Liegt also bei einem System starke Kausalität vor, dann automatisch auch schwache Kausalität. Ist die starke Kausalität verletzt und gilt nur noch die schwache, dann ließe sich das Verhalten des Systems theoretisch immer noch mit physikalischen Gesetzen beschreiben, würde man die Anfangsbedingungen in höchster Genauigkeit kennen. Da dem aber in der Praxis nicht so ist, spricht man vom **deterministischen Chaos.** Mit *deterministisch* ist die Gültigkeit der schwachen Kausalität gemeint, mit Chaos die Verletzung der starken Kausalität.

Beispiele sind in der Übersicht auf S. 115 unten genannt. Ein Beispiel für die Verletzung der starken Kausalität und damit für einen chaotischen Prozess ist das Wetter. Trotz Wettersatelliten und modernster Computertechnik zur Auswertung umfangreicher Messdaten ist das Wetter langfristig prinzipiell nicht vorhersagbar.

M **Die Verletzung der starken Kausalität führt zu Vorgängen, die langfristig nicht vorhersagbar sind.**

Die Chaosforschung untersucht Systeme, in denen keine starke Kausalität besteht. Es sind Systeme, bei denen kleine Änderungen in den Anfangsbedingungen erhebliche Auswirkungen auf das weitere Verhalten des Systems haben können. Das nennt man auch den **Schmetterlingseffekt** (s. Randspalte links).

Da eine große Anzahl von physikalischen, technischen und biologischen Systemen chaotisches Verhalten zeigt, ist es Ziel der Chaosforschung,

- Bedingungen zu bestimmen, unter denen sich Systeme chaotisch verhalten;
- Gesetze zu finden, die das chaotische Verhalten solcher Systeme beschreiben;
- festzustellen, durch welche Gesetze der Übergang von geordneten zu chaotischen Strukturen und Vorgängen beschrieben wird.

Ein Beispiel ist unten dargestellt. Der rechte Wagen verhält sich wegen des „Bergs“, über den er gerade noch bzw. nicht mehr kommt, chaotisch.

Obwohl eine genaue Vorhersage des Ablaufs nicht möglich ist und eine Wiederholung eines solchen Experiments auch bei möglichst gleichen Anfangsbedingungen nach einigen Sekunden jedes Mal zu einem vollkommen anderen Ablauf führt, kann man trotzdem Strukturen und Zusammenhänge in diesem System erkennen (Abb. 2).

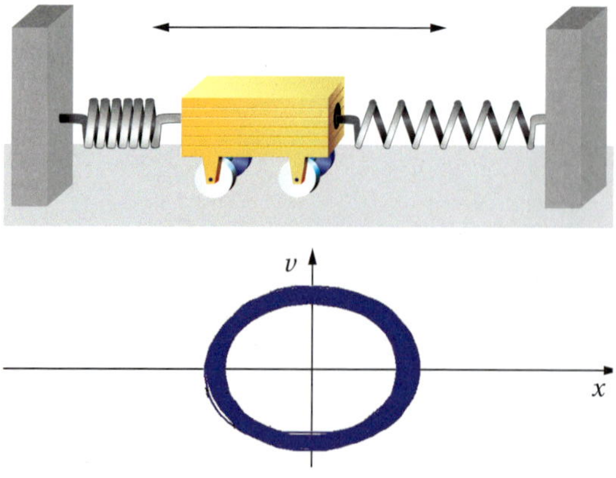

1 ▸ Ort-Geschwindigkeit-Diagramm für den Wagen bei vielfacher Wiederholung: Sein Verhalten ist nicht chaotisch.

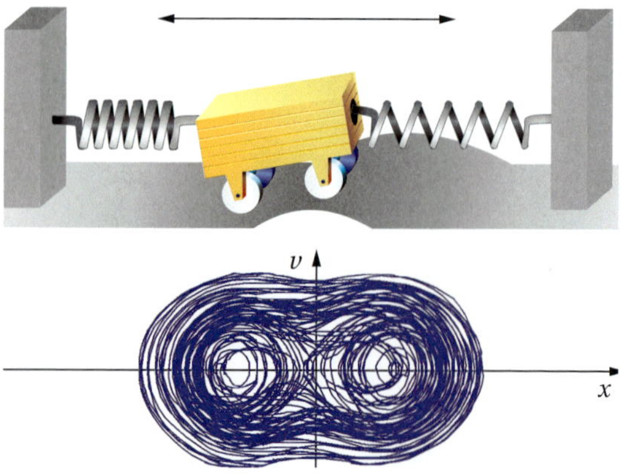

2 ▸ Eine kleine Veränderung der Bedingungen führt zu einem chaotischen Verhalten.

Die spezielle Relativitätstheorie

Die klassische Mechanik, deren Grundlagen bereits von Isaac Newton (1643 bis 1727) formuliert wurden, basiert auf der Annahme, dass sich Körper in einem **absoluten Raum** und in einer **absoluten Zeit** bewegen. Zeit und Raum beeinflussen sich nicht und sind vom Bewegungszustand eines Körpers unabhängig.
Schon bei Newton findet sich die Vorstellung, dass der absolute Raum mit einem Stoff geringer Dichte ausgefüllt sei, der **Äther** genannt wurde. Die Ätherhypothese entwickelte sich im 19. Jahrhundert zur dominierenden Vorstellung in der klassischen Physik. Insbesondere ging man davon aus, dass der Äther der Träger der Lichtwellen sei.
Ende des 19. Jahrhunderts waren die technischen Voraussetzungen gegeben, um erkenntnistheoretische Grundpositionen der klassischen Physik überprüfen zu können.
1881 führte Albert Abraham Michelson (1852–1931) sein berühmtes Experiment zum Nachweis eines ruhenden Äthers und somit zur Existenz eines absoluten Raums durch. Dieser und alle weiteren Versuche, einen absoluten Raum nachzuweisen, schlugen allerdings fehl.
Völlig neue Vorstellungen über Raum und Zeit entwickelte der deutsche Physiker Albert Einstein (1879–1955). Das war die Geburtsstunde der speziellen Relativitätstheorie, die auf zwei grundlegenden Postulaten aufbaut: dem **Relativitätsprinzip** und dem Prinzip von der **Konstanz der Lichtgeschwindigkeit.**
Das Relativitätsprinzip besagt:

In Bezugssystemen, die sich mit konstanter Geschwindigkeit zueinander bewegen, gelten die physikalischen Gesetze in gleicher Weise.

Ein Stein fällt in jedem System, das sich gegenüber einem anderen geradlinig gleichförmig bewegt, nach den Gesetzen des freien Falls.

Ein Beispiel für zwei solche Bezugssysteme (Zug, Erdoberfläche) ist in Abb. 1 dargestellt.
Das zweite Postulat Einsteins lautet:

Licht breitet sich im Vakuum unabhängig vom Bewegungszustand der Lichtquelle und des Beobachters immer mit $c = 299\,792\ \frac{km}{s}$ aus.

Diese Annahme widerspricht nicht nur unserer Erfahrung, sondern auch der klassischen Mechanik. Das kann man sich mit einem Gedankenexperiment verdeutlichen (Abb. 1, 2). In Abb. 1 bewegt sich die Person für Beobachter A und B unterschiedlich schnell. Bei Licht (Abb. 2) ist das anders.

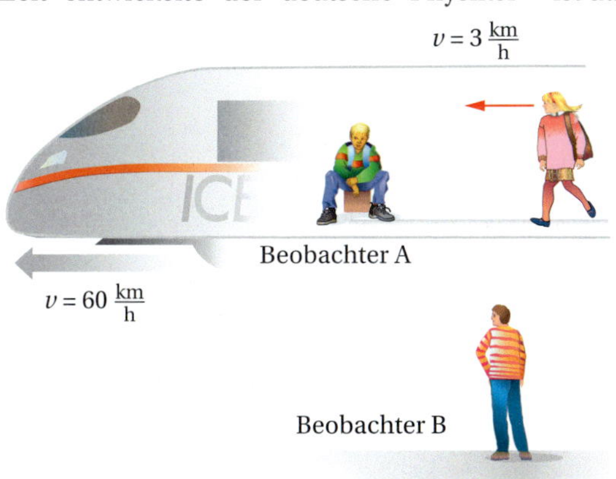

1 ▸ Für einen Beobachter außerhalb des Zugs addieren sich die Geschwindigkeiten.

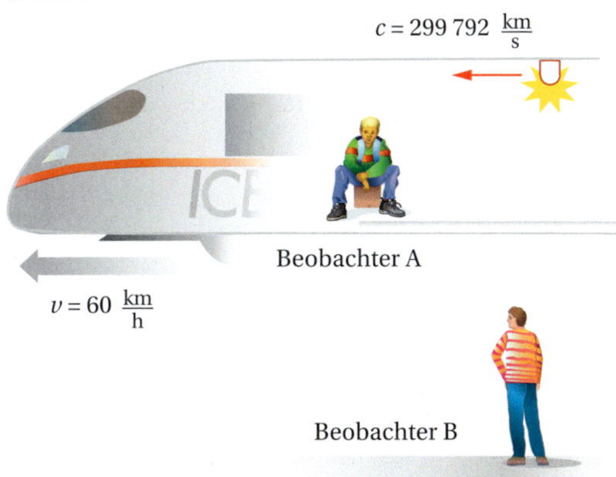

2 ▸ Für beide Beobachter breitet sich das Licht mit der gleichen Geschwindigkeit aus.

Dieser Term wird nach dem niederländischen Physiker H. A. LORENTZ (1853 bis 1928) als Lorentzfaktor bezeichnet.

Der Lorentzfaktor *k*

Wie groß die auftretenden Effekte sind, hängt vom Verhältnis der Geschwindigkeit eines Körpers zur Lichtgeschwindigkeit ab. Entscheidend ist dabei der Faktor:

$$k = \frac{1}{\sqrt{1 - \frac{v^2}{c^2}}}$$

Bei $v = 0{,}1\,c = 30\,000\,\frac{\text{km}}{\text{s}}$ beträgt $k = 1{,}005$. Ein schnell bewegter, 1,000 m langer Stab hätte dann für einen ruhenden Beobachter eine Länge von $l = \frac{1\,\text{m}}{k} = 0{,}995$ m.

Die Längenkontraktion

Die einsteinschen Postulate, die zunächst von vielen Physikern angezweifelt wurden und die sich inzwischen als zutreffend erwiesen haben, führen zu physikalischen Gesetzen und Folgerungen, die unseren täglichen Erfahrungen widersprechen. Das liegt daran, dass wir keine Erfahrungen mit sehr großen Geschwindigkeiten haben.

Merkliche relativistische Effekte treten meist erst ab Geschwindigkeiten von mehr als 10 % der Vakuumlichtgeschwindigkeit auf.

Eine dieser Folgerungen ist die Längenverkürzung oder, wie Physiker sagen, die **Längenkontraktion.** Wenn eine Person P auf einem 1 m langen Stab mit 90 % der Lichtgeschwindigkeit ($0{,}9\,c$) an der Erde vorbeifliegt, so stellt sie fest, dass der Stab nach wie vor die Länge 1 m hat. Ein Beobachter E auf der Erde misst für den Stab jedoch nur eine Länge von 0,44 m (Abb. 1). Umgekehrt würde für die Person P ein 1 m langer Stab, der auf der Erde liegt, nur eine Länge von 0,44 m haben.

Körper, die sich relativ zu einem Beobachter schnell bewegen, erscheinen für diesen in Bewegungsrichtung verkürzt.

Die Zeitdilatation

Wenn eine Person P mit einer Uhr mit 90 % der Lichtgeschwindigkeit an der Erde vorbeifliegt, so wird sie feststellen, dass die Uhr ganz normal mit einer Periodendauer von 1 s tickt.
Ein Beobachter E auf der Erde wird jedoch feststellen, dass die Uhr von P deutlich langsamer tickt; die Periodendauer beträgt 2,3 s (Abb. 2). Genauso geht eine Uhr auf der Erde für die schnell vorbeifliegende Person P langsamer.

Uhren, die sich relativ zu einem Beobachter schnell bewegen, gehen für diesen Beobachter langsamer.

Diese Erscheinung wird als Zeitdehnung bezeichnet. Die Physiker nennen sie **Zeitdilatation.** Länge und Zeit sind somit keine absoluten Größen, sondern relative Größen.

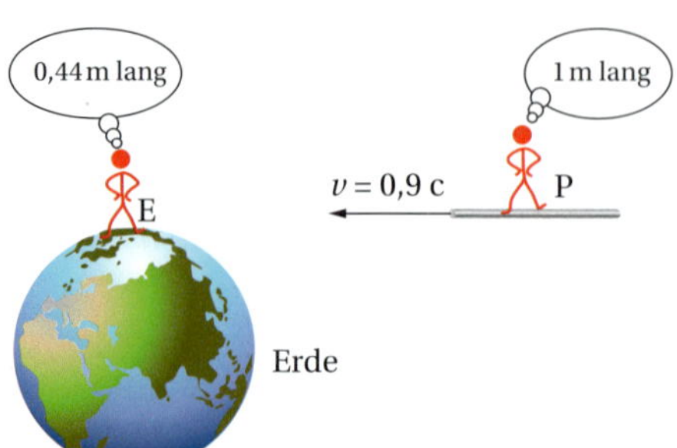

1 ▸ Ein Körper, der sich gegenüber einem Beobachter schnell bewegt, erscheint für diesen kürzer.

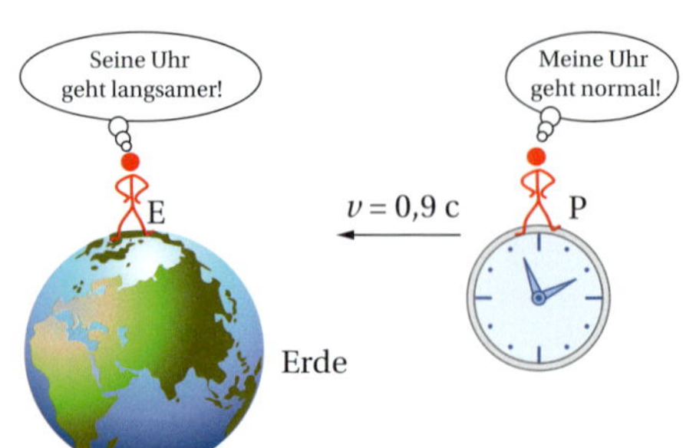

2 ▸ Eine Uhr, die sich gegenüber einem Beobachter schnell bewegt, geht für diesen langsamer.

2

Das Zwillingsparadoxon

Nicht nur bewegte Uhren laufen langsamer. Das gilt auch für bewegte biologische Uhren. Das bedeutet: Ein mit hoher Geschwindigkeit bewegter Mensch altert relativ zu einem nicht bewegten Menschen langsamer. Die Vorstellung, ein Zwilling würde eine Reise zu einer fernen Galaxie unternehmen und bei seiner Rückkehr den anderen auf der Erde verbliebenen Zwilling treffen, führt zum **Zwillingsparadoxon.** Jeder der beiden Zwillinge könnte behaupten, der andere habe sich bewegt und müsste deshalb jünger sein. Tatsächlich ist aber der reisende Zwilling bei der Rückkehr jünger.

Während sich die Zwillinge voneinander entfernen, kann zunächst jeder der beiden Zwillinge vom anderen behaupten, dieser altere langsamer. In dem Moment, in dem die Bewegung umgekehrt wird, muss aber eine Beschleunigungsphase stattfinden. Solange sich die Zwillinge nur voneinander wegbewegen, sind sie physikalisch nicht unterscheidbar, die Situation ist gewissermaßen symmetrisch. Aber sobald einer der Zwillinge umkehrt, kann durch Experimente nachgewiesen werden, welcher der Zwillinge bremst und beschleunigt, die Symmetrie ist gebrochen.

Wie kann man nun verstehen, dass für den umkehrenden Zwilling der zurückbleibende schneller altert?
Der umkehrende Zwilling wechselt durch das Umkehren in ein Bezugssystem mit ganz anderen Gleichzeitigkeiten und anderem zeitlichen Ablauf der zu ihm bewegten Vorgänge. Für den bewegten Zwilling führt das z. B. dazu, dass für ihn der auf der Erde gebliebene Zwilling durch den Beschleunigungsvorgang nachaltert und zwar mehr, als er durch die Fahrt anscheinend verjüngt war. Dieser Effekt ist umso stärker, je größer die Entfernung von der Erde ist, sodass die Verjüngung auch bei langen Reisen nicht überwiegt.

Addition von Geschwindigkeiten

In der klassischen Physik addieren sich die Geschwindigkeiten (s. S. 117, Abb. 1). Für zwei Körper, die sich in der gleichen Richtung bewegen, gilt die Formel:

$$v = v_1 + v_2$$

Für höhere Geschwindigkeiten (mehr als 10 % der Lichtgeschwindigkeit) ist diese Formel nicht mehr anwendbar, weil dann relativistische Effekte eine Rolle spielen.
Betrachten wir als Beispiel ein Raumschiff, das sich gegenüber der Erde mit 0,9 *c* bewegt (Abb. 1). Von diesem Raumschiff startet ein Tochterschiff mit ebenfalls 0,9 *c* gegenüber dem Raumschiff. Die Geschwindigkeit des Tochterschiffs gegenüber der Erde beträgt nun nicht 1,8 *c*, sondern nach den Gesetzen der Relativitätstheorie nur etwa 0,99 *c*. Sie ist also immer noch kleiner als die Vakuumlichtgeschwindigkeit. Auch bei anderen Geschwindigkeiten erhält man stets einen Wert, der die Lichtgeschwindigkeit im Vakuum nicht übersteigt.

Geschwindigkeiten addieren sich stets so, dass ihre Summe kleiner oder gleich der Lichtgeschwindigkeit im Vakuum bleibt.

Daraus ergibt sich eine Folgerung, die ein besonders wichtiges Ergebnis der Relativitätstheorie ist und so formuliert werden kann: Kein Objekt kann sich mit Überlichtgeschwindigkeit bewegen.

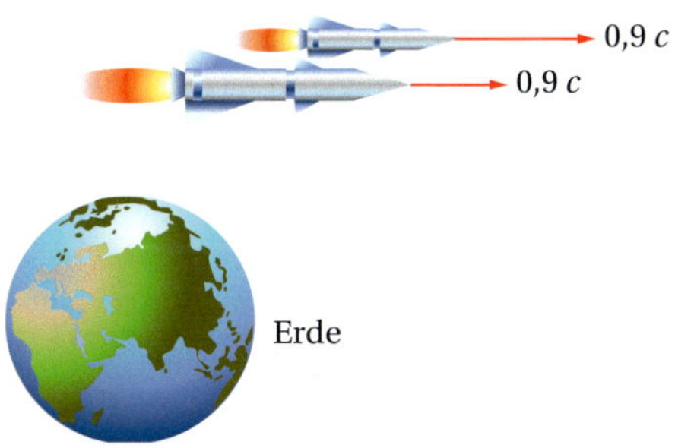

1 ▸ Im Bereich großer Geschwindigkeiten gilt die Formel $v = v_1 + v_2$ nicht mehr.

Satellitengestützte Funknavigation

Es ist schon heute Routine, wenn der Kapitän eines Tankers auf hoher See oder ein Flugzeugführer seine Position zu jedem beliebigen Zeitpunkt auf einige Meter genau bestimmen kann. Ebenso gehört es zum Alltag, dass ein Navigationsgerät im Auto dem Fahrer den Weg zur Zielstraße ansagt oder ein Bergsteiger mit einem GPS-Gerät seine Position bestimmen kann.

Solche Positionsbestimmungen erfolgen mit dem US-amerikanischen GPS (**G**lobal **P**ositioning **S**ystem). Das ist ein ursprünglich für die militärische Nutzung entwickeltes Satellitennavigationssystem, das seit Beginn der siebziger Jahre des 20. Jh. aufgebaut und 1982 für die zivile Nutzung freigegeben wurde. Mithilfe dieses Systems lassen sich rund um die Uhr und bei jedem Wetter für jeden Punkt der Erdoberfläche genaue Angaben zu der Position (geografische Länge, Breite und Höhe) sowie zu Geschwindigkeit und Zeit machen.

Physikalische Grundlagen
Die funktechnische Entfernungsmessung beruht auf der Messung der Laufzeit eines Signals zwischen einem Sender und einem Empfänger. Die Entfernung L ist dann $L = c \cdot \Delta t$ (c Lichtgeschwindigkeit, Δt Laufzeit).

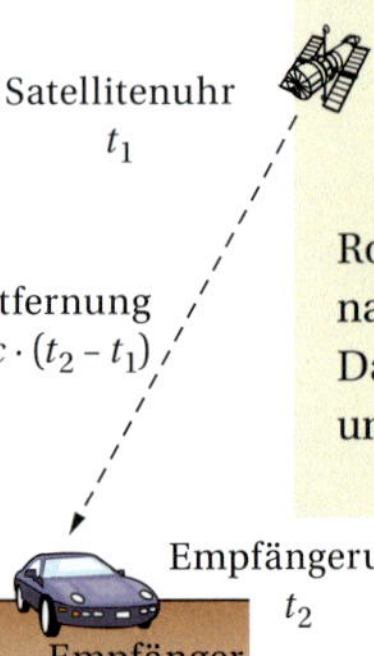

Damit spielen die Lichtgeschwindigkeit und ihre Konstanz eine entscheidende Rolle. Die Laufzeit muss mit sehr hoher Genauigkeit gemessen werden.
Damit müssen die Uhren in den Satelliten und beim Nutzer nicht nur synchron, sondern auch mit einer großen Genauigkeit laufen. Die Laufzeit zwischen einem Satelliten und einem GPS-Empfänger liegt bei etwa 0,07 s. Bereits ein Zeitunterschied von einer Millionstel Sekunde ergibt einen Entfernungsunterschied von etwa 300 m. Realisiert wird die Genauigkeit bei den Satellitenuhren dadurch, dass die heute genutzten Satelliten zwei Caesium- und zwei Rubidium-Atomuhren mit einer Frequenzstabilität von 10^{-13} an Bord haben. In den Empfängern werden relativ preisgünstige Quarzuhren genutzt, die über einen Zeitcode mit den Atomuhren der Satelliten synchronisiert werden. Das ermöglicht es im zivilen Bereich, die Position auf 10 bis 20 m genau zu bestimmen. Für den militärischen Bereich liegt die Genauigkeit bei unter einem Meter. Technisch werden die Unterschiede so realisiert, dass für zivile Nutzer z. B. durch geringfügige Schwankungen der Satellitenzeit die Genauigkeit künstlich verschlechtert wird.

Um die Position eines Empfängers zu bestimmen, reicht die Verbindung zu einem Satelliten nicht aus.
Aus der errechneten Entfernung des Satelliten ergibt sich um den auf der Erdoberfläche liegenden Lotpunkt (s. Skizze) ein Standkreis.

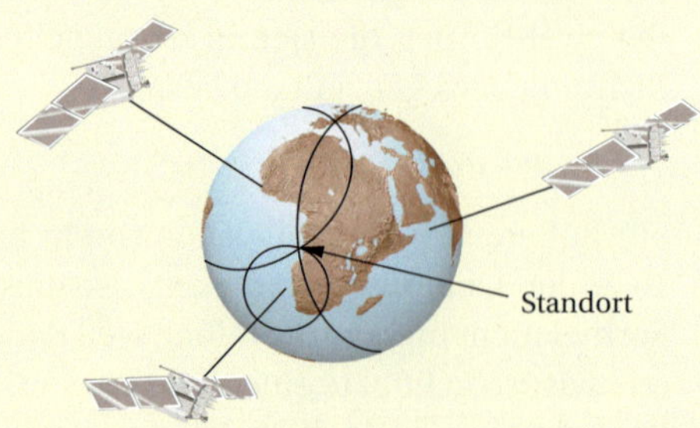

Alle Punkte dieses Kreises haben den gleichen Abstand vom Sender. Es sind damit auch Punkte gleichen Abstandes zwischen Satellit und Empfänger. Aus dem Standort des Satelliten und dem Schnittpunkt mit den Standkreisen weiterer zwei Satelliten wird der Standort des Empfängers ermittelt. Genutzt

werden durch einen Empfänger heute in der Regel vier Satelliten: Mit den Signalen von drei Satelliten erfolgt die Ortsbestimmung. Der vierte Satellit liefert das genaue Zeitsignal.

Technische Realisierung
Damit weltweit für jeden Punkt der Erdoberfläche immer eine ausreichende Anzahl von Satelliten zur Verfügung steht, wurde im Laufe der Zeit ein System entwickelt, das aus 24 gleichmäßig um die Erde verteilten Satelliten besteht. Alle Satelliten bewegen sich auf Bahnen mit einem Radius von etwa 26 560 km, damit also in etwa 20 200 km Höhe über der Erdoberfläche. Zum Vergleich: Geostationäre Satelliten bewegen sich in fast der doppelten Höhe. Die Bahngeschwindigkeit der GPS-Satelliten beträgt 3,9 km/s, die Umlaufzeit 12 Stunden Sternzeit. Das bedeutet in Erdenstunden 11 h 58 min. Damit steht der gleiche Satellit jeden Tag etwa 4 min früher über dem gleichen Ort.

Die GPS-Satellitenbahnen befinden sich in 6 Ebenen mit je vier Satelliten. Damit sich über jedem Ort ständig mehrere Satelliten befinden, gibt es sechs Satellitenbahnen. Die Bahnebenen dieser Bahnen sind um jeweils 60° ($6 \cdot 60° = 360°$) gegeneinander versetzt.
Die Energieversorgung der etwa 1 500 kg schweren Satelliten erfolgt durch Solarzellen mit einer Leistung von ca. 750 W. Die zwei Frequenzen, auf denen die Satelliten senden, sind aus der Grundfrequenz der Atomuhren von 10,23 MHz abgeleitet und betragen 1 575,42 MHz und 1 227,60 MHz.

Die Genauigkeit der Ortsbestimmung ist von verschiedenen Faktoren abhängig, insbesondere von der Laufzeit und der Ganggenauigkeit der Uhren. Die Laufzeit muss auf 20–30 Nanosekunden genau gemessen werden, um die erforderliche Genauigkeit zu erhalten.
Dabei sind auch relativistische Effekte zu berücksichtigen. So bewegen sich die Satelliten mit ca. 3 800 m/s relativ zur Erdoberfläche. Die Satellitenuhren gehen damit von der Erde aus betrachtet langsamer. Diese Zeitdilatation beträgt etwa 8 Nanosekunden ($8 \cdot 10^{-9}$ s) pro Tag. Gleichzeitig gehen aber die Satellitenuhren durch das schwächere Gravitationsfeld in dieser Höhe schneller. Dieser Effekt ist etwa 6-mal größer als der durch die Zeitdilatation. Insgesamt würden damit die Satellitenuhren um etwa 40 Nanosekunden pro Tag vorgehen. Dieser systematische Fehler wird durch eine Korrektur der Taktfrequenz der Uhren weitgehend ausgeglichen.
Für die satellitengestützte Funknavigation gibt es zahlreiche Anwendungen. Eingesetzt wird sie bereits zur Landvermessung und zur Bestimmung tektonischer Verschiebungen, zur Streckennavigation (Pkw, Schiffe, Flugzeuge) und zur genauen Ortsbestimmung, z. B. von gestohlenen Fahrzeugen.
In der Planung befindet sich ein von GPS unabhängiges europäisches Satellitennavigationssystem Galileo, das bis auf 6 m genau sein soll. Geplanter Start dieses Projekts ist das Jahr 2008. Ergänzt wird es durch das System Egnos (European Geostationary Navigation Overlay Service), bei dem durch geostationäre Satelliten und ein Netzwerk von Bodenstationen die Genauigkeit, Verfügbarkeit und Kontinuität der Ortung weiter verbessert werden soll.

Relativität der Masse

Für den Zusammenhang zwischen Kraft, Masse und Beschleunigung gilt in der newtonschen Mechanik:
$F = m \cdot a$

In der newtonschen Mechanik ist die Masse als Maß für die Trägheit und für die Schwere eines Körpers definiert. Die Masse eines Körpers wird als konstant angesehen. Das gilt auch, wenn sich ein Körper bewegt, allerdings nur dann, wenn seine Geschwindigkeit klein gegenüber der Lichtgeschwindigkeit ist. Für alle Geschwindigkeiten, mit denen wir es üblicherweise zu tun haben, trifft das zu.
Die Masse, die ein Körper oder Teilchen bei $v = 0$ hat, nennt man seine **Ruhemasse** m_0. Es ist die Masse, die wir mit einer Waage messen.
Werden aber z. B. Elektronen durch ein elektrisches Feld auf sehr hohe Geschwindigkeiten gebracht, dann zeigt sich ein Effekt, der unserer Alltagserfahrung völlig widerspricht: Die Masse der Elektronen ist nicht konstant, sondern nimmt mit der Geschwindigkeit zu. Im Diagramm unten sind die Ergebnisse experimenteller Untersuchungen dargestellt. Allgemein gilt:

Die Vakuumlichtgeschwindigkeit ist eine Grenzgeschwindigkeit. Sie wird von keinem Körper oder Teilchen erreicht.

M **Je näher die Geschwindigkeit eines Körpers oder Teilchens der Lichtgeschwindigkeit kommt, desto mehr nimmt seine Masse zu.**

m_0 ist die Ruhemasse bei $v = 0$, m die Masse des bewegten Körpers oder Teilchens.

v ist die Geschwindigkeit des Körpers oder des Teilchens, c die Vakuumlichtgeschwindigkeit.

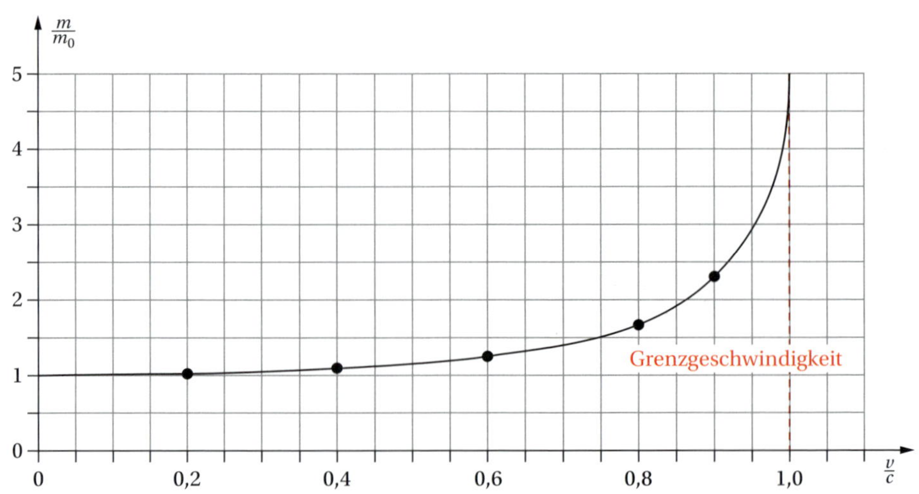

1 ▸ Die Masse m eines Körpers bzw. eines Teilchens vergrößert sich mit seiner Geschwindigkeit.

Äquivalenz von Masse und Energie

In einer Arbeit, die ALBERT EINSTEIN im Jahr 1905 unter dem Titel „Ist die Trägheit eines Körpers von seinem Energiegehalt abhängig?“ veröffentlichte, stellte er fest: Die Masse eines Körpers ist ein Maß für dessen Energiegehalt. Er traf dort die fundamentale Aussage:

M **Die Gesamtenergie und die Masse eines Körpers sind zueinander proportional. Es gilt:**

$E = m \cdot c^2$

E Gesamtenergie eines Körpers
m Masse des Körpers
c Vakuumlichtgeschwindigkeit

Da der Faktor c eine universelle Konstante ist, sind Energie und Masse dasselbe und werden nur in unterschiedlichen Einheiten gemessen. Dabei muss man aber beachten, dass die Energie 1 J einer Masse von ca. 10^{-14} g entspricht. Deshalb stellen wir bei üblichen Energieänderungen keine Massezunahme fest.

Die Äquivalenz von Masse und Energie spielt bei Kernumwandlungen und in Kernkraftwerken eine wichtige Rolle.

2

Experimente

Grenzen der Gültigkeit der newtonschen Mechanik

Experiment 1

Führen Sie Untersuchungen mit einem Magnetpendel durch!

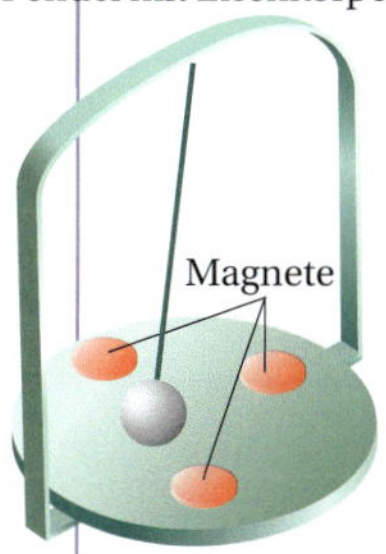

Vorbereitung:

Ein Magnetpendel kann man sich aus drei kräftigen Dauermagneten und einem Eisenkörper als Pendelkörper herstellen. Bauen Sie die Anordnung entsprechend der Skizze auf! Der Pendelkörper soll sich dicht über den Magneten befinden.

Durchführung und Auswertung:

a) Starten Sie das Pendel in der Nähe eines Magneten! Beobachten und beschreiben Sie!

b) Lenken Sie das Pendel dann mehrmals stärker aus und lassen Sie es von gleichen und von verschiedenen Ausgangspositionen aus pendeln. Gibt es Unterschiede zu dem ersten Teilexperiment?

Experiment 2

Moderne Anwendungen wie GPS funktionieren nur, wenn Uhren synchronisiert werden. Dafür gibt es unterschiedliche Möglichkeiten. Wir nehmen an: Sie sitzen etwa 10 m von einem Ihrer Mitschüler entfernt und Sie wollen Ihre Armbanduhren so synchronisieren, dass sie auf die Sekunde genau übereinstimmen.

a) Beschreiben Sie ein mögliches experimentelles Herangehen!

b) Führen Sie eine solche Synchronisierung durch und bewerten Sie, ob Ihr Verfahren zur Synchronisierung von Uhren brauchbar ist!

Experiment 3

Vergleichen Sie über eine Woche hinweg den kurzfristigen (1 Tag) und den längerfristigen (5 Tage) Wetterbericht mit dem tatsächlichen Wetter an Ihrem Heimatort! Welche Folgerungen kann man aus dem Vergleich ableiten?

Experiment 4

Führen Sie Untersuchungen an einem Doppelpendel durch!

Vorbereitung:

Ein Doppelpendel besteht aus zwei Pendeln und einem Zusatzkörper, so wie es die Skizze unten zeigt.

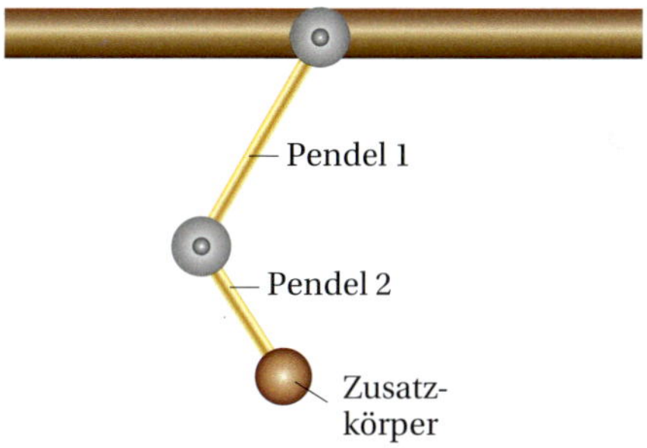

Bauen Sie ein solches Doppelpendel auf! Achten Sie darauf, dass Pendel 2 deutlich kürzer als Pendel 1 ist und dass sich die Pendel leicht bewegen können.

Durchführung und Auswertung:

Lenken Sie die Pendelarme so weit aus, dass sich das angehängte Pendel 2 überschlägt! Wiederholen Sie das Experiment für verschiedene Ausgangsstellungen!

Messen Sie die Zahl der Hin- und Herschwingungen bis zum ersten Überschlag!

Stellen Sie nun die Pendelarme so ein, dass sich nach einem Mal Hin- und Herschwingen das angehängte Pendel gerade noch überschlägt!

Markieren Sie die Stellung der Pendel beim Loslassen! Überzeugen Sie sich davon, dass der weitere Verlauf der Pendelschwingungen von minimalen Veränderungen bei der Ausgangsstellung abhängt!

Experiment 5

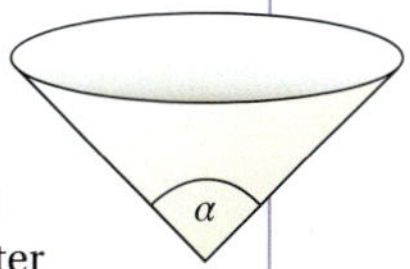

Bauen Sie sich nach dem Muster Papiertrichter (α verschieden)! Untersuchen Sie experimentell, ab welchem Öffnungswinkel α Papiertrichter chaotisch fallen! Begründen Sie, wie dieses Verhalten entsteht!

Aufgaben

1. Was versteht man unter Kausalität? Erläutern Sie das an einem Beispiel!

2. Betrachtet man das Treiben auf einem Marktplatz von weit oben, so bewegen sich die Menschen da unten wild durcheinander. Man könnte von Chaos reden. Ist das Chaos im Sinn der Physik?

3. Recherchieren Sie im Internet unter dem Stichwort „Laplacescher Dämon“! Bereiten Sie ein Kurzreferat zum Weltbild vor, das mit diesem Modell beschrieben werden sollte!

4. Welche der folgenden Glücksspiele beruhen auf chaotischen Prozessen? Begründen Sie Ihre Auswahl!
   a) „6 aus 49“
   b) „Mensch ärgere Dich nicht!“
   c) „17 und 4“
   d) Roulette

5. Beschreiben Sie ein technisches Gerät, bei dem bewusst das deterministische Chaos genutzt wird!

6. Man liest immer wieder: „Für den mitbewegten Beobachter vergeht die Zeit langsamer“. Warum ist dieser Satz falsch oder zumindest missverständlich?
   Wie sollte der Satz richtig lauten?

7. Die Formel für die Zeitdilatation lautet:

$$t = t' \cdot \frac{1}{\sqrt{1 - \frac{v^2}{c^2}}} = t' \cdot k$$

   Dabei ist t' die Zeit im ruhenden System.
   a) In einem ruhenden Bezugssystem dauert ein Vorgang 3,0 s. Angenommen, ein Beobachter könne sich relativ zum ruhenden System mit $v = \frac{3}{4}c$ bewegen. Welche Zeit würde er für diesen Vorgang messen?
   b) Begründen Sie, warum aufgrund des Werts der Lichtgeschwindigkeit die Zeitdilatation bei normalen Geschwindigkeiten vernachlässigt werden kann!

*8. Unsere Milchstraße ist so groß, dass Licht etwa 200 000 Jahre braucht, um sie zu durchqueren. So lange lebt kein Mensch. Es scheint also aussichtslos zu sein, dass ein Mensch auf die andere Seite der Milchstraße gelangen könnte, bevor er stirbt.
   a) Erklären Sie mithilfe der Längenverkürzung, warum das doch nicht ausgeschlossen ist, wenn es nur gelingt, Raumschiffe sehr nahe an die Lichtgeschwindigkeit zu beschleunigen!
   b) Wie kann der Beobachter von der Erde aus erklären, dass eine sehr schnell bewegte Person in einer Lebenszeit durch die Milchstraße reisen kann?
   c) Wie viel Zeit vergeht auf der Erde während dieser Durchquerung?

9. Die schon in fast jedem Haushalt üblichen Funkuhren werden mit Funksignalen von stationären Atomuhren gesteuert. Die Hauptuhr für Deutschland steht in Mainflingen bei Frankfurt/Main. Hier wird von drei unabhängig voneinander arbeitenden Atomuhren ein Zeitsignal erzeugt und über einen Sender (DCF 77) mit einer Frequenz von z. B. 77,5 kHz in einen Umkreis von ca. 2 000 km ausgestrahlt.
   Wie groß ist die zeitliche Abweichung, wenn der Empfänger 2 000 km vom Sender entfernt ist? Ist die Abweichung für den täglichen Ablauf von Bedeutung? Diskutieren Sie das Ergebnis!

10. Wenn man in einem Teilchenbeschleuniger Elektronen auf sehr hohe Geschwindigkeiten bringt, dann steigt der Betrag der Kraft, mit der man diese auf einer Kreisbahn hält, mit zunehmender Geschwindigkeit unverhältnismäßig stark an. Wie ist das zu erklären?

2

Das Wichtigste auf einen Blick

Grenzen der Gültigkeit der newtonschen Mechanik

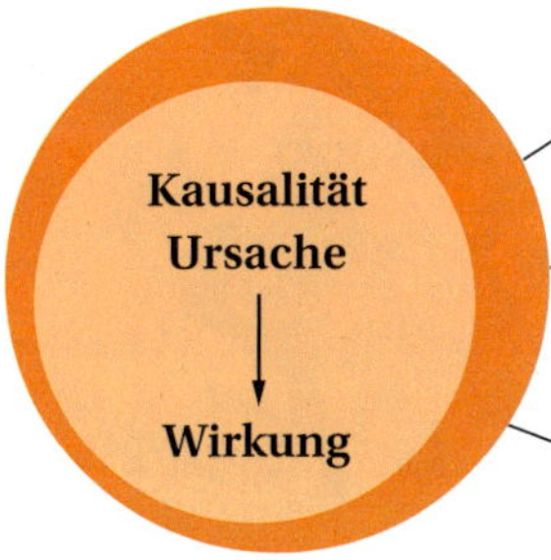

Schwache Kausalität
Gleiche Ursachen haben gleiche Wirkungen.

Starke Kausalität
Ähnliche Ursachen haben ähnliche Wirkungen.

Verletzung der starken Kausalität
Ähnliche Ursachen führen zu verschiedenen Wirkungen (chaotisches Verhalten).

Vorgänge starker Kausalität lassen sich in der Regel gut mit der newtonschen Mechanik beschreiben. Vorgänge, bei denen die starke Kausalität verletzt wird, sind nicht vorhersagbar. Darin trotzdem Regelmäßigkeiten zu entdecken und Gesetze zu formulieren hat sich die **Chaosforschung** zur Aufgabe gemacht.

Die **Gesetze der newtonschen Mechanik** gelten für Geschwindigkeiten, die wesentlich geringer als die Lichtgeschwindigkeit sind. Die Lichtgeschwindigkeit ist eine **Grenzgeschwindigkeit.**

Bei sehr großen Geschwindigkeiten sind die **Gesetze der speziellen Relativitätstheorie** anzuwenden. Die spezielle Relativitätstheorie geht davon aus, dass die Lichtgeschwindigkeit nicht von der Bewegung des Beobachters abhängt. Folgerungen aus der von ALBERT EINSTEIN entwickelten Theorie sind:

Eine relativ zum Beobachter bewegte Uhr geht langsamer.

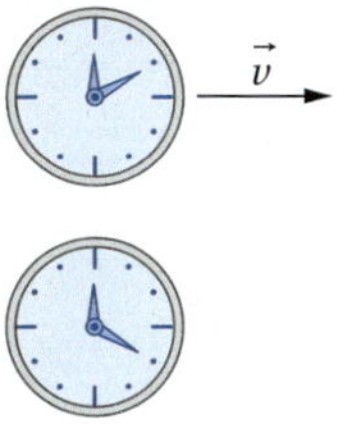

Ein relativ zum Beobachter bewegter Körper ist in Bewegungsrichtung verkürzt.

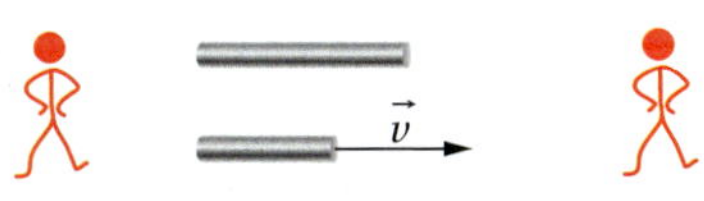

Die Masse eines Körpers vergrößert sich mit seiner Geschwindigkeit.

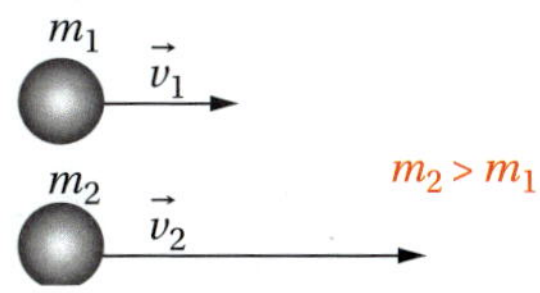

Zwischen der Masse eines Körpers und seiner Energie gibt es einen engen Zusammenhang:

$$E = m \cdot c^2$$

E Gesamtenergie des Körpers
m Masse des Körpers
c Vakuumlichtgeschwindigkeit

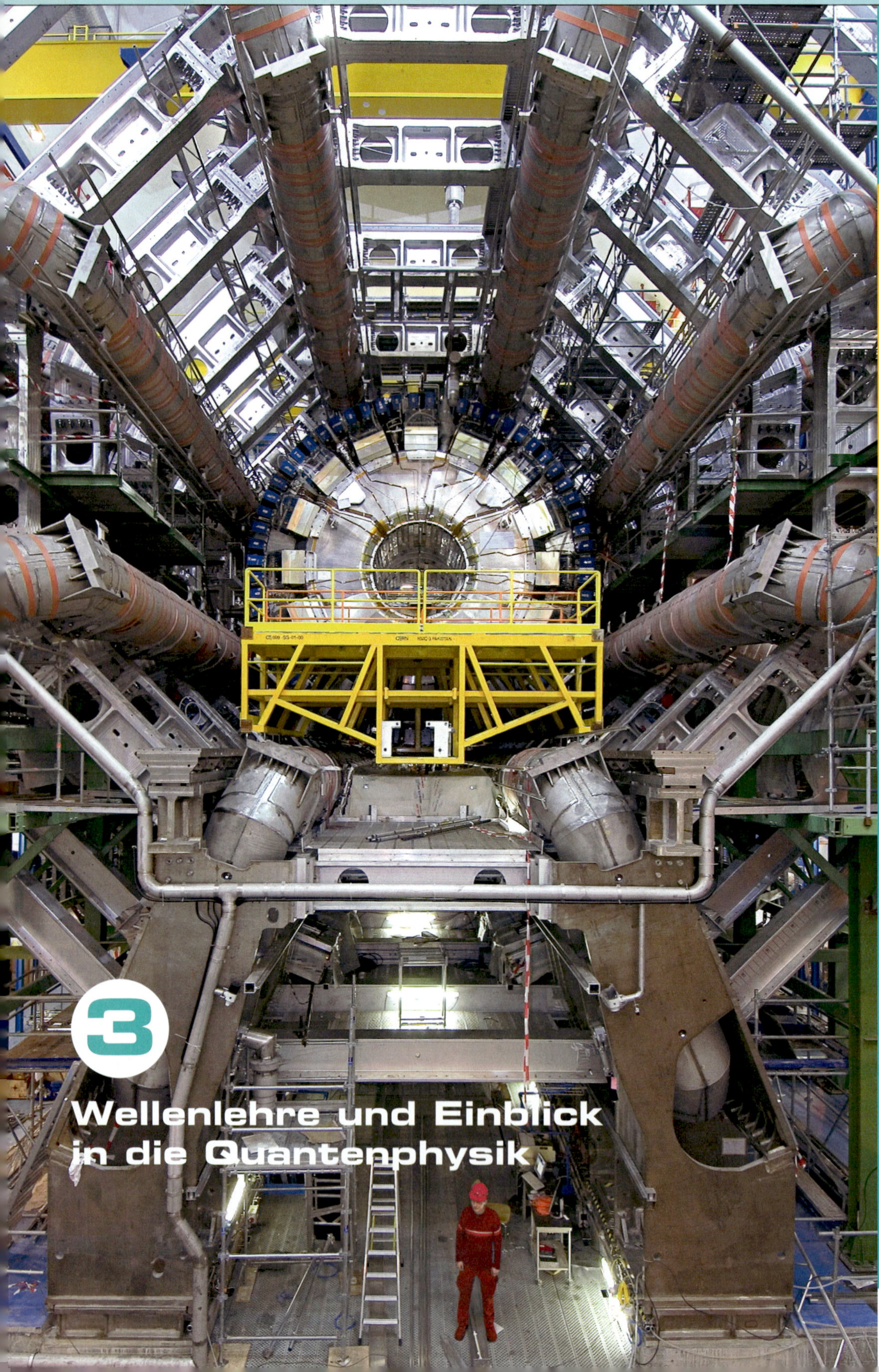

3

Wellenlehre und Einblick in die Quantenphysik

3.1 Wellenphänomene in verschiedenen Bereichen der Physik

Das Ohr des Dionysos ▸▸ In der Stadt Syrakus auf Sizilien (Italien) existiert eine alte Höhle mit einer besonderen Form. Die Sage berichtet, dass der Herrscher DIONYSOS, der um 400 v. Chr. lebte, in dieser Höhle Gefangene festhielt. Durch eine kleine Öffnung an der Oberseite der Höhle konnte er auch die leisesten Gespräche der Gefangenen belauschen. *Wie ist es zu erklären, dass DIONYSOS auch die leisesten Gespräche hören konnte?*

Informationen aus dem All ▸▸ Seit es 1932 erstmals gelang, Radiostrahlung aus dem Weltall nachzuweisen, wurden Radioteleskope zur Untersuchung astronomischer Objekte entwickelt. Eines der weltweit größten Radioteleskope mit einem Durchmesser von 100 m steht in Effelsberg (Eifel). *Was empfangen und untersuchen Astronomen mit Radioteleskopen?*

Mechanische und andere Wellen

Bei mechanischen Wellen ändern sich mechanische Größen, etwa die Elongation, die Geschwindigkeit oder der Druck. Bei elektromagnetischen Wellen ändert sich die Stärke des elektrischen und des magnetischen Felds.

In Natur, Technik und Alltag finden wir verschiedene Arten von Wellen. An jedem See oder im Schwimmbad kann man Wasserwellen beobachten. Vom Lautsprecher eines Radios werden Schallwellen abgestrahlt, die wir mit unseren Ohren wahrnehmen. Erdbebenwellen können zu gewaltigen Zerstörungen führen. Im Mikrowellenherd werden spezielle elektromagnetische Wellen genutzt, um Speisen schnell zu erhitzen. Elektromagnetische Wellen werden auch zur Informationsübertragung beim Handy, bei Rundfunk und Fernsehen oder beim Radar angewendet. Die verschiedenen Wellen kommen in unterschiedlicher Weise zustande.

M **Wir können zwischen mechanischen Wellen und elektromagnetischen Wellen unterscheiden.**

Mechanische Wellen sind z. B. Wasserwellen, Schallwellen, Erdbebenwellen oder Seilwellen.

Wir wollen nachfolgend die Entstehung, die Beschreibung und einige wichtige Eigenschaften vorrangig am Beispiel mechanischer Wellen darstellen.

Entstehung und Arten von Wellen

Damit eine mechanische Welle entsteht, müssen folgende Voraussetzungen erfüllt sein:

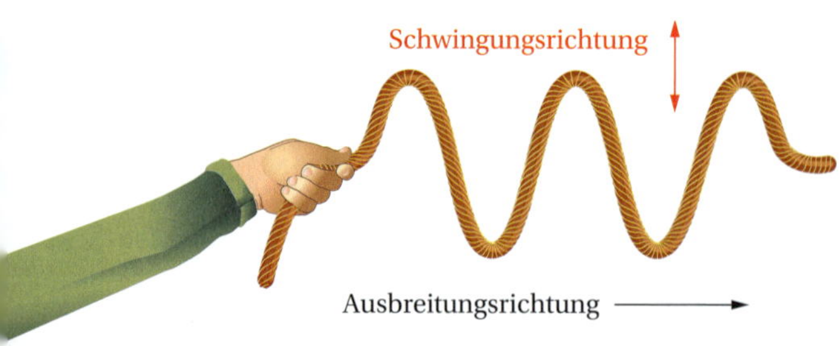

1 ▸ Seilwellen sind Transversalwellen. Schwingungsrichtung und Ausbreitungsrichtung der Welle stehen senkrecht zueinander.

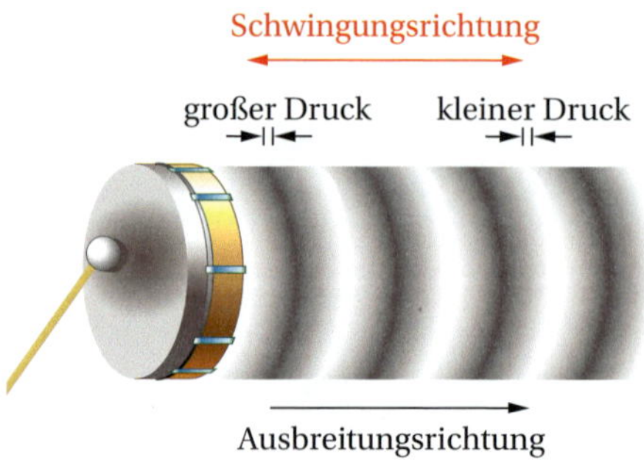

2 ▸ Ausbreitung einer Longitudinalwelle: Schwingungsrichtung und Ausbreitungsrichtung stimmen überein.

- Es müssen schwingungsfähige Körper oder Teilchen vorhanden sein.
- Die Körper oder Teilchen müssen „kräftemäßig" miteinander gekoppelt sein.
- Einzelne Körper oder Teilchen müssen aus der Gleichgewichtslage ausgelenkt werden, z. B. durch die Auslenkung einzelner Schwinger.

Infolge der Kopplung können schwingungsfähige Körper bzw. Teilchen von einem benachbarten Schwinger Energie erhalten und so selbst zu Schwingungen angeregt werden. Dadurch kann sich die Auslenkung von Schwinger zu Schwinger ausbreiten (Abb. 3). Die Gesamtheit der Schwinger ergibt eine mechanische Welle. Anders ausgedrückt:

M **Eine mechanische Welle ist die Ausbreitung einer Auslenkung in einem Medium (z. B. in Luft oder Wasser).**

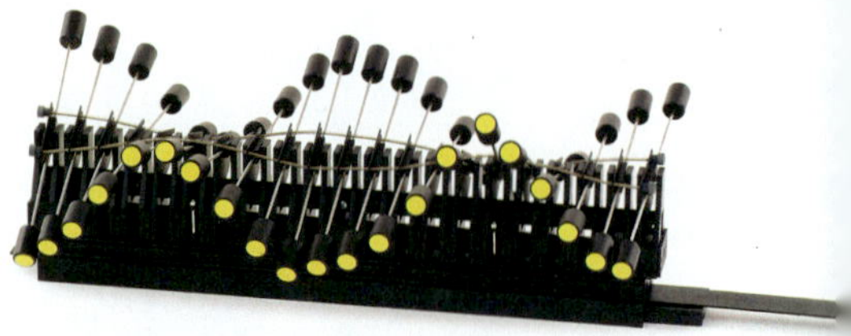

3 ▸ Wellenmaschine zur Demonstration der Ausbreitung von Schwingungen im Raum. Zu beobachten ist insgesamt eine Welle.

3

Je nachdem, ob die einzelnen Schwinger längs oder quer zur Ausbreitungsrichtung der Welle schwingen, unterscheidet man zwischen Longitudinal- und Transversalwellen.

Bei **Longitudinalwellen** (Längswellen) stimmen Schwingungsrichtung und Ausbreitungsrichtung überein. Solche Longitudinalwellen sind z. B. Schallwellen (s. S. 128, Abb. 2). Das Hin- und Herschwingen eines Erregers, z. B. einer Membran, führt zu Druckschwankungen, die sich im Raum ausbreiten. Vergleichbar ist das mit der Ausbreitung einer Erregung längs einer langen, elastischen Schraubenfeder.

Bei **Transversalwellen** (Querwellen) schwingen die einzelnen Körper bzw. Teilchen senkrecht zur Ausbreitungsrichtung. Ein Beispiel dafür sind Seilwellen (s. S. 128, Abb. 1) oder die mit einer Wellenmaschine erzeugten Wellen (s. S. 128, Abb. 3). Wasserwellen (Abb. 2) sind spezielle Wellen.

Mit einer Welle wird Energie, aber kein Stoff transportiert. Dieser Energietransport kommt durch die Kopplung der Schwinger zustande, wie sie in elastischen Stoffen (Luft, Wasser) besteht. So gelangt z. B. Schallenergie vom Lautsprecher eines Radios durch die Luft an unsere Ohren.

Durch Wasserwellen wird ebenfalls Energie transportiert, die am Ufer zu Abtragungen und Zerstörungen führen kann.

Analoge Aussagen zur Energie gelten nicht nur für mechanische, sondern auch für elektromagnetische Wellen.

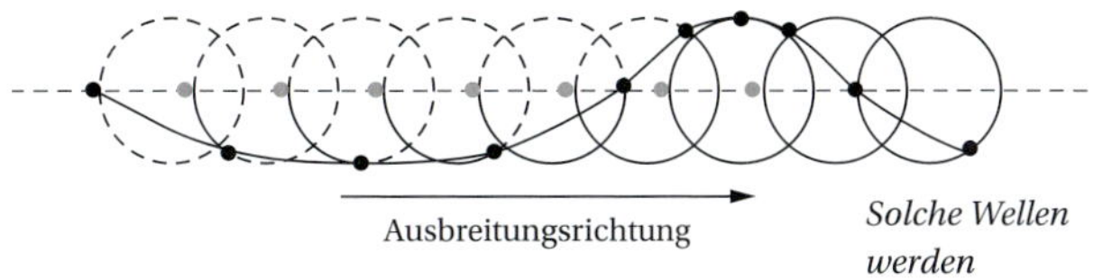

2 ▸ Beim Wasser führen die Teilchen eine kreisförmige Bewegung aus. Entscheidend für das wellenförmige Erscheinungsbild ist die Bewegungskomponente senkrecht zur Ausbreitungsrichtung.

Solche Wellen werden ***Kreiswellen*** *genannt. Da sie sich an der Oberfläche bilden, spricht man auch von* ***Oberflächenwellen.***

In einer Mikrowelle wird Energie von einem Sender auf die Speisen übertragen. Das führt zu ihrer Erwärmung.

M

Bei Longitudinalwellen stimmen Ausbreitungsrichtung und Schwingungsrichtung überein, bei Transversalwellen sind sie senkrecht zueinander. Mit Wellen wird Energie transportiert.

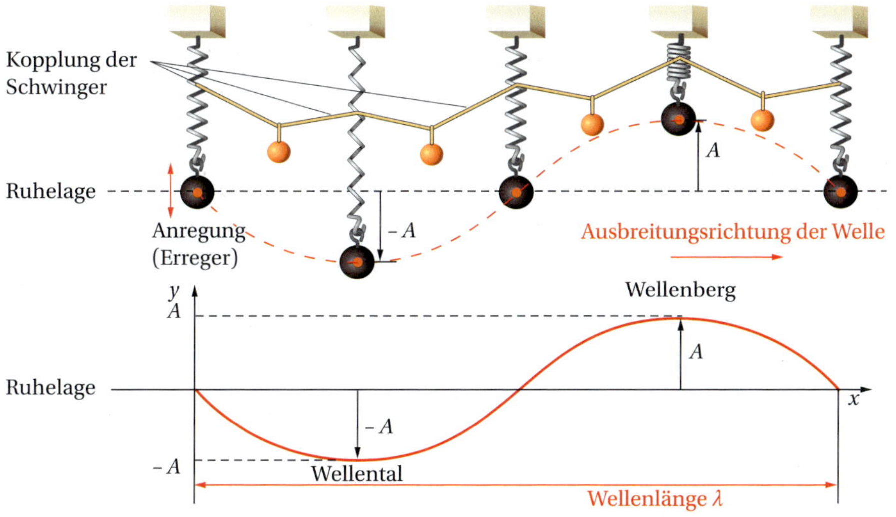

1 ▸ Eine Welle als Ausbreitung einer Schwingung im Raum: Das x-y-Diagramm gilt für t = konstant. Es ist ein „Momentanbild" der verschiedenen Schwinger. Das gleiche Bild ist bei der Wellenmaschine auf S. 128, Abb. 3, zu beobachten.

Der Erreger (links) schwingt harmonisch auf und ab. Er führt eine erzwungene harmonische Schwingung aus.

Dargestellt sind sinusförmige Wellen. Es gibt auch andere, kompliziertere Formen.

Beschreibung mechanischer Wellen

Wir beschränken uns nachfolgend auf die Beschreibung periodischer, sinusförmiger Wellen.

Da bei einer Welle jeder einzelne Körper bzw. jedes Teilchen mechanische Schwingungen ausführt, können zunächst solche Schwingungsgrößen wie **Elongation, Amplitude, Schwingungsdauer** und **Frequenz** zur Beschreibung genutzt werden (s. S. 63–64).

Die Ausbreitung einer Auslenkung im Raum wird darüber hinaus mit den Größen **Wellenlänge** und **Ausbreitungsgeschwindigkeit** beschrieben.

Die Wellenlänge ist der Abstand eines Schwingers zum nächsten im gleichen Schwingungszustand.

Formelzeichen: λ
Einheit: ein Meter (1 m)

Deshalb kann man auch formulieren: Die Wellenlänge ist der Abstand zwischen zwei benachbarten Wellenbergen oder Wellentälern.

Im gleichen Schwingungszustand befinden sich z. B. benachbarte Wellenberge bzw. Wellentäler (s. Abb. unten).

Wellenlängen in Natur und Technik	
Ultraschallwellen in der Medizin (1 bis 15 MHz)	1,5 bis 0,1 mm
Schallwellen bei 20 °C und 1 000 Hz in Luft	34 cm
in Wasser	148 cm
Wasserwellen in flachem Wasser	einige cm
im Meer bei Sturm	> 10 m

Ausbreitung mechanischer Wellen

Wellen können sich in festen Körpern, Flüssigkeiten und Gasen ausbreiten. Die Ausbreitung kann dabei linear (z. B. in Stäben), in einer Ebene (z. B. an der Wasseroberfläche) oder in einem Raum (z. B. von einem Lautsprecher aus) erfolgen.

Die Geschwindigkeit, mit der sich Wellen ausbreiten, wird in der Physik **Ausbreitungsgeschwindigkeit** genannt.

Die Ausbreitungsgeschwindigkeit einer Welle ist die Geschwindigkeit, mit der sich eine Auslenkung in einem Medium ausbreitet.

Formelzeichen: v
Einheit: $1\,\frac{m}{s}$

Als eine solche Auslenkung kann z. B. ein Wellenberg oder ein Wellental angesehen werden.

Die unterschiedlichen Ausbreitungsgeschwindigkeiten mechanischer Wellen in verschiedenen Stoffen hängen mit den verschieden starken Kopplungskräften zwischen den Teilchen der Stoffe zusammen. Experimentell lässt sich nachweisen: Die Ausbreitungsgeschwindigkeit ist umso größer, je stärker die Kopplungskräfte zwischen den Teilchen sind. Sie ist in der Regel auch umso größer, je höher die Temperatur des betreffenden Stoffs ist (s. Tabelle auf S. 131).

t-*y*-Diagramm	*x*-*y*-Diagramm
Für einen bestimmten Ort (x = konstant) wird dargestellt, wie sich der einzelne Schwinger in Abhängigkeit von der Zeit bewegt.	Für einen bestimmten Zeitpunkt (t = konstant) wird dargestellt, welche Elongationen die verschiedenen Schwinger besitzen.

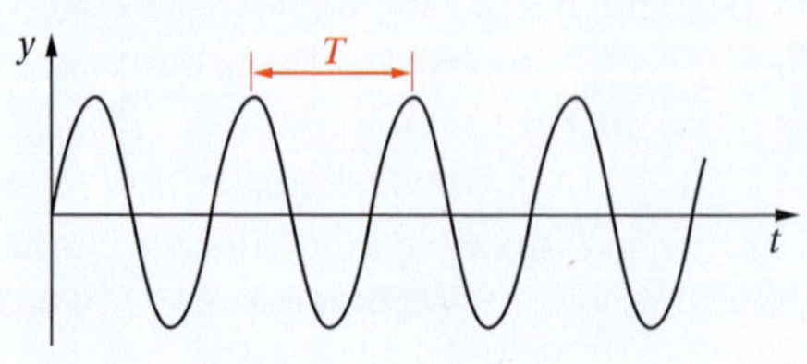

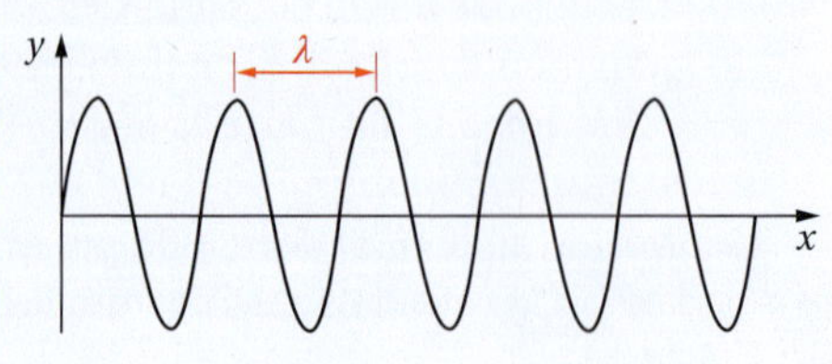

Die Ausbreitungsgeschwindigkeit von Schallwellen nennt man auch **Schallgeschwindigkeit.**
Untersuchungen zur Ausbreitung von Wellen (Abb. 1) zeigen:

- In einem Medium konstanter Temperatur breiten sich Wellen gleichförmig aus.
- Innerhalb einer Schwingungsdauer T legt die Welle eine Strecke zurück, die gleich der Wellenlänge λ ist (Abb. 1). Demzufolge gilt:

  $v = \frac{s}{t} = \frac{\lambda}{T} = \lambda \cdot f$

Dieser Zusammenhang gilt für beliebige mechanische und andere Wellen.

> **Für alle Wellen gilt für die Ausbreitungsgeschwindigkeit v:**
>
> $v = \lambda \cdot f$ — λ Wellenlänge, f Frequenz

Bei der Anwendung dieses Gesetzes ist zu beachten, dass die Frequenz einer Welle nur von der Frequenz des Erregers abhängig ist, also z. B. davon, wie schnell die Membran eines Lautsprechers hin- und herschwingt. Bei der Ausbreitung von Wellen ändert sich deren Frequenz nicht.

Schallgeschwindigkeiten in verschiedenen Stoffen	
Stahl bei 20 °C	4 900 $\frac{m}{s}$
Beton bei 20 °C	3 800 $\frac{m}{s}$
Ziegelstein bei 20 °C	3 600 $\frac{m}{s}$
Holz (Eiche) bei 20 °C	3 400 $\frac{m}{s}$
Eis bei -4 °C	3 250 $\frac{m}{s}$
Wasser bei 0 °C bei 20 °C	1 404 $\frac{m}{s}$ 1 484 $\frac{m}{s}$
Luft bei -20 °C bei 0 °C bei 20 °C	320 $\frac{m}{s}$ 332 $\frac{m}{s}$ 344 $\frac{m}{s}$
Gummi bei 20 °C	50 $\frac{m}{s}$

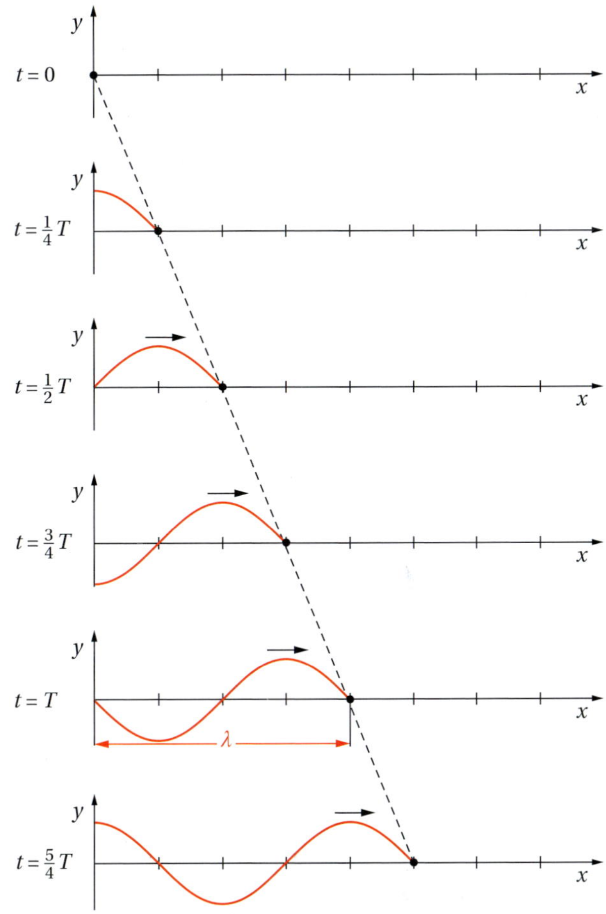

1 ▸ Zeitlicher Verlauf der Ausbreitung einer Welle

Das gilt auch dann, wenn mechanische Wellen von einem Stoff in einen anderen übergehen. Dagegen sind die Ausbreitungsgeschwindigkeiten und damit die Wellenlängen vom Stoff abhängig, in dem sich eine Welle ausbreitet.
Für die Schallgeschwindigkeit sind in der Übersicht links einige Werte angegeben.
Für die Wellenlänge bedeutet das z. B.: Hat eine Schallwelle eine Frequenz von $f = 440$ Hz (Kammerton a), dann beträgt ihre Wellenlänge bei 0 °C in Luft:

$$\lambda = \frac{v}{f}$$

$$\lambda = \frac{332 \text{ m} \cdot \text{s}}{440 \text{ s}} = 0{,}75 \text{ m}$$

In Wasser mit 0 °C würde die Wellenlänge dagegen 3,2 m betragen.

Bei Wasserwellen verringert sich die Ausbreitungsgeschwindigkeit mit der Wassertiefe.

Eigenschaften von Wellen

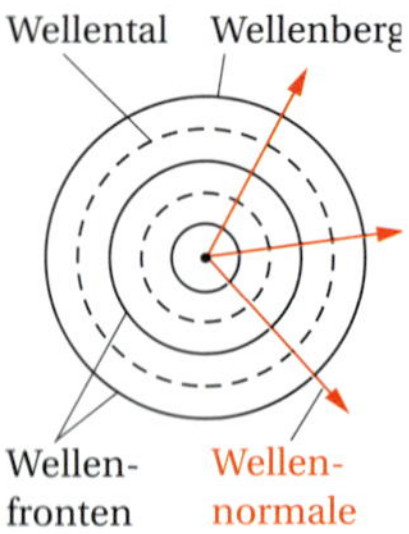

*Die **Wellennormale** steht senkrecht auf einer **Wellenfront** und gibt die Ausbreitungsrichtung einer Welle an.*

Eine Eigenschaft mechanischer Wellen ist, dass sie sich in einem Stoff vom Erreger aus geradlinig ausbreiten. Es bilden sich **Wellenfronten** (Abb. 2).

Nach Erkenntnissen, die auf den Niederländer CHRISTIAAN HUYGENS zurückgehen und **huygenssches Prinzip** genannt werden, ist jeder Punkt einer Wellenfront Ausgangspunkt für kreis- bzw. kugelförmige Elementarwellen (Abb. 2). Diese breiten sich mit der gleichen Geschwindigkeit wie die ursprüngliche Welle aus. Die Elementarwellen überlagern sich. Sie bilden eine neue Wellenfront.

In Abbildung 2 ist das huygenssche Prinzip für eine lineare Wellenfront und für Kreiswellen dargestellt. Die blau eingezeichneten Elementarwellen gehen von jedem Punkt einer Wellenfront aus.

Das huygenssche Prinzip ermöglicht auch die Erklärung solcher Eigenschaften von Wellen wie Reflexion an einem Hindernis, Brechung an einer Grenzfläche und **Beugung** (Abb. 1a, b, c und Übersicht auf Seite 133).

Unter Beugung von Wellen versteht man die Eigenschaft, sich hinter Öffnungen und Hindernissen in den Schattenraum hinein auszubreiten.

Reflexion und **Brechung** sind uns als Eigenschaften von Licht schon bekannt. Sie treten aber auch bei Wasserwellen und anderen mechanischen Wellen auf.

Beugung ist eine Eigenschaft, die nur bei Wellen zu beobachten ist. Treffen z. B. Wasserwellen auf Spalte, Kanten oder Ecken, so breiten sie sich auch hinter diesen Hindernissen aus (Abb. 1c).

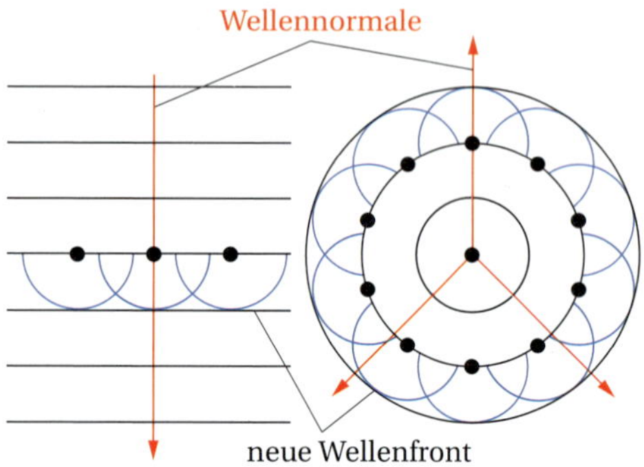

2 ▸ Die blau eingezeichneten Elementarwellen bilden in ihrer Gesamtheit eine neue Wellenfront.

Je schmaler z. B. ein Spalt ist, desto ausgeprägter wird die Beugung. Nach dem huygensschen Prinzip ist die Spaltöffnung Ausgangspunkt von Elementarwellen. Die aus ihnen gebildeten Wellenfronten stellen wiederum den Ausgangspunkt für weitere Elementarwellen dar.

Gehen Wellen von mehreren Erregern aus, so breiten sie sich unabhängig voneinander aus, wie man das bei zwei kreisförmigen Wasserwellen sehen kann (s. S. 133, Abb. 2). Im Bereich der Überlagerung bleibt aber an manchen Stellen das Wasser in Ruhe und schwingt an anderen Stellen besonders heftig.

Für jeden Ort addieren sich die Elongationen. Nach der Überlagerung laufen die Wellen unverändert weiter. Diese ungestörte Überlagerung von Wellen gleicher Wellenlänge, gleicher Ausbreitungsgeschwindigkeit und gleicher Schwingungsrichtung bezeichnet man in der Physik als **Interferenz.** Dabei treten Bereiche der

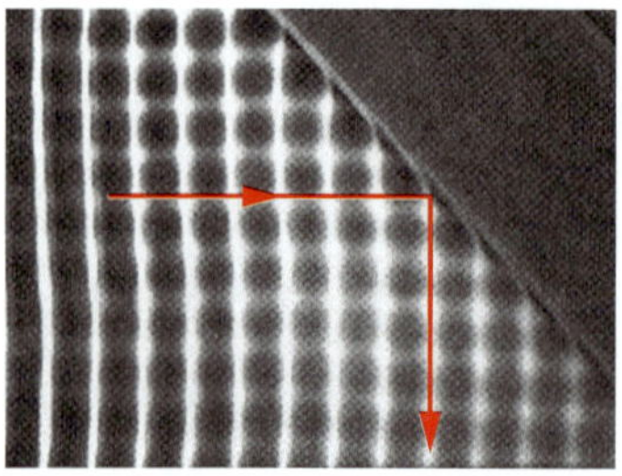

1a ▸ Reflexion von Wasserwellen an einem Hindernis

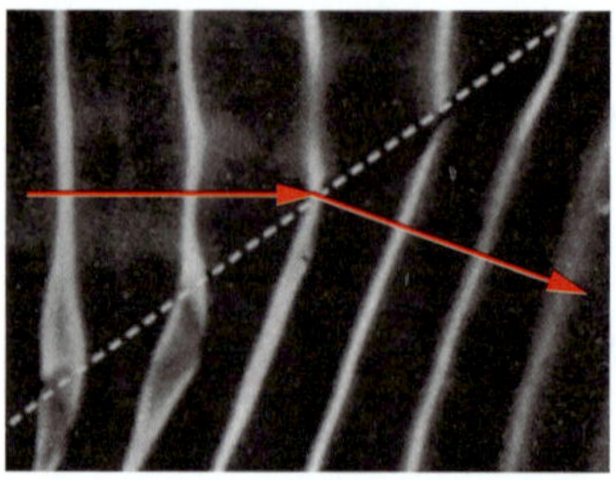

1b ▸ Brechung von Wasserwellen bei unterschiedlichen Wassertiefen

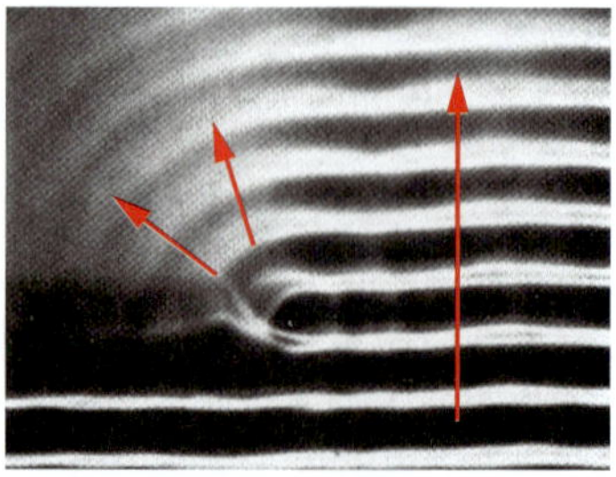

1c ▸ Beugung von Wasserwellen um ein Hindernis herum

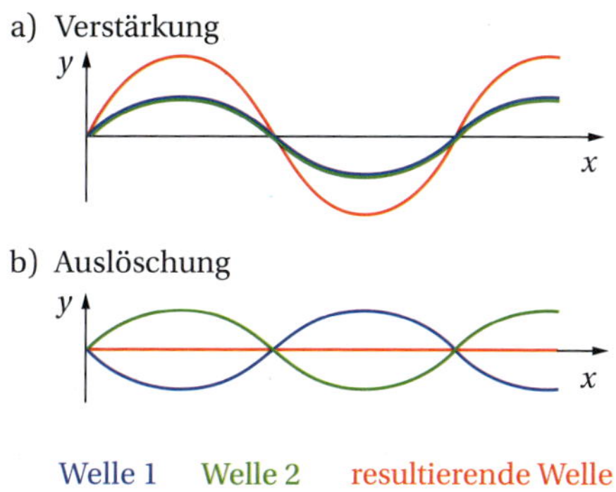

1 ▸ Überlagerung von Wellen gleicher Wellenlänge und Amplitude

Verstärkung und der Abschwächung auf (s. S. 131, Abb. 1, 2).

Ob an einem Ort Verstärkung oder Abschwächung auftritt, hängt davon ab, wie sich die Wellen an diesem Ort überlagern (Abb. 1). Maximale **Verstärkung** tritt auf, wenn zwei Wellenberge oder zwei Wellentäler zusammentreffen (Abb. 1a). Zur **Auslöschung** kommt es, wenn Wellenberg und Wellental gleicher Amplitude zusammentreffen (Abb. 1b).

Beugung und **Interferenz** sind Erscheinungen, die nur bei Wellen auftreten und deshalb auch zum Nachweis des Wellencharakters genutzt werden können. Man kann schlussfolgern: Wenn Beugungs- oder Interferenzerscheinungen auftreten, handelt es sich um Objekte mit Welleneigenschaften.

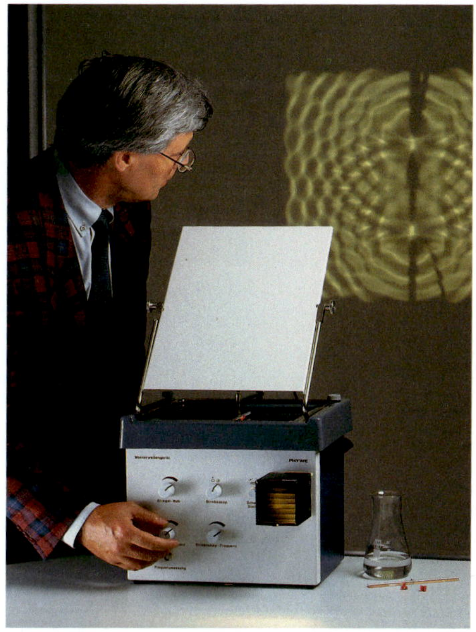

2 ▸ Interferenz zweier kreisförmiger Wasserwellen

Verstärkung:
- *Wellenberg trifft auf Wellenberg.*
- *Wellental trifft auf Wellental.*

Auslöschung: *Wellenberg trifft auf Wellental.*

Reflexion	Brechung	Beugung	Interferenz
Wellen werden durch ein Hindernis zurückgeworfen.	Wellen verändern ihre Ausbreitungsrichtung beim Übergang von einem Stoff in einen anderen.	Wellen breiten sich auch hinter einer Kante oder hinter einem Spalt in den Raum aus.	Wellen überlagern sich ungestört. Im Überlagerungsbereich addieren sich die Elongationen.
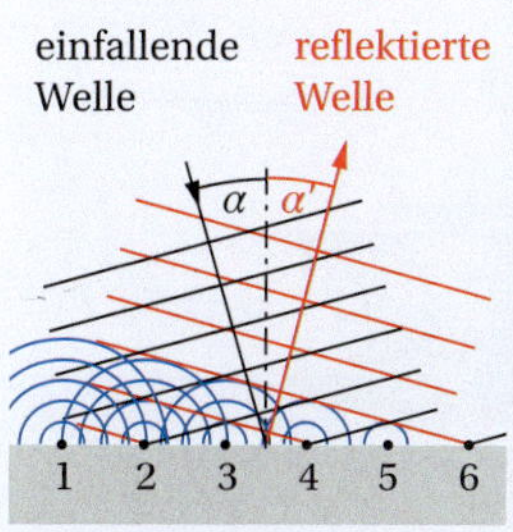	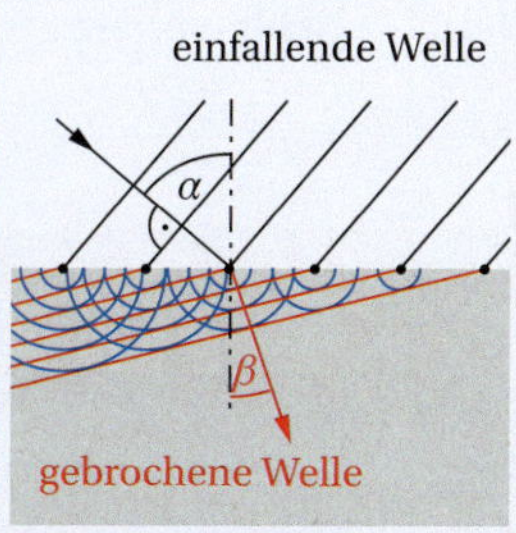	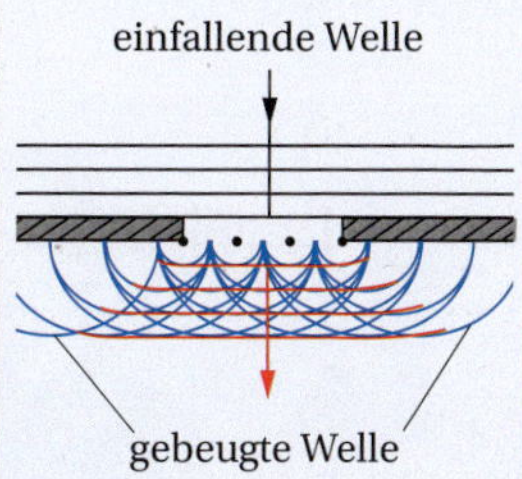	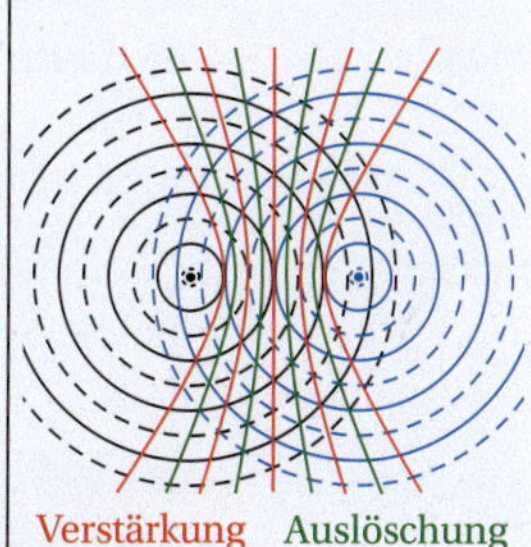
Es gilt das **Reflexionsgesetz:** $\alpha = \alpha'$	Es gilt das **Brechungsgesetz.** An der Grenzfläche ändert sich die Ausbreitungsrichtung	Von jedem Punkt der Öffnung gehen Elementarwellen aus und überlagern sich.	Es gilt: Es treten Bereiche der Verstärkung und Bereiche der Auslöschung bzw. Abschwächung auf.

Physik in Natur und Technik

Das Echo und seine Anwendung

Die Reflexion von Schall kann man mit folgendem Versuch nachweisen:
In einem Standzylinder liegt eine Uhr, die tickt. Aus ca. einem Meter Entfernung hört man sie nicht. Hält man aber eine Glasplatte schräg über den Standzylinder, so ist das Ticken der Uhr deutlich zu hören (Abb. 1). Reflektiert wird sowohl Schall im hörbaren Bereich als auch Schall mit Frequenzen über 20 000 Hz, also im Ultraschallbereich.
Wie wird diese Eigenschaft des Schalls in Natur und Technik genutzt?

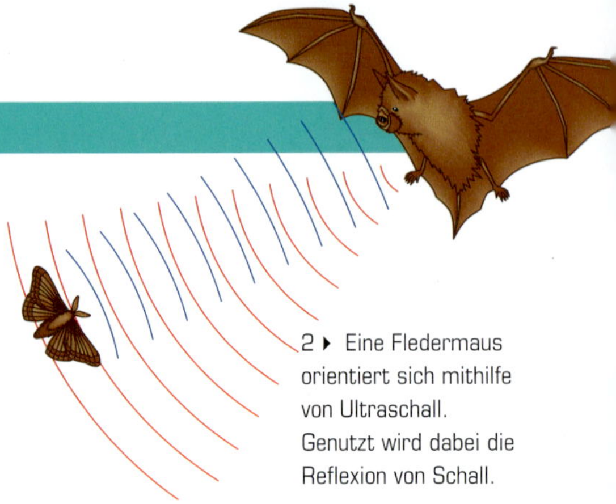

2 ▸ Eine Fledermaus orientiert sich mithilfe von Ultraschall. Genutzt wird dabei die Reflexion von Schall.

Beispiele für die Nutzung der Reflexion von Schall gibt es in Natur, Technik und Medizin. So orientieren sich z. B. Fledermäuse mithilfe von Ultraschall (Abb. 2). Während ihres Flugs stoßen sie ständig für uns nicht hörbare Ultraschallschreie aus. Trifft Schall auf ein Hindernis, so wird er reflektiert und der reflektierte Schall wird von der Fledermaus wieder aufgenommen. Die Fledermaus kann dann dem Hindernis ausweichen oder Beutetiere fangen.
Eine Methode zur Bestimmung der Tiefe von Gewässern, zum Aufspüren von Fischschwärmen oder von U-Booten ist das **Echolotverfahren** (Abb. 3). Dabei werden von einem Sender Ultraschallimpulse gerichtet abgestrahlt. Der Schall wird am Meeresboden oder an Hindernissen (Fischschwarm bzw. U-Boot) reflektiert. Der reflektierte Schall wird von einem Empfänger aufgenommen. Aus der gemessenen Laufzeit der Schallimpulse kann man die Tiefe ermitteln. Der Schall breitet sich im Wasser gleichförmig aus. Damit gilt für den Zusammenhang zwischen Weg s, Geschwindigkeit v und Zeit t die Formel: $s = v \cdot t$
Die Zeit t ist dabei die Hälfte der Zeit, die der Schall vom Sender bis zum Empfänger benötigt. Es sind auch Aussagen über die ungefähre Größe und die Bewegungsrichtung eines Fischschwarms möglich.
In der Medizin und in der Technik wird das Echolotverfahren bei Ultraschalluntersuchungen genutzt.
Mit dem Echolotverfahren kann auch ein Werkstoff auf Einschlüsse oder Risse geprüft werden.

Die Anwendung von Ultraschall für bildgebende Verfahren zur Untersuchung von organischem Gewebe wird Sonografie genannt.

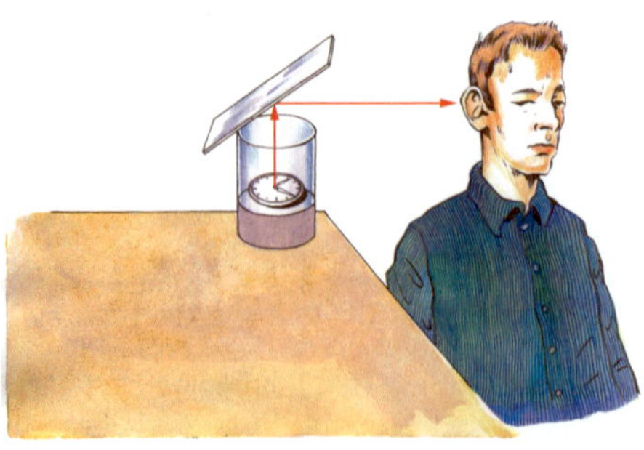

1 ▸ Schall wird an Flächen reflektiert. Es gilt das Reflexionsgesetz $\alpha = \alpha'$.

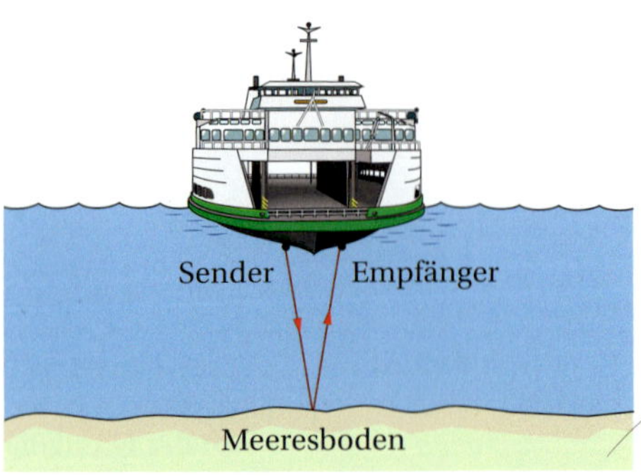

3 ▸ Mit dem Echolotverfahren kann man die Meerestiefe bestimmen oder Fischschwärme orten.

Methode

Hinweise für die Arbeit in Projekten

Beim **Bearbeiten von Projekten** geht es darum, eigene Ideen zum Thema zu entwickeln und sich eigene Aufgaben zu stellen, die die jeweilige Gruppe möglichst selbstständig bearbeitet. Dabei wird das Thema von unterschiedlichen Seiten aus betrachtet.

Schritt 1

Ideenmarkt

Am besten veranstaltet man zuerst einmal einen Markt der Ideen und wählt daraus die Themenbereiche (s. unten) aus, die die jeweilige Gruppe bearbeiten möchte.

Schritt 2

Arbeitsplan

Die Gruppe erstellt einen Arbeitsplan. Die Punkte, die unbedingt geklärt werden sollten, sind auf der Pinnwand unten zu finden.

Schritt 3

Arbeit am Projekt

Es erfolgt die Umsetzung des Arbeitsplans. Treten Fragen auf, kann man sich an den Lehrer wenden.

Schritt 4

Präsentation der Ergebnisse vor den Mitschülern

Nach Beendigung der Gruppenarbeit werden die Ergebnisse präsentiert. Dabei muss man beachten, dass sich die Mitschüler meistens mit anderen Fragestellungen beschäftigt haben.
Die Art der Darstellung muss also in kurzer und logischer Form erfolgen, sodass alle Mitschüler die Versuche und Ergebnisse verstehen und die gewonnenen Erkenntnisse nachvollziehen können. Hilfreich sind **Präsentationen** mit dem Computer.

Schritt 5

Präsentation der Ergebnisse im Schulhaus oder in der Öffentlichkeit

Abschließend kann ein Poster angefertigt werden, das einen Gesamtüberblick über die Arbeit der Klasse gibt. Dieses wird an gut sichtbarer Stelle im Schulhaus ausgehängt. Möglich ist auch eine Präsentation im Internet, die mit speziellen Programmen gestaltet werden kann.
Hinweise zum Anfertigen eines Posters finden Sie auf der Seite 21.

Projekt: Lärm und Lärmschutz

Themenbereiche:
- Lärm – eine subjektive Wahrnehmung?
- Lärmschutz

Projekt

Lärm und Lärmschutz

Lärm – eine subjektive Wahrnehmung?

Das knisternde Geräusch eines Lagerfeuers, Musik oder die Stimme von vertrauten Menschen können wir als angenehm empfinden, das Knattern eines Hubschraubers oder das Kreischen einer Säge dagegen als unangenehm und belästigend. Andauernder Lärm kann uns schwerhörig machen. Schall, der als belästigend empfunden wird oder gar zu gesundheitlichen Schäden führen kann, wird als **Lärm** bezeichnet.

1. *Erstellen Sie in der Gruppe einen Katalog mit Beispielen, die Sie als Lärm empfinden! Bei welchen Beispielen gibt es große, bei welchen nur geringe Übereinstimmung der Empfindungen in der Gruppe?*

Trotz subjektiver Empfindungen benötigt man konkrete Angaben darüber, ab welcher Lautstärke bei bestimmten Arbeiten Gehörschutz getragen werden muss oder ob für Anwohner einer verkehrsreichen Straße der Verkehrslärm zumutbar ist. Um objektive Aussagen über Lautstärken zu erhalten, misst man sie in der Einheit **ein Dezibel** (s. Tabelle) mit einem **Schallpegelmesser** (s. Abb. links).

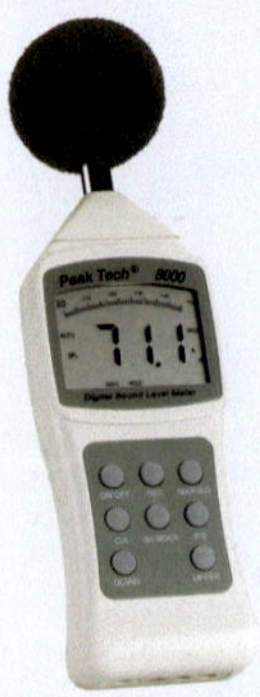

*Das Messgerät für die Lautstärke ist ein **Schallpegelmesser.***

*Die Lautstärke wird in der **Einheit ein Dezibel (1 dB)** gemessen.*

Beachten Sie!: Bei zwei gleich lauten Schallquellen wird die Lautstärke nicht doppelt groß, sondern steigt nur um etwa 3 dB an.

2. *Diskutieren Sie in der Gruppe, wie Lärm in eurer Schule vermieden werden kann! Ermitteln Sie mit einem Schallpegelmesser die Lautstärke an verschiedenen Orten (Klassenzimmer, Schulhof, angrenzende Straße) und zu verschiedenen Zeiten (Unterricht, Schulschluss)! Unterbreiten Sie Vorschläge zur Lärmvermeidung!*

Lautstärken in Natur und Technik

Lautstärke in dB	Beispiele
0	Hörschwelle
20	Flüstern, ruhiger Gang
40	normale Unterhaltung, leise Musik
60	lautere Unterhaltung, Staubsauger, Büro
80	üblicher Straßenverkehr, laute Musik
100	Presslufthammer, Autohupe, Diskothek
120	Rockkonzert, Donner, Düsentriebwerk
130	Schmerzschwelle, Gehörschädigung schon bei kurzzeitiger Einwirkung

Projekt

Lärmschutz

Lärmschutz ist darauf gerichtet, schädliche Umwelteinwirkungen durch Lärm zu vermeiden bzw. zu beseitigen. Entsprechende technische Maßnahmen zielen auf **Schalldämmung** und **Schalldämpfung** ab (s. Übersicht).

Lärmschutz
- Schalldämmung — erfolgt durch **Reflexion.** Dazu eignen sich besonders Stoffe mit glatter Oberfläche.
- Schalldämpfung — erfolgt durch **Absorption.** Dazu eignen sich besonders poröse Stoffe mit rauer Oberfläche.

Der Erdwall und die Wand schützen die Bewohner vor Lärm an einer Autoschnellstraße.

Zu diesen Maßnahmen gehören:
- die Errichtung von Schallschutzwänden oder Erddämmen an Straßen,
- der Einbau von Schallschutzfenstern in Wohnungen,
- die Kapselung von Fahrzeugmotoren und die Auskleidung des Motorraums,
- die Verminderung der Reifen-Fahrbahngeräusche durch Verbesserung der Reifen und veränderten Straßenbelag,
- die Nutzung von Flugzeugen mit leisen Triebwerken,
- der Bau leiserer Maschinen und Anlagen (Autos, Rasenmäher, Staubsauger).

Anzahl der Kraftfahrzeuge in Deutschland:

1950	*2 Mio.*
1986	*31 Mio.*
2005	*45 Mio.*
heute	*siehe Internet*

3. *Der Straßenlärm trägt wesentlich zur Lärmbelästigung bei. Interpretieren Sie das Diagramm rechts! Nutzen Sie auch die Fakten zum Anstieg der Anzahl der Kraftfahrzeuge in den letzten Jahrzehnten in Deutschland!*
Entwickeln Sie Ideen, wie Verkehrslärm eingeschränkt und vermieden werden kann! Diskutieren Sie diese in der Gruppe!

4. *Häuser sollten nicht nur eine gute Wärmedämmung, sondern auch eine gute Schalldämmung haben. Erkunden und erläutern Sie wichtige Maßnahmen der Schalldämmung bei Häusern! Welche Eigenschaften von Schall werden dabei genutzt?*

5. *Dauerhafter und starker Lärm von über 85 dB führt zu bleibendem Gehörschaden. Aber Lärm verursacht nachweislich auch andere gesundheitliche Schäden. Erarbeiten Sie ein Poster zum Thema „Lärm macht krank“! Machen Sie deutlich, dass die Vermeidung von Lärm der beste Lärmschutz ist!*

Belästigung der Bevölkerung durch Lärm in Deutschland: Dargestellt sind Durchschnittswerte von Befragungen.

Experimente

Mechanische Wellen

Experiment 1

Untersuchen Sie gekoppelte Pendel!

a) Koppeln Sie zwei Fadenpendel und zwei Federpendel wie in der Abbildung!

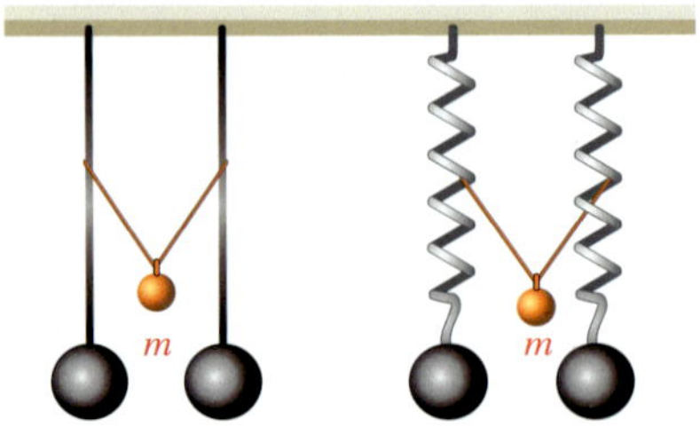

b) Bringen Sie ein Pendel zum Schwingen und beschreiben Sie Ihre Beobachtungen!

c) Verändern Sie die Masse *m*, indem Sie nacheinander einen Körper mit größerer bzw. kleinerer Masse für die Kopplung nutzen! Versetzen Sie wiederum ein Pendel in Schwingungen und beschreiben Sie Ihre Beobachtungen!

d) Wie ändert sich die Kopplung mit der Masse?

Experiment 2

Untersuchen Sie in Partnerarbeit, wie sich eine Welle in einem Seil ausbreitet! Ein langes Seil wird gerade auf den Boden gelegt und eine Stelle des Seils markiert! Nun wird das eine Ende des Seils mit der Hand schnell hin- und herbewegt! Beschreiben Sie Ihre Beobachtungen! Welche Bewegung führt die markierte Stelle aus?

Experiment 3

Wasserwellen sind Oberflächenwellen. Wenn man z. B. einen Stein ins Wasser wirft, breiten sich die Wellen kreisförmig vom Erregerzentrum aus (s. Abb.).

a) Beschreiben Sie eine Möglichkeit, wie man die Ausbreitungsgeschwindigkeit von Wasserwellen bestimmen könnte!

b) Nutzen Sie das beschriebene Verfahren, um die Ausbreitungsgeschwindigkeit von Wasserwellen zu bestimmen!

Experiment 4

Legen Sie eine tickende Uhr auf ein Ende eines Tischs! Stellen Sie fest, ob Sie am anderen Ende des Tischs noch das Ticken hören können! Legen Sie nun den Kopf mit einem Ohr auf den Tisch! Beschreiben und erklären Sie Ihre Beobachtung!

Experiment 5

Bauen Sie ein Fadentelefon und probieren Sie es aus!

Durchführung:

a) Verbinden Sie zwei Blech- oder Plastikdosen mit einem Bindfaden! Übermitteln Sie Ihrem Partner eine Information!

b) Ersetzen Sie den Bindfaden durch einen Metalldraht. Wiederholen Sie!

Auswertung:

a) Erklären Sie, wie mithilfe eines Fadentelefons Sprache übertragen werden kann!

b) Wie hat sich die Verständigung beim Metalldraht verändert? Begründen Sie!

Experiment 6

Untersuchen Sie die Wirkung eines Hörrohrs, indem Sie z. B. eine große Zeitung aufrollen! Halten Sie den Zeitungstrichter an das eine Ohr, verschließen Sie das andere und hören Sie leise Musik! Beschreiben und erklären Sie Ihre Beobachtungen!

Aufgaben

1. Die folgenden Abbildungen zeigen verschiedene Erscheinungen aus unserer Umwelt.

a) Beschreiben Sie die Erscheinungen und begründen Sie, ob es sich bei der jeweiligen Erscheinung um eine mechanische Welle handelt!

b) Geben Sie für die Fälle, bei denen es sich um mechanische Wellen handelt, an, ob es Longitudinal- oder Transversalwellen sind! Begründen Sie!

c) Welche physikalischen Größen ändern sich zeitlich und räumlich periodisch bei den jeweiligen mechanischen Wellen?

2. Durch eine Reihe gekoppelter Fadenpendel (s. Abb.) kann sich eine mechanische Welle ausbreiten. Erläutern Sie die Ausbreitung von Longitudinal- bzw. Transversalwellen an diesem Beispiel!

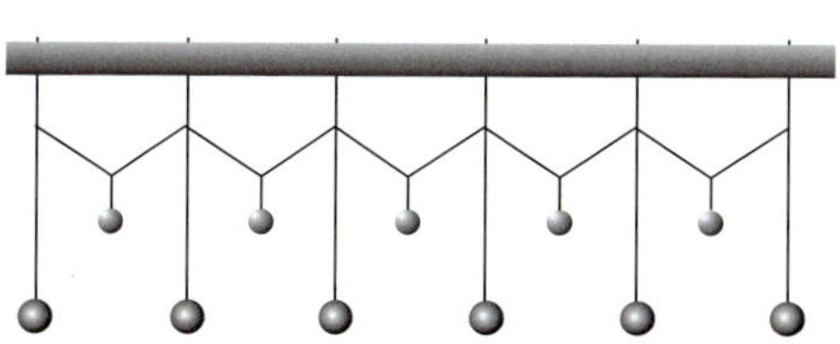

3. Wellenbäder sind beliebte Freizeiteinrichtungen. Die Wellen werden durch eine Wellenmaschine erzeugt, die sich an einer Seite des Beckens befindet. Erläutern Sie an diesem Beispiel, dass mit mechanischen Wellen zwar Energie, aber kein Stoff transportiert wird!

4. Mit den zwei nachfolgenden Diagrammen wird die Ausbreitung der Schwingung einer Stimmgabel als mechanische Welle (Schallwelle) grafisch dargestellt.

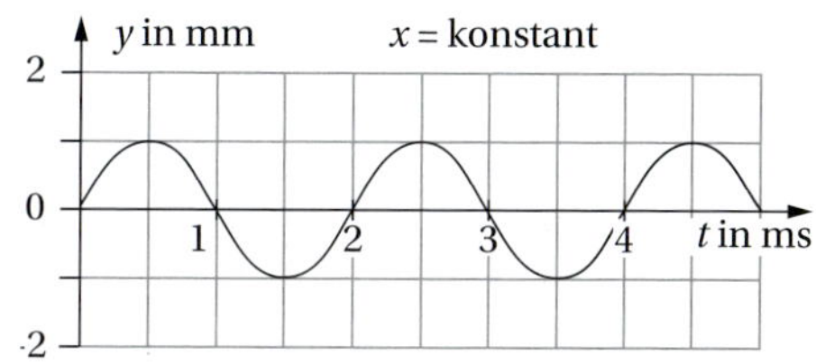

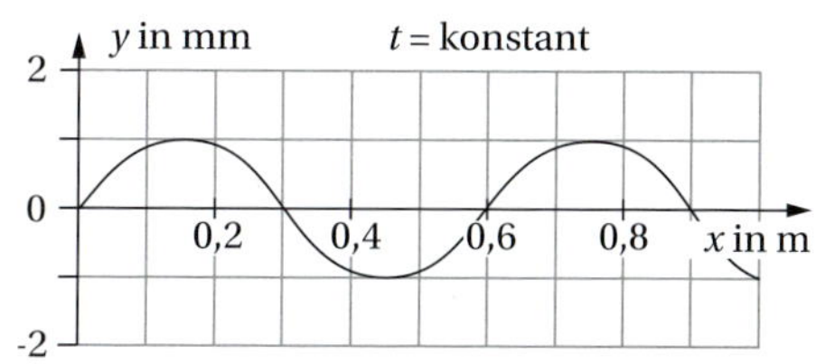

Ermitteln Sie aus den Diagrammen die Amplitude, die Frequenz, die Wellenlänge und die Schwingungsdauer sowie die Ausbreitungsgeschwindigkeit der Schallwellen, die von der Stimmgabel ausgehen!

5. Eine Stimmgabel schwingt mit einer Frequenz von 523 Hz. Wie groß sind Schwingungsdauer und Wellenlänge der ausgesendeten Schallwellen in Luft bei 20 °C?

6. Eine Stimmgabel wird angeschlagen und führt mechanische Schwingungen mit einer Frequenz von 400 Hz aus. Die Amplitude der Schwingung beträgt 1,5 mm. Zeichnen Sie das *t*-*y*-Diagramm und das *x*-*y*-Diagramm für die Ausbreitung der Schallwelle, die bei der Schwingung dieser Stimmgabel in der Luft entsteht!

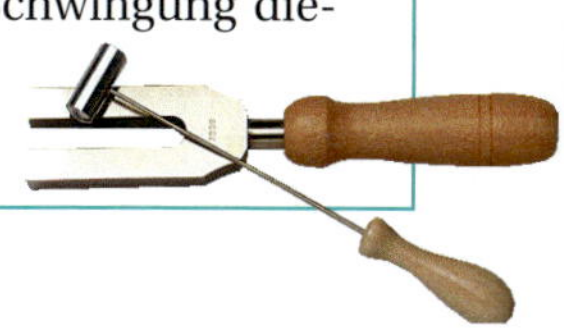

***7.** Bei vielen Musikinstrumenten bilden sich durch Reflexion Wellen aus, die man stehende Wellen nennt. Die Skizzen zeigen Beispiele dafür.

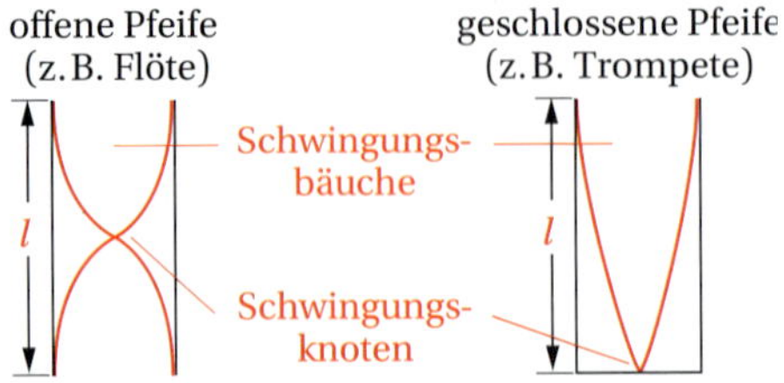

a) Welcher Zusammenhang besteht jeweils zwischen der Länge l und der Wellenlänge λ der stehenden Welle?

b) Was bedeutet das für die Frequenz beziehungsweise die Tonhöhe?

c) Erkunden Sie, was man unter Grundschwingungen und Oberschwingungen bei einem Musikinstrument versteht und wie diese die Klangfarbe des Instruments beeinflussen!

8. Wasserwellen treffen auf ein Hindernis. Erläutern Sie den jeweiligen Vorgang!

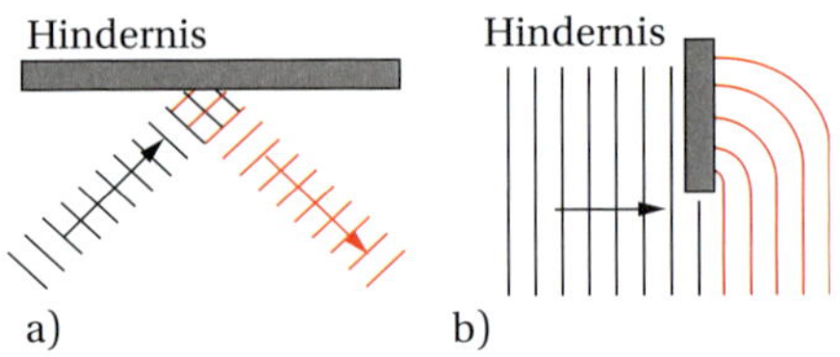

9. Konstruieren Sie ein Interferenzbild, das bei der Überlagerung von zwei kreisförmigen Wellen gleicher Wellenlänge entsteht! Die beiden Erreger haben einen Abstand von 5 cm voneinander, die Wellenlänge beider Wellen beträgt 1 cm. Markieren Sie Bereiche der Verstärkung bzw. Auslöschung!

10. Zeichnen Sie maßstäblich das x-y-Diagramm einer 2 m hohen Wasserwelle mit einer Wellenlänge von 6 m! Die Schwingungsdauer beträgt 2 s. Wie groß ist die Ausbreitungsgeschwindigkeit der Welle?

11. Von einem Schiff wird unmittelbar unter der Wasseroberfläche mit einem Echolotgerät Schall ausgesendet. Nach sechs Sekunden wird der Schall wieder empfangen. Wie tief ist an dieser Stelle das Meer?

12. In manchen Gewölben, den sogenannten „Flüstergewölben“, kann man das Flüstern weit entfernter Leute hören.

Erklären Sie, wie dieser Effekt zustande kommt!

13. Informieren Sie sich über die Methoden der Orientierung von Delfinen und Fledermäusen! Stellen Sie dazu ein Kurzreferat zusammen!

14. Radio hören ist eine beliebte Freizeitbeschäftigung.

a) Welche Frequenz hat der Radiosender, den Sie am häufigsten hören?

b) Berechnen Sie die Wellenlänge der hertzschen Wellen dieses Senders!

15. Bei der Flugüberwachung wird ein Radarimpuls nach 2,3 ms wieder empfangen. Wie weit ist das Flugzeug von der Radaranlage entfernt?

16. Macht man eine längere Autofahrt, so wird ein im Autoradio eingestellter UKW-Sender nach einer bestimmten Fahrstecke immer schwächer und ist dann gar nicht mehr zu empfangen.
Wie ist das zu erklären?

Das Wichtigste auf einen Blick

Wellenphänomene in verschiedenen Bereichen der Physik

Eine **Welle** ist die Ausbreitung einer Auslenkung in einem Medium. Dabei erfolgt eine räumliche und zeitliche Änderung von physikalischen Größen (z. B. Auslenkung, Druck, Geschwindigkeit, Beschleunigung, Stärke des elektrischen Felds).

Für t = konstant gilt:

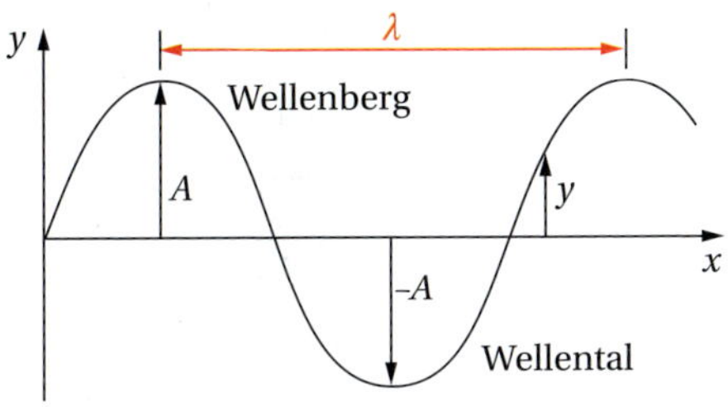

Für x = konstant gilt:

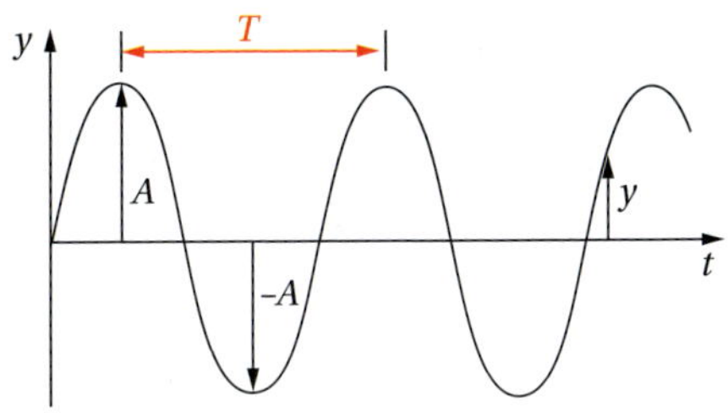

Für die Ausbreitungsgeschwindigkeit v von Wellen gilt:

$$v = \lambda \cdot f$$

λ Wellenlänge
f Frequenz

Zu unterscheiden ist zwischen **Longitudinalwellen** (Ausbreitungsrichtung und Schwingungsrichtung stimmen überein.) und **Transversalwellen** (Ausbreitungsrichtung senkrecht zur Schwingungsrichtung).

Wellen können reflektiert, gebrochen und gebeugt werden sowie sich überlagern.

Reflexion

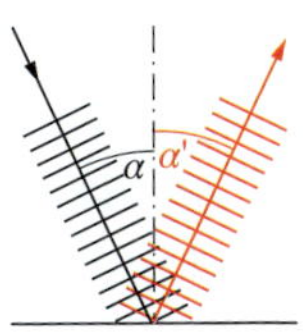

Wellen werden zurückgeworfen.

Brechung

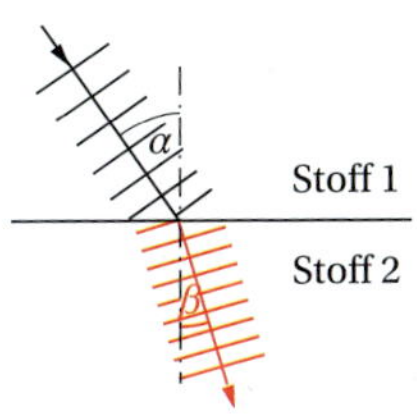

Wellen ändern ihre Ausbreitungsrichtung.

Beugung

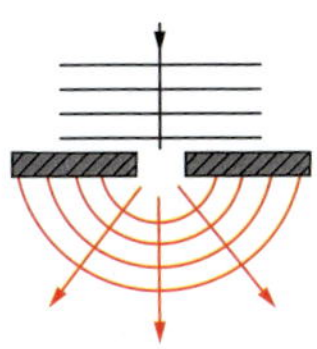

Wellen breiten sich hinter einem Spalt in den Raum aus.

Interferenz

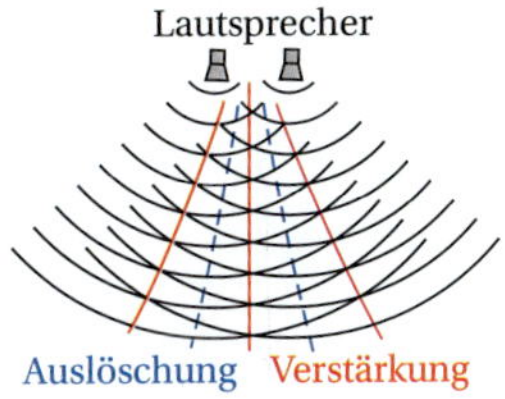

Es treten Verstärkung und Auslöschung auf.

Schallwellen
- breiten sich in Stoffen aus, nicht aber im Vakuum,
- breiten sich in Luft mit ca. 333 $\frac{m}{s}$ aus,
- werden an Flächen reflektiert, an Kanten gebeugt und von Stoffen absorbiert.

3.2 Wellencharakter und Teilchencharakter des Lichts

Die Natur des Lichts ▸▸ Bei Wasserwellen treten Reflexion und Brechung auf. Die gleichen Erscheinungen kennen wir vom Licht. Darüber hinaus gibt es bei mechanischen Wellen solche Erscheinungen wie Beugung und Interferenz mit Bereichen der Verstärkung und der Auslöschung.
Gibt es Beugung und Interferenz auch bei Licht? Was kann man daraus für den Charakter des Lichts ableiten?

Moderne Technik in Aktion ▸▸ Mithilfe einer Digitalkamera können Sie Bilder aufnehmen und gleich danach am Computer bearbeiten. Wichtiges Bauteil einer Digitalkamera ist ein CCD-Chip, bei dem der Fotoeffekt genutzt wird. Unter Einwirkung von Licht werden Elektronen aus einer Oberfläche herausgeschlagen.
Welche Vorstellung über das Licht kann man aus dem Fotoeffekt ableiten?

Licht und seine Eigenschaften

Im bisherigen Physikunterricht haben Sie bereits eine Reihe von Kenntnissen über Licht erworben:

- Licht breitet sich in einem homogenen Stoff und im Vakuum geradlinig aus. Sein Weg kann mit dem Modell Lichtstrahl beschrieben werden.

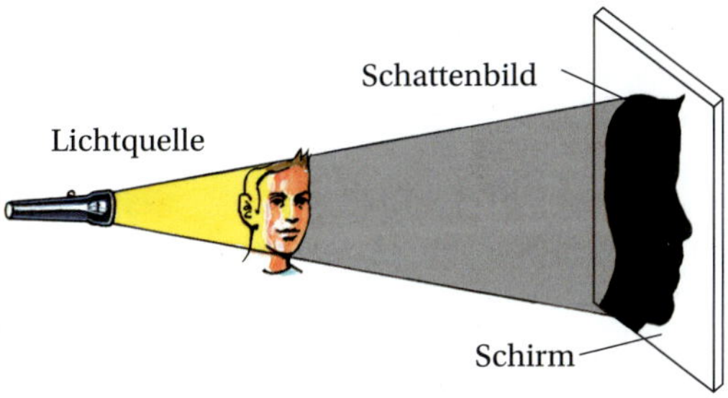

- Licht breitet sich im Vakuum und in Luft mit etwa 300 000 $\frac{km}{s}$ aus. Die Lichtgeschwindigkeit im Vakuum beträgt $c = 299\,792{,}458\ \frac{km}{s}$.

- Trifft Licht auf eine Körperoberfläche, so wird es teilweise reflektiert. Es gilt das Reflexionsgesetz:
  Einfallswinkel α = Reflexionswinkel α'

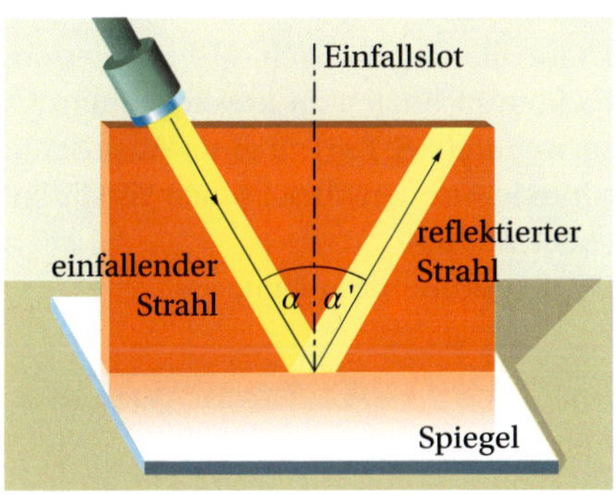

- Trifft Licht schräg auf die Grenzfläche zwischen zwei optisch verschiedenen Stoffen, so wird es gebrochen, ändert also seine Richtung. Dafür gilt das Brechungsgesetz:
  Trifft ein Lichtstrahl schräg von Luft auf Glas oder Wasser, so wird er an der Grenzfläche zum Lot hin gebrochen.

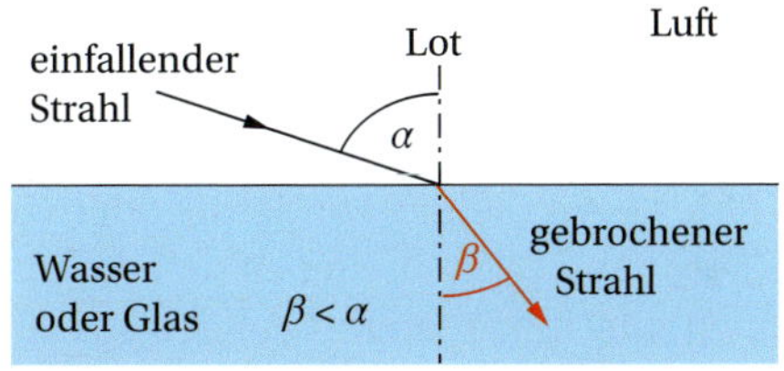

Trifft ein Lichtstrahl schräg von Glas oder Wasser auf Luft, so wird er an der Grenzfläche vom Lot weg gebrochen.

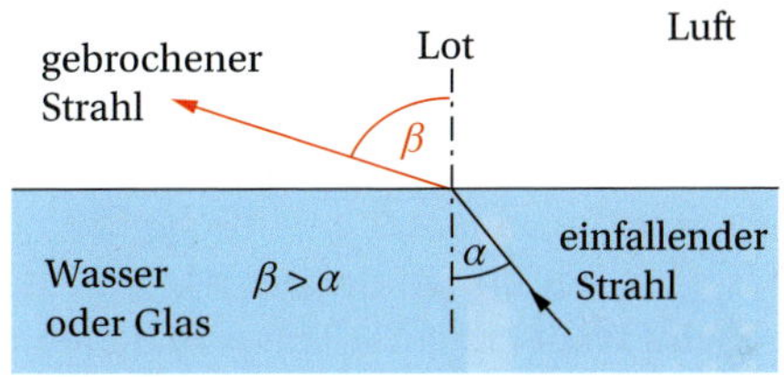

Dabei liegen einfallender Strahl, Lot und gebrochener Strahl in einer Ebene.

- Weißes Licht besteht aus Licht unterschiedlicher Farben. Das zeigt sich, wenn man Licht durch ein Prisma schickt.

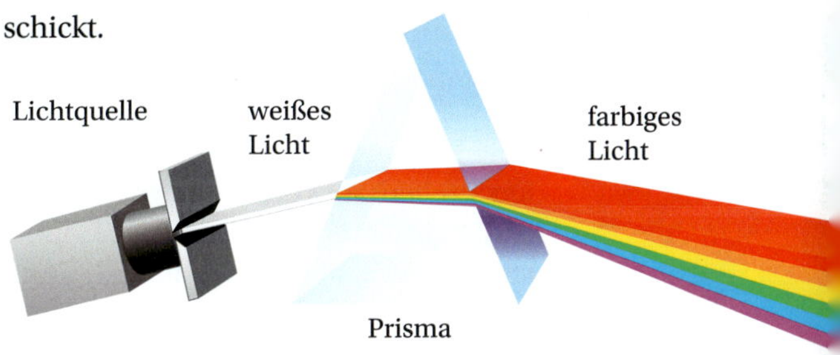

Spektralfarben sind die Farben Rot, Orange, Gelb, Grün, Blau und Violett.

- Licht entsteht durch Vorgänge in der Atomhülle. Die Energieportionen, die in der Atomhülle beim Übergang eines Elektrons von einem Energieniveau zu einem anderen abgegeben oder aufgenommen werden, nennt man Lichtquanten oder Photonen.

- Photonen besitzen Energie. Diese liegt bei Licht im sichtbaren Bereich zwischen 1,5 eV (rotes Licht) und 3,3 eV (violettes Licht).

$1\ eV = 1{,}6 \cdot 10^{-19}\ J$

Beugung von Licht

Beugung tritt auch bei mechanischen Wellen auf (s. S. 132–133).

Trifft Licht auf einen sehr schmalen Spalt (Abb. 1), ein kleines Hindernis oder eine Kante (Abb. 2), so breitet es sich dahinter nach verschiedenen Richtungen aus, also auch in die Schattenräume hinein. Diese Erscheinung wird als **Beugung** bezeichnet.

Licht wird an schmalen Spalten und Hindernissen gebeugt.

Da Beugung eine wellentypische Erscheinung ist, kann man daraus folgern: Licht scheint Welleneigenschaften zu haben.

Interferenz von Licht

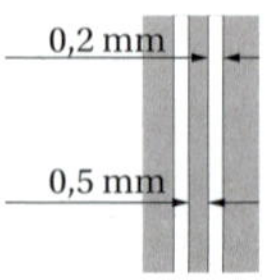

Doppelspalt, den YOUNG verwendet hat.

Der britische Arzt und Physiker THOMAS YOUNG (1773–1829) entdeckte die Interferenz von Schallwellen und führte auch entsprechende Versuche mit Licht durch. Dazu lenkte er Licht auf einen sehr schmalen Doppelspalt. Auf einem Schirm erhielt er ein Muster aus dunklen und hellen Streifen, so wie das in Abb. 3 skizziert ist. Offensichtlich hatte sich das Licht, das von beiden Spalten ausgeht, überlagert.

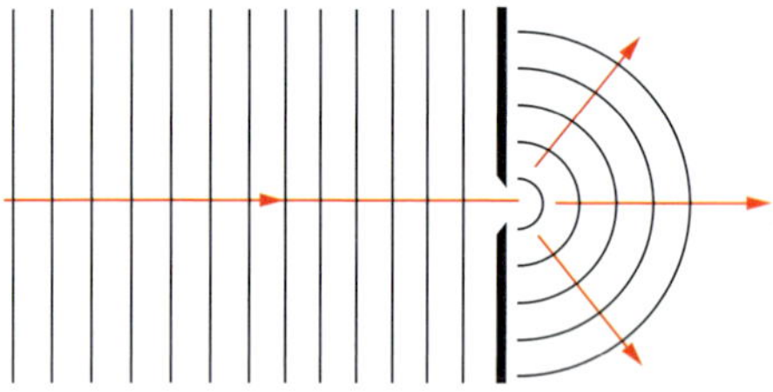
1 ▸ Beugung an einem schmalen Spalt

Die Intensität des gebeugten Lichts an einem Spalt oder an einer Kante ist meist so gering, dass man es nicht wahrnimmt.

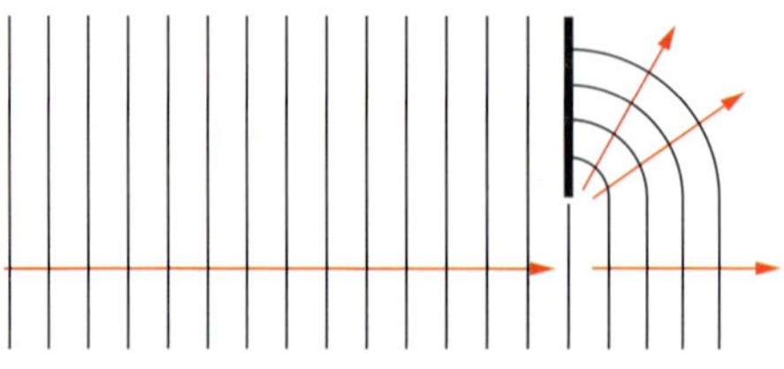
2 ▸ Beugung an einer Kante

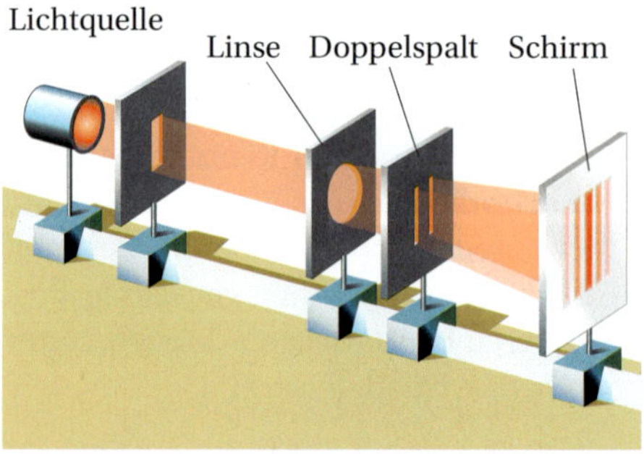

3 ▸ Auf dem Schirm ist ein Interferenzmuster zu beobachten.

Noch deutlicher wird der Effekt, wenn anstelle eines Doppelspalts ein optisches **Gitter** verwendet wird.
Gitter bestehen aus vielen eng nebeneinander befindlichen Spalten. Ihr Abstand voneinander kann z. B. 0,001 mm betragen. Der Abstand zweier Spalte eines Gitters wird **Gitterkonstante** genannt.

Eine Erklärung für das Auftreten von Interferenzstreifen findet man, wenn man davon ausgeht, dass sich Licht wie eine Welle ausbreitet.
Von jedem der beiden Spalte gehen nach dem huygensschen Prinzip Elementarwellen aus.
Diese überlagern sich, sie interferieren. Es kommt analog zu kreisförmigen Wasserwellen (s. S. 133) zu einer Auslöschung (dunkle Streifen) bzw. einer Verstärkung (helle Streifen).
Die Experimente zeigen:

Bei Licht tritt wie bei Wasserwellen Interferenz auf.

Da Beugung und Interferenz wellentypische Erscheinungen sind, kann man aus diesen Experimenten folgern:

Licht hat die Eigenschaften von Wellen. Es kann mit dem Modell Lichtwelle beschrieben werden.

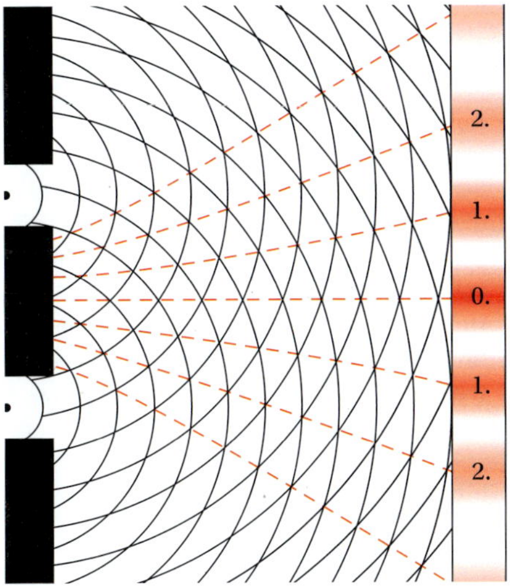

1 ▸ Interferenz von rotem Licht am Doppelspalt

Die hellen Interferenzstreifen (in Abb. 1 rot eingezeichnet) sind **Interferenzmaxima.** Um sie zu unterscheiden, wird der Streifen in der Mitte Maximum 0. Ordnung genannt. Es folgen die beiden Maxima 1. Ordnung, 2. Ordnung usw. Die Lage der Streifen ist von der Farbe des verwendeten Lichts abhängig.

Verwendet man bei Experimenten einfarbiges Licht, so erhält man Streifen in der Farbe dieses Lichts (Abb. 1), wobei die Intensität des Lichts mit zunehmender Ordnung der Interferenzmaxima schnell abnimmt. Bei Verwendung von weißem Licht erhält man farbige Interferenzstreifen, in denen alle Spektralfarben vertreten sind (Abb. 2). Eine Erklärung dafür ist auf S. 146 gegeben.

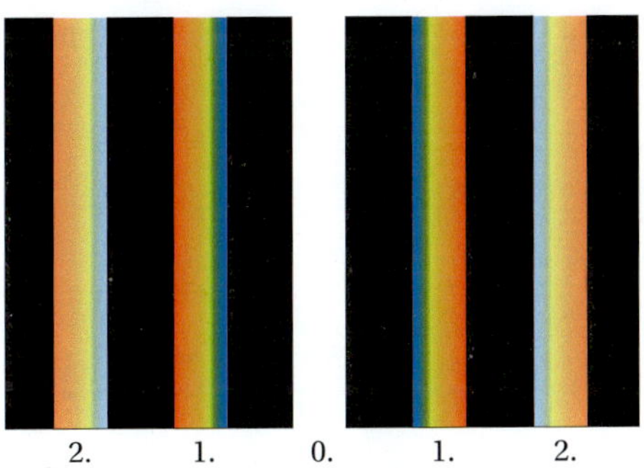

2 ▸ Farbige Interferenzstreifen bei weißem Licht

Frequenzen und Wellenlängen von Licht

Im Wellenmodell lässt sich jeder Farbe eine bestimmte Frequenz und eine Wellenlänge zuordnen. Die Farben des Spektrums umfassen jeweils einen bestimmten Frequenz- bzw. Wellenlängenbereich (s. Übersicht unten). Sichtbares Licht setzt sich meist aus Lichtwellen verschiedener Frequenzen zusammen. Weißes Licht besteht z. B. aus sichtbarem Licht aller Frequenzen bzw. Farben, ist also ein Mischlicht. Auch das Licht, das von der Sonne zu uns gelangt, ist ein Mischlicht aus vielen Frequenzen.

Von seinem Charakter her ist Licht eine elektromagnetische Welle und damit ein Teil des gesamten Spektrums elektromagnetischer Wellen (s. S. 151 ff.).

Der für uns sichtbare Bereich des Spektrums elektromagnetischer Wellen umfasst Frequenzen von $3{,}8 \cdot 10^{14}$ Hz bis $7{,}7 \cdot 10^{14}$ Hz. Das entspricht Wellenlängen von 780 nm bis 390 nm (s. Übersicht unten).

Rotes Licht hat eine etwa doppelt so große Wellenlänge wie violettes Licht.

Neben dem Spektrum des sichtbaren Lichts gibt es das für den Menschen unsichtbare **infrarote** und **ultraviolette Licht.**

Infrarotes Licht wird auch als **Wärmestrahlung** bezeichnet. Die wichtigste Quelle für dieses Licht ist die Sonne. Etwa 38 % der Sonnenstrahlung ist infrarotes Licht. Ultraviolettes Licht (UV-Licht) hat vor allem biologische Wirkungen (Bräunung der Haut, Sonnenbrand).

Die Wellenlänge von Licht wird meist in Nanometern (nm) angegeben. Es gilt: $1\ nm = 10^{-9}\ m$

Art des Lichts	Frequenz f in 10^{14} Hz	Wellenlänge λ in nm
Infrarotes Licht (IR)	0,1 - 3,8	30 000 - 780
Rotes Licht	3,8 - 4,8	780 - 620
Oranges Licht	4,8 - 5,0	620 - 600
Gelbes Licht	5,0 - 5,3	600 - 570
Grünes Licht	5,3 - 6,1	570 - 490
Blaues Licht	6,1 - 7,0	490 - 430
Violettes Licht	7,0 - 7,7	430 - 390
Ultraviolettes Licht (UV)	7,7 - 300	390 - 10

Bedingungen für Verstärkung und Auslöschung

Das optische Gitter hat 300 Spalte je mm.

Die Interferenz bei Licht lässt sich genauer beschreiben. Vor allem kann man exakt angeben, unter welchen Bedingungen Auslöschung und Verstärkung auftreten. Wir betrachten dazu Licht einer bestimmten Wellenlänge, das auf einen Doppelspalt fällt (s. S. 145, Abb. 1). Die analogen Überlegungen gelten dann auch für ein optisches Gitter. Das ist eine Anordnung mit einer größeren Anzahl von Spalten.

Bei einem Doppelspalt gehen von beiden Spalten Lichtwellen aus. Zu einem beliebigen Punkt haben die von den beiden Spalten ausgehenden Wellen bestimmte Wege zurückzulegen. Die Differenz zwischen diesen Wegen nennt man **Gangunterschied** Δs. Von diesem Gangunterschied hängt der Schwingungszustand im jeweiligen Punkt des Schirms ab.

*In der Physik wird das als **konstruktive Interferenz** bezeichnet.*

Maximale Verstärkung tritt dann auf, wenn der Gangunterschied 0, λ, 2 λ, ... beträgt, wenn also jeweils zwei Wellenberge bzw. Wellentäler zusammenfallen. Dann gilt:

$$\Delta s = 2\text{k} \cdot \frac{\lambda}{2} \qquad \text{mit k} = 0, 1, 2 \ldots$$

Für k = 0 erhält man somit das Maximum 0. Ordnung, für k = 1 die beiden Maxima 1. Ordnung usw.

*In der Physik wird das als **destruktive Interferenz** bezeichnet.*

Maximale Abschwächung (Auslöschung) tritt auf, wenn der Gangunterschied $\frac{1}{2}\lambda$, $\frac{3}{2}\lambda$, $\frac{5}{2}\lambda$ ... beträgt, wenn also jeweils Wellenberg und Wellental zusammentreffen. Dann gilt:

$$\Delta s = (2\text{k} - 1) \cdot \frac{\lambda}{2} \text{ mit k} = 1, 2, 3 \ldots$$

Für k = 1 erhält man die ersten beiden Minima, die links und rechts neben dem zentralen Maximum 0. Ordnung liegen. Aus Abb. 1 ist erkennbar, dass die Lage der Maxima von der Wellenlänge und von der Spaltbreite abhängt.

Eine Gleichung für Interferenzmaxima

Aus geometrischen Überlegungen kann man den Abstand der Maxima auf einem Schirm ermitteln. Wir betrachten dazu die in Abb. 1 dargestellte Anordnung. Die Entfernung e zwischen Doppelspalt und Schirm sei sehr viel größer als der Abstand b der beiden Spalte. Unter dieser Bedingung verlaufen die von beiden Spalten ausgehenden Wellenzüge näherungsweise parallel. Das in Abb. 1 grün markierte Dreieck ist damit fast rechtwinklig. Für dieses Dreieck gilt:

$$\sin \alpha_\text{k} = \frac{\Delta s}{b} \quad (1)$$

Darüber hinaus gilt:

$$\tan \alpha_\text{k} = \frac{s_\text{k}}{e} \quad (2)$$

Da der Abstand e wesentlich größer als der Abstand s_k des Interferenzstreifens vom 0. Maximum ist, hat der Winkel α_k einen sehr kleinen Wert. Für kleine Winkel ist aber $\tan \alpha \approx \sin \alpha$ (Prüfen Sie das mit dem Taschenrechner!), sodass man auch setzen kann:

$$\sin \alpha_\text{k} = \frac{\Delta s}{b} = \frac{s_\text{k}}{e}$$

Mit $\Delta s = \text{k} \cdot \lambda$ erhält man für Maxima:

$$\frac{\text{k} \cdot \lambda}{b} = \frac{s_\text{k}}{e}$$

Aus der Gleichung ist ablesbar: Die Lage der Interferenzstreifen hängt vom Spaltabstand b und von der Wellenlänge λ ab. Die Beziehung kann genutzt werden, um die Wellenlänge von Licht zu bestimmen. Die Größen s_k und e können gemessen werden, b muss bekannt sein (s. S. 154).

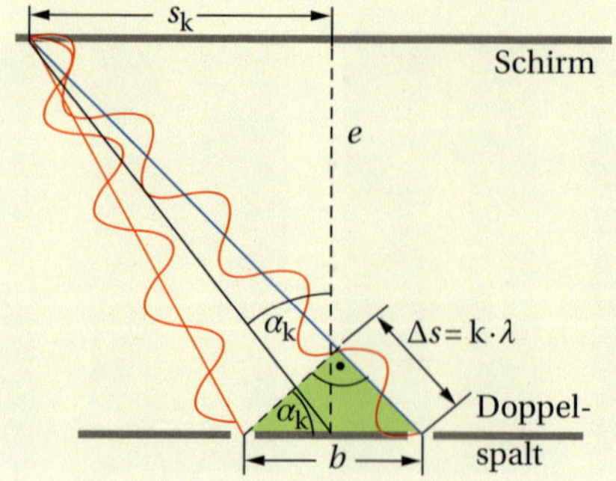

1 ▸ Herleitung der Gleichung für die Interferenzmaxima am Doppelspalt

Was ist Licht?

Mit dem Licht, dem Sehen und einfachen optischen Anordnungen haben sich schon griechische Gelehrte wie Aristoteles (384–322 v. Chr.), Euklid (um 300 v. Chr.) und Ptolemäus (um 100–160) beschäftigt. Die Frage, was Licht ist, blieb dabei offen.

Mit der Entwicklung der ersten Mikroskope und Fernrohre im 17. Jahrhundert begann die Entwicklung der Optik als Wissenschaftsdisziplin.

So beschäftigte sich u. a. Johannes Kepler (1571–1630) mit dem Sehen, den Farben und der Natur des Lichts. Er entdeckte die Totalreflexion, führte Untersuchungen zur Brechung durch und gab eine theoretische Beschreibung des Fernrohrs. Dies erfolgte auf der Grundlage geometrischer Betrachtungen. Die verstärkte Untersuchung des Problems der Lichtfarben führte hin zu der Frage nach den Eigenschaften und der physikalischen Natur des Lichts. Dabei wurden unterschiedliche Vorstellungen entwickelt, die mit den Namen zweier Physiker verbunden sind, die auch in anderen Gebieten der Physik Hervorragendes geleistet haben: Isaac Newton (Abb. 1) und Christiaan Huygens (s. Randspalte).

Newton hatte zunächst keine klaren Vorstellungen über das Wesen des Lichts. So schrieb er 1672: *„Da wir nun den Grund der Farben nicht in den Körpern, sondern im Licht gefunden haben, so haben wir guten Grund, dieses als Substanz zu bezeichnen. Aber vollständig und im Einzelnen zu bestimmen, was Licht ist, … das ist nicht leicht …“*

1 ▸ Isaac Newton lebte von 1643 bis 1727 und entwickelte u. a. die Korpuskulartheorie.

Später präzisierte Newton seine Vorstellungen und betrachtete Licht als Strom von kleinen Teilchen oder Korpuskeln. Er entwickelte die **Korpuskulartheorie** des Lichts.

Im Unterschied dazu kam Huygens aufgrund seiner Untersuchungen zu der Auffassung, dass sich Licht wie eine Welle verhält. Er entwickelte die **Wellentheorie** des Lichts (Abb. 2). Bei beiden Theorien blieben Fragen offen. Die Korpuskulartheorie setzte sich aber – auch aufgrund der Autorität Newtons – allmählich durch und wurde bis zum Anfang des 19. Jahrhunderts zur allein herrschenden Vorstellung.

Christiaan Huygens (1629–1695)

Mit der Entdeckung der Interferenz durch den englischen Arzt und Naturforscher Thomas Young (1773–1829) und mit den Untersuchungen zur Beugung durch den französischen Physiker Augustin Jean Fresnel (1788–1827) begann der Siegeszug der Wellentheorie. Doch auch mit der Wellentheorie konnten nicht alle neu entdeckten Erscheinungen erklärt werden.

Wesentlich weiterentwickelt wurden die Vorstellungen vom Licht 1905 durch Albert Einstein (1879–1955), der die **Lichtquantentheorie** aufstellte. Danach verhält sich Licht teilweise wie eine Welle und teilweise wie ein Teilchenstrom. Geprägt wurde für die „Lichtteilchen“ der Begriff **Lichtquant** oder **Photon.** Die betreffende Theorie heißt **Photonentheorie.**

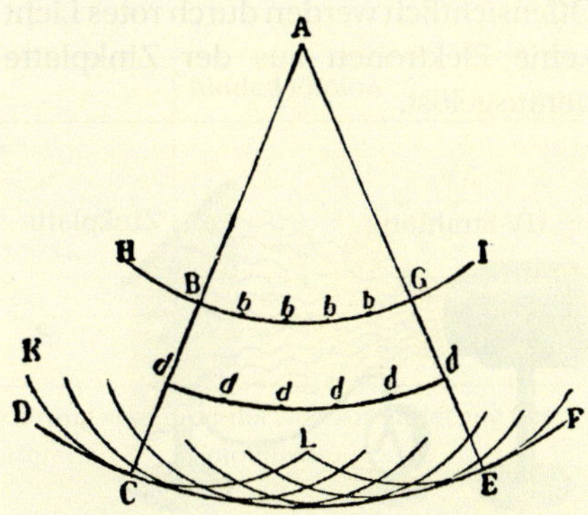

2 ▸ Originalzeichnung von Huygens: Elementarwellen überlagern sich zu einer Wellenfront.

Energie des Photons ist kleiner als die Austrittsarbeit.	Energie des Photons ist gleich der Austrittsarbeit.	Energie des Photons ist größer als die Austrittsarbeit.
Rotes Licht ($f_{rot} < f_{blau}$)	Blaues Licht ($f_{blau} < f_{UV}$)	UV-Licht (f_{UV})
	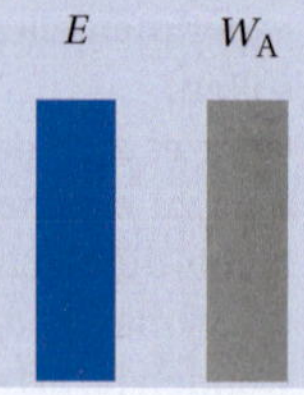	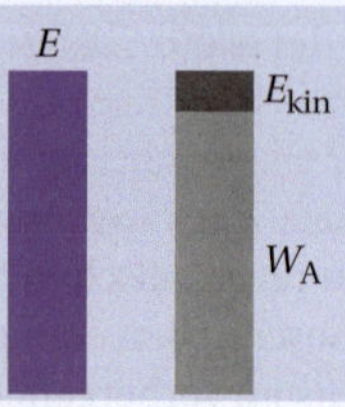
$E < W_A$	$E = W_A$	$E = W_A + E_{kin}$
Fotoeffekt tritt nicht auf. Die Energie des Photons ist zu klein.	Fotoeffekt tritt auf. Die kinetische Energie des herausgelösten Elektrons ist null.	Fotoeffekt tritt auf. Das herausgelöste Elektron hat kinetische Energie.

Anschaulich kann man die Zusammenhänge so darstellen, wie es in der Übersicht oben gemacht ist. Die für einen Stoff charakteristische Energie, die zum Herauslösen eines Elektrons erforderlich ist, ist mit dem Formelzeichen W_A bezeichnet. Aus dieser Darstellung wird anschaulich deutlich: Der Fotoeffekt kann erst dann auftreten, wenn die Energie E des Photons mindestens gleich der Austrittsarbeit W_A ist. Ist die Energie des Photons größer, so wird ein Teil der Energie auf das Elektron übertragen. Es besitzt dann eine bestimmte kinetische Energie E_{kin}.

Der Grund dafür, weshalb das Wellenmodell beim Fotoeffekt versagt, ist folgender: Nach dem Wellenmodell stellt eine Zunahme der Intensität des Lichts eine Vergrößerung der Amplitude der Welle dar.
Je größer aber die Amplitude einer Welle ist, umso größer ist die von ihr übertragene Energie. Damit müsste eine Erhöhung der Intensität des eingestrahlten Lichts schließlich zum Fotoeffekt führen. Experimente zeigen aber, dass das nicht der Fall ist.

Eine Lösung bietet nur ein anderes Modell, nämlich das **Photonenmodell,** das man als ein Teilchenmodell ansehen kann.

Der Fotoeffekt und A. Einstein

Im Jahr 1905 veröffentlichte A. EINSTEIN (1879–1955) nicht nur die spezielle Relativitätstheorie, die zu neuen Vorstellungen von Raum und Zeit führte. Er publizierte auch eine Arbeit über den Fotoeffekt und dessen Deutung mithilfe der Lichtquantenhypothese. Für die zuletzt genannte Arbeit erhielt er 1921 den Nobelpreis für Physik.

EINSTEIN arbeitete heraus, dass jedes Photon eine Energie von $E = h \cdot f$ hat. Dabei ist f die Frequenz des Lichts, die Konstante h ist eine universelle Konstante, die als plancksche Konstante bezeichnet wird und den Wert $h = 6{,}626 \cdot 10^{-34}$ J · s hat. Damit ergibt sich z. B. für gelbes Licht mit einer Frequenz von $f = 5{,}0 \cdot 10^{14}$ Hz:

$$E = 6{,}626 \cdot 10^{-34}\ \text{J} \cdot \text{s} \cdot 5{,}0 \cdot 10^{14}\ \text{Hz}$$

$$E = 3{,}3 \cdot 10^{-19}\ \text{J}$$

Mit $1\ \text{eV} = 1{,}6 \cdot 10^{-19}$ J erhält man:

$$E = 2{,}1\ \text{eV}$$

Für die Energiebilanz beim Fotoeffekt entwickelte EINSTEIN eine Formel, die heute als **einsteinsche Gleichung** bezeichnet wird. Sie lautet:

$$h \cdot f = W_A + E_{kin}$$

Licht als Teil des Spektrums elektromagnetischer Wellen

Das für Menschen sichtbare Licht ist ebenso wie das sich anschließende langwelligere infrarote Licht und das kürzerwellige ultraviolette Licht Teil des elektromagnetischen Spektrums (s. S. 152–153).
Zu ihm gehören alle elektromagnetischen Wellen. Einige Teile des elektromagnetischen Spektrums haben Sie im bisherigen Physikunterricht bereits kennengelernt, etwa die Röntgenstrahlen, die Gammastrahlen und die Wärmestrahlung.
Aus Abb. 2 und aus der Übersicht auf den Seiten 152–153 ist erkennbar: Das für uns Menschen sichtbare Licht ist nur ein ganz kleiner Bereich des gesamten elektromagnetischen Spektrums.
Für die meisten Wellenlängenbereiche haben wir kein Sinnesorgan.

1 ▸ Mit Röntgen- und Infrarotsatelliten wird Strahlung kosmischer Objekte erfasst.

3 ▸ Radioteleskop Effelsberg (Eifel)

Der Durchmesser des beweglichen Radioteleskops beträgt 100 m.

Für **Astronomie** und **Weltraumfahrt** ist von Bedeutung, welche elektromagnetischen Wellen die Erdatmosphäre bis zum Erdboden durchdringen (Abb. 2).
Für die astronomische Forschung bedeutet das: Viele Jahrhunderte lang konnte man kosmische Objekte nur im optischen Bereich beobachten.
Die Radioastronomie entwickelte sich ab etwa 1932. Erst durch Forschungssatelliten wurde es möglich, auch andere Wellenlängenbereiche zu erfassen und zu untersuchen.

Der Bereich wird als optisches Fenster bezeichnet.

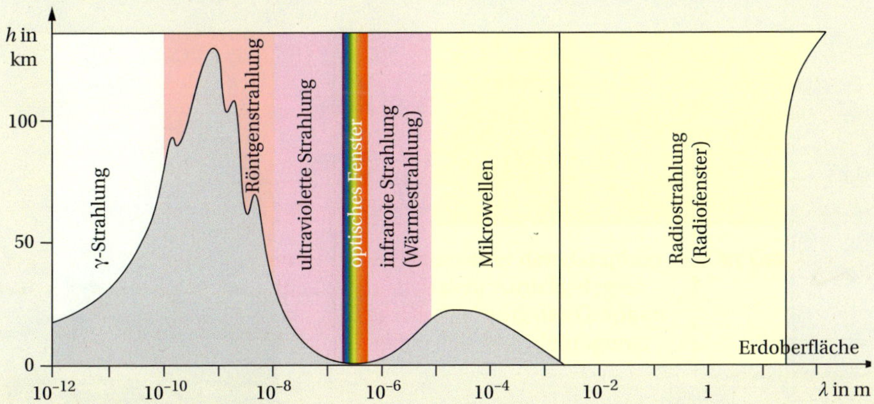

2 ▸ Durchlässigkeit der Erdatmosphäre für verschiedene elektromagnetische Wellen

Im Diagramm ist die Höhe der Atmosphäre über der Erdoberfläche angegeben. Es ist erkennbar, wie tief die verschiedene Strahlung in die Atmosphäre eindringt und welche Strahlung die Erdoberfläche (h = 0) erreicht.

Wellenlängenbereiche des elektromagnetischen Spektrums im Überblick

Wellenlänge in m

10^4

Langwellen (LW), Mittelwellen (MW) und Kurzwellen (KW)

sind hertzsche Wellen, die im Bereich des Rundfunks und des Sprechfunks genutzt werden.

10^3

Kurzwellen in einem Wellenlängenbereich von 10 m ($3 \cdot 10^7$ Hz) bis 150 m ($2 \cdot 10^6$ Hz) werden im medizinischen Bereich verwendet.

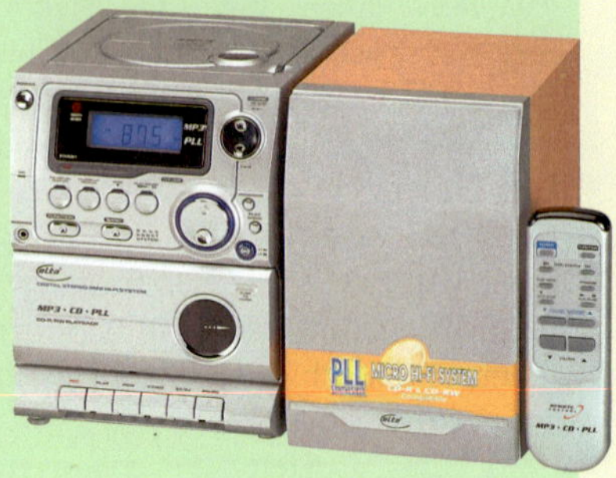

Elektromagnetische Wellen können sich nicht nur in Stoffen, sondern auch im Vakuum ausbreiten. Sie benötigen also keinen Träger.

Elektromagnetische Wellen breiten sich mit Lichtgeschwindigkeit aus. Im Vakuum ist das die Lichtgeschwindigkeit von ca. 300 000 km/s , in Stoffen ist sie kleiner.

10

Ultrakurze Wellen (UKW, VHF, UHF)

werden für die Informationsübertragung bei Rundfunk und Fernsehen angewendet. Funkfernbedienungen arbeiten meist mit einer Wellenlänge von 0,69 m (433 MHz).

1

Beim **Mobilfunk** wird im E-Netz mit einer Wellenlänge von 0,17 m (1 800 MHz), bei D1 und D2 mit 0,33 m (900 MHz) gearbeitet.

10^{-1}

Mikrowellen

werden mit speziellen Anordnungen, sogenannten Magnetrons oder Klystrons, erzeugt.
In **Mikrowellenherden** wird mit einer Wellenlänge von etwa 12 cm (2 450 MHz) gearbeitet. Das ist die Eigenfrequenz von Wassermolekülen.

10^{-2}

Mikrowellen lassen sich auch zur Informationsübertragung, für Radar und in der Funknavigation nutzen.

10^{-3}

Wellenlänge in m

Mikrowellen

10^{-4}

werden im medizinischen Bereich zur Hochfrequenz-Wärmetherapie eingesetzt.

Infrarotes Licht (IR-Licht)

10^{-5}

wird auch als Wärmestrahlung bezeichnet. Es wird von vielen Stoffen gut absorbiert und dringt tief in die Haut ein. Sein Anteil an der Sonnenstrahlung beträgt etwa 38 %.

In der Technik wird IR-Licht bei Lichtschranken und Infrarotfernbedienungen genutzt.

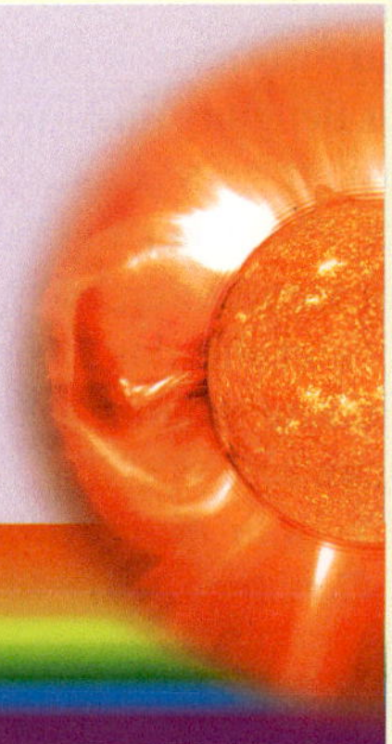

Sichtbares Licht

10^{-7}

Ultraviolettes Licht (UV-Licht)

dringt in die äußeren Hautschichten ein, ruft Bräunung und bei zu intensiver Bestrahlung Sonnenbrand hervor. Zu unterscheiden ist zwischen dem langwelligen UV(A) und dem biologisch besonders wirksamen kurzwelligen UV(B).

10^{-8}

Röntgenstrahlung

ist kurzwellige elektromagnetische Strahlung mit großer Durchdringungsfähigkeit. Erzeugt wird sie in Röntgenröhren. Da Gewebe und Knochen die Strahlung unterschiedlich absorbieren, kann man mit Röntgenstrahlung ins Körperinnere „hineinsehen“. Hohe Dosierung führt zur Schädigung von Körperzellen.

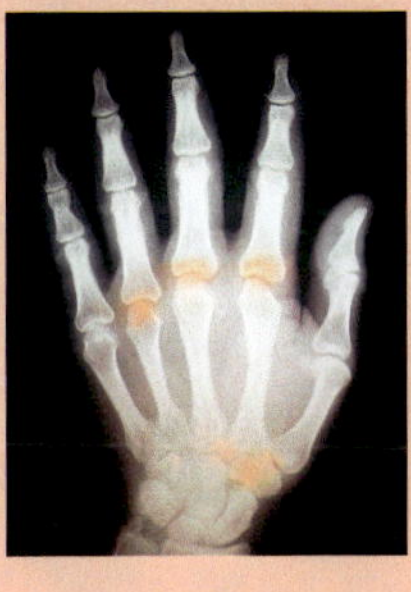

10^{-9}

Gammastrahlung

entsteht beim radioaktiven Zerfall von Atomkernen. Sie ist energiereich und hat eine große Durchdringungsfähigkeit.

10^{-10}

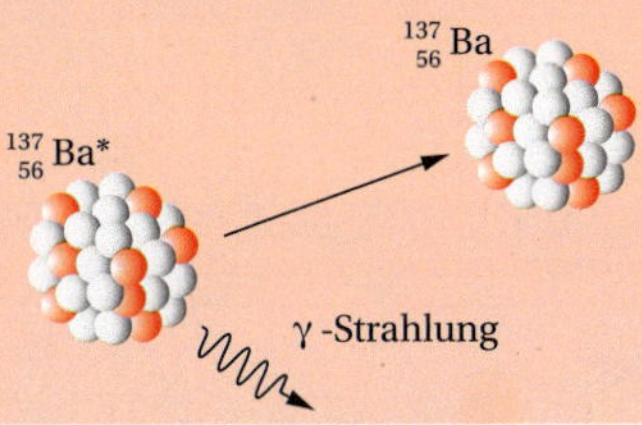

Kosmische Strahlung (Höhenstrahlung)

ist sehr energiereiche Strahlung aus dem Weltraum.

10^{-11}

Physik in Natur und Technik

Bestimmen der Wellenlänge von Licht

Im 19. Jahrhundert erkannte man, dass Licht Wellencharakter besitzt. Dazu trugen insbesondere die Untersuchungen von THOMAS YOUNG (1773–1829) sowie von AUGUSTIN JEAN FRESNEL (1788–1827) zur Beugung und Interferenz bei.
JOSEPH VON FRAUNHOFER (1787–1826), der Entdecker der nach ihm benannten dunklen Linien im Spektrum der Sonne, entwickelte das Beugungsgitter und bestimmte damit die Wellenlänge von Licht.
Wie kann man mithilfe eines Gitters die Wellenlänge des Lichts bestimmen?

Genutzt werden kann dazu eine Experimentieranordnung, wie sie unten dargestellt ist. Der Spalt wird mithilfe einer Sammellinse auf dem Schirm scharf abgebildet. Zwischen Linse und Schirm wird ein Gitter gebracht. Am Gitter tritt Beugung auf. Dieses gebeugte Licht überlagert sich. Auf dem Schirm ist in einem abgedunkelten Raum ein Interferenzmuster zu beobachten. Durch Verwendung eines Farbfilters kann man das Licht einer Farbe herausfiltern und erhält Interferenzstreifen in der betreffenden Farbe.
Misst man den Abstand der Interferenzstreifen gleicher Ordnung voneinander und die Entfernung Gitter-Schirm, so kann man mithilfe der Gleichung

$$\frac{k \cdot \lambda}{b} = \frac{s_k}{e} \qquad (1)$$

Bei Verwendung von weißem Licht oder von Lichtquellen, die ein Linienspektrum aussenden, erhält man farbige Interferenzstreifen.

(s. S. 146) die Wellenlänge des Lichts berechnen. Für die Messung wird ein Gitter mit 600 Spalten je Zentimeter verwendet. Die Entfernung zwischen Gitter und Schirm beträgt 1,25 m und der Abstand der beiden Maxima 1. Ordnung 96 mm.
Wie groß ist die Wellenlänge des verwendeten Lichts? Welche Farbe hat dieses Licht?

Analyse:
Zur Berechnung der Wellenlänge kann Gleichung (1) genutzt werden. Für die Maxima 1. Ordnung ist k = 1. Zu beachten ist, dass s_1 der Abstand der Interferenzstreifen nullter und 1. Ordnung und damit die Hälfte des Abstands der beiden Maxima 1. Ordnung ist.

Gesucht: λ, Farbe des Lichts
Gegeben: $e = 1{,}25\ \text{m}$
$s_1 = 96\ \text{mm} : 2 = 48 \cdot 10^{-3}\ \text{m}$
$b = \frac{1}{600}\ \text{cm} = 1{,}67 \cdot 10^{-5}\ \text{m}$

Lösung:
Aus $\frac{k \cdot \lambda}{b} = \frac{s_k}{e}$ folgt mit k = 1:

$$\frac{\lambda}{b} = \frac{s_1}{e} \qquad \text{und damit} \qquad \lambda = \frac{b \cdot s_1}{e}$$

$$\lambda = \frac{1{,}67 \cdot 10^{-5}\ \text{m} \cdot 48 \cdot 10^{-3}\ \text{m}}{1{,}25\ \text{m}}$$

$$\underline{\lambda = 6{,}4 \cdot 10^{-7}\ \text{m}}$$

Ergebnis:
Die Wellenlänge des verwendeten Lichts beträgt etwa 640 nm. Ein Vergleich mit Tabellenwerten (s. S. 145) ergibt, dass es sich hierbei um rotes Licht handelt.

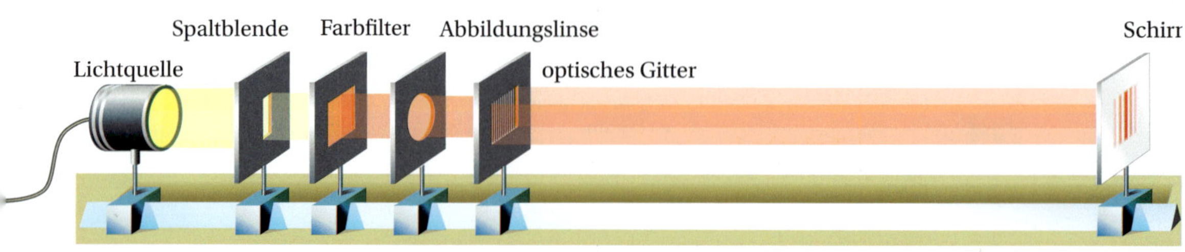

Wie viele Photonen machen Licht?

Zur Beleuchtung eines Raums wird eine 60-W-Lampe genutzt. Von ihr wird gelbliches Licht ausgesendet. Wir nehmen an, dass die Photonen durchschnittlich eine Energie von 2,1 eV besitzen.
Wie viele Photonen werden in jeder Sekunde von der Glühlampe in den Raum abgestrahlt?
Wie viele Photonen müssen auf die Netzhaut unseres Auges treffen, damit überhaupt ein Lichteindruck zustande kommt?

Die erste Frage lässt sich beantworten, wenn wir davon ausgehen, dass die 60-W-Glühlampe in einer Sekunde eine Energie von $60\ \text{W} \cdot 1\ \text{s} = 60\ \text{J}$ aufnimmt. In Form von sichtbarem Licht gibt sie allerdings viel weniger Energie ab. Bei einem Wirkungsgrad von 5 % oder 0,05 sind es:

$$60\ \text{J} \cdot 0{,}05 = 3\ \text{J}$$

Wenn die Energie eines Photons 2,1 eV beträgt, dann entspricht einer Energie von 3 J die folgende Anzahl von Photonen:

$$n = \frac{3\ \text{J}}{2{,}1\ \text{eV}} = \frac{3\ \text{J}}{2{,}1 \cdot 1{,}6 \cdot 10^{-19}\ \text{J}} = 9 \cdot 10^{18}$$

In jeder Sekunde werden von einer 60-W-Glühlampe $9 \cdot 10^{18}$ Photonen im sichtbaren Bereich abgestrahlt. Ein einzelnes Photon, das auf die Netzhaut trifft, ruft keinen Lichteindruck hervor. Man geht von einer Mindestzahl von 50–100 Photonen aus, damit ein minimaler Lichteindruck wahrgenommen wird.

Eine farbige CD

Bewegt man eine CD (Abkürzung für **C**ompact **D**isc) oder eine DVD, die mit weißem Licht beleuchtet wird, hin und her, so schillert sie mitunter in allen Farben des Spektrums. Je nach Blickwinkel sieht man die verschiedenen Farben an unterschiedlichen Stellen.

Erklären Sie, wie bei einer mit weißem Licht beleuchteten CD die unterschiedlichen Farben zustande kommen!

Wenn weißes Licht auf eine CD fällt, so wird dieses Licht reflektiert, allerdings nicht von allen Stellen in gleicher Weise. Dazu muss man den Aufbau einer CD betrachten (Abb. 1). Die Informationen sind in winzigen Vertiefungen, den sogenannten Pits, gespeichert.
Diese Pits sind 0,8–4,6 µm lang, 0,5 µm breit und 0,1 µm tief. Der Spurabstand beträgt 1,6 µm. Mit bloßem Auge sind diese winzigen Strukturen nicht sichtbar.
Trifft Licht auf die CD, so wird es von den Stegen zwischen den Pits wie bei einem Spiegel reflektiert.
Im Bereich der Pits erfolgt eine diffuse Reflexion, also eine Reflexion des Lichts in unterschiedliche Richtungen. Damit wirkt eine CD wie ein optisches Gitter mit einem Abstand der Spalte von 1,6 µm.
Das von den Stegen reflektierte Licht interferiert miteinander. Je nach Blickrichtung ist die Bedingung für die Verstärkung der einen oder anderen Farbe (Wellenlänge) erfüllt, denn die Lage eines Interferenzstreifens ist bei bestimmtem Abstand vom Gitter und gegebener Gitterkonstanten von der Wellenlänge des Lichts abhängig. Deshalb sieht man je nach Blickrichtung die Farben an verschiedenen Stellen.

Als Gitterkonstante wird der Abstand zweier benachbarter Spalte bei einem optischen Gitter bezeichnet.

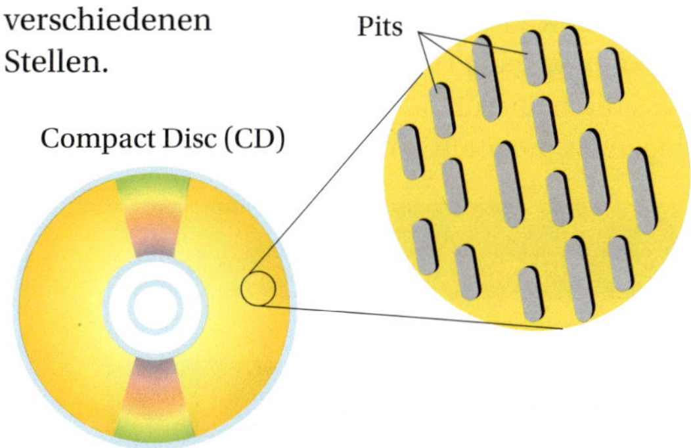

1 ▸ Auf einer CD befinden sich winzige Vertiefungen (Pits). Dazwischen sind schmale Stege.

Aufgaben

1. Bilden Sie mit Daumen und Zeigefinger einen möglichst schmalen Spalt. Blicken Sie durch diesen Spalt in Richtung einer Lichtquelle.
a) Beschreiben Sie Ihre Beobachtungen!
b) Versuchen Sie diese zu erklären!

2. Der Italiener FRANCESCO GRIMALDI (1618 bis 1663) entdeckte bei seinen optischen Untersuchungen folgenden Effekt:
Durch eine kleine Öffnung im Fensterladen ließ er Sonnenlicht in ein gut abgedunkeltes Zimmer fallen und fing es in einigen Metern Entfernung auf einem Schirm auf. Wenn er in das Licht eine kleine Lochblende brachte, dann war das Bild der Lochblende auf dem Schirm stets größer als die geometrische Projektion. Außerdem waren die Ränder des Bilds unscharf.
Wie ist diese Erscheinung zu erklären?

3. Nehmen Sie feines Gewebe, z. B. einen Regenschirm oder eine Vogelfeder, und betrachten Sie durch diese hindurch eine Straßenlampe oder eine andere weiter entfernte Lichtquelle!
Beschreiben Sie Ihre Beobachtungen!
Wie kann man sie erklären?

4. Mit ein und derselben Experimentieranordnung werden mithilfe eines Gitters und unter Verwendung von Farbfiltern Gitterspektren erzeugt (s. Abb.). Wie kommt es, dass die blauen Linien enger zusammenliegen als die roten Linien?

***5.** Auf einen Doppelspalt mit einem Spaltabstand von 0,10 mm fällt Laserlicht. Auf einem 3,0 m entfernten Schirm beobachtet man Maxima und Minima. Der Abstand zwischen dem Maximum 0. Ordnung und einem 2. Ordnung beträgt 3,8 cm.
Wie groß ist die Wellenlänge des verwendeten Laserlichts?

***6.** Bei einem Doppelspaltversuch mit Licht der Wellenlänge 493 nm ergibt sich das folgende Schirmbild:

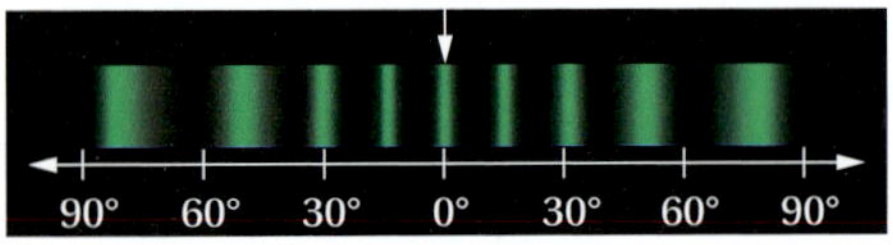

Entnehmen Sie dem Diagramm den Winkel zum Maximum 2. Ordnung und berechnen Sie damit den Spaltabstand!

***7.** Zur Bestimmung der Gitterkonstanten eines Gitters wird eine Quecksilberdampflampe genutzt. Die beiden Maxima 1. Ordnung für die grüne Linie ($\lambda = 546{,}1$ nm) haben einen Abstand von 17,6 cm. Der Schirm ist 2,80 m vom Gitter entfernt. Wie groß ist die Gitterkonstante des Gitters?

***8.** Beim Interferenzversuch mit einem Doppelspalt wird auf einem 2,5 m entfernten Schirm ein System von Interferenzstreifen erzeugt, deren gegenseitiger Abstand 3,0 mm beträgt. Der Abstand der beiden Spalte wird durch eine optische Abbildung ermittelt: Eine in der Entfernung 20 cm vom Doppelspalt aufgestellte Linse ergibt auf dem Schirm ein Bild des Doppelspaltes mit dem Spaltabstand 4,8 mm.
Berechnen Sie die Wellenlänge des verwendeten Lichts. Welche Farbe hat es?

9. Welche Gemeinsamkeiten und welche Unterschiede gibt es zwischen Schallwellen und Lichtwellen?
Fertigen Sie eine Übersicht an!

10. Weshalb ist es gerechtfertigt zu sagen: Licht hat Welleneigenschaften?

***11.** Bestimmen Sie mithilfe eines optischen Gitters die Wellenlänge von blauem Licht! Orientieren Sie sich an der Versuchsbeschreibung auf S. 154!
Diskutieren Sie, welche Messfehler auftreten können und wie sie das Ergebnis beeinflussen!

***12.** Auf ein Gitter mit 750 Spalten pro Millimeter fällt weißes Licht mit Wellenlängen zwischen 390 nm und 780 nm.
Unter welchen Winkeln sind die Maxima 1. und 2. Ordnung für die kleinste bzw. die größte Wellenlänge zu sehen?

***13.** Das Maximum 2. Ordnung einer Lichtquelle erscheint bei einem Doppelspaltversuch mit dem Spaltabstand $b = 0{,}1$ mm unter einem Winkel von 0,68°.

a) Begründen Sie, dass man bei Winkeln in dieser Größenordnung $\sin\alpha \approx \tan\alpha$ setzen darf!

b) Berechnen Sie die Wellenlänge des verwendeten Lichts!

c) Welche Farbe hat das Licht?

d) Berechnen Sie die Frequenz des verwendeten Lichts!

e) Welchen Abstand haben die beiden Maxima 2. Ordnung auf einem 3 m entfernten Schirm voneinander?

14. Was versteht man unter dem Fotoeffekt? Welche Versuchsergebnisse lassen sich nicht mit dem Wellenmodell erklären?

15. Eine positiv (negativ) geladene Zinkplatte wird mit dem Licht einer Quecksilberdampflampe (eines He-Ne-Lasers, eines UV-Lasers) beleuchtet.
Beschreiben und erklären Sie, was in den einzelnen Fällen mit der Zinkplatte geschieht! Stellen Sie die Ergebnisse Ihrer Überlegungen übersichtlich zusammen!

16. Wie kann man experimentell nachweisen, dass beim Fotoeffekt Elektronen aus einer Oberfläche abgelöst werden?
Skizzieren und beschreiben Sie einen entsprechenden Versuch!

17. Bei einem Versuch mit einer Fotozelle mit Zinkbeschichtung ergab sich, dass Elektronen herausgelöst werden, wenn die Frequenz des Lichts $10{,}3 \cdot 10^{14}$ Hz oder größer ist.

a) Erkunden Sie, wie eine Fotozelle aufgebaut ist!

b) Welche Wellenlänge hat das verwendete Licht?

c) In welchem Bereich des Spektrums ist das Licht demnach zu finden?

18. Für ein Objekt kann man verschiedene Modelle nutzen.

a) Mit welchen Modellen für Licht arbeiten die Physiker?

b) Erläutern Sie kurz, warum man Licht üblicherweise nicht mit einem einzigen Modell beschreibt, sondern verschiedene Modelle nutzt!

c) Suchen und erläutern Sie ein weiteres Beispiel für ein Objekt, für das es verschiedene Modelle gibt!

19. Astronomische Erkenntnisse werden u. a. durch Beobachtungen gewonnen.

a) In welchen Bereichen des Spektrums kann man Himmelsbeobachtungen von der Erde aus durchführen?

b) Informieren Sie sich im Internet, wie man mithilfe von Radioteleskopen Sterne und Galaxien beobachten kann! Erstellen Sie dazu eine Präsentation!

c) Erkunden Sie, wie man kosmische Objekte im Infrarotbereich untersucht!

d) Fertigen Sie eine aktuelle Übersicht über Forschungssatelliten an, die gegenwärtig die elektromagnetische Strahlung kosmischer Objekte erforschen! Präsentieren Sie Ihre Ergebnisse!

Das Wichtigste auf einen Blick

Wellencharakter und Teilchencharakter des Lichts

Bei Licht treten **Beugung** und **Interferenz** auf. Daraus folgt: Licht hat **Welleneigenschaften** und kann mit dem **Modell Lichtwelle** beschrieben werden.

Beugung
tritt an schmalen Spalten oder Kanten auf.

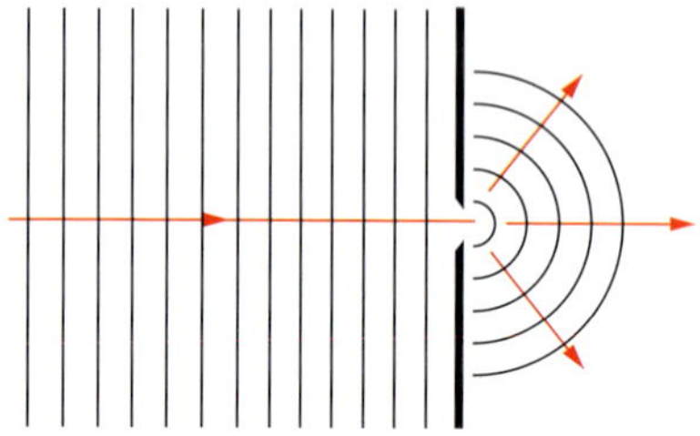

Interferenz
ist die Überlagerung von Licht mit Bereichen von Verstärkung und Auslöschung.

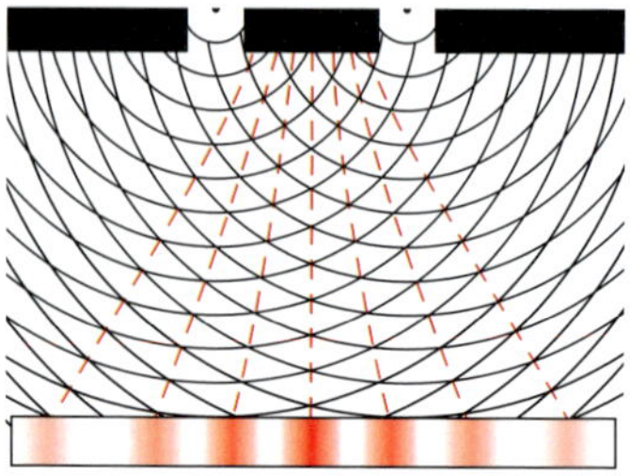

Für die **Interferenzmaxima** am Doppelspalt und auch am optischen Gitter gilt:

$$\Delta s = 2k \cdot \frac{\lambda}{2} \qquad (k = 0, 1, 2 \ldots)$$

Die Erscheinung, dass Licht aus der Oberfläche eines Körpers Elektronen herauslösen kann, wird als äußerer **Fotoeffekt** bezeichnet. Der Fotoeffekt ist mit dem Wellenmodell nicht erklärbar, wohl aber mit dem **Photonenmodell.**

Photonen kann man sich als winzige Teilchen vorstellen, die sich stets mit Lichtgeschwindigkeit ausbreiten und die eine bestimmte Energie besitzen. Die Energie eines Photons ist von der Frequenz f des Lichts sowie von einer universellen Konstanten h (plancksche Konstante) abhängig.

Modelle für Licht

Strahlenmodell (Modell Lichtstrahl)

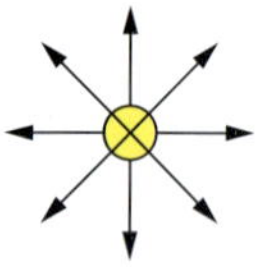

kann genutzt werden zur Beschreibung der Lichtausbreitung, Schattenbildung, Reflexion und Brechung.

Wellenmodell

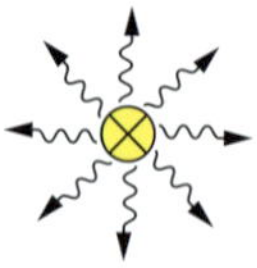

kann genutzt werden zur Beschreibung, Erklärung und Voraussage von Beugung und Interferenz.

Teilchenmodell (Photonenmodell)

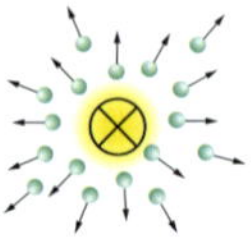

kann genutzt werden zur Beschreibung und Erklärung des äußeren Fotoeffekts.

3.3 Quantenobjekte – Elektronen, Photonen, Masseteilchen

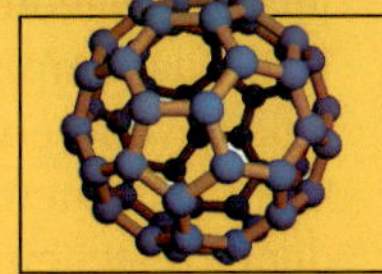

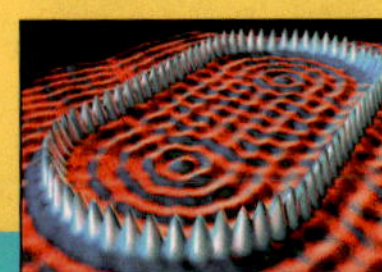

Elektronen mit Wellencharakter? ▸▸ In einem Teilchenbeschleuniger oder in einer Fernsehbildröhre verhalten sich Elektronen wie kleine Teilchen: Mit einer Kraft kann man sie auf hohe Geschwindigkeiten beschleunigen. Durch elektrische und magnetische Felder sind sie ablenkbar.
Haben Elektronen neben ihren Teilcheneigenschaften auch Welleneigenschaften?
Gibt es Beugung und Interferenz bei Elektronen?

Eigenschaften von Quantenobjekten ▸▸ Elektronen und Photonen, aber auch Protonen und andere Elementarteilchen werden in der modernen Physik als Quantenobjekte bezeichnet.
Welche Eigenschaften haben solche Quantenobjekte?
Welche Konsequenzen hat das für ein modernes physikalisches Weltbild?

Quantenobjekte

Max Planck (1858–1947) gilt als Begründer der Quantenphysik.

Das Jahr 1900 gilt als Geburtsjahr der Quantenphysik. Sie ist damit ein relativ junges Teilgebiet der Physik.
Die Quantenphysik beschreibt das Verhalten von sehr kleinen Objekten (z. B. von Elektronen, Photonen, Atomen), bei denen Erscheinungen auftreten, die mit der klassischen Physik nicht erklärt werden können und die teilweise sogar den klassischen Vorstellungen widersprechen. Die Bezeichnung „Quantenphysik" rührt daher, dass viele physikalische Objekte der Mikrophysik nur portionsweise (in Quanten) vorkommen.

Die Objekte, mit denen sich die Quantenphysik beschäftigt, nennt man Quantenobjekte. Zu ihnen gehören Elektronen, Photonen, Neutronen, Protonen, Atome und Moleküle.

Wir beschäftigen uns nachfolgend mit einigen dieser Quantenobjekte und deren Eigenschaften genauer.

Der Teilchencharakter von Elektronen

Aus dem bisherigen Physikunterricht kennen wir Elektronen als Teilchen mit sehr kleiner Masse ($m = 9{,}1 \cdot 10^{-31}$ kg) und einer negativen Ladung, die als Elementarladung e bezeichnet wird. Diese Elemantarladung beträgt $e = 1{,}6 \cdot 10^{-19}$ C.
Elektronen sind wesentlicher Bestandteil des Atommodells, das Sie kennengelernt haben (Abb. 1). Elektronen bewegen sich im elektrischen Stromkreis (Abb. 2) und werden in Magnetfeldern in charakteristischer Weise abgelenkt. Elektrische Felder beschleunigen Elektronen oder lenken sie ab (Abb. 3). Wir können die Geschwindigkeit von Elektronen bestimmen und damit ihre kinetische Energie. Elektronen verhalten sich, kurz gesagt, wie klassische Teilchen, vergleichbar etwa mit dem Verhalten von Murmeln. Alle diese Erkenntnisse erlauben die Folgerung:

Das Quantenobjekt Elektron besitzt Teilchencharakter.

Der Wellencharakter von Elektronen

Die entscheidende Frage ist, ob mit der Auffassung vom Elektron als Teilchen bereits alle Eigenschaften dieses Quantenobjekts beschrieben sind.
Beschleunigt man Elektronen in einer Elektronenstrahlröhre zwischen einer Katode K und einer ringförmigen Anode A (s. S. 161, Abb. 1) und schickt sie anschließend durch eine dünne Folie aus Grafit oder aus einem anderen Stoff, so erhält man auf einem Bildschirm oder einem

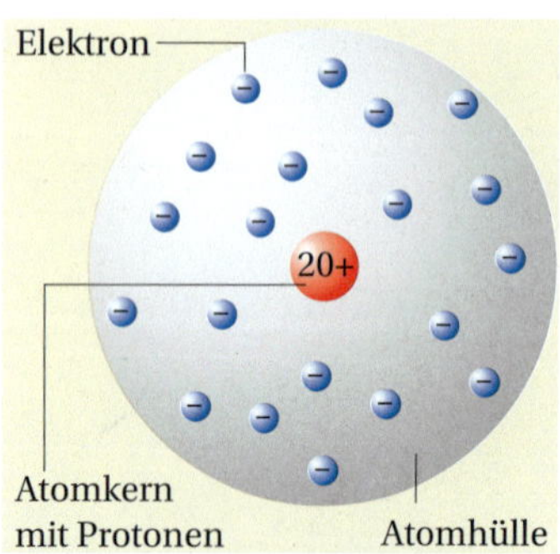

1 ▸ Elektronen als Teilchen in der Atomhülle

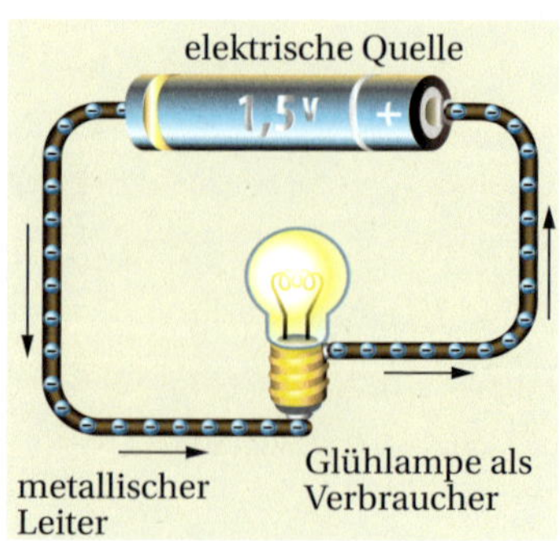

2 ▸ Elektronen als Teilchen, die sich im Stromkreis bewegen

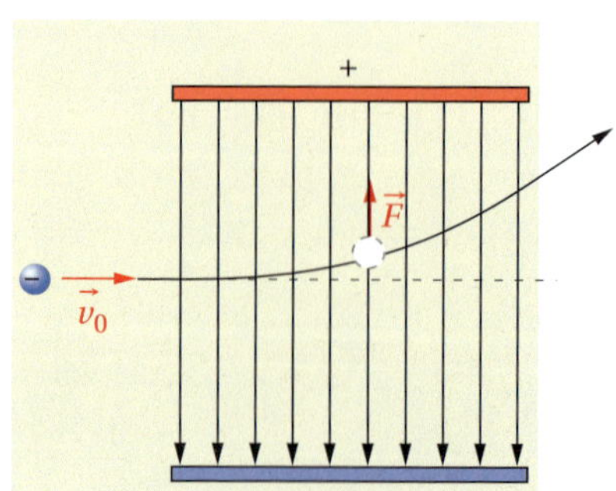

3 ▸ Elektronen als Teilchen, die im elektrischen Feld abgelenkt werden

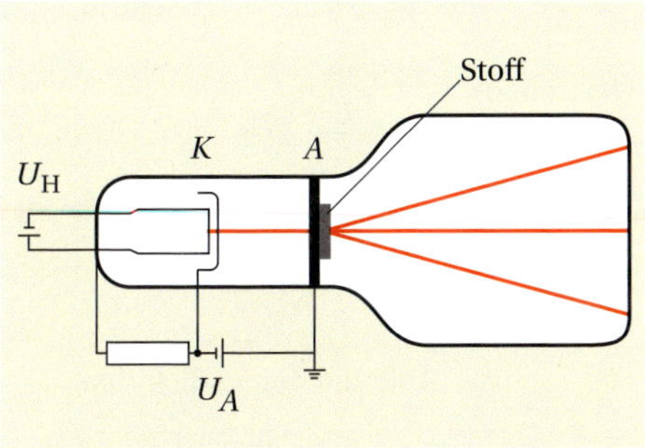

1 ▸ Experimentieranordnung zur Untersuchung von Elektronenstrahlinterferenzen

Film nicht einfach nur einen hellen Fleck, sondern ein charakteristisches Muster, so wie es Abb. 2 zeigt. Das Muster erinnert an Maxima und Minima bei der Lichtinterferenz, nur mit dem Unterschied, dass sie hier auf konzentrischen Kreisen angeordnet sind. Das Muster wird von den bewegten Elektronen erzeugt.

Dafür sprechen folgende experimentelle Belege:

1. Erhöht man die Beschleunigungsspannung U_A, so werden die Durchmesser der Kreise kleiner. Analog zur Interferenz bei Licht könnte man das so deuten: Elektronen kann eine Wellenlänge zugeordnet werden, die von der Beschleunigungsspannung und damit von der Geschwindigkeit der Elektronen abhängig ist.

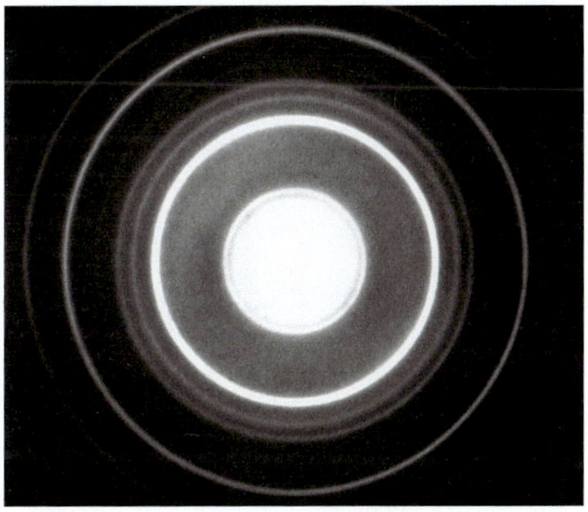

2 ▸ Interferenzmuster von Elektronen nach dem Durchgang durch eine dünne Folie

2. Bringt man einen Magneten in die Nähe des Fluoreszenzschirms, so wird die Ringstruktur entsprechend seitlich verzerrt. Nähert man den entgegengesetzten Pol, so weicht die Ringstruktur in die andere Richtung aus. Das bedeutet, dass das Muster nicht von Licht erzeugt wurde, sondern tatsächlich durch die Elektronen.

Aus diesen und vielen anderen experimentellen Untersuchungen kann man folgern:

Das Quantenobjekt Elektron besitzt neben Teilcheneigenschaften auch Welleneigenschaften.

Damit ist zugleich eine Eigenschaft aller Quantenobjekte beschrieben: Bei allen Quantenobjekten kann Interferenz auftreten, die im Teilchenmodell nicht beschreibbar ist.

Historisches zu Materiewellen

Der französische Physiker Louis de Broglie (1892–1987) kam aufgrund theoretischer Überlegungen 1924 zu der Auffassung, dass jedem Quantenobjekt auch Wellencharakter zuzuordnen sei. Er führte den Begriff **Materiewelle** in die Physik ein und entwickelte die Theorie des Welle-Teilchen-Dualismus. Für die Wellenlänge dieser Materiewellen gilt:

$$\lambda = \frac{h}{m \cdot v}$$

h plancksche Konstante
m Masse des Quantenobjekts
v Geschwindigkeit des Quantenobjekts

Damit hätten z. B. Elektronen bei einer Beschleunigungsspannung von 100 V eine Wellenlänge von $\lambda = 1{,}2 \cdot 10^{-10}$ m.

Eine erste experimentelle Bestätigung lieferten die amerikanischen Physiker L. H. Germer und C. J. Davisson im Jahr 1927. Sie beschossen einen Nickel-Kristall mit Elektronen und maßen die Intensität der gestreuten Elektronen.

Elektronen im Doppelspalt-Experiment

Schickt man geeignetes Licht durch einen Doppelspalt, so kann man auf einem Schirm Interferenzstreifen beobachten (s. S. 144). Wenn Elektronen eine Wellenlänge zugeordnet werden kann, müsste bei ihnen ein analoger Effekt auftreten. Um das nachzuweisen, werden Elektronen gleicher Geschwindigkeit auf einen sehr schmalen Doppelspalt gelenkt. Die hindurchgelassenen Elektronen treffen auf einem Schirm auf und werden dort von empfindlichen Detektoren registriert (Abb. 1).

Dieses Experiment wurde erstmalig 1960 von CLAUS JÖNSSON durchgeführt und 1961 veröffentlicht.

Man könnte folgendes Ergebnis erwarten: Ähnlich wie bei einem Geschoss (Abb. 2) treten Elektronen durch einen der Spalte hindurch. Die Aufschläge auf den Schirm häufen sich auf zwei Streifen (Abb. 2).

Das Ergebnis von Experimenten mit Elektronen ist aber ein anderes. Bei wenigen Elektronen entsteht ein eher zufälliges Muster (Abb. 3b). Je mehr Elektronen man aber auf den Doppelspalt schickt, desto deutlicher tritt ein Interferenzmuster auf (Abb. 3c), wie wir es von Licht her kennen (Abb. 3a).

Die Experimente belegen: Für einzelne Elektronen lässt sich der Auftreffort nicht vorhersagen. Bei einer großen Anzahl von Elektronen registriert man aber eine Verteilung, die der Intensitätsverteilung beim Doppelspaltversuch mit Licht entspricht.

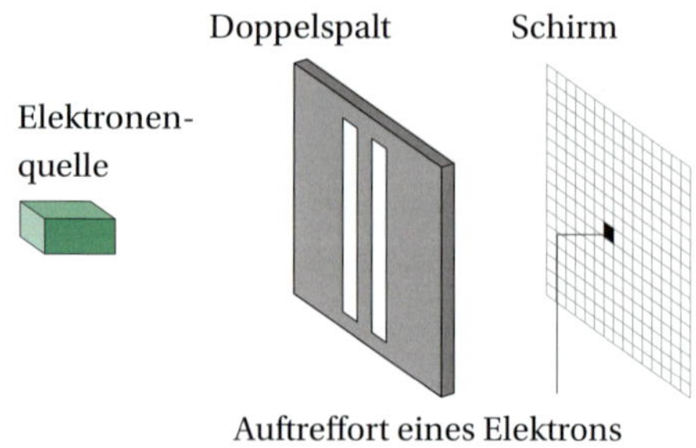

1 ▸ Experimentieranordnung zur Interferenz von Elektronen am Doppelspalt

Ein Schussapparat feuert Kugeln mit leicht veränderlicher Richtung auf einen Doppelspalt ab.

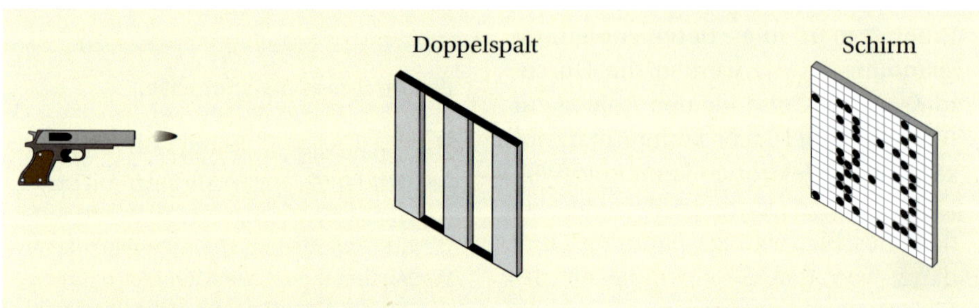

2 ▸ Simulation mit einem makroskopischen Körper (Geschoss)

Dargestellt sind jeweils nur die Schirmbilder.

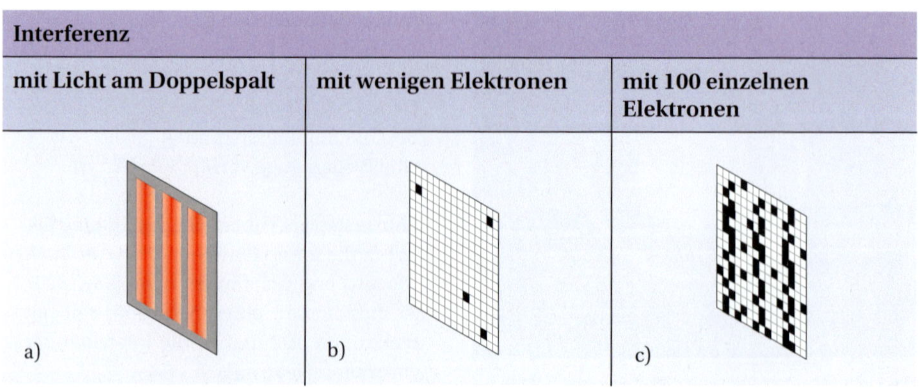

3 ▸ Interferenz von Licht (Photonen) und Elektronen

Der Zufall in der Quantenphysik

Führt man mit den Quantenobjekten Elektron oder Photon Experimente durch, so hängt das Ergebnis eines Experiments erheblich von der Anzahl der Elektronen bzw. Photonen ab.

Betrachten wir dazu das folgende Beispiel: Wenn man Licht schräg auf eine Glasscheibe fallen lässt, so wird ein Teil des Lichts durchgelassen und ein Teil reflektiert. Nehmen wir an, eine bestimmte Glasscheibe lässt $\frac{3}{4}$ des Lichts durch, der Rest wird reflektiert.
Wenn man die Intensität des auftreffenden Lichts so weit verkleinert, dass nur noch einzelne Photonen auf die Glasscheibe treffen, so stellt man fest, dass diese Photonen entweder ganz durch die Scheibe gehen oder ganz reflektiert werden. Man kann nicht vorhersagen, ob das einzelne Photon von der Scheibe reflektiert oder durchgelassen wird. Bei einer sehr kleinen Anzahl von Photonen kann die Verteilung deutlich anders sein als das erwartete Verhältnis von $\frac{1}{4}$ zu $\frac{3}{4}$ (Abb. 1b).

Lässt man viele Photonen (nacheinander oder zusammen) auf die Glasscheibe treffen, so stellt man fest: Im Mittel werden $\frac{3}{4}$ der Photonen durchgelassen, der Rest wird reflektiert.
Je größer die Anzahl der auf die Glasscheibe fallenden Photonen wird, umso mehr stabilisieren sich die relativen Häufigkeiten der reflektierten bzw. hindurchgelassenen Photonen um die erwarteten Werte $\frac{1}{4}$ und $\frac{3}{4}$.
Dieses oben beschriebene zufällige Verhalten einzelner Quantenobjekte nennt man **stochastisch.**
Ein solches stochastisches Verhalten zeigt sich auch in Experimenten zur Interferenz, so wie sie in der Übersicht auf S. 164 oben beschrieben sind.
Zusammenfassend ergibt sich für alle Quantenobjekte:

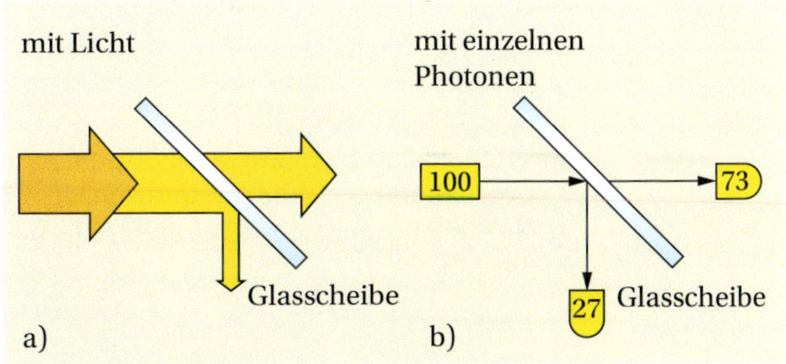

1 ▸ Reflexion von Licht bzw. von einzelnen Photonen an einer Glasscheibe

M

Quantenobjekte, z. B. Photonen und Elektronen, verhalten sich oft stochastisch. Das bedeutet: Versuchsergebnisse mit einzelnen Quantenobjekten können nicht vorausgesagt werden. Bei einer großen Anzahl von Quantenobjekten sind Wahrscheinlichkeitsaussagen möglich.

Photonen und Masseteilchen (Elektronen, Protonen, Atome) zeigen in Interferenzexperimenten typische Muster. Selbst bei großen Molekülen wie den Fullerenen (fußballförmige Moleküle) hat man Interferenzmuster beobachtet.
Man darf sich Quantenobjekte weder als Welle noch als Teilchen vorstellen, auch wenn manche Erscheinung gut mit dem Wellenmodell oder mit dem Teilchenmodell beschreibbar ist. Vielmehr zeigen Quantenobjekte gleichzeitig
- etwas **Welliges,** was ihre Ausbreitung bestimmt und zu Interferenzen führt,
- etwas **Körniges (Teilchenhaftes),** was sich z. B. bei der Ortsbestimmung zeigt,
- etwas **Stochastisches,** was uns Wahrscheinlichkeitsaussagen für eine große Anzahl von Quantenobjekten ermöglicht.

Damit unterscheiden sich Quantenobjekte grundsätzlich von den makroskopischen Körpern, die uns umgeben.
Bei diesen makroskopischen Körpern spielen die Eigenschaften, die man bei Quantenobjekten festgestellt hat, keine Rolle.

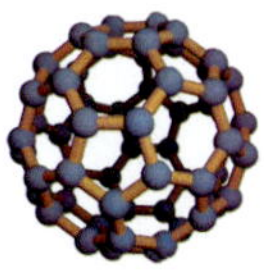

Fullerene sind Kohlenstoffmoleküle mit Fußballstruktur.

Bei makroskopischen Objekten (Bällen, Staubkörnchen) sind die Quanteneffekte so klein, dass sie nicht mehr beobachtbar sind.

Interferenz von Licht am Doppelspalt. Man erhält das typische Streifenmuster. Helle Stellen wechseln sich mit dunklen Stellen ab.

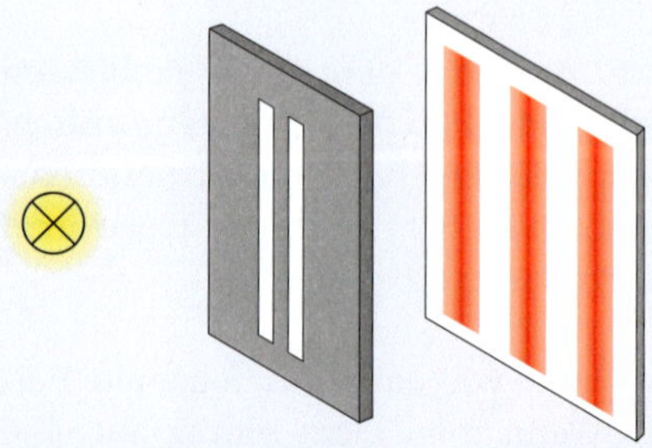

Wenn man die Lichtquelle genügend abschwächt, können die Photonen einzeln in die Apparatur gelangen.
Obwohl am Aufbau nichts verändert wird, werden die Photonen an ganz unterschiedlichen Stellen des Schirms nachgewiesen. Mögliche Nachweisorte von vier Photonen sind in der Skizze durch rote Quadrate gekennzeichnet.
Der Nachweisort der einzelnen Photonen kann nicht vorhergesagt werden.

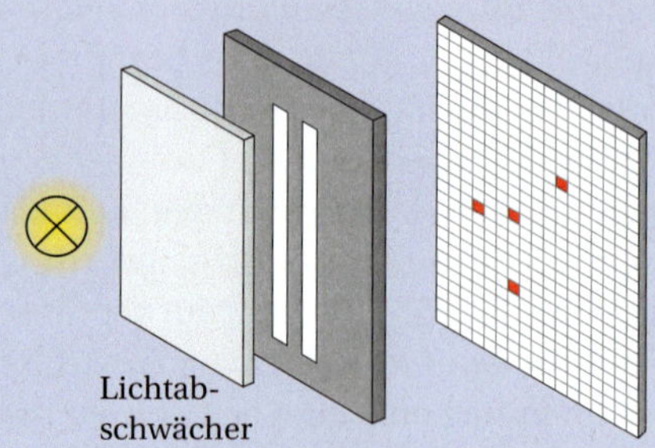

Lässt man gleichzeitig oder nacheinander eine große Anzahl von Photonen auf den Doppelspalt fallen, dann ergibt sich eine Intensitätsverteilung mit den typischen Minima und Maxima. Die Nachweiswahrscheinlichkeit kann sogar für jede Stelle des Schirms berechnet werden.

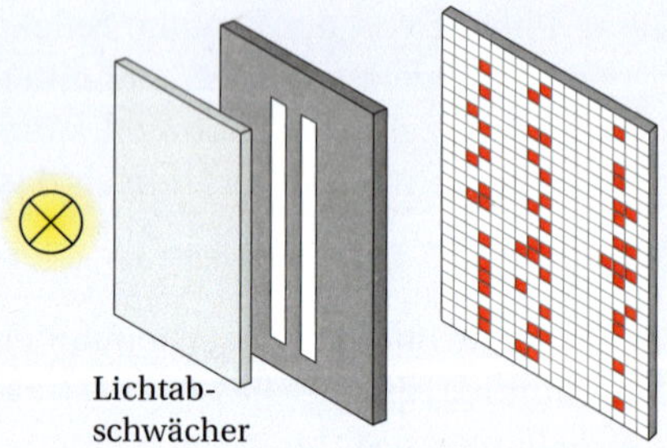

Max Planck – der Begründer der Quantenphysik

MAX PLANCK (1858–1947) lebte in einer Zeit, in der die klassische Physik ihrer Vollendung entgegenging und sich zugleich völlig neue Bereiche der Physik zu entwickeln begannen. Der in Kiel geborene PLANCK besuchte in München das Gymnasium, studierte an der Universität München und war ab 1880 als Dozent und Professor an verschiedenen Universitäten tätig.
Die theoretische Beschreibung von Wärmestrahlung führte ihn letztlich zur Erkenntnis, dass Energie nur portionsweise abgestrahlt wird.

PLANCK selbst beschrieb den Weg seiner Erkenntnis in seiner wissenschaftlichen Selbstbiografie so:
„Kurz zusammengefasst kann ich die ganze Tat als einen Akt der Verzweiflung beschreiben. ... ich kannte die Formel, welche die Energieverteilung im Spektrum wiedergibt; eine theoretische Deutung musste daher um jeden Preis gefunden werden ... Die klassische Physik reichte nicht aus, das war mir klar."
Die Lösung war die Einführung eines elementaren Wirkungsquantums h. Das war die Geburtsstunde der Quantenphysik.

Die Unbestimmtheitsrelation

Wenn man bei Experimenten mit Quantenobjekten für das Messergebnis einer Größe nur Wahrscheinlichkeiten voraussagen kann, dann sagt man, die Größe ist **unbestimmt.**
So hat bei der Beugung von Licht am Doppelspalt der Nachweisort auf dem Schirm eine große Unbestimmtheit.

Es zeigt sich: Man kann Quantenobjekte nicht so präparieren, dass sie gleichzeitig einen bestimmten Ort und einen bestimmten Impuls haben. Der deutsche Physiker WERNER HEISENBERG (1901–1976) hat diesen Zusammenhang im Jahr 1927 genauer formuliert.

> Je bestimmter der Ort eines Quantenobjekts ist, desto unbestimmter ist sein Impuls und umgekehrt.

Diese grundlegende Aussage zu Quantenobjekten wird heisenbergsche **Unbestimmtheitsrelation** oder **Unschärferelation** genannt.
Wenn man beispielsweise den Ort eines Elektrons in einer Richtung stark einschränkt, dann wird sein Impuls in dieser Richtung sehr unbestimmt.

Dies zeigt sich z. B., wenn Quantenobjekte einen Einzelspalt passieren (s. Tabelle unten). Auch hier ergibt sich wieder ein gravierender Unterschied zwischen den uns umgebenden Körpern und Quantenobjekten wie Photonen oder Elektronen. Klassische Objekte bewegen sich auf einer bestimmten Bahn. Sie haben zu jedem Zeitpunkt einen bestimmten Ort und einen bestimmten Impuls. Diese können mithilfe der newtonschen Gesetze vorausgesagt und mit hoher Genauigkeit bestimmt werden.
Quantenobjekte haben dagegen nicht gleichzeitig einen bestimmten Ort und einen bestimmten Impuls. Sie haben keine Bahn. Man kann auch nicht sagen: Die Quantenobjekte machen eine Bahn, wir können sie nur nicht sehen. Wenn das so wäre, dann wäre das Interferenzmuster nicht erklärbar. Es gilt also:

> Quantenobjekte bewegen sich nicht auf Bahnen.

Insbesondere bewegen sich Elektronen in der Atomhülle nicht auf Bahnen. Die Frage, wo sich Elektronen in der Atomhülle aufhalten, kann nur über Wahrscheinlichkeiten beschrieben werden.

Die Unbestimmtheitsrelation lässt sich in folgender mathematischer Form angeben:
$\Delta x \cdot \Delta p \geq \frac{h}{4\pi}$
Dabei bedeuten x den Ort, p den Impuls und h die plancksche Konstante.

Wenn die Spaltbreite groß ist, dann ist der Ort in y-Richtung nur wenig eingeschränkt. Der Ort ist beim Durchgang durch den Spalt relativ stark unbestimmt. Dafür ist der Impuls in y-Richtung ziemlich bestimmt. Er ist ziemlich genau null in y-Richtung, was man daran sieht, dass fast alle Photonen etwa in Höhe des Spalts nachgewiesen werden.	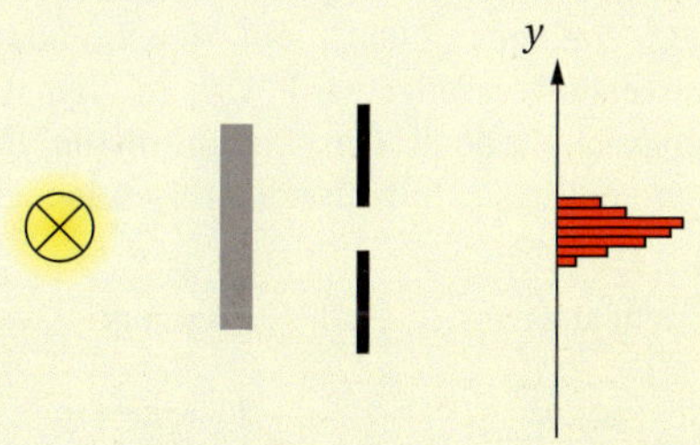
Wenn die Spaltbreite klein ist, dann ist der Ort in y-Richtung (beim Durchgang durch den Spalt) relativ stark bestimmt. Dafür schwankt der Impuls in y-Richtung stark. Dies sieht man daran, dass die Photonen in einem großen Bereich auftreffen.	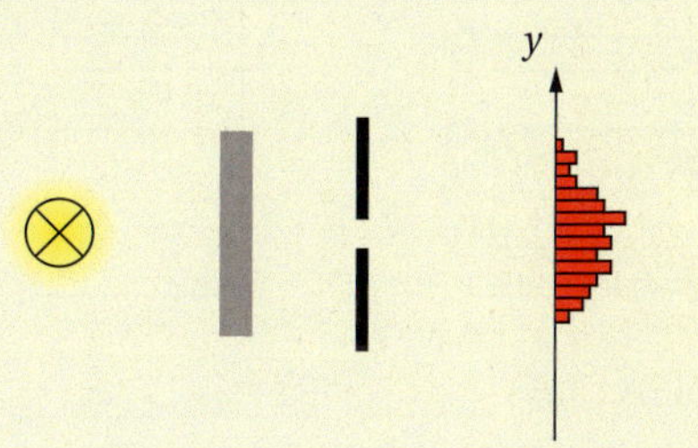

Dennoch ist das Kügelchenmodell (meist Teilchenmodell genannt) in vielen Bereichen der Physik ein hilfreiches Modell.

Ein neues physikalisches Weltbild

Wenn man sich Elektronen oder Photonen als kleine Kügelchen vorstellt, dann kommt man schnell in Erklärungsnöte:

- Wie soll man sich Kügelchen vorstellen, deren Ort oder Geschwindigkeit unbestimmt ist, die sich also nicht auf einer Bahn bewegen?
- Wie soll man erklären, dass diese Kügelchen ein Interferenzmuster erzeugen?

Die einzige Lösung ist: Unsere Welt ist eben nicht aus kleinen Kügelchen aufgebaut, sondern aus Quantenobjekten. Diese Quantenobjekte verhalten sich ganz anders, als wir es aus dem Alltag gewöhnt sind. Dennoch verhalten sich klassische Objekte, die aus vielen Quantenobjekten zusammengesetzt sind, so, wie wir es aus dem Alltag kennen.
Die Erkenntnisse der Quantenphysik sind nicht nur von theoretischem Interesse. Viele technische Anwendungen, die wir heute nutzen, beruhen auf Erkenntnissen der Quantenphysik (s. S. 167–168).

Das moderne Atommodell
Nach dem Atommodell von BOHR oder RUTHERFORD umkreisen Elektronen den Atomkern auf Bahnen. Diese Anfang des 20. Jahrhunderts entwickelte Vorstellung kann zwar einige Experimente erklären, z. B., welches Licht von leuchtendem Wasserstoff erzeugt wird. Das Modell widerspricht jedoch den Erkenntnissen der Quantenphysik. So müssten kreisende Elektronen eine Bahn haben, was jedoch mit der Unbestimmtheitsrelation von HEISENBERG nicht vereinbar ist.
Deshalb wurden neue Modelle entwickelt, die mit den Erkenntnissen der Quantenphysik vereinbar sind.
Im **quantenphysikalischen Atommodell** sind die Atomkerne von einer Elektronenhülle umgeben. Die Hülle kann man sich anschaulich wie eine Wolke vorstellen (Abb. 2 links). Im einfachsten Fall hat die Elektronenhülle die Form einer Kugel. Sie kann aber auch andere Formen annehmen, so wie das in Abb. 2 dargestellt ist. Diese möglichen Formen nennt man **Orbitale.**

Normalerweise befindet sich die Hülle im Zustand niedrigster Energie. Wenn man die Elektronenhülle eines Atoms in eine andere Form bringen will, ist eine bestimmte Energie nötig. Diese kann z. B. vom Zusammenstoß zweier Atome kommen.
Beim „Zurückschnappen" der Elektronenhülle in die alte Form wird genau die aufgewendete Energie wieder frei. Diese Energie wird von einem Photon fortgetragen.
Auch mit dem Orbitalmodell kann z. B. vorausgesagt werden, welche Wellenlängen das von leuchtendem Wasserstoff emittierte Licht besitzt.
Tatsächlich ist das im Orbitalmodell sogar viel genauer möglich und nicht nur für Wasserstoffatome, sondern auch für viele andere Atome und sogar für Moleküle.

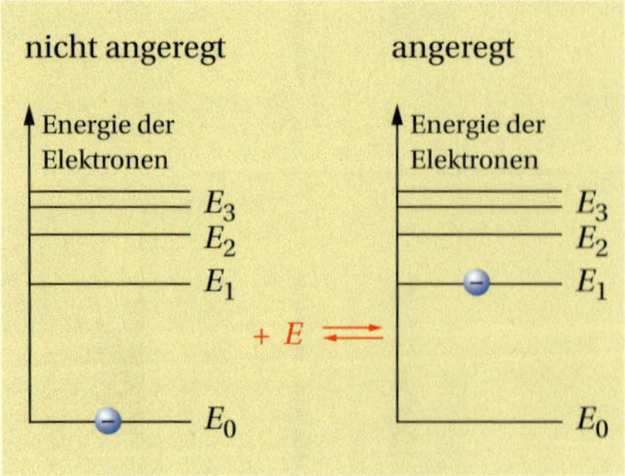

1 ▸ Energiestufenmodell: Bei Energiezufuhr oder -abgabe verändert sich das Energieniveau.

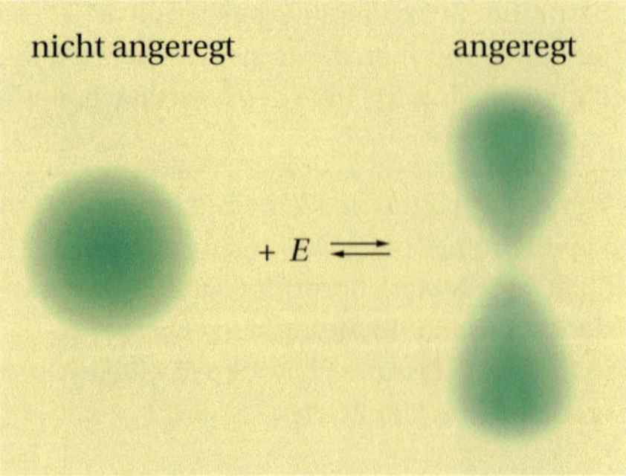

2 ▸ Das Orbitalmodell: Bei Energiezufuhr oder -abgabe verändert sich die Form der Orbitale.

3

Physik in Natur und Technik

Die Quantenphysik als Grundlage moderner Technologien

Die Quantenphysik hat nicht nur die Physik, sondern auch die anderen Naturwissenschaften ein großes Stück vorangebracht. Die Berechnung von Wahrscheinlichkeiten für die Ergebnisse von Experimenten mit Quantenobjekten ist eine der Hauptaufgaben der Quantenphysik. Bei der Auswertung der entsprechenden Formeln erhält man jedoch noch weitere Voraussagen.
So kann man z. B. voraussagen, welche Farbe bestimmte Stoffe (Abb. 1) oder welche Form bestimmte Moleküle oder Oberflächen haben (Abb. 2). Das ist für die **Halbleitertechnik** und für die **Lasertechnik** von Bedeutung.
Welche Rolle spielt die Quantenphysik in der Halbleitertechnik?

Computer, Handys und andere elektronische Geräte funktionieren mit elektronischen Bauelementen. Diese bestehen aus Halbleitern, meist aus Silicium. Halbleiter sind Stoffe, deren Leitfähigkeit zwischen der von Leitern und Nichtleitern liegt. Durch gezielte Verunreinigung mit Fremdatomen kann man die Leitungseigenschaften von Halbleitern stark beeinflussen. Damit kann man Bauelemente wie Transistoren und Dioden bauen, mit denen man elektrische Ströme schnell und effektiv steuern kann.
Die Quantenphysik erlaubt es, diese Effekte rechnerisch zu beschreiben und dadurch zu optimieren. Das Gleiche gilt für die Temperaturabhängigkeit von Heißleitern oder für die Leuchteigenschaften von Leuchtdioden, die heute umfangreich für Beleuchtungszwecke genutzt werden.

2 ▸ Quantenphysikalische Erkenntnisse ermöglichen die Herstellung spezieller Oberflächenstrukturen.

Die Aufnahme mit einem Rastertunnelmikroskop zeigt Eisenatome auf einer Kupferoberfläche.

Wie wurde die Lasertechnik durch die Quantenphysik beeinflusst?

Ein **Laser** sendet Licht einer ganz bestimmten Wellenlänge (Farbe) aus. Dieses Licht ist eng gebündelt.

1 ▸ Zur Herstellung von Farbpulver mit spezieller Struktur nutzt man quantenphysikalische Erkenntnisse.

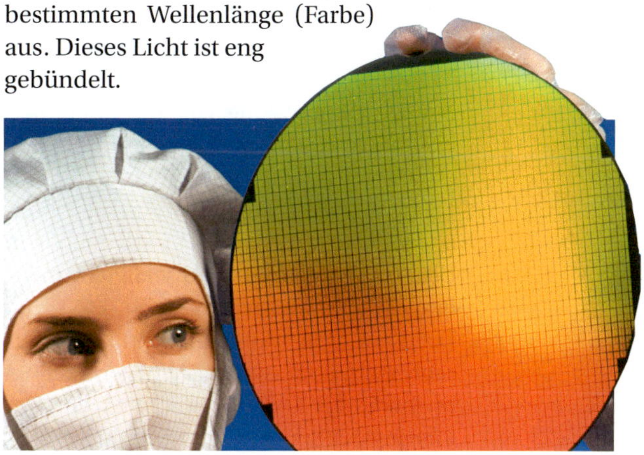

3 ▸ Halbleiterscheiben aus Silicium (Waver) sind der Ausgangspunkt für Chips, die man heute in vielen Geräten findet.

Zustand 1 ist ein nicht angeregter Zustand der Atomhülle. Durch Energiezufuhr gelangt die Elektronenhülle in den angeregten Zustand 2.

Die Quantenphysik gab schon 30 Jahre, bevor der erste Laser gebaut wurde, Hinweise darauf, wie solche speziellen Lichtquellen funktionieren könnten.

Beim „Zurückschnappen“ der Elektronenhülle von Zustand 2 in Zustand 1 wird die Energie von einem Photon fortgetragen. Mit der Quantenphysik kann man die mittlere Zeit von der Anregung der Hülle bis zum „Zurückschnappen“ berechnen. Dabei zeigt sich, dass diese Zeiten sehr unterschiedlich sind.

A. EINSTEIN fand noch eine weitere Konsequenz aus der Quantenphysik: Wenn sich im Bereich der Atome bereits Photonen mit der entsprechenden Energie und Bewegungsrichtung befinden, dann „schnappen“ die Elektronenhüllen viel schneller zurück. Dadurch entstehen weitere Photonen mit wieder der gleichen Energie und Richtung. Durch diesen Lawineneffekt entsteht Licht bestimmter Wellenlänge (Farbe).

Wenn man dafür sorgt, dass ständig Energie nachgeliefert wird, um genügend Elektronenhüllen von Zustand 1 in Zustand 2 zu bringen, dann kann man einen dauerhaft starken Lichtstrom erhalten, einen Laserstrahl.

In der modernen Technik werden die Möglichkeiten der Quantenkryptografie erforscht. Was verbirgt sich dahinter?

Bei der Übertragung von Informationen (z.B. von PIN-Nummern an die Bank oder auch zum Versenden einer E-Mail) wünscht man sich, dass die Informationen, die man übermitteln will, nicht von Unbefugten gelesen und vielleicht missbraucht werden können.

Dazu werden die Informationen verschlüsselt. Routinierten Abhörern gelingt es aber in der Regel recht schnell, den Codierungsschlüssel herauszufinden.

Mit der Quantenphysik kann man Informationen abhörsicher übermitteln, d.h., die Information wird beim Abhören verändert und dadurch wird das Abhören schnell bemerkt.

Dazu benutzt man Quantenobjekte, z.B. Photonen. Diese Photonen kann man in verschiedene Zustände bringen, aus denen der Empfänger die Information herauslesen kann. Wenn der Abhörer versucht, die Information zu entschlüsseln, beeinflusst er die Photonen so stark, dass die Information unkenntlich wird.

Es ist mittlerweile schon gelungen, Informationen mit einzelnen Photonen über 50 km weit zu übermitteln, z.B. in einer Leitung unter dem Genfer See.

Was sind Quantencomputer?

Je kleiner Computerchips werden, umso schneller können Rechenoperationen in ihnen ausgeführt werden. Momentan sind über 1 Milliarde solcher Operationen pro Sekunde möglich. Doch irgendwann in nicht zu ferner Zukunft werden wir die Grenzen der Miniaturisierung erreicht haben: Kleiner als ein Atom kann ein Bauteil nicht gemacht werden. Deshalb forschen Physiker momentan daran, wie man mithilfe der Quantenphysik die Rechenleistung weiter erhöhen kann.

Noch gibt es den **Quantencomputer** nur in der Theorie, aber erste Schritte sind im Labor schon gelungen.

1 ▸ Wann die Chips ersetzt werden, ist offen.

Aufgaben

1. Erläutern Sie drei physikalische Phänomene, bei denen es zweckmäßig ist, das Elektron als Teilchen zu betrachten!

2. Physiker haben erkannt: Elektronen haben neben Teilcheneigenschaften auch Welleneigenschaften.
Wie würden Sie diese Erkenntnis einer Person überzeugend vermitteln, die davon noch nichts gehört hat?

3. Mit einer Elektronenstrahlröhre (s. S. 161, Abb. 1) werden verschiedene Experimente durchgeführt.

a) Treten die Elektronen durch eine Grafitfolie hindurch, dann entsteht auf dem Schirm das nebenstehend skizzierte Bild. Begründen Sie, wie ein solches Bild zustande kommt!

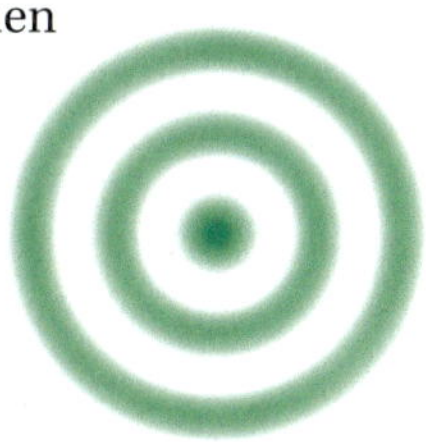

b) Die Grafitfolie wird entfernt. Was für ein Bild würde dann auf dem Bildschirm entstehen? Skizzieren Sie im Heft!

c) Nun wird die Grafitfolie wieder eingebaut und fünf Elektronen werden hindurchgeschickt. Welche Voraussage kann man für das Schirmbild machen?

d) In einem weiteren Versuch werden ca. 50 Elektronen durch die Folie geschickt. Welche Voraussage können Sie jetzt für das Schirmbild machen?

e) 50 Physiker bauen an 50 verschiedenen Orten der Erde das gleiche Experiment auf und schicken je **ein** Elektron durch die Röhre. Sie kopieren ihr Ergebnis auf Folie. Bei einem Treffen legen sie die Folien übereinander.
Welche Voraussage können Sie für das Ergebnis treffen? Begründen Sie Ihre Aussage mit den Eigenschaften von Quantenobjekten!

4. Was erwartet man als Ergebnis bei einem Doppelspaltexperiment mit Elektronen, wenn man davon ausgeht, dass Elektronen Teilchen sind?

5. Ein Elektronenstrahl wird auf einen Doppelspalt gelenkt. Hinter dem Doppelspalt registriert man auf einem Schirm eine bestimmte Intensitätsverteilung.
Welche Schlussfolgerungen kann man aus diesem Experiment ziehen?

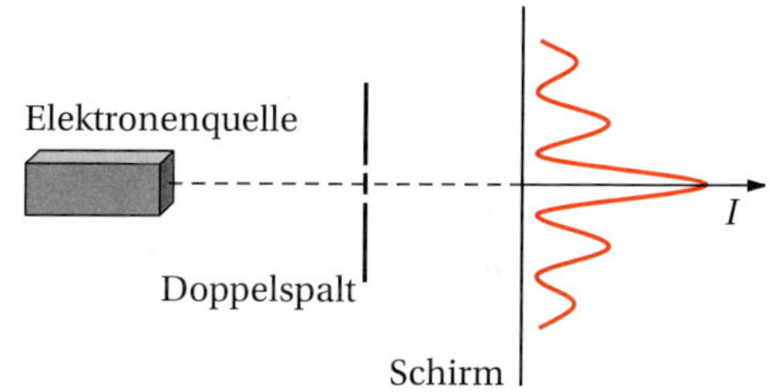

6. Forscher Zweistein berichtet: „Ich habe gestern 5 Photonen auf eine Glasplatte fallen lassen. Alle 5 Photonen wurden reflektiert. Daraus schließe ich, dass die Glasplatte für Licht völlig undurchlässig ist." Was meinen Sie zu dieser Schlussfolgerung?

7. Max Planck ist der Begründer der Quantenphysik. Informieren Sie sich über sein Leben und seine wissenschaftlichen Leistungen!
Bereiten Sie ein Referat zu Leben und Wirken von M. Planck vor!

8. Vergleichen Sie ein makrophysikalisches Objekt, z. B. einen Ball, mit einem Quantenobjekt, z. B. einem Elektron! Stellen Sie in einer Übersicht Gemeinsamkeiten und Unterschiede zusammen!

9. Erkenntnisse der Quantenphysik werden bei modernen Technologien genutzt.
Informieren Sie sich über ein selbst gewähltes Beispiel genauer! Fertigen Sie dazu eine Präsentation an!

Das Wichtigste auf einen Blick

Quantenobjekte – Elektronen, Photonen, Masseteilchen

Quantenobjekte sind die Objekte, mit denen sich die **Quantenphysik** beschäftigt. Zu ihnen gehören Elektronen, Photonen und weitere Elementarteilchen (Neutronen, Protonen), aber auch Atome und Moleküle.

Im Unterschied zu den uns umgebenden makroskopischen Körpern gilt für die Quantenobjekte:

- Quantenobjekte bewegen sich nicht auf Bahnen.
- Quantenobjekte sind keine kleinen Kügelchen.
- Bei Quantenobjekten treten Teilchen- und Welleneigenschaften auf.

Quantenobjekte

- haben etwas **Welliges,** was ihre Ausbreitung bestimmt und z. B. auch Interferenz bewirkt.
- haben etwas **Körniges** oder **Teilchenhaftes,** was sich z. B. bei einer Ortsmessung zeigt.
- haben etwas **Stochastisches,** was keine Aussage über das Verhalten eines einzelnen Quantenobjekts erlaubt, wohl aber Wahrscheinlichkeitsaussagen für eine große Anzahl von Quantenobjekten.

Das Elektron

- ist als klassisches Teilchen beschreibbar.
  - $m = 9{,}1 \cdot 10^{-31}$ kg
  - $e = 1{,}6 \cdot 10^{-19}$ C
  - Es besitzt eine bestimmte Geschwindigkeit und damit kinetische Energie.
- zeigt auch Welleneigenschaften.
  Es treten Beugung und Interferenz auf.

4 Profilbereich NTG

4.1 Physik am Computer

Modellbildungssysteme

Häufig braucht man für technische Anwendungen quantitative Voraussagen. Wenn man die geeigneten physikalischen Gesetze anwendet, stößt man oft auf mathematische Gleichungen, die nicht so ohne Weiteres aufzulösen sind. So können in einer Gleichung Größen auftreten, die voneinander abhängen.

Betrachtet man z. B. den Fall eines Körpers in Luft, dann hängt die Geschwindigkeit des Körpers zu einem bestimmten Zeitpunkt von der Beschleunigung ab, die er vorher hatte. Die Beschleunigung wiederum hängt aber von der momentanen Geschwindigkeit ab, weil der bewegungshemmende Luftwiderstand mit zunehmender Geschwindigkeit größer wird.
Solche komplexen Zusammenhänge zwischen physikalischen Größen können wir im Allgemeinen mit den Mitteln der Schulmathematik nicht auflösen.
Die moderne Rechentechnik ermöglicht es aber, auch solche komplexen Zusammenhänge zu bearbeiten. Dazu verwendet man **Modellbildungssysteme.**
Das Grundprinzip besteht darin, dass man alle für den jeweiligen Fall wichtigen Größen eingibt, der Computer in kleinen Zeitschritten Zwischenlösungen berechnet und diese zu einer Gesamtlösung zusammenfügt. Ein Beispiel ist auf den Seiten 64 – 65 zu finden.
Mit solchen Modellbildungssystemen kann man die Frage „Was wäre, wenn?“ untersuchen. Dabei ist aber ein zentrales Problem der Modellbildung zu beachten: Der Mensch kann beliebige mathematische Modelle aufstellen. Ihre Bedeutung ergibt sich erst, wenn man mit ihnen Voraussagen machen kann, die mit der Beobachtung der realen Vorgänge übereinstimmen.
In der Technik hat man früher Experimente an Originalen (Abb. 1) oder an maßstäblichen Modellen durchgeführt. So wurde z. B. der Luftwiderstand eines Autos an einem Modell im Maßstab 1 : 20 in einem Windkanal bestimmt und dann geschlossen, wie groß er am realen Auto sein wird. Heute werden die Berechnungen zum überwiegenden Teil mit Computermodellen durchgeführt.

Damit können Autos bezüglich ihres Luftwiderstands optimiert werden.

1 ▸ Untersuchungen zu Strömungsverhältnissen können heute am Computer simuliert werden.

Grafische Modellierung

Um den Benutzer eines Modellbildungssystems vom mathematischen Lösungsverfahren zu entlasten, bedienen sich moderne Programme einer grafischen Oberfläche, die die Strukturen einer Modellierung hervorhebt. Dazu hat man verschiedene Symbole und Bezeichnungen eingeführt, die in der Übersicht auf S. 173 oben zusammengestellt sind. Betrachten wir als Beispiel ein Glas heißes Wasser, das sich langsam auf Raumtemperatur abkühlt (s. Tabelle S. 173).
Die symbolische Darstellung der Einwirkung von Größen aufeinander nennt man ein **Wirkungsdiagramm.** Für den Abküh-

Wir unterscheiden	
Zustandsgrößen Symbol: □	Das sind Werte, die den momentanen Zustand des Systems beschreiben. Im Beispiel ist das die Temperatur des Wassers.
Veränderungsraten Symbol: ▭▷	Sie beschreiben die Zu- oder Abnahme von Zustandsgrößen. In unserem Beispiel ist das die Temperaturänderung pro Zeiteinheit.
Konstanten Symbol: ○ ⬭	Das sind Größen, die während der Beobachtung des Systems konstant bleiben, aber das Zusammenspiel der anderen Größen beeinflussen. Im Beispiel ist das die Umgebungstemperatur.

Anfangstemperatur des Wassers: $\vartheta_A = 50$ °C
Umgebungstemperatur: $\vartheta_U = 20$ °C

lungsprozess erhält man das folgende Wirkungsdiagramm:

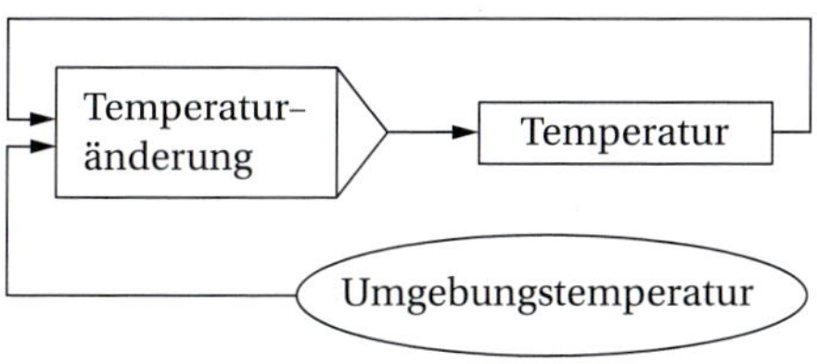

Im Wirkungsdiagramm wird deutlich, dass die Temperatur des Wassers zusammen mit der Umgebungstemperatur auf die Temperaturänderung einwirkt. Da die Temperatur des Wassers sich ändert und diese Änderung wiederum von der Temperatur des Wassers abhängt, spricht man von einer **Rückkopplung.**
Es ist analog zum Wirkungsdiagramm der Bewegung mit Luftwiderstand (s. S. 64). Man kann also auch analoge Ergebnisse erwarten. Tatsächlich nimmt die Geschwindigkeit eines fallenden Körpers unter Berücksichtigung des Luftwiderstands am Anfang pro Sekunde stark zu und mit zunehmender Geschwindigkeit nimmt diese pro Sekunde immer weniger zu. Ganz analog nimmt die Temperatur des Wassers am Anfang pro Sekunde stark ab und mit sinkender Temperatur nimmt sie pro Sekunde immer weniger ab.
Es gilt also:

Mit Wirkungsdiagrammen kann man Analogien zwischen sehr unterschiedlichen Systemen erkennen und nutzen. (M)

Wie die Systemgrößen quantitativ aufeinander einwirken, wird dem Modellbildungssystem zusätzlich mit Formeln mitgeteilt.
Bei der Einwirkung der Veränderungsrate auf eine Zustandsgröße unterscheidet man üblicherweise nur zwischen positiver und negativer Einwirkung. Dagegen muss für die Veränderungsrate eine explizite Formel eingegeben werden. Im Beispiel lautet diese:

$$\Delta\vartheta = k \cdot (\vartheta - \vartheta_U) \cdot \Delta t$$

Dabei bedeuten:
$\Delta\vartheta$ Temperaturänderung
ϑ Temperatur des Wassers
ϑ_U Umgebungstemperatur
Δt Zeitschritt

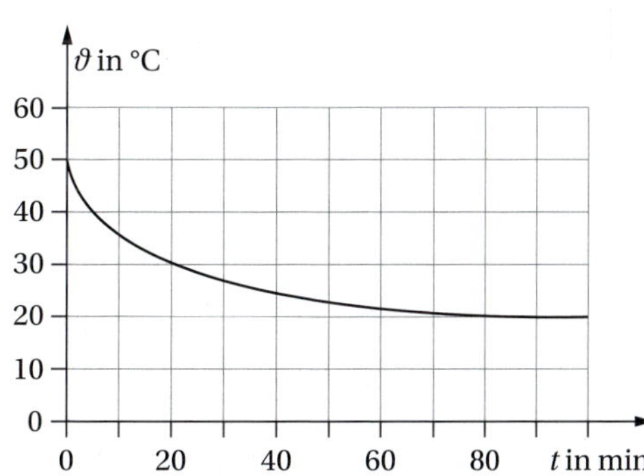

1 ▸ Temperaturänderung von Wasser mit der Zeit: Die Temperaturänderung erfolgt ungleichmäßig.

Numerische Verfahren und ihre Fehler

Während sich in der Natur die Größen kontinuierlich verändern, rechnet ein Modellbildungssystem in Zeitschritten, in denen die Größen als konstant angenommen werden und von Zeitschritt zu Zeitschritt eine sprunghafte Änderung erfolgt. Durch diese Vereinfachung entstehen Fehler, die umso größer sind, je größer man den Zeitschritt wählt. Simuliert man z. B. die Schwingung einer Feder mit einem Modellbildungssystem und unterschiedlichen Zeitschritten, so erhält man die unten dargestellten t-y-Diagramme.

Zeitschritt 1 s: Die Amplitude der Schwingung scheint von selbst zuzunehmen.

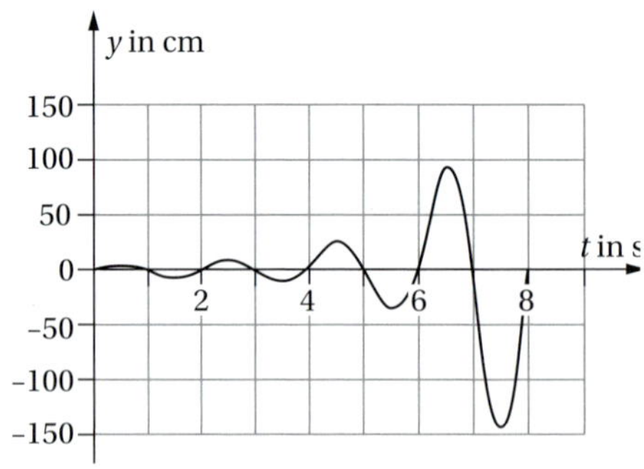

Zeitschritt 0,1 s: Die Zunahme der Amplitude ist bei Weitem nicht mehr so groß. Sie kommt offensichtlich durch Fehler zustande.

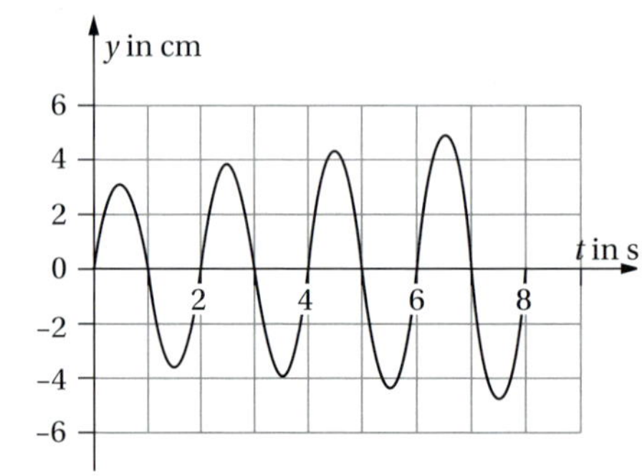

Zeitschritt 0,01 s: Die Amplitude ist, wie erwartet, für einen kurzen Zeitraum weitgehend konstant.

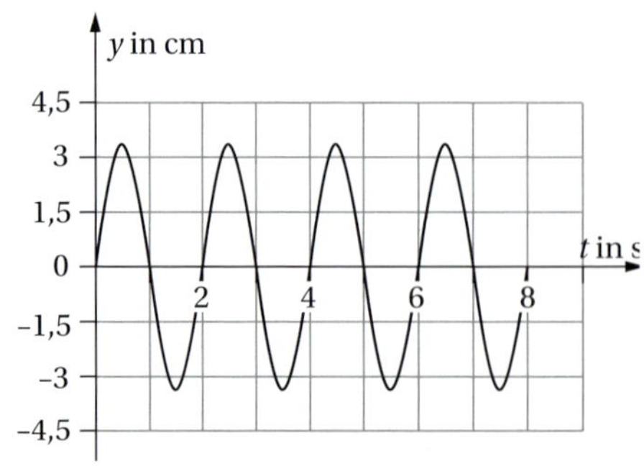

Für den Physiker ist es also bei einer solchen Simulation extrem wichtig, dass er die erhaltenen Ergebnisse kritisch hinterfragt. Bei einer zunehmenden Amplitude wird er sofort einen Widerspruch zum Energieerhaltungssatz feststellen und sich fragen, ob seine Modellannahmen falsch waren oder ob das Rechenverfahren zu ungenau ist.

Das im Beispiel „Fallbewegung mit Luftwiderstand" (s. S. 68 - 69) vorgestellte Rechenverfahren ist nach den Mathematikern LEONHARD EULER (1707–1783) und AUGUSTIN LOUIS CAUCHY (1789 –1857) benannt.

Das Euler-Cauchy-Verfahren geht davon aus, dass die Größen während des Zeitschritts konstant gleich dem Wert zu Beginn des Zeitschritts sind und sich am Ende sprunghaft ändern.

Man kann es verbessern, indem man vorausschauend den Wert am Ende des Zeitschritts mit dem Euler-Cauchy-Verfahren berechnet und dann die Rechnung noch einmal mit dem Durchschnittswert aus Anfang und Ende durchführt.

Beide Verfahren ersetzen das Kurvenstück im Zeitschritt durch eine Gerade. Eine noch bessere Näherung erhält man mit dem Runge-Kutta-Verfahren. Dabei

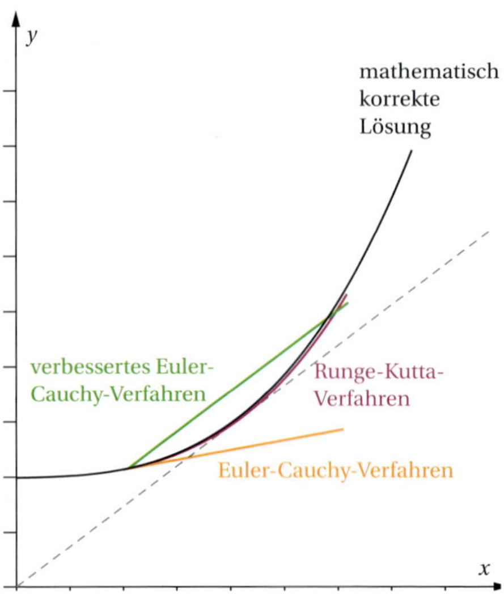

wird die Kurvenkrümmung stärker berücksichtigt, indem noch weitere Werte in dem Bereich vorausberechnet und gemittelt werden. Für den Anwender eines Modellbildungssystems bleiben diese Rechenverfahren zumeist im Hintergrund. Er muss nur auswählen, nach welchem Verfahren das Modellbildungssystem rechnen soll.

Simulation der Bewegung eines Körpers bei veränderlicher beschleunigender Kraft

In der Mechanik untersucht man ausführlich die Bewegung eines Massepunkts unter der Einwirkung einer Kraft. Ist die beschleunigende Kraft konstant, so lässt sich die Bewegung mithilfe bekannter Gesetze beschreiben. Bei nicht konstanter Kraft kann man für die näherungsweise Beschreibung der Bewegung eines Körpers ein Modellbildungssystem nutzen.
Um eine Bewegung zu beschreiben, interessiert die Veränderung der Zustandsgrößen Ort und Geschwindigkeit des Körpers. Die Geschwindigkeit ist zugleich auch noch die Änderungsrate des Orts. Die Beschleunigung ist die Änderungsrate der Geschwindigkeit. Kennt man die Größe der Kraft, so kann man analog zu Seite 66 ein Computerprogramm zur Berechnung von Ort und Geschwindigkeit in Abhängigkeit der Zeit aufstellen:

Wiederhole 100-mal
F = (irgendein Kraftgesetz)
$a = \frac{F}{m}$
$\Delta v = a \cdot \Delta t$
$v_{neu} = v_{alt} + \Delta v$
$\Delta s = v_{neu} \cdot \Delta t$
$s_{neu} = s_{alt} + \Delta s$
$t_{neu} = t_{alt} + \Delta t$

Für $F = 0$ erhält man dann eine Ursprungsgerade als t-s-Diagramm. Richtig spannend ist es, wenn man kompliziertere Kraftgesetze verwendet.

Beispiel 1: Bewegung eines Fahrzeugs
Erfolgt der Antrieb eines Fahrzeugs mit einer konstanten Kraft F_1 und wirkt auf das Fahrzeug zugleich eine proportional mit der Geschwindigkeit wachsende bremsende Kraft, dann gilt:

$$F = F_1 - C \cdot v$$

F ist die resultierende Kraft, C eine Konstante. Für diesen Fall erhält man folgendes t-v-Diagramm:

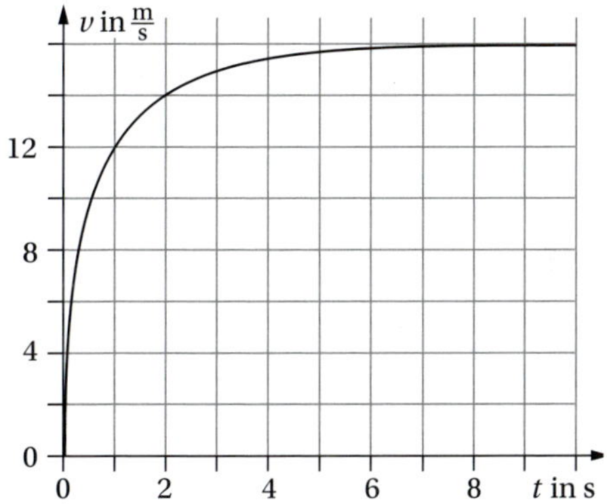

Bei anderen Anfangswerten erhält man ein analoges Diagramm.

Beispiel 2: Bewegung eines horizontalen Federpendels

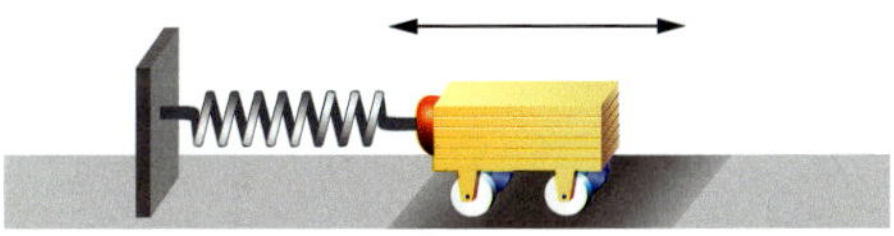

Hier gilt das Kraftgesetz $F = -D \cdot s$, wobei D die Federkonstante und s der Ort ist. Bei Anwendung des beschriebenen Verfahrens erhält man das folgende Zeit-Ort-Diagramm:

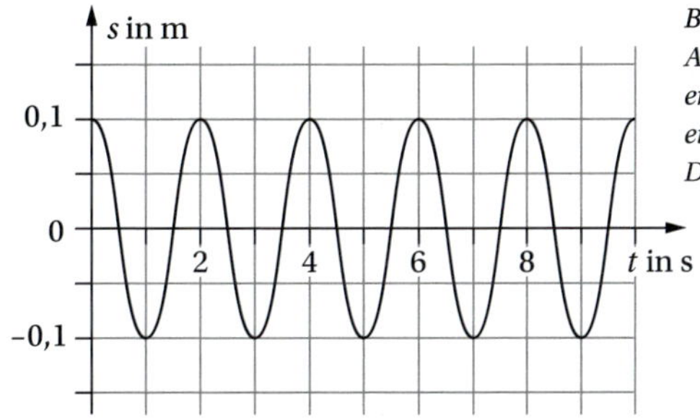

Bei anderen Anfangswerten erhält man ein analoges Diagramm.

Das Zwei- und Dreikörperproblem

In der Astronomie beschäftigt man sich unter anderem mit der Bewegung von Planeten bzw. Monden um Zentralgestirne. Ganz analog untersucht man in der klassischen Atomphysik die Bewegung eines Elektrons um einen Atomkern. In beiden Fällen wirkt eine anziehende Kraft zwischen den beiden Körpern, die proportional zu $1/r^2$ ist. Allgemein bezeichnet man dies als Zweikörperproblem. Für eine Simulation muss die Vorgehensweise auf zwei Dimensionen erweitert werden. Wir nehmen vereinfacht an, dass die Masse des Zentralgestirns sehr viel größer als die des Planeten ist und das Zentralgestirn ruht.

Bezeichnet man mit s_x und s_y die Koordinaten des Orts s, so ergibt sich folgendes Wirkungsdiagramm:

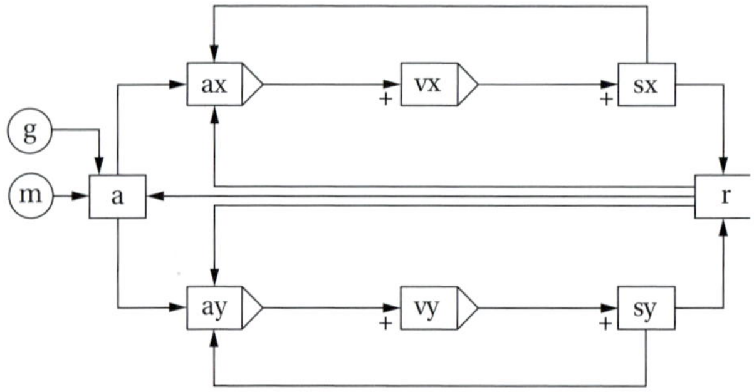

Das betreffende Computerprogramm lautet:

```
Wiederhole
t:=t+dt
sx:=sx+vx*dt;sy:=sy+vy*dt
r:=sqrt(sx*sx+sy*sy)
a:=-g*m/(r*r)
ax:=a*sx/r;ay:=a*sy/r;
vx:=vx+ax*dt;vy:=vy+ay*dt
```

Interessant ist nun die Darstellung von sy über sx. Je nach gewähltem Anfangswert der x- und y-Komponenten der Geschwindigkeit ergeben sich sehr unterschiedliche Diagramme (Abb. 1 und 2).

Das Zweikörperproblem wurde zum größten Teil von Johannes Kepler (1571 bis 1630) gelöst. Eine exakte mathematische Lösung gelang Sir Isaac Newton (1643–1727) und Pierre Simon Laplace (1749–1827).

Beim Dreikörperproblem – beteiligt sind dann immer drei Körper – gibt es i. Allg. keine exakte Lösung. Hier ist man auf Näherungsverfahren angewiesen. Es tritt in der Astronomie auf, wenn man z. B. die Bewegung eines Planeten mit Mond um die Sonne oder den Einfluss der Anziehungskraft zwischen zwei Planeten bei ihrer Bewegung um die Sonne betrachtet.

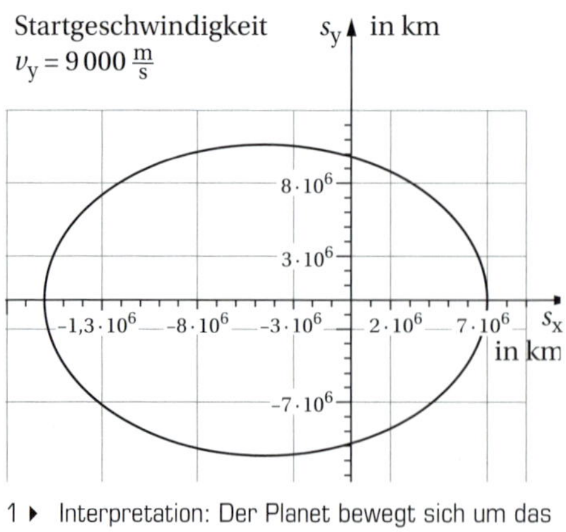

1 ▸ Interpretation: Der Planet bewegt sich um das Zentralgestirn auf einer Ellipse.

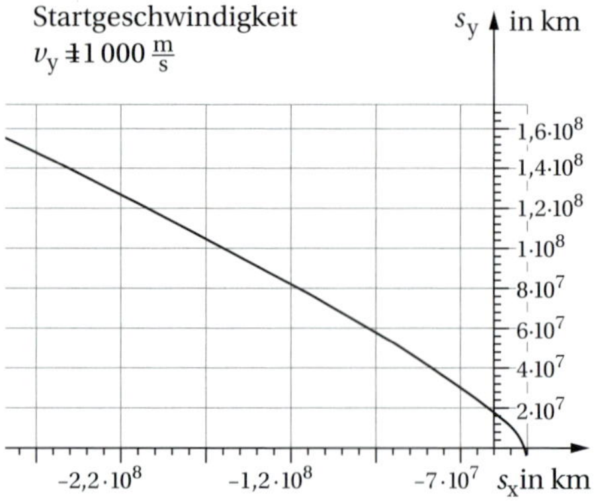

2 ▸ Interpretation: Der Planet verlässt den Einflussbereich des Zentralgestirns.

4

1 ▸ Die ersten Menschen auf dem Erdmond waren 1969 die beiden amerikanischen Astronauten N. ARMSTRONG (links) und E. ALDRIN (rechts).

Wie wichtig eine möglichst genaue Lösung des Dreikörperproblems ist, zeigte sich bei der Apollo-Mission. Am 20. Juli 1969 landeten zum ersten Mal Menschen auf dem Mond. Dazu war das Dreikörperproblem aus Erde, Mond und Raumschiff zu lösen. Ein Fehler in der Berechnung bzw. eine zu ungenaue Näherung hätte fatale Folgen haben können. Im Rahmen des Apollo-Programms wurden insgesamt sechs Mondlandungen durchgeführt, bei denen 12 US-Amerikaner den Mond betreten haben.

1. *Simulieren Sie mit einem Modellbildungssystem eine Bewegung mit konstanter Beschleunigung aus der Ruhe heraus! Zeigen Sie an einigen ausgewählten Wertepaaren des t-s-Diagramms, dass es sich um einen quadratischen Zusammenhang handelt!*
   Ändern Sie nun den Startwert für die Geschwindigkeit auf einen von null verschiedenen Wert. Wie ändern sich t-s- und t-v-Diagramm?

2. *Zwei teilweise mit Wasser gefüllte Glasgefäße werden senkrecht übereinander angebracht. Aus dem oberen tropft Wasser in das untere mit einer anfänglichen Rate von 5 Tropfen pro Sekunde. Aus dem unteren tropft Wasser in einen Eimer mit einer anfänglichen Rate von 3 Tropfen pro Sekunde.*
   Die Tropfrate ist bei beiden Gefäßen proportional zum Wasserstand in dem Gefäß. Beim Start seien die Wasserstände in beiden Gefäßen gleich hoch. Simulieren Sie diese Situation mit einem Modellbildungssystem und stellen Sie die Wasserstände in den beiden Gefäßen in einem Diagramm über der Zeit dar!

3. *Ein Fieberthermometer startet bei Zimmertemperatur und ändert dann die Temperatur pro Sekunde um 5 % der Differenz zwischen Körpertemperatur und angezeigter Temperatur.*
   Simulieren Sie den Verlauf der angezeigten Temperatur! Entnehmen Sie der Simulation Folgendes:
   Wie lange muss gemessen werden, damit die Körpertemperatur auf 0,1 °C genau angezeigt wird? Wie genau ist die Anzeige, wenn man nach einer Minute die Messung abbricht?

4. *Geben Sie das Programm zum Zweikörperproblem (s. S. 176) in ein Modellbildungssystem ein und lassen Sie sich ein Diagramm mit y über x anzeigen! Wählen Sie die Startgeschwindigkeit so, dass sich eine Ellipsenbahn ergibt.*
   Ändern Sie nun den Exponenten im Gravitationsgesetz, z. B. in $r^{1,9}$. Wie ändert sich die Bahn?
   Interpretieren Sie das Diagramm, wenn x über t aufgetragen wird!

5. *Unter welchem Winkel muss ein Kugelstoßer die Kugel abstoßen, damit sie möglichst weit fliegt? Die Kugel verlässt die Hand in 1,9 m Höhe mit einer Geschwindigkeit von 10 m/s.*
   Simulieren und suchen Sie den Winkel, indem Sie unterschiedliche Startwerte für den Winkel wählen!
   Sie können darüber hinaus untersuchen, wie der Winkel von der Abstoßgeschwindigkeit abhängt. Hängt er von der Abwurfhöhe ab?

4.2 Kosmologie

Der Einstein-Turm in Potsdam wurde für Sonnenuntersuchungen errichtet.

Unsere Sonne – ein Stern

Heutige Vorstellungen von der Beschaffenheit der Sonne gründen sich auf sorgfältige Beobachtungen und theoretische Überlegungen. Einige der physikalischen Größen der Sonne sind in der Tabelle unten erfasst.

Die Sonne ist eine selbstleuchtende Gaskugel mit den Hauptbestandteilen Wasserstoff und Helium. Im Zentrum der Sonne ist eine Dichte von ca. $160\ \text{g} \cdot \text{cm}^{-3}$ und eine Temperatur von etwa $16 \cdot 10^6\ \text{K}$ vorhanden. Unter diesen Bedingungen verschmelzen Wasserstoffkerne zu Heliumkernen. Durch diese Kernfusion wird in jeder Sekunde eine Energie von $3{,}85 \cdot 10^{26}\ \text{J}$ freigesetzt. Diese Energie gelangt durch komplizierte Prozesse bis zur Sonnenoberfläche und wird von dort in den Raum abgestrahlt. Im Kern der Sonne, in dem 95 % der Energie erzeugt werden, sind 35 % der Masse unseres Zentralgestirns konzentriert.

Die äußeren Gasschichten der Sonne, die Fotosphäre, die Chromosphäre und die Korona, bilden die **Sonnenatmosphäre.**

Auf der Sonne beobachtet man verschiedene **Sonnenaktivitäten.** Sie hängen mit gewaltigen Energiemengen zusammen, die in der Sonnenmaterie transportiert, teilweise zwischengespeichert, aber auch schlagartig freigesetzt werden können.

Zu den bedeutendsten Aktivitätserscheinungen auf der Sonne zählen **Sonnenflecken, Protuberanzen** und **Eruptionen.**

Darüber hinaus strömen von der Sonne beständig Wasserstoffionen und Elektronen ab, die in das Sonnensystem vordringen. Man bezeichnet diesen Strom aus geladenen Teilchen als **Sonnenwind** (Abb. 2). Der Sonnenwind trifft auch auf die Erde. Durch ihn wird das Magnetfeld der Erde erheblich verformt. Folgen des Sonnenwinds sind Polarlichter und magnetische Stürme, die den Funkverkehr stören können.

Der Index E steht für Erde.

Eigenschaften der Sonne und der Erde im Vergleich

Mittlerer Radius r	Masse m	Mittlere Dichte ϱ	Oberflächentemperatur T	Leuchtkraft
696 000 km ($109 \cdot r_E$)	$1{,}99 \cdot 10^{30}$ kg ($333\,000 \cdot m_E$)	$1{,}41\ \text{g} \cdot \text{cm}^{-3}$ ($0{,}26 \cdot \varrho_E$)	5 800 K ($T_E = 288$ K)	$3{,}85 \cdot 10^{26}$ W

1 ▸ Die Korona wird bei totalen Sonnenfinsternissen oder mit speziellen Teleskopen beobachtet.

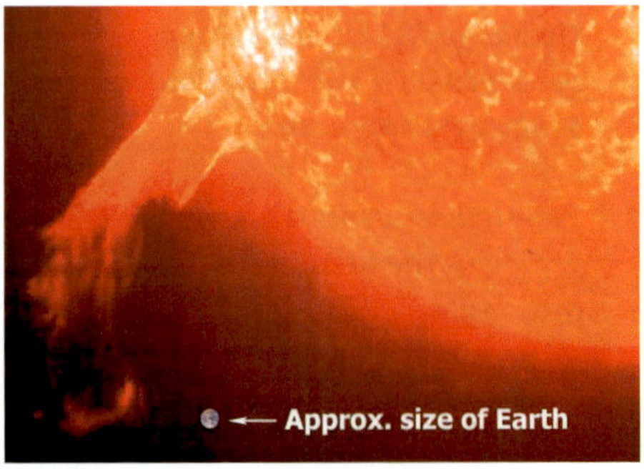

2 ▸ Das Foto zeigt eine gewaltige Eruption, die weit in den Weltraum reicht.

Andere Sterne

In der Astronomie werden alle Gaskugeln, die wie unsere Sonne über einen sehr langen Zeitraum hinweg selbst leuchten, als **Sterne** bezeichnet. Durch den Einsatz moderner Beobachtungsgeräte und verschiedener Messmethoden wurden viele Sterne erforscht. Man erkannte, dass die weitaus meisten Sterne mit der Sonne vergleichbar sind.
Dennoch gibt es neben den sonnenähnlichen Sternen auch sehr große und sehr helle Objekte, welche die Ausmaße des inneren Sonnensystems haben können, und schwach leuchtende Winzlinge, die etwa die Größe der Erde besitzen. Diese Sterne werden als **rote Riesensterne** oder kurz als **Riesen** bzw. als **weiße Zwerge** bezeichnet (s. Tabelle). Wie bei den sonnenähnlichen Sternen geht auch im Innern der Riesensterne die Kernfusion vonstatten. Die weißen Zwerge sind die ehemaligen Kerngebiete erloschener Sterne. In ihnen ist sehr viel innere Energie gespeichert. Deshalb können weiße Zwerge über einige Milliarden Jahre hinweg leuchten, obwohl in ihnen keine Kernfusion mehr abläuft.

1 ▸ Um die Masse eines zuckerwürfelgroßen Stücks Materie eines weißen Zwergs auszugleichen, würde man etwa 50 Personen benötigen.

Sonnenähnliche Sterne besitzen eine relativ einheitliche Masse, die etwa im Bereich zwischen 0,1 und 80 Sonnenmassen liegen kann. Bei weißen Zwergen beträgt die Masse meist 0,6 bis 0,8 Sonnenmassen. Die Masse der Riesensterne entspricht näherungsweise der Masse der sonnenähnlichen Sterne. Sehr massearme Riesensterne gibt es jedoch nicht.
Wegen ihres extrem großen Radius ist die **mittlere Dichte** der Riesensterne wesentlich kleiner als die der Sonne.
Dagegen ist die mittlere Dichte der weißen Zwerge wegen ihres sehr kleinen Radius groß (Abb. 1).

Riesen	Hauptreihensterne	Weiße Zwerge
R bis 10^9 km	$R \approx 10^5$ km … 10^6 km	$R \approx 10^3$ km
In den größten Sternen findet die Erdbahn Platz.	Größe der Sonne vergleichbar.	Größe der Erde vergleichbar.
Riesenstern 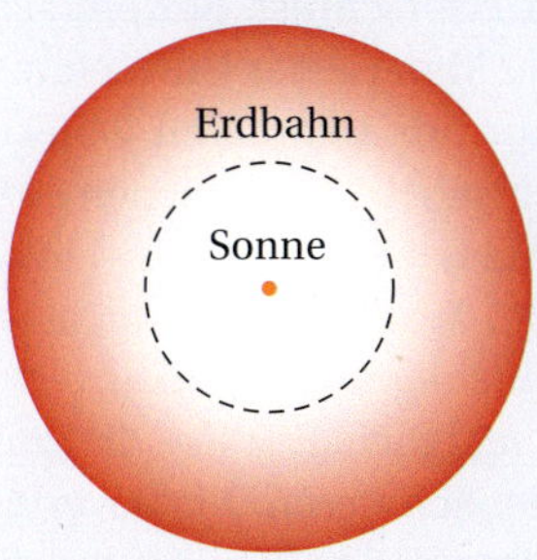	Sonne 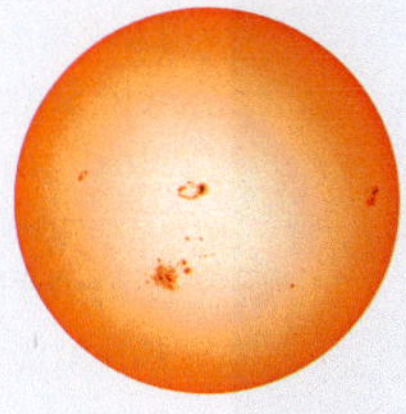	weißer Zwerg Erde zum Vergleich 

R ist der Radius der Sterne.

M Neben den sonnenähnlichen Sternen gibt es im Weltall Riesensterne (großer Radius, sehr hell, sehr kleine mittlere Dichte) und weiße Zwerge (kleiner Radius, geringe Helligkeit, sehr große mittlere Dichte).

Sterne befinden sich häufig in größeren Ansammlungen, die man **Sternhaufen** nennt.
Die Anzahl der Sterne, aus denen sich ein Sternhaufen zusammensetzt, kann beträchtlich variieren. **Offene Sternhaufen** enthalten bis zu 1 000 Sterne.
Die Gravitationskraft dieser Sterne ist zu gering, um einen offenen Sternhaufen dauerhaft zusammenzuhalten. Die Sterne verteilen sich im Laufe einiger 100 Millionen Jahre allmählich im All. Beobachtet man einen beliebigen offenen Sternhaufen, dann ist dieses Objekt also immer relativ jung.

Kugelförmige Sternhaufen bestehen aus bis zu einhundert Millionen Sternen. Die Gravitationskraft all dieser Sterne vermag den Haufen dauerhaft zusammenzuhalten. In Kugelsternhaufen findet man sehr alte Sterne. Tatsächlich gehören Kugelsternhaufen überhaupt zu den ältesten Objekten, die man bislang im Weltall gefunden hat. Sie können bis zu 13 Milliarden Jahre alt sein.

1 ▸ Nebel gibt es in sehr unterschiedlichen Formen. Das Foto zeigt den Crab-Nebel.

Gas und Staub im All

Neben den Sternen, Planeten und anderen Himmelsobjekten gibt es im Weltall eine sehr fein verteilte Materie, die zum überwiegenden Teil aus Wasserstoff besteht. Man nennt sie interstellare Materie (*lat.:* die Materie zwischen den Sternen).
Die mittlere Dichte der interstellaren Materie ist sehr gering. Im Mittel könnte man in einem Weltraumvolumen von 1 cm^3 lediglich ein Wasserstoffatom finden. Neben dem Wasserstoff hat man als geringe Beimengungen der interstellaren Materie auch verschiedene organische Molekülarten und winzige Festkörperteilchen gefunden. Diese Festkörperteilchen bezeichnet man als **Staub.**
In einigen Regionen des Alls steigt die mittlere Dichte der interstellaren Materie auf 10 bis 100 Wasserstoffatome pro cm^3 an. Diese Gebiete erkennt man, weil sie das Licht benachbarter Sterne beeinflussen und dem Erdbeobachter dann als nebelartige Gebilde erscheinen.
Gaswolken, die selbstleuchtend sind, heißen **Emissionsnebel.** Diese Nebel werden durch die Strahlung benachbarter Sterne zum Leuchten angeregt. Schwächen die Wolken das Licht dahinter befindlicher Sterne sehr stark, dann nennt man sie **Dunkelwolken.** Reflektiert der Wolkenstaub das Licht, dann beobachtet man einen **Reflexionsnebel.**

Neuere Forschungen haben ergeben: Alles, was bisher erforscht ist, bezieht sich auf etwa 4 % der Materie des Universums. Das sind die für uns sichtbaren Objekte wie Sterne oder Nebel. Die restlichen 96 % sind „dunkle Masse" (22 %) und „dunkle Energie" (74 %). Was das eigentlich ist, konnte bisher nicht geklärt werden.
Bekannt sind lediglich Effekte, die aufgrund der beobachtbaren Masseverteilung nicht erklärt werden können und die die Annahme der Existenz weiterer Materie nahelegen.

Die Strahlung der Sterne

Die meisten Informationen, die wir über Sterne besitzen, ergeben sich aus der Analyse der von ihnen abgegebenen Strahlung.
Um die Strahlung der Sterne zu verstehen, betrachten wir modellhaft eine erhitzte Fläche der Größe $1\,m^2$ (s. Abb. in der Randspalte). Die Strahlungsleistung dieser Fläche hängt nur von ihrer Temperatur T ab. Je höher die Temperatur ist, desto mehr Strahlungsenergie geht je Sekunde von ihr aus.
Sterne verhalten sich näherungsweise so, als würde ihre Strahlung von einer solchen Fläche stammen. Sterne sind aber unterschiedlich groß und deshalb wird ihre Gesamtstrahlungsleistung nicht nur von der Temperatur, sondern auch von ihrem Radius und damit von der Größe ihrer Oberfläche bestimmt.
Die Strahlungsleistung eines Sterns wird als seine **Leuchtkraft** bezeichnet.

> **Die Leuchtkraft eines Sterns gibt an, wie groß seine Strahlungsleistung ist.**
>
> **Formelzeichen: L**
> **Einheit: ein Watt (1 W)**

Man gibt die Leuchtkraft der Sterne auch als Vielfache der Sonnenleuchtkraft L_S an.
Die Physiker JOSEF STEFAN (1835–1893) und LUDWIG BOLTZMANN (1844–1906) konnten zeigen, dass die Strahlungsleistung einer Fläche proportional zur vierten Potenz ihrer Temperatur ist. Eine doppelt so hohe Temperatur bedeutet dann eine 16-fache Strahlungsleistung.
Um sich die Auswertung eines Sternspektrums zu erleichtern, hat man sehr ähnliche Spektren übersichtlich in verschiedene Klassen geordnet, die man **Spektralklassen** nennt.
Die Spektralklassen werden mit den Großbuchstaben O, B, A, F, G, K, M gekennzeichnet. Sterne, die einer Spektralklasse angehören, haben dann näherungsweise die gleiche Oberflächentemperatur (s. Tabelle). So besitzt die Sonne z. B. ein Spektrum der Spektralklasse G. Ihre Oberflächentemperatur beträgt etwa 6 000 K, sie sendet vorrangig gelblich-weißes Licht aus. Rötliche Sterne haben eine relativ niedrige Oberflächentemperatur, bläuliche Sterne dagegen eine hohe.

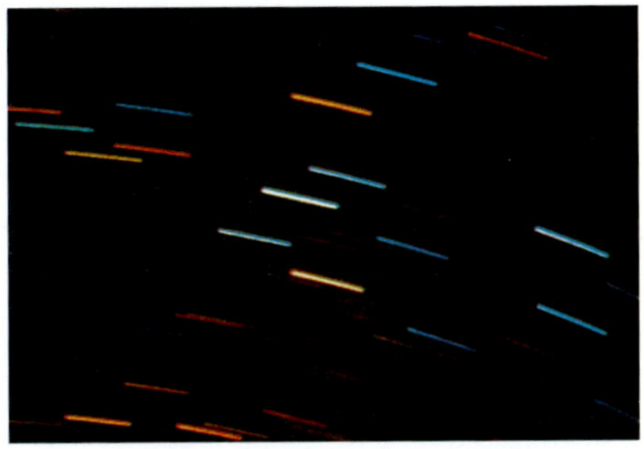

1 ▸ Auf dieser Sternspuraufnahme erkennt man die Vielfalt der Sternfarben.

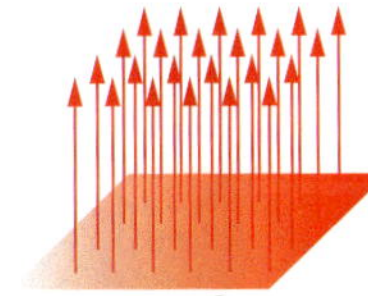

Die Strahlungsleistung eines Sterns ist die je Zeit von diesem Stern abgegebene Energie. Für die Oberfläche A der kugelförmigen Sterne gilt:
$A = 4\pi \cdot R^2$
R Sternradius

Die Strahlungsleistung der Sonne beträgt
$L_S = 3{,}85 \cdot 10^{26}\,W$

Stern	Spektrum	Farbe	Temperatur	Spektralklasse
Spica		bläulich	25 000 K	
Sirius		weiß	10 400 K	
Sonne		gelblich	6 000 K	
Arktur		rötlich gelb	4 200 K	
Beteigeuze		rötlich	3 300 K	

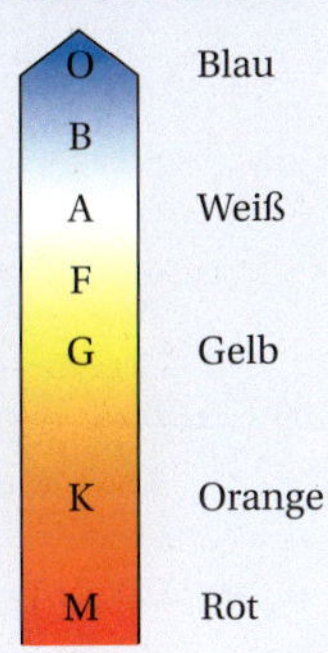

EJNAR HERTZSPRUNG (1873-1967)

HENRY NORRIS RUSSELL (1877–1957)

Das Hertzsprung-Russell-Diagramm

Nicht nur in der Physik, sondern auch in der Astronomie gehört die Arbeit mit Diagrammen zu den häufig genutzten Erkenntnismethoden.

Das bekannteste Diagramm der Astronomie ist das **Hertzsprung-Russell-Diagramm** (kurz HRD), benannt nach EJNAR HERTZSPRUNG (1873-1967) und HENRY NORRIS RUSSELL (1877–1957). In diesem Diagramm werden die Leuchtkraft und die Oberflächentemperatur der Sterne eingetragen (Abb. 1). Allerdings unterscheiden sich die Zahlenwerte für diese Größen von Stern zu Stern beträchtlich und man kann die Achsen des HRD nicht linear unterteilen. Aus historischen Gründen ist die Achse der Oberflächentemperatur im HRD so abgetragen, dass die Zahlenwerte von rechts nach links wachsen. Heiße leuchtkräftige Sterne befinden sich im Diagramm also links oben, kühle und leuchtschwache Sterne findet man rechts unten. Abgesehen von diesen Besonderheiten arbeitet man im HRD wie in jedem anderen Diagramm.

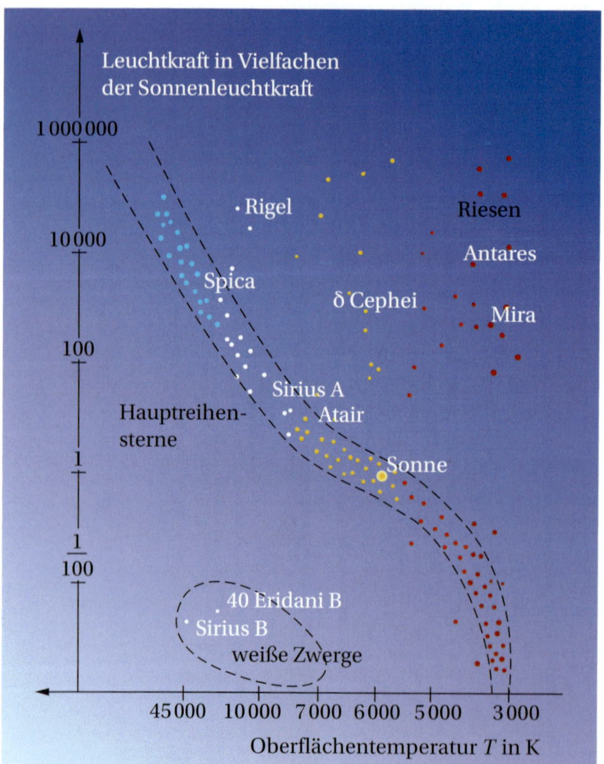

1 ▸ Das HRD als Temperatur-Leuchtkraft-Diagramm

Jeder Stern wird im HRD entsprechend seiner Oberflächentemperatur T und seiner Leuchtkraft L als Punkt abgebildet.

Beim Betrachten des HRD fällt sofort auf, dass bestimmte Kombinationen von Oberflächentemperatur und Leuchtkraft bevorzugt auftreten, andere Kombinationen scheinen gar nicht oder nur sehr selten vorzukommen.

Die Mehrheit der Sterne befindet sich in einem schräg durch das Diagramm verlaufenden Häufungsgebiet, das man als **Hauptreihe** bezeichnet. Auch der Diagrammpunkt der Sonne liegt auf der Hauptreihe. Die Sonne und sonnenähnliche Sterne sind **Hauptreihensterne.**

Oberhalb der Hauptreihe ist ein Häufungsgebiet von Sternen erkennbar, die zwar die gleiche Oberflächentemperatur wie Hauptreihensterne besitzen, deren Leuchtkraft aber deutlich höher ist. Da die Leuchtkraft aber nur von der Größe und der Oberflächentemperatur der Sterne bestimmt wird, müssen bei gleicher Oberflächentemperatur die leuchtkräftigeren Sterne auch die größeren Objekte sein. Oberhalb der Hauptreihe befinden sich im HRD deshalb sehr große Sterne. Wir kennen diese Sterne bereits, es sind die **Riesen** (s. S. 179).

Auf gleiche Weise schließt man, dass sich in dem Häufungsgebiet unterhalb der Hauptreihe sehr kleine Sterne befinden. Dies sind die **weißen Zwerge** (s. S. 179).

Kennt man von einem bestimmten Stern die Oberflächentemperatur und die Leuchtkraft, dann kann man ihn in das

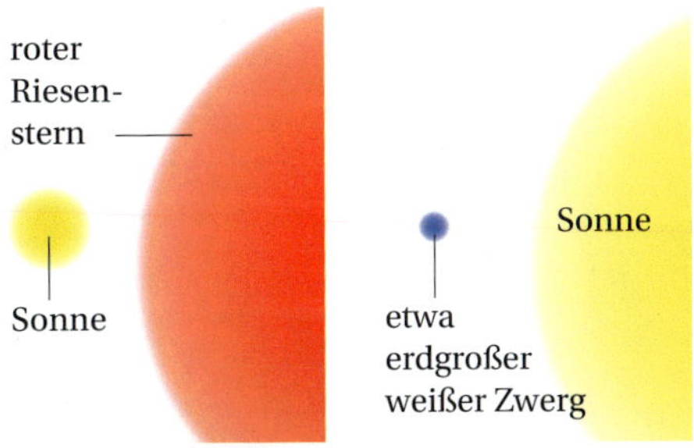

1 ▸ Größenvergleich zwischen der Sonne und einem typischen Riesenstern sowie zwischen der Sonne und einem weißen Zwerg

2 ▸ In verschiedenen Himmelsbereichen kann man Gas- und Staubwolken beobachten, in denen neue Sterne entstehen.

Die Abbildung zeigt einen Ausschnitt aus dem Orion-Nebel.

HRD eintragen und feststellen, in welchem Häufungsgebiet er sich befindet. Auf diese Weise stellt man für einen bestimmten Stern fest, ob es sich um einen Hauptreihenstern, einen Riesen oder einen weißen Zwerg handelt.

Da die meisten Riesensterne rötlich leuchten, nennt man sie ***rote Riesen.***

3 ▸ Wenn alte Sterne ihre äußeren Gashüllen abstoßen, bilden sich prachtvoll leuchtende Gaswolken, die man als planetarische Nebel bezeichnet.

Die Abbildung zeigt den Nebel NGC 2440.

Die Entwicklung der Sterne

Schon als RUSSELL im Jahr 1913 das erste HRD zeichnete, hatte er die Vermutung, dass man mithilfe dieses Diagramms die Sternentwicklung verstehen könnte. Allerdings konnten die genauen Details der Sternentwicklung erst geklärt werden, als man mit Computern Vorgänge innerhalb von Stunden simulieren konnte, wie sie in Sternen in Milliarden von Jahren vonstatten gehen.
Am Beispiel der Sonne verdeutlichen wir uns die Entwicklung von Hauptreihensternen, die etwa die Masse unseres Zentralgestirns besitzen.
Sterne entstehen in den Verdichtungszentren interstellarer Wolken (Abb. 2). Kollabieren diese Wolken, dann erhitzen sie sich, sodass an den heißesten Stellen hoher Dichte die Kernfusion zünden kann. Das ist der **Geburtsmoment eines Sterns.**

So wie im Inneren der Sonne erfolgt in den Zentralgebieten aller Hauptreihensterne die Wasserstofffusion. Bei der Sonne werden in 4,5 Milliarden Jahren die Wasserstoffvorräte im Kern zur Neige gehen. Die äußeren Schichten der Sonne expandieren dadurch beträchtlich. Von außen betrachtet, bläht sich die Sonne allmählich auf und wird zu einem rot leuchtenden **Riesenstern**. Etwa 100 Millionen Jahre wird es der Sonne dann noch gelingen, Energie durch die Fusion von Helium freizusetzen. Dazu muss die Sonne ihre Kernregion immer weiter verdichten.
In einer späteren Phase erlöscht der Sonnenreaktor völlig. Die äußeren Gashüllen der Sonne gehen im All verloren. Nur der extrem kompakte Sonnenkern wird als langsam auskühlender, etwa erdgroßer **weißer Zwerg** übrig bleiben. Hauptreihensterne mit mehr als neun Sonnenmassen können nach der Heliumfusion noch weitere Fusionsprozesse zünden.

Diese Hauptreihensterne enden jäh in einer Explosion, die man **Supernova** nennt. Übrig bleibt entweder ein noch kleineres und kompakteres Objekt als ein weißer Zwerg, ein **Neutronenstern,** oder ein Gebilde mit so großer Massendichte, dass selbst Licht nicht mehr von ihm entweichen kann. Dieses Gebilde bezeichnet man als **schwarzes Loch.**

Ferne Planetensysteme und das Leben im All

Anfang 2007 waren über 170 Planetensysteme bekannt, die man um andere Sterne entdeckt hat. Allerdings kann man mit der derzeitigen Messtechnik hauptsächlich massereiche Planeten aufspüren. Unter den Astronomen ist ein regelrechter Wettlauf entbrannt.

Wer wird wohl einen Planeten finden, der unserer Erde in vielen Eigenschaften gleicht?

Auch wenn der kosmische Bruder der Erde noch nicht gefunden ist, kann man aus der bisherigen Suche einiges lernen: Offensichtlich gibt es im Weltall sehr viele Planetensysteme.

Entwickelte Zivilisationen fand man bislang nicht. Entsteht höher entwickeltes oder gar intelligentes Leben im All nur sehr selten? Viele Forscher gehen derzeit von dieser Ansicht aus.

2 ▸ Der Kreis markiert einen weißen Zwerg, der den Stern Sirius umkreist.

Sollte man eines Tages tatsächlich eine zweite Erde finden, dann ist sie mit Sicherheit sehr weit von der Sonne entfernt und – wenn überhaupt – mit Raumfahrzeugen nur nach vielen Jahrtausenden Flugzeit zu erreichen.

In unserem Planetensystem existiert außer der Erde kein Himmelskörper, der lebensfreundliche Bedingungen bietet. Aus dieser Erkenntnis erwächst der Menschheit eine große Verantwortung für sich und für die anderen Lebewesen der Erde: Unser Heimatplanet ist weit und breit der freundlichste aller Himmelskörper. Ihn gilt es für nachfolgende Generationen zu bewahren.

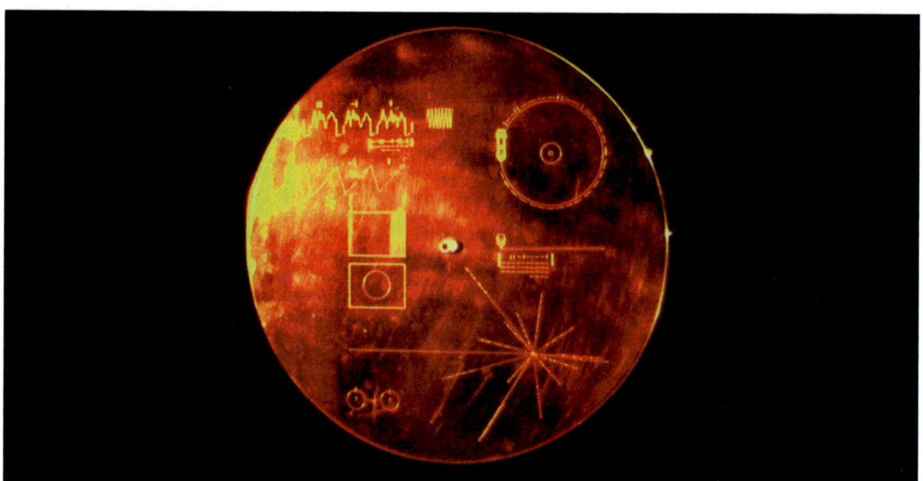

1 ▸ Die Raumsonden Voyager 1 und 2 haben eine Ton-Bild-Platte an Bord, die Botschaften an andere Zivilisationen enthält. Werden diese Botschaften je gelesen werden?

4

1. *Beantworten Sie mithilfe des Internets folgende Fragen:*

a) *Welche Planeten des Sonnensystems werden gerade durch Raumsonden erforscht?*

b) *Welche Ziele haben diese Raumfahrtmissionen?*

c) *Gibt es einen Planeten des Sonnensystems, der bislang von keiner Raumsonde besucht wurde?*

Geeignete Internetadressen sind die Angebote des Deutschen Zentrums für Luft- und Raumfahrt (DLR) ***www.dlr.de*** *und* ***www.photojournal.dlr.de.***

2. *Der Stern Arktur ist 11 pc von der Sonne entfernt. Wie lange benötigt das Licht von diesem Stern bis zur Erde?*

3. *Unsere Sonne wird in einigen Milliarden Jahren ihren Radius zunächst vergrößern und dann wieder verkleinern.*

a) *Welche mittlere Dichte wird unsere Sonne besitzen, wenn sie ihren Radius auf das 120-Fache ihres jetzigen Werts vergrößert?*

b) *Wie viel Prozent des heutigen Werts sind das?*

4. *Von folgenden Sternen ist bekannt, dass es sich um Hauptreihensterne handelt:*

- $T_1 = 3800\ K$
- $T_2 = 5500\ K$
- $T_3 = 32000\ K$
- $T_4 = 7500\ K$

Schätzen Sie die Leuchtkraft dieser Sterne ab! Nutzen Sie dazu das HRD auf S. 182 des Lehrbuchs!

5. *Zeichnen Sie auf ein gesondertes Blatt Papier ein HRD, das Sie mit der zugehörigen Achseneinteilung im Maßstab 2 : 1 aus der Abbildung rechts oben entnehmen können!*

Tragen Sie die folgenden Sterne in das HRD ein und entscheiden Sie, ob es sich um einen Hauptreihenstern, einen Riesen oder einen weißen Zwerg handelt!

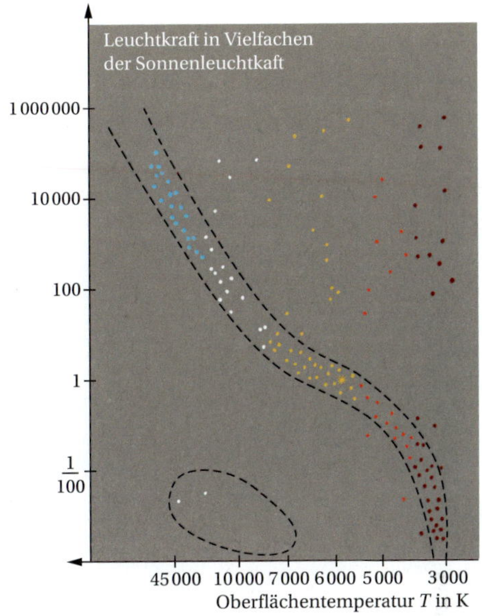

- $T = 6000\ K$, $L = 1{,}1\ L_S$
- $T = 3500\ K$, $L = 150\ L_S$
- $T = 11200\ K$, $L = 80\ L_S$
- $T = 6350\ K$, $L = 25000\ L_S$
- $T = 30000\ K$, $L = 0{,}01\ L_S$

6. *Schätzen Sie die mittlere Dichte von Riesensternen und weißen Zwergen ab! Benutzen Sie dazu folgende Angaben: Sehr große Riesensterne besitzen etwa die 15-fache Sonnenmasse und einen Radius, der dem Radius der Marsbahn vergleichbar ist.*

Weiße Zwerge haben eine der Sonnenmasse vergleichbare Masse und sind etwa so groß wie die Erde.

7. *Informieren Sie sich unter Nutzung von Nachschlagewerken und des Internets über Riesen bzw. weiße Zwerge! Stellen Sie dazu eine Präsentation zusammen!*

8. *Die Frage, ob außerirdische Zivilisationen existieren, bewegt die Menschheit schon viele Jahrzehnte. Die Auffassungen dazu sind sehr unterschiedlich. Sammeln Sie Material zu diesem Thema! Führen Sie dazu eine Diskussion durch!*

Ziel erreicht?

Ihr Grundwissen im Überblick

Im Physikunterricht der Jahrgangsstufen 7–10 haben Sie eine ganze Reihe grundlegender Begriffe, Gesetze und Modelle der Physik kennengelernt.
Sie haben mit Methoden gearbeitet, die für die Physik und auch für andere Naturwissenschaften charakteristisch sind. Nachfolgend sind wichtige Inhalte aus dem gesamten Physiklehrgang in kurzer und übersichtlicher Form zusammengestellt.
Die mit * gekennzeichneten Inhalte gehören nicht zum Grundwissen.

Fundamentale Naturkonstanten (nach CODATA)

Größe		Formelzeichen	Wert der Konstanten
Absoluter Nullpunkt der Temperatur		T_a	0 K = –273,15 °C
Atomare Masseeinheit		u	$1{,}660\,540 \cdot 10^{-27}$ kg
Gravitationskonstante		G, γ	$6{,}673 \cdot 10^{-11}\ \frac{m^3}{kg \cdot s^2}$
Lichtgeschwindigkeit im Vakuum		c	$2{,}997\,924\,58 \cdot 10^8\ \frac{m}{s}$
*** Normdruck**		p_0	101 325 Pa = 1,013 25 bar
Fallbeschleunigung		g_0	$9{,}806\,65\ \frac{m}{s^2} \approx 9{,}81\ \frac{m}{s^2}$
*** Normtemperatur**		T_0, ϑ_0	$T_0 = 273{,}15$ K $\quad \vartheta_0 = 0$ °C
*** Plancksches Wirkungsquantum (Planck-Konstante)**		h	$6{,}626\,069 \cdot 10^{-34}$ J·s $4{,}135\,666 \cdot 10^{-15}$ eV·s
Elektron	**Ladung (Elementarladung)**	e	$1{,}602\,176\,46 \cdot 10^{-19}$ C
	Ruhemasse	m_e	$9{,}109\,381\,88 \cdot 10^{-31}$ kg
	*** spezifische Ladung**	$\frac{e}{m_e}$	$1{,}758\,820 \cdot 10^{11}\ \frac{C}{kg}$
Neutron	**Ruhemasse**	m_n	$1{,}674\,927\,16 \cdot 10^{-27}$ kg
Proton	**Ruhemasse**	m_p	$1{,}672\,621\,58 \cdot 10^{-27}$ kg

Größen und Einheiten

Zu einer physikalischen Größe gehören immer ein Zahlenwert und eine Einheit. Für die Einheiten gibt es internationale Vereinbarungen: Festgelegt sind sieben SI-Basiseinheiten (1 Meter, 1 Kilogramm, 1 Sekunde, 1 Ampere, 1 Kelvin, 1 Mol, 1 Candela).
Aus diesen Basiseinheiten können fast alle anderen Einheiten abgeleitet werden.

Ausgewählte Größen und Einheiten SI-Basiseinheiten sind rot hervorgehoben.

Größe	Formelzeichen	Einheiten		Beziehungen zwischen den Einheiten	
* Aktivität einer radioaktiven Substanz	A	Becquerel	Bq	1 Bq	$=\frac{1}{s}$
Amplitude	A, y_{max}	Meter	m	s. Länge	
Äquivalentdosis	H	Sievert	Sv	1 Sv	$=1\,\frac{J}{kg}$
Arbeit	W	Joule	J	1 J	$=1\,\frac{kg\cdot m^2}{s^2}$
mechanische		Newtonmeter	Nm		= 1 Nm
elektrische		Wattsekunde	Ws		= 1 Ws
		Kilowattstunde	kWh	1 kWh	= 3 600 000 Ws
* Atommasse, relative	A_r		1		
Auslenkung	y	Meter	m	s. Länge	
Beschleunigung	a, g	Meter durch Quadratsekunde	$\frac{m}{s^2}$	$1\,\frac{m}{s^2}$	$=1\,\frac{N}{kg}$
* Brechwert (Brechkraft) von Linsen	D	Dioptrie	dpt	1dpt	$=\frac{1}{m}$
Brennweite	f	Meter	m	s. Länge	
* Dichte	ϱ	Gramm durch Kubikzentimeter	$\frac{g}{cm^3}$	$1\,\frac{g}{cm^3}$	$=1\,000\,\frac{kg}{m^3}$
		Kilogramm durch Kubikmeter	$\frac{kg}{m^3}$	$1\,\frac{kg}{m^3}$	$=\frac{1}{1\,000}\,\frac{g}{cm^3}$
* Drehmoment	M	Newtonmeter	Nm	1 Nm	$=1\,\frac{kg\cdot m^2}{s^2}$
Drehzahl	n	durch Sekunde	$\frac{1}{s}$	$1\,\frac{1}{s}$	$=60\,\frac{1}{min}$
* Druck	p	Pascal	Pa	1 Pa	$=1\,\frac{N}{m^2}$
		Bar	bar	1 bar	= 100 000 Pa
		Atmosphäre	at	1 at	$= 9{,}81\cdot 10^4$ Pa
		Torr (Millimeter-Quecksilbersäule)	mmHg	1 Torr	= 133,32 Pa
		Meter Wassersäule	mWs	1 mWS	$= 9{,}81\cdot 10^3$ Pa

Z

Größe	Formelzeichen	Einheiten		Beziehungen zwischen den Einheiten	
Energie	E	Joule	J	1 J	$= 1\,\frac{kg \cdot m^2}{s^2}$
		Newtonmeter	Nm		= 1 Nm
		Wattsekunde	Ws		= 1 Ws
		Elektronenvolt	eV	1 eV	$= 1{,}602 \cdot 10^{-19}$ J
Energiedosis	D	Gray	Gy	1 Gy	$= 1\,\frac{J}{kg}$
Fallbeschleunigung	g	Meter durch Quadratsekunde	$\frac{m}{s^2}$	$1\,\frac{m}{s^2}$	$= 1\,\frac{N}{kg}$
Federkonstante	D	Newton durch Meter	$\frac{N}{m}$	$1\,\frac{N}{m} = \frac{1}{100}\,\frac{N}{cm}$	
Fläche, Flächeninhalt	A	Quadratmeter	m^2	1 m^2	= 100 dm^2
					= 10 000 cm^2
		Hektar	ha	1 ha	= 10 000 m^2
Frequenz	f	Hertz	Hz	1 Hz	$= \frac{1}{s}$
Geschwindigkeit	v, c	Meter durch Sekunde	$\frac{m}{s}$	$1\,\frac{m}{s}$	$= 3{,}6\,\frac{km}{h}$
		Kilometer durch Stunde	$\frac{km}{h}$	$1\,\frac{km}{h}$	$= \frac{1}{3{,}6}\,\frac{m}{s} \approx 0{,}28\,\frac{m}{s}$
Halbwertszeit	t_H	Sekunde	s	s. Zeit	
*** Heizwert**	H	Megajoule durch Kilogramm	$\frac{MJ}{kg}$	$1\,\frac{MJ}{kg}$	$= 1\,000\,000\,\frac{J}{kg}$
Höhe	h	Meter	m	s. Länge	
Kraft	F	Newton	N	1 N	$= 1\,\frac{kg \cdot m}{s^2}$
					$= 1\,\frac{J}{m}$
Ladung, elektrische	Q	Coulomb	C	1 C	= 1 As
Länge	l	Meter	m		
Längenausdehnungskoeffizient	α	durch Kelvin	$\frac{1}{K}$	$\frac{1}{K} = \frac{1}{°C}$	
*** Lautstärke (Lautstärkepegel)**	L_N	Phon	phon	1 phon	= 1 dB für 1 kHz
		Dezibel	dB		
Leistung	P	Watt	W	1 W	$= 1\,\frac{J}{s}$
					$= 1\,V \cdot A$
					$= 1\,\frac{kg \cdot m^2}{s^3} = 1\,\frac{Nm}{s}$

Größe	Formelzeichen	Einheiten		Beziehungen zwischen den Einheiten	
Masse	m	Kilogramm Tonne	kg t	1 kg 1 t	= 1 000 g = 1 000 kg
* Reibungszahl	μ		1		
Schwingungsdauer, Periodendauer	T	Sekunde	s	s. Zeit	
Spannung, elektrische	U	Volt	V	1 V	$= \frac{J}{C}$
* Spezifischer elektrischer Widerstand	ϱ	Ohm mal Quadratmillimeter durch Meter	$\frac{\Omega \cdot mm^2}{m}$	$1 \frac{\Omega \cdot mm^2}{m}$	$= \frac{1}{1\,000\,000} \Omega \cdot m$
Spezifische Wärmekapazität	c	Joule durch Kilogramm mal Kelvin	$\frac{J}{kg \cdot K}$	$1 \frac{J}{kg \cdot K}$	$= 1 \frac{Ws}{kg \cdot K}$
Stromstärke, elektrische	I	Ampere	A	1 A	$= 1 \frac{C}{s}$
Temperatur	T ϑ	Kelvin Grad Celsius	K °C	0 K 0 °C	= –273,15 °C = 273,15 K
Volumen	V	Kubikmeter	m^3		
Volumenausdehnungskoeffizient	γ	durch Kelvin	$\frac{1}{K}$	$\frac{1}{K} = \frac{1}{°C}$	
Wärme	Q	Joule	J	1 J	= 1 Nm $= 1 \frac{kg \cdot m^2}{s^2}$ = 1 Ws
Weg, Ort	s	Meter	m	s. Länge	
Wellenlänge	λ	Meter	m	s. Länge	
Widerstand, elektrischer	R	Ohm	Ω	1 Ω	$= 1 \frac{V}{A}$
Winkelgeschwindigkeit	ω	durch Sekunde	$\frac{1}{s}$	$\frac{1}{s}$	$= \frac{1}{60} \frac{1}{min}$
Wirkungsgrad	η	1 oder in %			
Zeit	t	Sekunde	s		

Z

Gleichförmige und gleichmäßig beschleunigte Bewegungen

Ein Körper bewegt sich längs einer Bahn gleichförmig, wenn der Betrag seiner Geschwindigkeit konstant ist. Ist auch die Richtung der Bewegung immer die gleiche, so bewegt er sich gleichförmig geradlinig.

Gleichförmig geradlinige Bewegung **($F = 0$; $a = 0$)**

$a = 0$

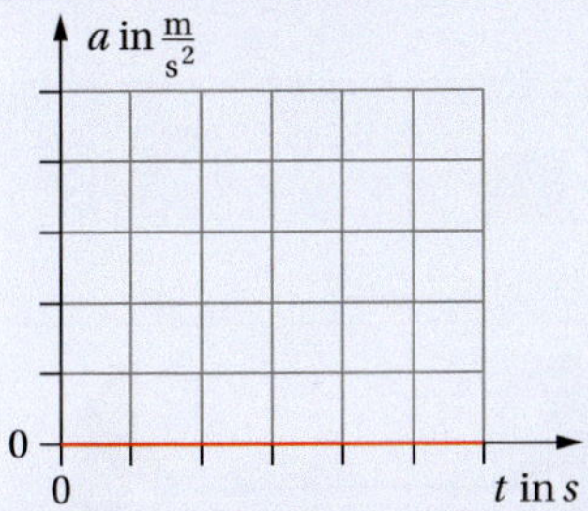

Die Beschleunigung ist null.

$v = \text{konstant} = \frac{\Delta s}{\Delta t}$

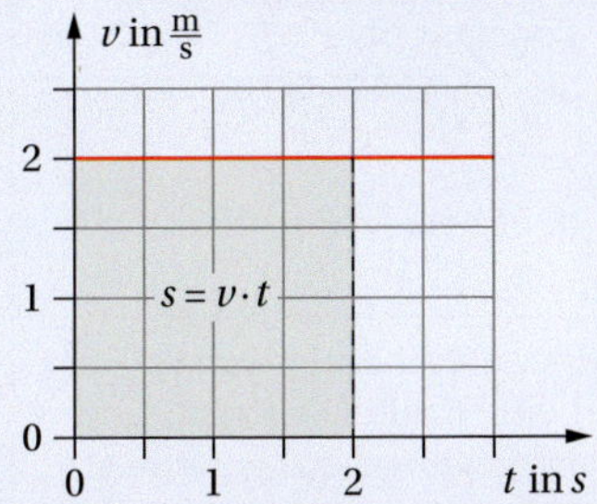

Die Fläche unter dem Graphen ist gleich dem zurückgelegten Weg.

$s = v \cdot t$

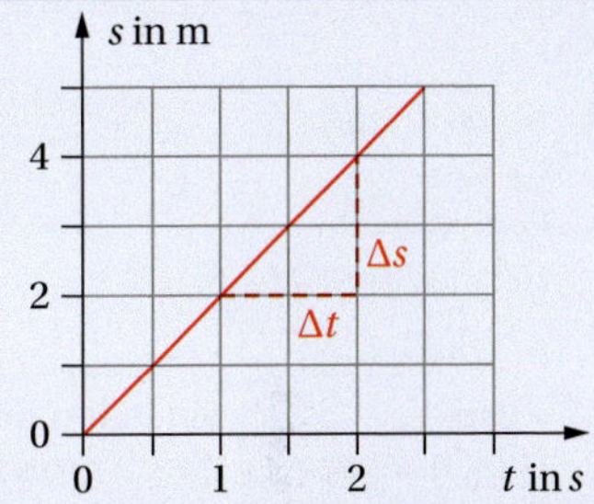

Die Steigung des Graphen ist gleich der Geschwindigkeit.

Ein Körper bewegt sich längs einer Bahn gleichmäßig beschleunigt, wenn der Betrag seiner Beschleunigung a konstant ist. Ist auch die Richtung der Bewegung immer die gleiche, so bewegt er sich gleichmäßig beschleunigt und geradlinig.

Gleichmäßig beschleunigte geradlinige Bewegung **($F = \text{konstant} \neq 0$)**

$a = \text{konstant} = \frac{\Delta v}{\Delta t}$

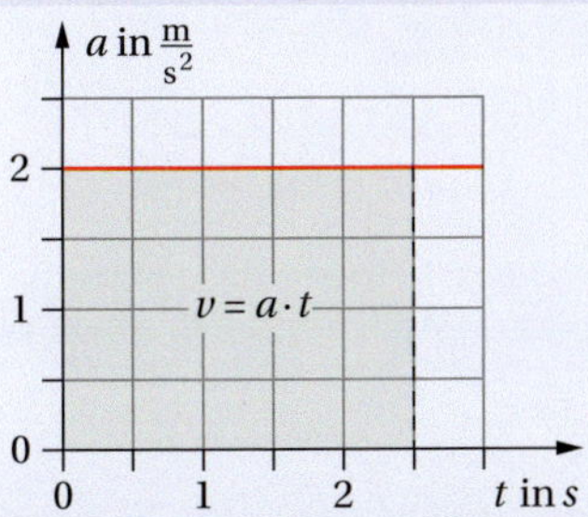

Die Fläche unter dem Graphen ist gleich der Geschwindigkeit.

$v = a \cdot t$

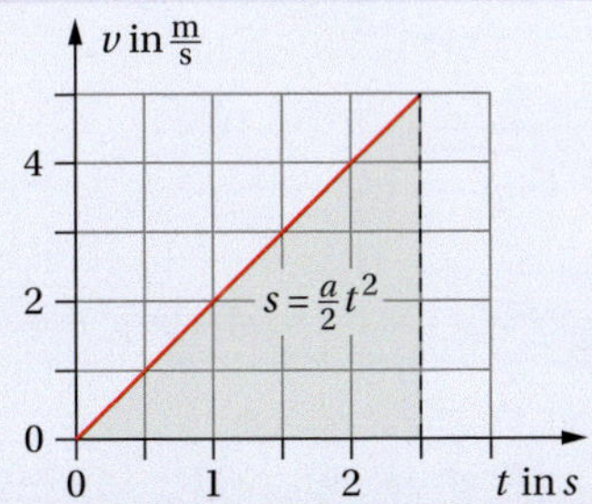

Die Fläche unter dem Graphen ist gleich dem zurückgelegten Weg. Die Steigung des Graphen ist gleich der Beschleunigung.

$s = \frac{a}{2} \cdot t^2$

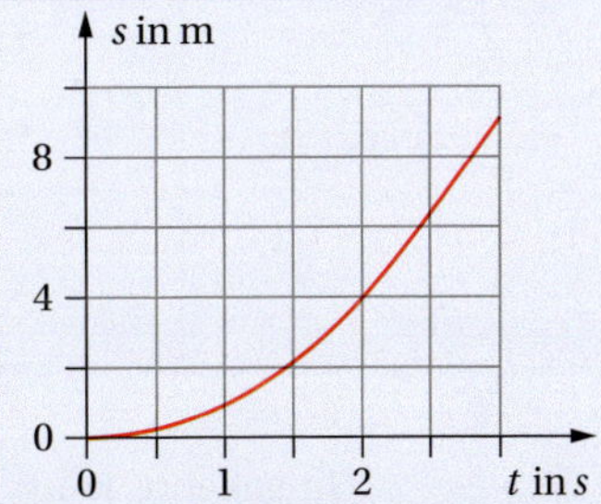

Der Graph ist Teil einer Parabel.

Die Bewegung eines Körpers kann auch ungleichmäßig beschleunigt erfolgen. Für **Berechnungen** kann dann die **Methode der kleinen Schritte** genutzt werden.

Die newtonschen Gesetze

Mithilfe der von Isaac Newton (1643–1727) formulierten grundlegenden Gesetze der Mechanik lassen sich die Bewegungen von Körpern, die man als Massepunkte betrachten kann, erklären und voraussagen.
Ob und wie sich ein Körper bewegt, hängt immer von der Summe der auf ihn wirkenden Kräfte ab.

1. newtonsches Gesetz (Trägheitsgesetz)	Ein Körper bleibt in Ruhe oder in gleichförmiger geradliniger Bewegung, solange die Summe der auf ihn wirkenden Kräfte null ist: $\vec{v}$ = konstant bei $F = 0$	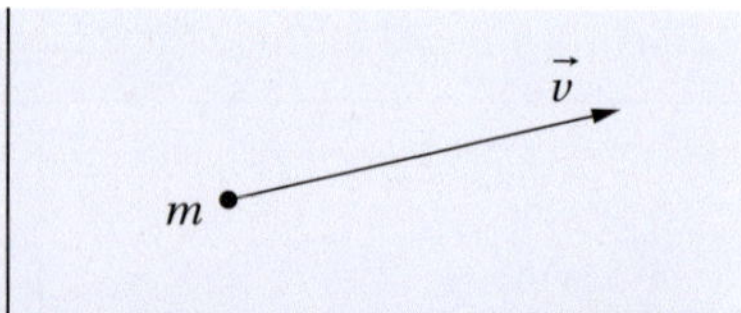
2. newtonsches Gesetz (newtonsches Grundgesetz)	$F = m \cdot a$ a = konstant bei F = konstant	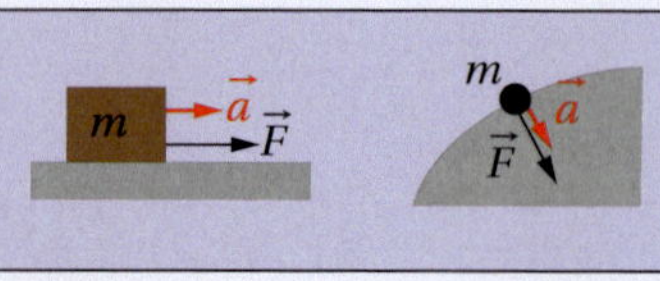
3. newtonsches Gesetz (Wechselwirkungsgesetz)	Wirken zwei Körper aufeinander ein, so wirkt auf jeden Körper eine Kraft. Die Kräfte sind gleich groß und entgegengesetzt gerichtet: $\vec{F_1} = -\vec{F_2}$	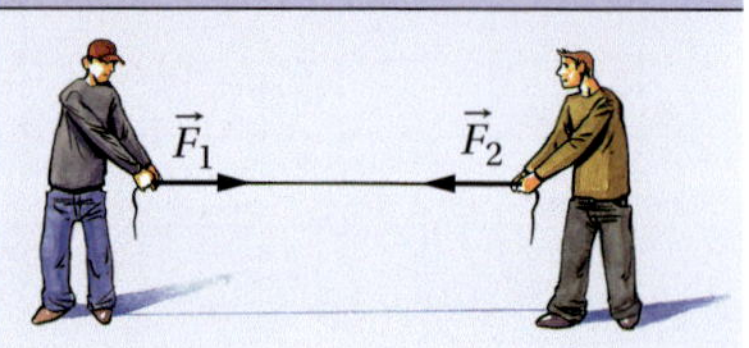

Jeweils zwei Kräfte lassen sich zu einer **resultierenden Kraft** zusammenfassen. Damit kann man die auf einen Körper wirkende **Gesamtkraft** ermitteln. Dabei ist zu beachten, dass Kräfte vektorielle Größen sind.

Zusammensetzung von Kräften

gleiche Richtung	entgegengesetzte Richtung	rechtwinklig zueinander	bei beliebigem Winkel
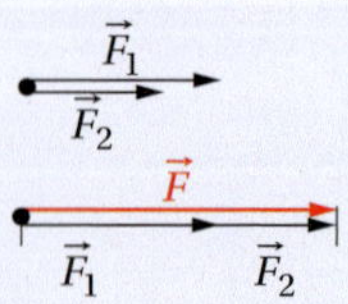	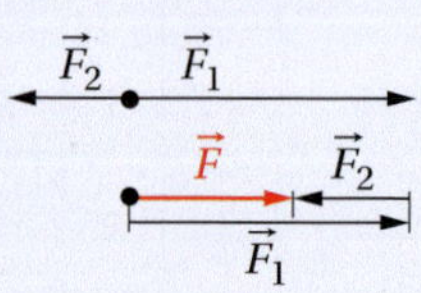	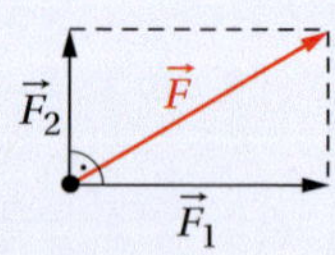	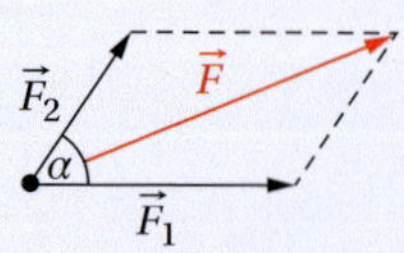
$F = F_1 + F_2$	$F = F_1 - F_2$	$F = \sqrt{F_1^2 + F_2^2}$	$F = \sqrt{F_1^2 + F_2^2 + 2F_1 \cdot F_2 \cdot \cos\alpha}$

Umgekehrt kann eine Kraft $\vec{F}$ in zwei Komponenten zerlegt werden, wenn deren Richtungen bekannt sind.
Wie die Kraft ist auch die Geschwindigkeit eine vektorielle Größe. Die Zusammensetzung von zwei Geschwindigkeiten zu einer Resultierenden oder die Zerlegung einer Geschwindigkeit in zwei Komponenten erfolgt ebenso wie bei Kräften (siehe oben).

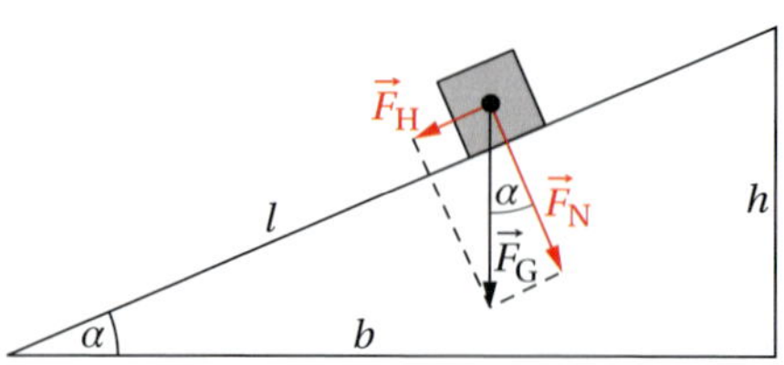

Arten von Kräften

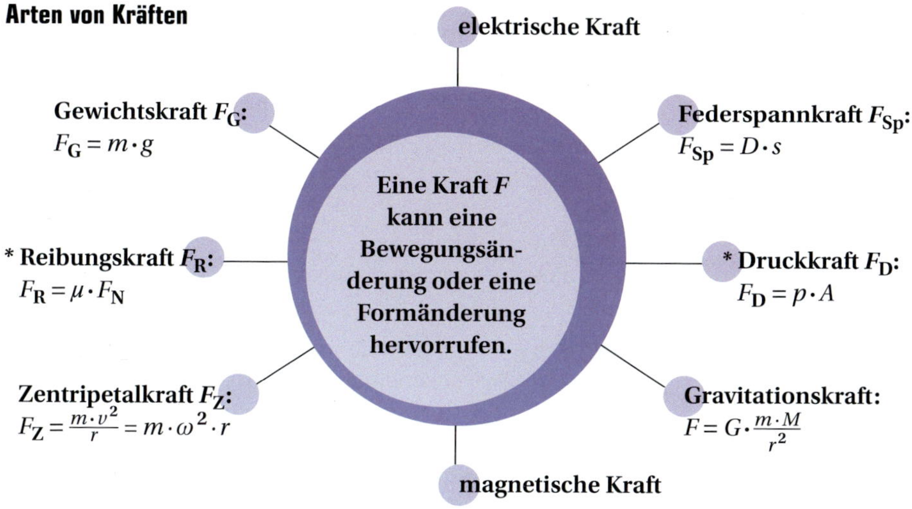

Mechanische Arbeit und Leistung

Mechanische Arbeit W wird verrichtet, wenn ein Körper durch eine Kraft F bewegt oder verformt wird.
Unter der Bedingung, dass die Kraft F konstant ist und in Richtung des Wegs wirkt, gilt:

$$W = F \cdot s$$

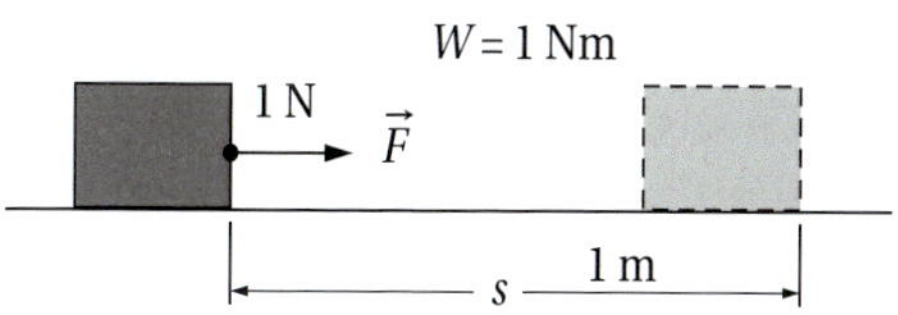

Beim Heben eines Körpers wird **Hubarbeit** verrichtet:

$$W_{Hub} = F_G \cdot h = m \cdot g \cdot h$$

Beim Beschleunigen eines Körpers wird **Beschleunigungsarbeit** verrichtet:

$$W_B = F \cdot s = m \cdot a \cdot s = \frac{1}{2} m \cdot v^2$$

Beim Spannen einer Feder wird **Federspannarbeit** verrichtet:

$$W_{Sp} = \frac{1}{2} F_E \cdot s = \frac{1}{2} D \cdot s^2$$

Dabei sind F_E die maximale Kraft (Endkraft), s die Dehnung der Feder und D die Federkonstante.

Die **mechanische Leistung** P gibt an, wie schnell mechanische Arbeit verrichtet wird:

$$P = \frac{W}{t}$$

Kreisbewegungen

Für eine gleichförmige Kreisbewegung gilt:

$$v = \frac{2\pi \cdot r}{T} = \omega \cdot r$$

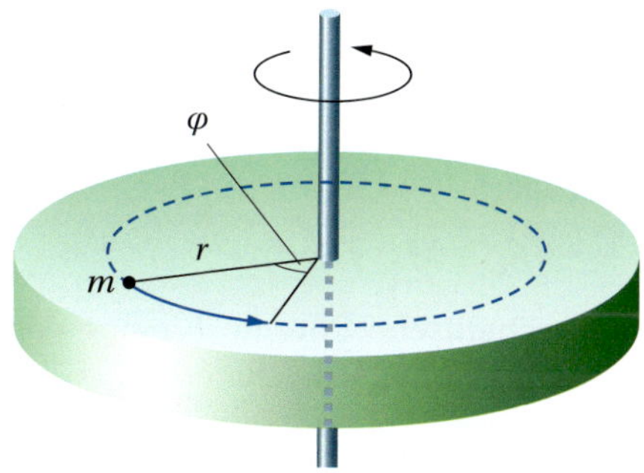

Bei einer gleichförmigen Kreisbewegung ist die Winkelgeschwindigkeit $\omega = \frac{\Delta\varphi}{\Delta t}$ für einen Massepunkt konstant. Damit sich ein Körper auf einer Kreisbahn bewegt, ist eine in Richtung Kreismittelpunkt wirkende **Zentripetalkraft** erforderlich:

$$F_Z = \frac{m \cdot v^2}{r} = m \cdot \omega^2 \cdot r$$

Energie und Impuls von Körpern

Die **Energie** E ist eine fundamentale physikalische Größe. Sie spielt auch in unserem alltäglichen Leben eine wichtige Rolle.
Mit Energie können Körper bewegt, verformt, erwärmt oder zur Aussendung von Licht bzw. anderer Strahlung gebracht werden.

Energieformen
Höhenenergie
Kinetische Energie
Spannenergie
Innere Energie
Elektrische Energie
Kernenergie
Strahlungsenergie
Energie elektrischer Felder
Energie magnetischer Felder

Energie E

Energieerhaltung
Energie kann weder erzeugt noch vernichtet werden.

Energieumwandlung
Energie kann von einer Form in andere Formen umgewandelt werden.

Energieübertragung
Energie kann von einem Energieträger auf andere Energieträger übertragen werden.

Energieentwertung
Die einem Energiewandler zugeführte Energie wird in andere Energieformen umgewandelt und damit teilweise entwertet.

Höhenenergie besitzt ein Körper gegenüber einem festgelegten Nullniveau:

$$E_H = F_G \cdot h = m \cdot g \cdot h$$

Kinetische Energie besitzen bewegte Körper:

$$E_{kin} = \frac{1}{2} m \cdot v^2$$

Spannenergie besitzen verformte elastische Federn:

$$E_{Sp} = \frac{1}{2} F_E \cdot s = \frac{1}{2} D \cdot s^2$$

Die **mechanische Energie** E eines Körpers kann durch Verrichten von Arbeit verändert werden:

$$\Delta E = W$$

Die **innere Energie** eines Körpers hängt von seiner Temperatur ab. Sie kann durch Verrichten von Arbeit W oder durch Zufuhr bzw. Abgabe von Wärme Q verändert werden (**1. Hauptsatz der Wärmelehre**):

$$\Delta E_i = W + Q$$

Elektrische Energie wird beim Fließen von elektrischem Strom übertragen:

$$E = U \cdot I \cdot t$$

Kernenergie wird bei der Spaltung schwerer Atomkerne (Kernspaltung) und bei der Vereinigung leichter Atomkerne (Kernfusion) freigesetzt.

Das Produkt aus der Masse m eines Körpers und seiner Geschwindigkeit v nennt man **Impuls** p:

$$p = m \cdot v$$

Für den Impuls gilt ebenso wie für die Energie ein **Erhaltungssatz:**
In einem abgeschlossenen System bleibt der Gesamtimpuls erhalten. Es gilt:

$$p = p_1 + p_2 + \ldots = \text{konstant}$$

p Gesamtimpuls des Systems
$p_1, p_2, \ldots$ Impulse der einzelnen Körper
Damit können Raketenantrieb und Rückstoß erklärt werden.

Z

Wärmelehre

Körper können sich in verschiedenen Aggregatzuständen befinden.

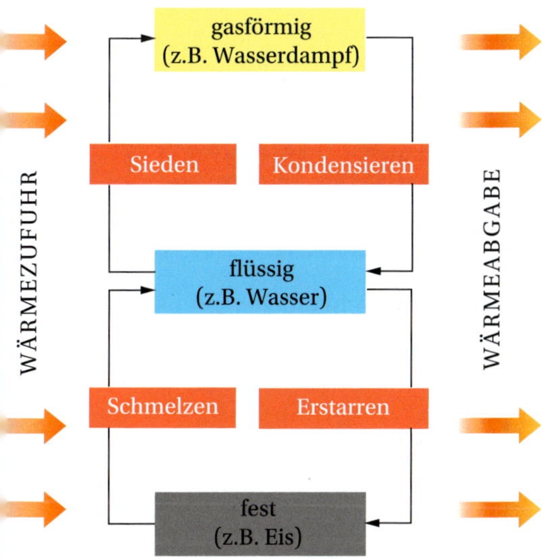

Durch Zufuhr oder Abgabe von Wärme kann sich

- der Aggregatzustand eines Körpers ändern,
- sein Volumen bzw. seine Länge ändern,
- seine Temperatur (ohne Änderung des Aggregatzustands) ändern.

Für die **Volumen- bzw. Längenänderung** gilt:

$$\Delta V = \gamma \cdot V_0 \cdot \Delta T$$
$$\Delta l = \alpha \cdot l_0 \cdot \Delta T$$

Statt ΔT kann $\Delta\vartheta$ gesetzt werden. Für die Beziehung zwischen absoluter Temperatur T und Celsiustemperatur ϑ gilt:

$$\frac{T}{\text{K}} = \frac{\vartheta}{°\text{C}} + 273$$

Das bedeutet:

$$0\ \text{K} = -273\ °\text{C}$$
$$273\ \text{K} = 0\ °\text{C}$$

Wird einem Körper Wärme Q zugeführt, gilt ohne Aggregatzustandsänderung:

$$Q = c \cdot m \cdot \Delta T$$

Dieser Zusammenhang wird als **Grundgleichung der Wärmelehre** bezeichnet.

Wärme Q kann von einem Körper auf andere übertragen werden durch

- **Wärmeleitung** von Stellen höherer Temperatur zu solchen niedrigerer Temperatur,
- **Wärmeströmung** (durch strömende Flüssigkeiten und Gase),
- **Wärmestrahlung** (elektromagnetische Wellen unterschiedlicher Wellenlänge).

Viele Erscheinungen in der Wärmelehre lassen sich mit einem einfachen **Teilchenmodell** erklären bzw. voraussagen:

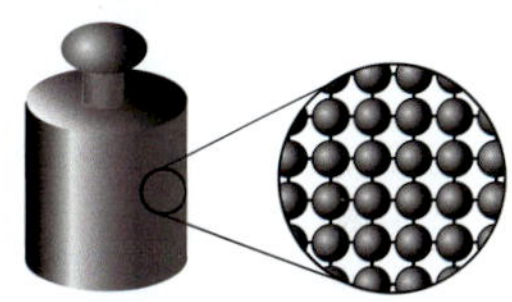

- Alle Stoffe bestehen aus Teilchen.
- Die Teilchen befinden sich in ständiger Bewegung.
- Zwischen den Teilchen wirken Kräfte.

Bei hoher Temperatur schwingen die Teilchen eines Körpers heftiger als bei niedrigerer Temperatur.

Je größer die mittlere kinetische Energie der Teilchen eines Körpers ist, desto höher ist seine Temperatur.

Wird einem Körper Wärme zugeführt oder von ihm an seine Umgebung abgegeben, so ändert sich seine innere Energie E_i.

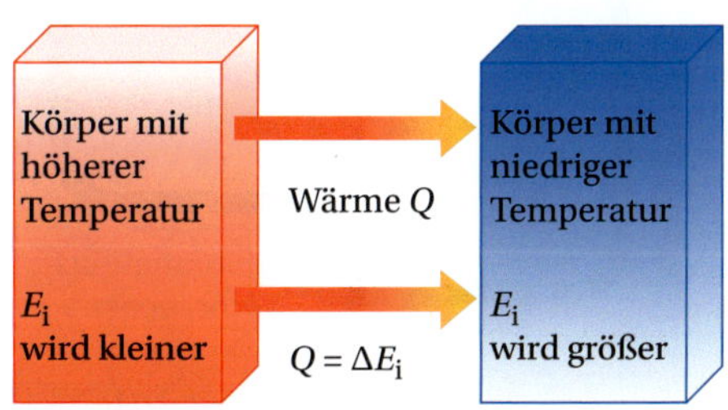

In einem abgeschlossenen System ist die Änderung der inneren Energie ΔE_i verbunden mit der Zufuhr oder der Abgabe von Wärme oder dem Verrichten mechanischer Arbeit W. Dieser spezielle Energieerhaltungssatz wird als 1. Hauptsatz der Wärmelehre bezeichnet:

$$\Delta E_i = W + Q$$

Ladung, Spannung und Stromstärke

Die Ladung Q	Die Spannung U	Die Stromstärke I
gibt an, wie groß der Elektronenmangel oder der Elektronenüberschuss ist.	gibt an, wie stark der Antrieb des elektrischen Stroms ist.	gibt an, wie viel Ladung Q in der Zeiteinheit durch einen Leiterquerschnitt transportiert wird.
Einheit: ein Coulomb (1 C) Messgerät: Elektrometer $Q = I \cdot t$	Einheit: ein Volt (1 V) Messgerät: Voltmeter $U = \frac{\Delta E}{Q}$	Einheit: ein Ampere (1 A) Messgerät: Amperemeter $I = \frac{Q}{t}$

Die Elementarladung e beträgt:

$$e = 1{,}6 \cdot 10^{-19}\ \text{C}$$

Zwischen elektrisch geladenen Körpern wirken Kräfte:

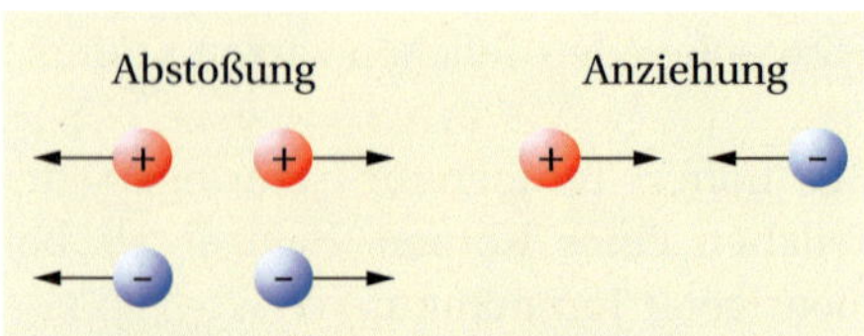

In einem elektrischen Stromkreis bewegen sich Ladungsträger gerichtet. Das lässt sich im Modell so darstellen:

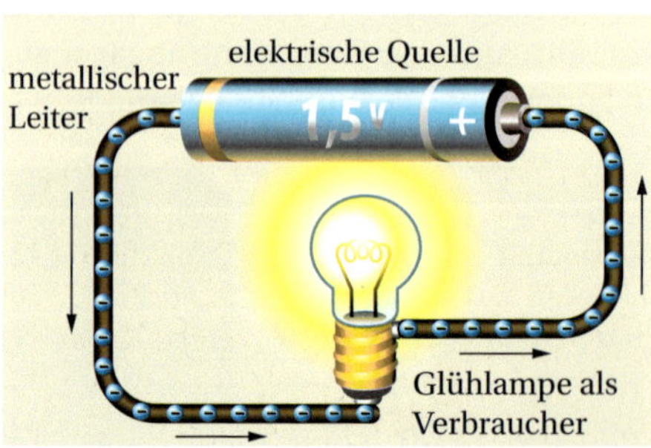

Für alle metallischen Leiter gilt unter der Bedingung, dass die Temperatur konstant ist, das **ohmsche Gesetz:**

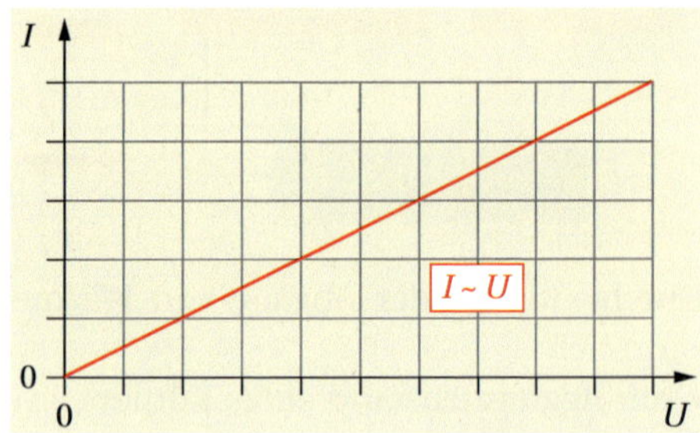

Die Bewegung der Ladungsträger (Elektronen, Ionen) in einem Leiter wird behindert. Wie stark der Strom behindert wird, erfasst man durch den **elektrischen Widerstand** R.

Für ein beliebiges Bauelement ist das der Quotient aus anliegender Spannung U und Stromstärke I durch das Bauelement:

$$R = \frac{U}{I}$$

Für die Einheiten gilt:

$$1\ \Omega = 1\ \frac{\text{V}}{\text{A}}$$

Unverzweigter Stromkreis (Reihenschaltung)	Verzweigter Stromkreis (Parallelschaltung)
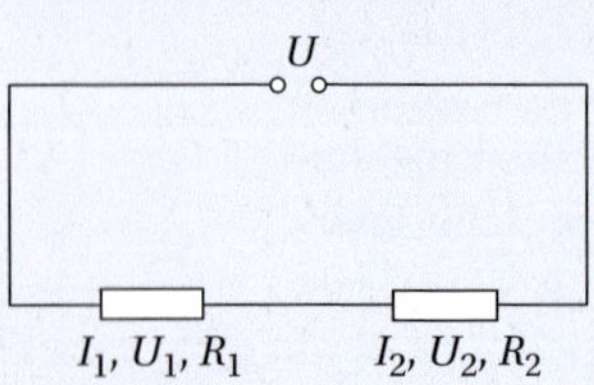 $I = I_1 = I_2 = \ldots$ $U = U_1 + U_2 + \ldots$ $R = R_1 + R_2 + \ldots$	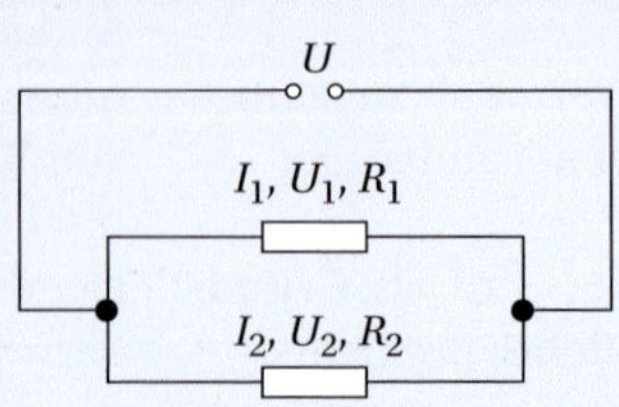 $I = I_1 + I_2 + \ldots$ $U = U_1 = U_2 = \ldots$ $\frac{1}{R} = \frac{1}{R_1} + \frac{1}{R_2} + \ldots$

Z

Elektrische und magnetische Felder

Der besondere Zustand eines Raums um elektrisch geladene Körper, um Dauermagnete oder um stromdurchflossene Leiter wird in der Physik als Feld bezeichnet.
Um elektrisch geladene Körper befindet sich ein elektrisches Feld, um Dauermagnete oder stromdurchflossene Leiter ein magnetisches Feld. Elektrische und magnetische Felder kann der Mensch mit seinen Sinnesorganen nicht wahrnehmen. Wir können sie nur an ihren Wirkungen erkennen.

Elektrische Felder	Magnetische Felder
Ein **elektrisches Feld** existiert im Raum um elektrisch geladene Körper.	Ein **magnetisches Feld** existiert im Raum um Dauermagnete und stromdurchflossene Leiter.
Im elektrischen Feld wirken Kräfte auf elektrisch geladene Körper.	Im magnetischen Feld wirken Kräfte auf ferromagnetische Stoffe, auf andere Magnete sowie auf stromdurchflossene Leiter.
Elektrische Felder lassen sich mit dem **Modell Feldlinienbild** veranschaulichen. 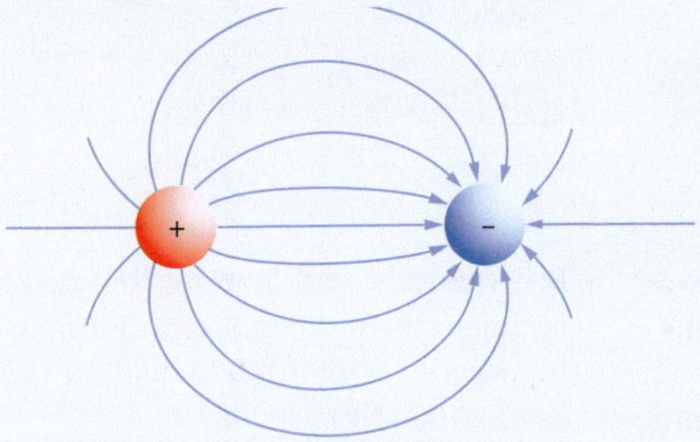 Die Feldlinien verlaufen von + nach –. Die Richtung der Feldlinien gibt die Richtung der Kraft auf einen positiv geladenen Körper an.	Magnetfelder lassen sich mit dem **Modell Feldlinienbild** veranschaulichen. 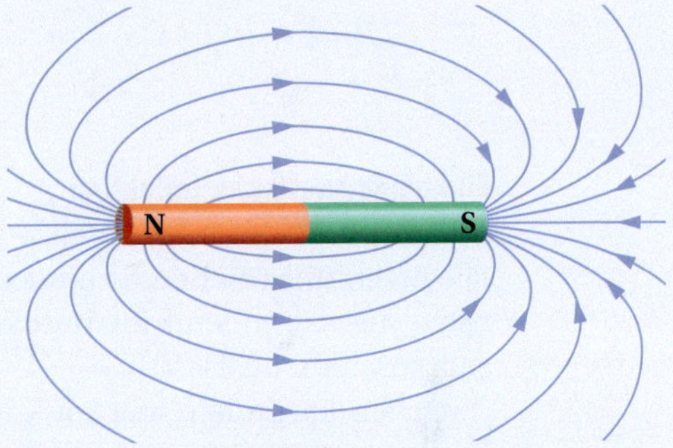 Die Feldlinien verlaufen von Nord nach Süd. Die Richtung der Feldlinien gibt an, wie sich kleine Magnetnadeln im Feld ausrichten.
Auf frei bewegliche Ladungsträger wirken in einem elektrischen Feld in Richtung der Feldlinien oder entgegengesetzt dazu Kräfte, die eine Beschleunigung bewirken. 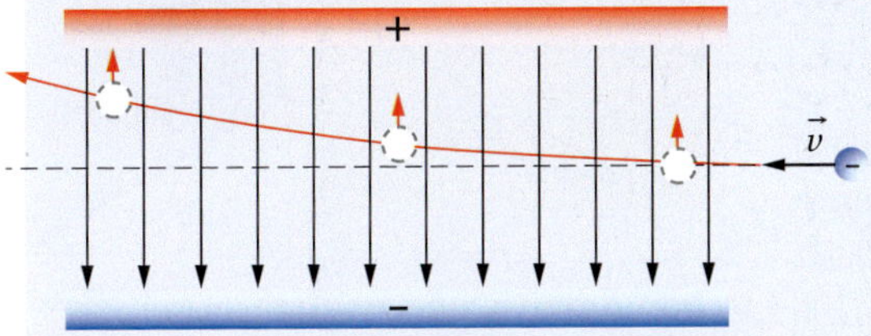	Auf bewegte Ladungsträger bzw. stromdurchflossene Leiter wirkt im Magnetfeld eine Kraft senkrecht zum Stromfluss und senkrecht zur Richtung des magnetischen Felds (Lorentzkraft F_L, Rechte-Hand-Regel). 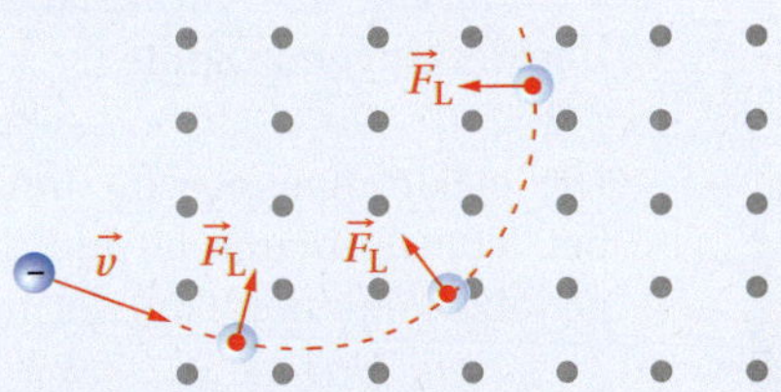
Anwendungen: Oszillograf, Teilchenbeschleuniger	Anwendungen: Elektromotor, Lautsprecher, Fernsehbildröhre

Elektrische Energie und Leistung in Stromkreisen

Die in einem Verbraucher umgewandelte elektrische Energie E und die elektrische Leistung des Verbrauchers sind von Spannung U und Stromstärke I abhängig. Außerdem spielt die Zeit t eine Rolle.

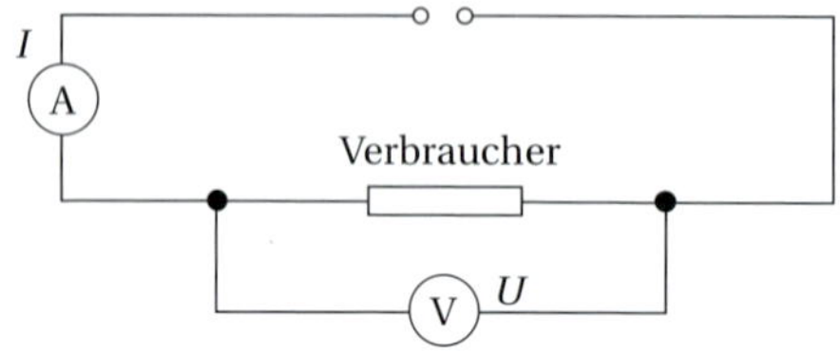

Für die umgesetzte Energie gilt:

$$E = U \cdot I \cdot t = P \cdot t$$

Die Leistung ergibt sich zu:

$$P = \frac{E}{t} = U \cdot I$$

Elektromagnetische Induktion

Die Erkenntnisse über die elektromagnetische Induktion sind im **Induktionsgesetz** zusammengefasst:
Zwischen den Enden einer Spule wird eine Spannung induziert, wenn sich das von ihr umfasste Magnetfeld ändert. Die Induktionsspannung hängt von der Schnelligkeit und der Stärke dieser Änderung sowie vom Bau der Spule (Windungszahl, Querschnittsfläche, Eisenkern) ab.

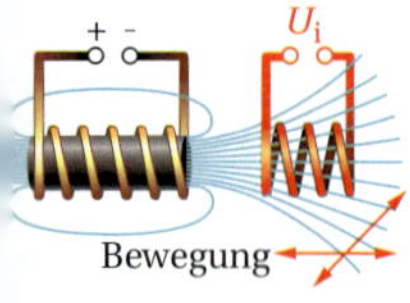

Änderung des Magnetfelds:
- Relativbewegung Spule – Magnetfeld
- Änderung der Stromstärke durch die felderzeugende Spule

Die elektromagnetische Induktion wird bei Transformatoren und Generatoren genutzt. Für einen Transformator gilt:

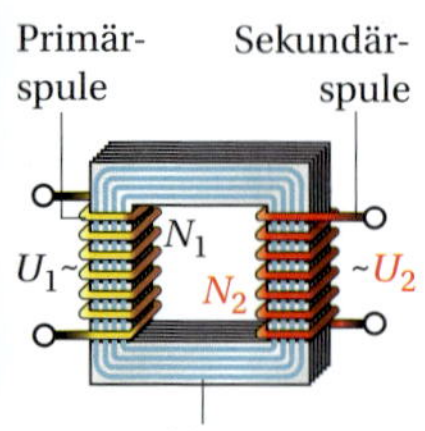

$$\frac{U_1}{U_2} = \frac{N_1}{N_2}$$

$$\frac{I_1}{I_2} = \frac{N_2}{N_1}$$

Ausbreitung, Reflexion und Brechung von Licht

Die uns umgebende Welt können wir nur deshalb sehen, weil Licht von den Gegenständen in unsere Augen fällt. Dabei ist zwischen Lichtquellen und beleuchteten Körpern zu unterscheiden.
Für die Ausbreitung von Licht gilt:
- Von einer Lichtquelle breitet sich das Licht in einem Stoff, z. B. in Luft, in der Regel geradlinig und nach allen Seiten aus.
- Der Weg des Lichts kann durch Lichtstrahlen veranschaulicht werden. Lichtstrahlen sind im Unterschied zu Lichtbündeln ein Modell, eine Vereinfachung der Wirklichkeit.

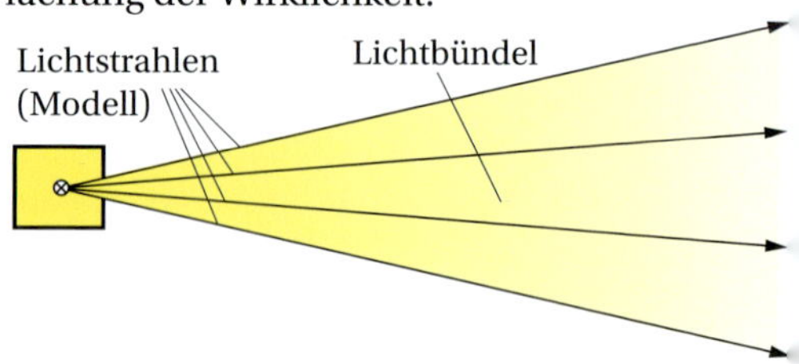

- Im Vakuum und in Luft beträgt die Lichtgeschwindigkeit etwa 300 000 $\frac{km}{s}$, in anderen Stoffen ist sie kleiner (Wasser: 225 000 $\frac{km}{s}$).
- Trifft Licht auf Körper, so wird es teilweise absorbiert (vom Körper aufgenommen), teilweise hindurchgelassen und teilweise reflektiert.
- Hinter lichtundurchlässigen Körpern bilden sich Schatten.

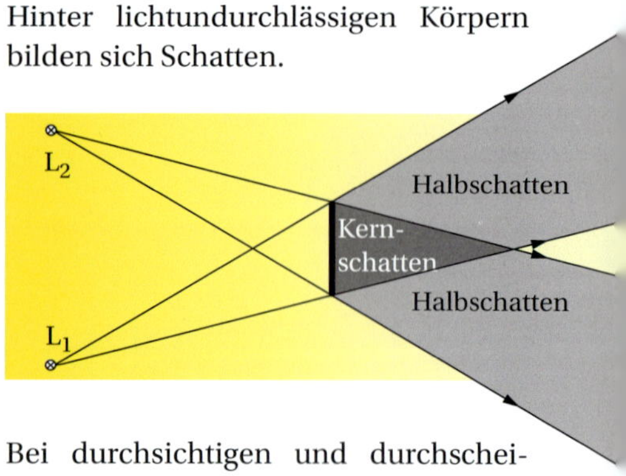

- Bei durchsichtigen und durchscheinenden Körpern tritt ein Teil des auffallenden Lichts hindurch. Das restliche Licht wird reflektiert oder absorbiert.

Für die Reflexion von Licht an Oberflächen gilt das **Reflexionsgesetz:**
Einfallswinkel α und Reflexionswinkel α' sind gleich groß.

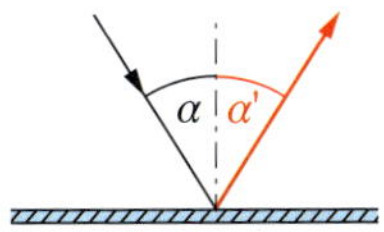

$$\alpha = \alpha'$$

Dabei liegen einfallender Strahl, Einfallslot und reflektierter Strahl in einer Ebene.

Das Reflexionsgesetz wird bei Spiegeln genutzt.

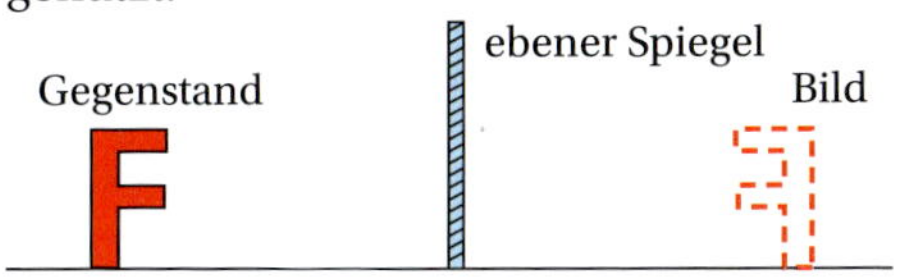

Für die Brechung von Licht an Grenzflächen gilt das **Brechungsgesetz:**
Trifft Licht schräg von Luft auf Wasser oder Glas, so wird es an der Grenzfläche zum Lot hin gebrochen. Bei umgekehrter Richtung wird es vom Lot weg gebrochen.

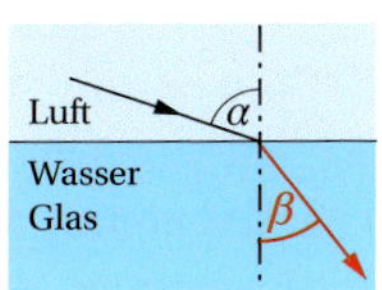

Das Brechungsgesetz wird bei Linsen oder Prismen genutzt.

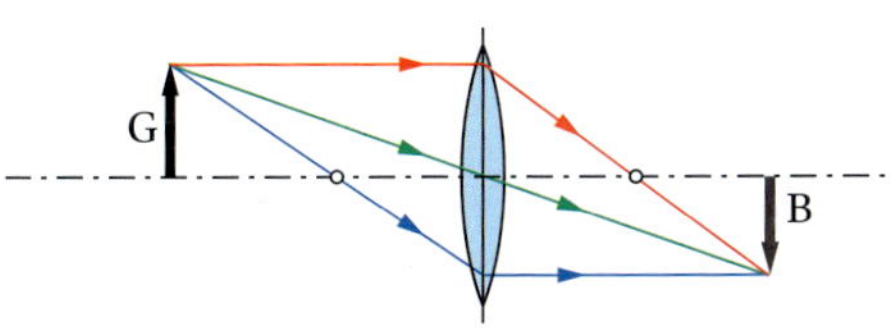

Mit einem Prisma kann weißes Licht in seine farbigen Bestandteile zerlegt werden.

Weißes Licht besteht aus den Spektralfarben Rot, Orange, Gelb, Grün, Blau und Violett. Sie sind nicht weiter zerlegbar.

Aufbau von Atomen

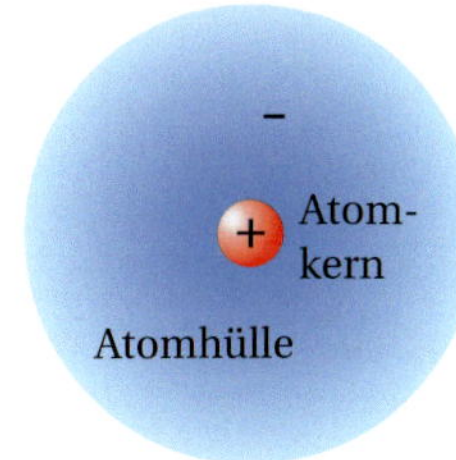

Atome bestehen aus einer negativ geladenen Atomhülle und einem positiv geladenen Atomkern.

Der Atomkern besteht aus Protonen und Neutronen. In ihm ist fast die gesamte Masse des Atoms konzentriert.
Bei einem elektrisch neutralen Atom ist die Anzahl der Elektronen in der Atomhülle gleich der Anzahl der Protonen im Atomkern.
Die **Massenzahl** A eines Atomkerns ergibt sich aus der Protonenzahl (Kernladungszahl) Z und der Neutronenzahl N:

$$A = Z + N$$

Diese Zahlen werden auch in der Symbolschreibweise angegeben:

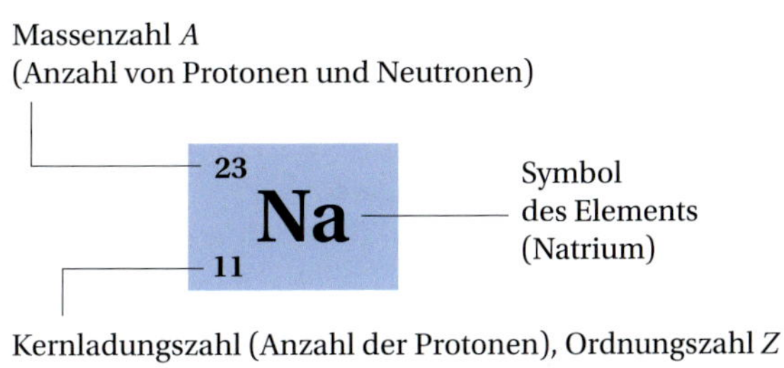

Aufnahme und Abgabe von Energie

Die Aufnahme und Abgabe von Energie durch ein Atom erfolgt in „Portionen“. Dabei ändert sich der energetische Zustand der Atomhülle.

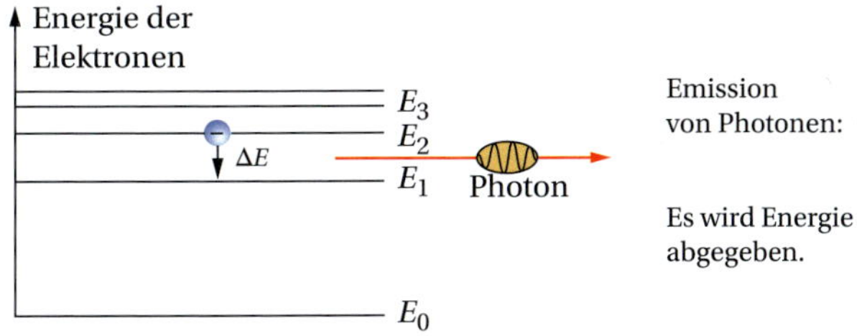

Die Energie der Photonen im sichtbaren Bereich liegt zwischen 1,5 eV (rotes Licht) und 3,3 eV (violettes Licht).

Absorption von Photonen:

Es wird Energie aufgenommen.

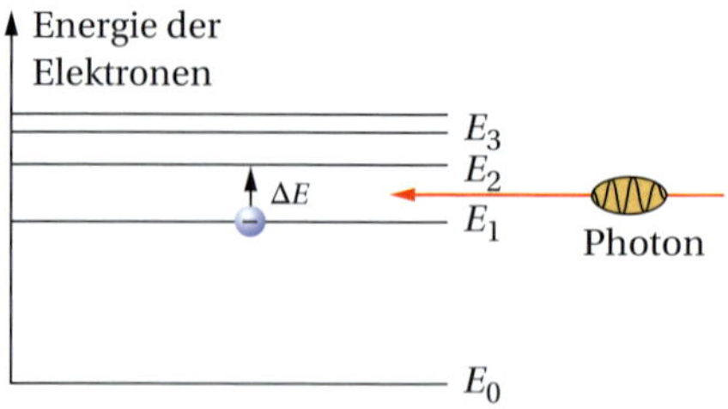

Auch die Aufnahme von Energie durch ein Atom erfolgt nur „portionsweise“.

Radioaktivität

Die durch Massenzahl und Kernladungszahl charakterisierten Atome werden als **Nuklide** bezeichnet. Nuklide können durch Beschuss mit anderen Teilchen oder spontan zerfallen. Bei solchen **Kernumwandlungen** wird **radioaktive Strahlung** abgegeben (s. Übersicht unten).
Solche radioaktive Strahlung

- besitzt Energie,
- kann Gase ionisieren, Filme schwärzen, Zellen schädigen,
- kann Stoffe in unterschiedlicher Weise durchdringen.

Für den Umgang mit Strahlung gilt:
Die Strahlung, der man sich aussetzt, sollte so gering wie möglich sein.

Für die **biologische Wirkung ionisierender Strahlung** ist entscheidend,

- wie viel Energie, bezogen auf die Körpermasse, aufgenommen wird,
- um welche Art von Strahlung es sich handelt,
- welche Körperteile bestrahlt werden.

Erfasst wird das mit der Größe **Äquivalentdosis** H:

$$H = D \cdot q = \frac{E}{m} \cdot q$$

Dabei ist E die aufgenommene Energie, m die Masse und q ein Bewertungsfaktor.
Für den Zerfall von Radionukliden gilt das **Zerfallsgesetz.**

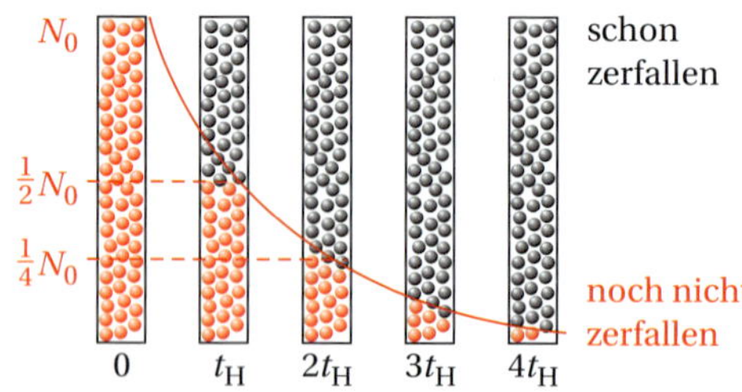

Die für jedes Nuklid charakteristische **Halbwertszeit** t_H gibt an, in welcher Zeit sich jeweils die Hälfte der instabilen Atomkerne umwandelt.

$$^{*}\ N = N_0 \cdot \left(\frac{1}{2}\right)^{\frac{t}{t_H}}$$

Arten radioaktiver Strahlung

α-Strahlung	**β-Strahlung**	**γ-Strahlung**
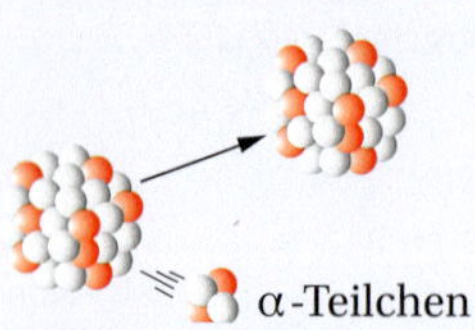	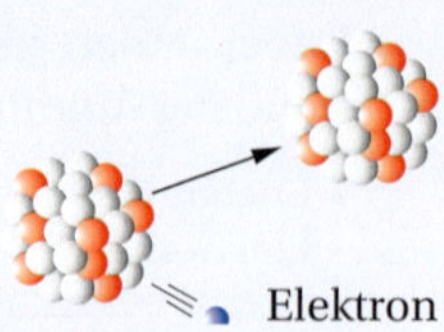	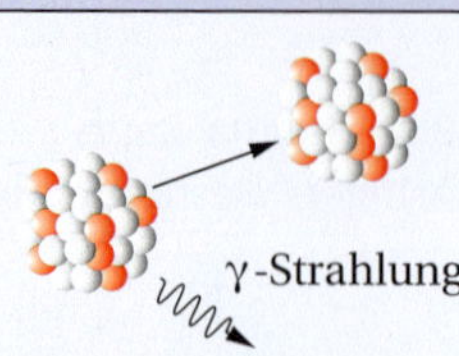
Die Strahlung besteht aus doppelt positiv geladenen Heliumkernen (α-Teilchen).	Die Strahlung besteht aus Elektronen (β^--Strahlung) oder Positronen (β^+-Strahlung).	Die Strahlung ist eine energiereiche elektromagnetische Strahlung.
$^{226}_{88}\text{Ra} \rightarrow {}^{222}_{86}\text{Rn} + {}^{4}_{2}\alpha$	$^{137}_{55}\text{Cs} \rightarrow {}^{137}_{56}\text{Ba} + {}^{0}_{-1}\text{e}$ $^{30}_{15}\text{P} \rightarrow {}^{30}_{14}\text{Si} + {}^{0}_{+1}\text{e}$	$^{137}_{56}\text{Ba}^{*} \rightarrow {}^{137}_{56}\text{Ba} + \gamma$

Grenzen der klassischen Physik

Ab Anfang des 20. Jahrhunderts wurde immer deutlicher, dass sich mit der klassischen Physik zwar viele Erscheinungen in Natur, Technik und Alltag beschreiben, erklären und voraussagen lassen, aber auch Phänomene auftreten, die damit nicht erklärbar sind.
Zwei neue Theorien haben das physikalische Weltbild grundlegend verändert: die Relativitätstheorie und die Quantentheorie.

Die spezielle Relativitätstheorie
Während I. NEWTON und seine Nachfolger von einem absoluten Raum und einer absoluten Zeit ausgingen, postulierte A. EINSTEIN 1905 eine neue, grundsätzlich andere Vorstellung.

- **Relativitätsprinzip:** In Bezugssystemen, die sich mit konstanter Geschwindigkeit zueinander bewegen, gelten die physikalischen Gesetze in gleicher Weise.

- **Prinzip von der Konstanz der Lichtgeschwindigkeit:** Licht breitet sich im Vakuum unabhängig vom Bewegungszustand der Lichtquelle und des Beobachters immer mit $c = 299\,792\ \frac{\text{km}}{\text{s}}$ aus.

Wichtige Erkenntnisse der speziellen Relativitätstheorie sind:

- Körper, die sich relativ zu einem Beobachter schnell bewegen, erscheinen für diesen in Bewegungsrichtung verkürzt (Längenkontraktion).
- Uhren, die sich relativ zu einem Beobachter schnell bewegen, gehen für diesen Beobachter langsamer (Zeitdilatation).
- Geschwindigkeiten addieren sich stets so, dass ihre Summe kleiner oder höchstens gleich der Lichtgeschwindigkeit im Vakuum ist. Kein Körper kann sich mit Überlichtgeschwindigkeit bewegen.
- Masse m und Energie E sind äquivalente Größen. Es gilt: $E = m \cdot c^2$
- Die Masse eines Körpers vergrößert sich mit zunehmender Geschwindigkeit. Mit Annäherung an die Lichtgeschwindigkeit wird sie unendlich groß.

Die Kausalität in der Physik
Für viele Bereiche unseres Lebens gilt die **starke Kausalität:** Ähnliche Ursachen haben ähnliche Wirkungen.
Die **Verletzung der starken Kausalität** führt zu Vorgängen, die langfristig nicht vorhersagbar sind. Mit solchen Vorgängen beschäftigt sich die **Chaostheorie.**

Die Quantentheorie
Die Quantentheorie beschäftigt sich mit dem Verhalten von **Quantenobjekten** (Photonen, Elektronen, Protonen, Neutronen, Atome).

Elektron

Teilcheneigenschaften	Welleneigenschaften
$m = 9{,}1 \cdot 10^{-31}$ kg $e = 1{,}6 \cdot 10^{-19}$ C	Es treten Beugung und Interferenz auf.

Photon

Teilcheneigenschaften	Welleneigenschaften
Es besitzt eine bestimmte Energieportion.	Es treten Beugung und Interferenz auf.

Quantenobjekte haben
- etwas Welliges, was ihre Ausbreitung bestimmt und z. B. Interferenz bewirkt,
- etwas Teilchenartiges (Körniges), was sich z. B. bei einer Ortsmessung zeigt,
- etwas Stochastisches, was keine Aussage über das Verhalten eines einzelnen Quantenobjekts erlaubt, aber Wahrscheinlichkeitsaussagen für eine große Anzahl von Quantenobjekten.

Zum Beschreiben, Erklären und Voraussagen von Erscheinungen bei Quantenobjekten kann man das Teilchenmodell oder das Wellenmodell nutzen.

Testen Sie sich selbst

Mit den nachfolgenden Aufgaben können Sie testen, ob Sie die Ziele des Physikunterrichts erreicht haben. Die numerischen Lösungen der Aufgaben finden Sie auf Seite 206.

Mit Fachwissen umgehen

1. Der Fallturm Bremen

Im Fallturm in Bremen werden Experimente unter den Bedingungen der Schwerelosigkeit durchgeführt. Die Experimente werden in einer Fallkapsel realisiert, die in einer Vakuumröhre frei fällt.

a) Wie lange kann ein Experiment in der Schwerelosigkeit durchgeführt werden, wenn die Fallkapsel 110 m frei fällt?

b) Wie groß müsste die Fallhöhe sein, wenn die Fallzeit doppelt so groß sein soll?

c) Welche maximale Geschwindigkeit erreicht die 95 kg schwere Fallkapsel? Wie groß ist dann ihre Energie?

d) Welche Verzögerung tritt auf, wenn die Fallkapsel am Fuß des Fallturms in einer mit Styroporkugeln gefüllten Kammer auf 4,0 m Strecke abgebremst wird? Vergleichen Sie den Betrag mit dem der Fallbeschleunigung! Geben Sie das Ergebnis auch in Prozent an!

2. Ein 100-m-Lauf

Bei einem 100-m-Lauf legt ein Läufer die ersten 25 m mit einer konstanten Beschleunigung von 3,13 m/s^2 zurück. Die restlichen 75 m läuft er mit der erreichten Geschwindigkeit weiter. Insgesamt wird eine Zeit von 10,20 s gemessen.

a) Berechnen Sie seine maximale Geschwindigkeit! Vergleichen Sie diese mit der Durchschnittsgeschwindigkeit!

b) Skizzieren Sie das t-s-, t-v- und t-a-Diagramm für den gesamten Lauf!

c) Diskutieren Sie Möglichkeiten zur Verbesserung der Laufleistung!

3. Ariane 5 in Aktion

Die Ariane 5 ist eine Trägerrakete, die im Auftrag der Europäischen Weltraumorganisation (ESA) entwickelt wurde. Sie ist die leistungsstärkste europäische Trägerrakete und wird dazu genutzt, Satelliten in Erdumlaufbahnen zu bringen.

Ihre Startschubkraft beträgt 13 000 kN. Nach dem Zünden erreichen die Triebwerke innerhalb von 0,3 s die volle Schubkraft. Diese wird 130 s lang aufrechterhalten. Beim Start wiegt die Rakete 770 t.

a) Wie groß müsste die Schubkraft sein, damit die Rakete nach dem Start gerade schwebt? Fertigen Sie dazu eine Skizze mit den wirkenden Kräften an!

*b) Welche Geschwindigkeit hätte die Rakete nach der Beschleunigungsphase? Unter welchen Bedingungen haben Sie die Berechnung durchgeführt?

c) Diskutieren Sie den Einfluss von Luftwiderstand und Treibstoffverbrauch auf die Beschleunigung der Rakete!

4. Bewegung eines Radfahrers

Das nachfolgende Zeit-Geschwindigkeit-Diagramm zeigt die Bewegung eines Radfahrers über einen kurzen Zeitraum.

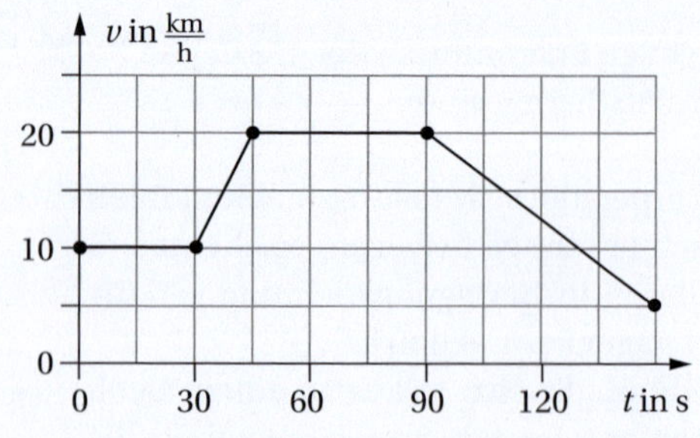

a) Beschreiben Sie den Bewegungsablauf!

b) Berechnen Sie die Beschleunigungen! Zeichnen Sie ein t-a-Diagramm!

c) Welchen Weg legt der Radfahrer in den ersten 30 s zurück? Wie groß ist der in 1,5 min zurückgelegte Weg?

5. Einem Verdächtigen auf der Spur
Auf einer Autobahn fährt ein verdächtiges Fahrzeug gleichförmig mit 80 km/h. Eine wartende Polizeistreife sichtet den Wagen, als dieser vorbeifährt. Vier Sekunden, nachdem das Fahrzeug das Polizeiauto passiert hat, fährt dieses los. Es wird mit durchschnittlich 4,0 m/s^2 beschleunigt.

a) Ermitteln Sie grafisch, wie viel Zeit zwischen dem Entdecken des verdächtigen Fahrzeugs und dem Augenblick des Einholens vergeht!

b) Bestimmen Sie rechnerisch, welche Geschwindigkeit das Polizeiauto zum Zeitpunkt des Einholens erreicht hat!

6. Winkelspiegel zum Vermessen
Landschaftsvermesser verwenden bei der Ausmessung von Flächen und zur Festlegung rechter Winkel im Gelände oft einen Winkelspiegel. Dieser besteht aus zwei Spiegeln, die einen Winkel von 45° bilden.

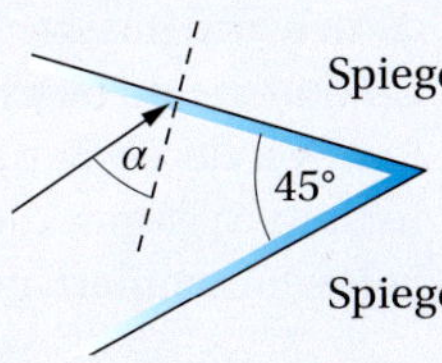

a) Zeichnen Sie einen solchen Winkelspiegel ins Heft! Konstruieren Sie den Verlauf eines beliebigen Lichtstrahls! Der Winkel α soll dabei zwischen 0° und 45° liegen.

b) Zeichnen Sie zwei weitere Lichtstrahlen und deren Verlauf ein! Leiten Sie eine allgemeine Aussage über den Verlauf von Lichtstrahlen an diesem Winkelspiegel ab!

7. Größen im Stromkreis
Ein Stromkreis besteht aus drei Widerständen (je 100 Ω) und einer Quelle (20 V).

a) Skizzieren Sie, wie die Widerstände geschaltet sein können! Wie groß ist dann jeweils der Gesamtwiderstand?

b) Die drei Widerstände sind parallel geschaltet. Wie groß sind dann die Spannungen und die Stromstärken?

Methoden der Physik nutzen

8. Beschleunigung eines Radfahrers
Es soll ermittelt werden, wie groß die Beschleunigung eines Radfahrers ist, der zunächst steht und dann anfährt. Geben Sie dafür eine praktikable Möglichkeit an!

9. Fallschirmspringer in Aktion
Für einen Fallschirmspringer wurde das folgende *t*-*s*-Diagramm aufgenommen:

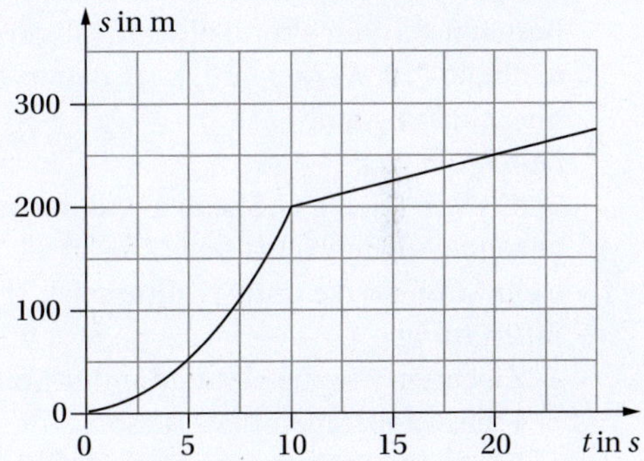

a) Interpretieren Sie dieses Diagramm!

b) Schätzen Sie die maximale Fallgeschwindigkeit des Fallschirmspringers unmittelbar vor dem Öffnen des Fallschirms ab! Wie groß ist seine Sinkgeschwindigkeit mit Schirm?

10. Moderne Altersbestimmung
In lebenden organischen Substanzen ist das Radionuklid $^{14}_{6}C$ (Halbwertszeit 5 730 Jahre) aufgrund des Stoffwechsels in einer konstanten Konzentration vorhanden. Mit dem Tod des Organismus endet der Stoffwechsel. Damit verringert sich auch ständig die Konzentration an $^{14}_{6}C$-Atomen. Das kann genutzt werden, um das Alter organischer Substanzen abzuschätzen.

a) Wie alt wäre ein im Moor gefundener Baum, wenn sein Gehalt an $^{14}_{6}C$-Atomen auf 30 % der ursprünglichen Konzentration abgeklungen ist?

b) Wie groß wäre der C-14-Anteil bei einem 11 460 Jahre alten Fund?

11. Kennlinie einer Solarzelle

Nehmen Sie die *I-U*-Kennlinie einer Solarzelle auf! Nutzen Sie die folgende Schaltung!

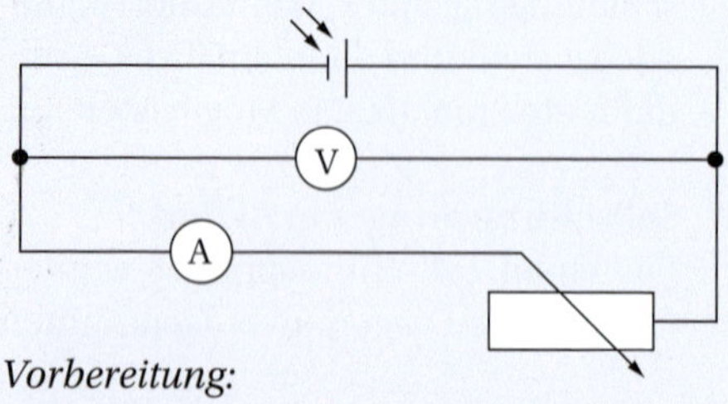

Vorbereitung:
Bereiten Sie ein Protokoll mit Messwertetabelle (10 Wertepaare) vor! Bauen Sie die Schaltung auf!

Durchführung:
Verändern Sie die Größe des Widerstands in zehn gleichen Schritten! Messen Sie jeweils Stromstärke und Spannung!

Auswertung:

a) Zeichnen Sie die Kennlinie der Solarzelle! Interpretieren Sie diese!

b) Ermitteln Sie aus der Kennlinie, wie groß der Widerstand gewählt werden muss, damit an der Solarzelle die maximale Spannung liegt!

12. Ausbreitung von Wellen

Wenn in einer flachen Wanne mit Wasser an zwei Stellen gleichzeitig kreisförmige Wellen erzeugt werden, entsteht ein typisches Bild. Beschreiben Sie die Beobachtung! Erklären Sie diese!

13. Modell Lichtstrahl

Erläutern Sie an je einem Beispiel die Leistungsfähigkeit und die Grenzen des Modells Lichtstrahl, des Wellenmodells und des Teilchenmodells für Licht!

Informationen erschließen und austauschen

14. Blaue Berge

Jeder hat schon beobachtet: Weit entfernte Berge erscheinen heller und in einer bläulichen Farbe.

Stellen Sie eine Hypothese zur Erklärung dieser Erscheinung auf! Prüfen Sie diese durch eine Recherche im Internet!

15. Aktive und passive Sicherheit

Erkunden und beschreiben Sie an Beispielen, wie durch Berücksichtigung physikalischen Wissens die Sicherheit von Verkehrsteilnehmern erhöht werden kann!

16. Anwendung radioaktiver Nuklide

Stellen Sie Anwendungen radioaktiver Nuklide übersichtlich dar! Erläutern Sie an je einem Beispiel das Bestrahlungs-, Durchstrahlungs- und Markierungsverfahren! Nutzen Sie das Internet, Lehrbücher, Nachschlagewerke und Zeitschriften!

17. Strahlenbelastung heute

Erkunden Sie, wie hoch die Belastung mit ionisierender Strahlung (Röntgenstrahlung, radioaktiver Strahlung) in Deutschland und in Ihrem Wohnbereich gegenwärtig ist! Nutzen Sie dazu das Internet! Präsentieren Sie Ihre Ergebnisse!

18. Moderne Sehhilfen

Informieren Sie sich über Möglichkeiten der Korrektur von Sehfehlern sowie über Vor- und Nachteile der verschiedenen Möglichkeiten!

Z

Sachverhalte erkennen und bewerten

19. Sicherheit geht vor

Laut Straßenverkehrsordnung (StVO) gilt, dass die zulässige Höchstgeschwindigkeit innerhalb geschlossener Ortschaften 50 km/h betragen darf. In Wohngebieten ist sie oft auf 30 km/h begrenzt.

a) Tim meint, dass es nicht nötig sei, sich bei Geschwindigkeiten unter 30 km/h anzuschnallen. Bewerten Sie die Aussage aus physikalischer Sicht!

b) Ein Pkw-Fahrer fährt in einer Stadt statt mit 50 mit 70 km/h. Um wie viele Meter verlängert sich der Bremsweg, wenn die Bremsverzögerung bei Vollbremsung $7{,}0\ \mathrm{m/s^2}$ beträgt? Beurteilen Sie das Verhalten des Fahrers!

20. Mit Sachverstand Tee kochen

Um heißes Wasser für Tee zu bereiten, gibt es verschiedene Varianten:

- Nutzen einer Mikrowelle,
- Verwenden eines Wasserkochers,
- Erhitzen auf einer Kochplatte.

a) Stellen Sie eine Hypothese auf, bei welcher der Varianten der Wirkungsgrad am größten ist!

b) Messungen haben ergeben:

	Mikrowelle	Wasserkocher	Kochplatte
V in l	0,4	0,6	0,3
ΔT in K	58	78	62
t in s	160	170	120
P in W	800	1 200	1 500

Berechnen Sie jeweils den Wirkungsgrad! Vergleichen Sie das Ergebnis mit Ihrer Hypothese!

c) Diskutieren Sie Ursachen für die verschiedenen Wirkungsgrade!

d) Überlegen Sie sich für zu Hause eine möglichst effektive Variante! Präsentieren Sie diese Ihren Mitschülern!

21. Physik und Medizin

Schilddrüsen kann man mithilfe radioaktiver Nuklide untersuchen. Diese werden vom Patienten eingenommen und reichern sich in der Schilddrüse an. Die Stärke der Strahlung wird registriert und daraus ein Bild berechnet (s. Abb.).

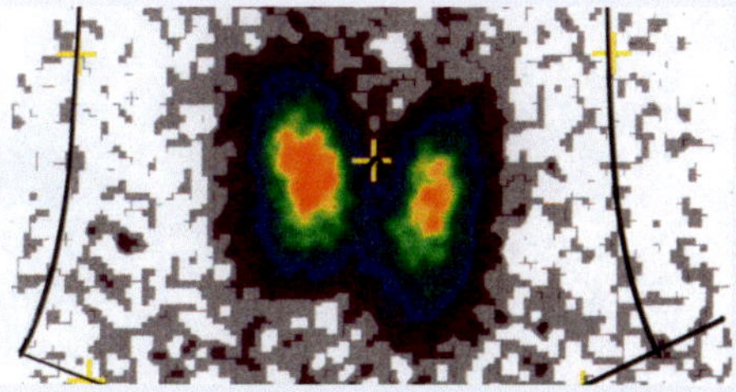

a) Bewerten Sie Vorteile und Gefahren einer Untersuchung mit Radionukliden!

b) Welche der nachfolgend angegebenen Nuklide sind für eine Schilddrüsenuntersuchung geeignet? Begründen Sie!

Stoff	Strahlung	Reichweite im Gewebe	Halbwertszeit
A	α	0,1 mm	3 Stunden
B	γ	viele Meter	2 Jahre
C	β	5,5 cm	6 Stunden
D	β	4,3 cm	70 Tage

22. Teures Stand-by

In vielen der etwa 45 Millionen Haushalte in Deutschland existieren elektrische Geräte mit Stand-by-Funktion. Wir nehmen an: In jedem zweiten Haushalt befindet sich ein Fernsehgerät täglich acht Stunden lang im Stand-by ($U = 230$ V, $I = 20$ mA).

a) Wie viel Elektroenergie wird dadurch in einem Jahr unnötig genutzt? Vergleichen Sie das Ergebnis mit dem Jahresenergiebedarf eines Haushalts (3 000 kWh)!

b) Bewerten Sie das Ergebnis unter dem Aspekt der rationeller Energienutzung!

Lösungen zu den numerischen Aufgaben „Testen Sie sich selbst“

1. a) $t = 4{,}7\ \text{s}$
   b) $s = 433\ \text{m}$
   c) $v = 46{,}5\ \frac{\text{m}}{\text{s}} = 167\ \frac{\text{km}}{\text{h}}$
   $E_{kin} = 103\ \text{kJ}$
   d) $a = 270\ \frac{\text{m}}{\text{s}^2}$

2. a) $v = 12{,}5\ \frac{\text{m}}{\text{s}}$
   $\bar{v} = 9{,}8\ \frac{\text{m}}{\text{s}}$

3. a) $F_S = F_G = 7550\ \text{kN}$
   b) $v = 920\ \frac{\text{m}}{\text{s}} = 3\,300\ \frac{\text{km}}{\text{h}}$

4. b) $a_1 = 0{,}19\ \frac{\text{m}}{\text{s}^2}$
   $a_2 = -0{,}07\ \frac{\text{m}}{\text{s}^2}$
   c) $s_{30} = 83\ \text{m}$
   $s_{90} = 396\ \text{m}$

5. a) $t = 18{,}2\ \text{s}$
   b) $v = 205\ \frac{\text{km}}{\text{h}}$

6. b) Einfallender und austretender Lichtstrahl stehen senkrecht zueinander.

7. a) 300 Ω, 150 Ω, 67 Ω, 33 Ω
   b) $U = 20\ \text{V}$
   $I_1 = I_2 = I_3 = 0{,}2\ \text{A}$

9. b) $v = 40\ \frac{\text{m}}{\text{s}} = 140\ \frac{\text{km}}{\text{h}}$
   c) $v = 5\ \frac{\text{m}}{\text{s}} = 18\ \frac{\text{km}}{\text{h}}$

10. a) 9 950 Jahre
    b) 25 %

17. Der Grenzwert für beruflich strahlenexponierte Personen ab 18 Jahre lag 2007 bei 20 mSv.

19. b) Der Bremsweg verlängert sich um etwa 13 m.

20. b) Mikrowelle: $\eta = 0{,}76$
    Wasserkocher: $\eta = 0{,}96$
    Kochplatte: $\eta = 0{,}43$

22. a) $E = 3{,}0 \cdot 10^8\ \text{kWh}$
    Das entspricht dem Jahresenergiebedarf von etwa 100 000 Haushalten.

Bildquellenverzeichnis

ADAC: 47/1, 56/01; Adam Opel AG: 44/2a, 44/2b, 44/2c; akg-images/Nimatallah:11/2; Archiv der Archenhold-Sternwarte Berlin: 9/02, 9/04, 11/1, 12/01, 12/2, 15/1, 16/1, 17/1, 147/01, 178/1, 182/01, 182/02; B. Mahler, Fotograf, Berlin: 48/3, 186/01; Boeing: 121/02; bpk/Kunstbibliothek, SMB: 13/2; bpk/SBB/Dietmar Katz: 9/01; Cern: 126/01; Comstock Images/Fotosearch:127/05, 139/03; CORBIS: 75/01; Corel Photos Inc., 39/04, 41/5, 42/1, 62/3, 82/02, 82/03, 87/04, 87/05, 95/1, 114/04, 127/02, 204/02; Cornelsen Experimenta: 62/2, 114/02, 139/05, 146/01; D. Langermann, Berlin: 178/01; DB AG/Müller: 41/6; Deutsche Flugsicherung GmbH, Offenbach: 127/04; DLR Deutsche Luft- und Raumfahrt: 39/03; DUDEN PAETEC GmbH: 9/03, 13/1, 17/2, 32/1, 71/01, 127/03, 147/02, 160/01, 181/1; elta GmbH: 152/01; ESA: 41/3, 47/2, 74/1, 153/01; ESA/EUMETSAT: 104/1, 114/05; ESO (European Southern Observatory): 8/01, 26/01, 30/2, 35/01, 36/02, 171/01; Euro Speedway Lausitz: 45/1; Fichtel & Sachs GmbH: 82/06; Fotoarchiv Panorama: 114/01; Kilian, Claudia, Berlin: 85/01; H. Mahler, Fotograf, Berlin: 41/2, 56/02; Heinz-Günter Lau GmbH: 136/01; Held, Alfred, Falkensee: 44/1; Hemera Photo Objects: 74/2, 82/01, 87/02, 92/1; Horst Munzig, Mindelheim: 167/1; Joerg Brockstedt/VISUM: 72/1; Lambda Physik, Göttingen: 159/05; Landesamt für Denkmalspflege und Archäologie/Juraj Lipták: 10/1; LD Didactic, Hürth: 46/1, 132/1a, 132/1b, 132/1c; Liesenberg, Günter, Berlin: 56/03, 62/01, 142/05, 155/01; Mannesmann Dematic, Wetter: 41/1; mauritius images/Bernhard Spöttel: 57/1; Max-Planck Institut für Radioastronomie: 151/3; MEKRUPHY GmbH, Pfaffenhofen: 109/1; Messe Berlin GmbH und BDLI: 54/04; Meyer, L., Potsdam: 41/8, 51/02, 82/04, 103/1, 127/01, 142/02, 159/03, 161/2, 170/01, 204/01; Moser, Freiburg: 205/01; Motorola GmbH: 168/1; NASA: 20/1, 22/1, 24/02, 27/01, 27/02, 27/03, 27/04, 28/1, 30/1, 30/3, 31/1, 31/2, 34/1, 36/01, 38/01, 73/1, 106/02, 106/1, 107/01, 107/1, 151/1, 177/1, 179/2, 180/1, 183/3, 184/1, 184/2, 210/01, 210/02, 210/03, 211/01, 211/02, 211/03, 211/04; NASA/JPL: 183/2; NIST: 159/01, 159/02, 163/01; NTL Austria: 54/02, 128/3; ÖAMTC: 53/01, 84/02, 85/02, 87/03; panthermedia/Franz Haumer: 50/1; panthermedia/M. Perenz: 79/1; Photo Disc Inc.:10/2, 24/01, 27/05, 39/05, 41/4, 41/9, 49/1, 56/04, 56/05, 62/1, 62/4, 78/1, 82/04, 102/01, 138/02, 139/01, 139/02, 139/04, 142/01, 142/03, 152/03, 153/02, 179/03; Physikalisch-Technische Bundesanstalt (PTB): 78/2; PHYWE SYSTEME GmbH & Co. KG, Götttingen: 65/01, 133/1, 142/04; picture-alliance/ASA: 71/1; picture-alliance/dpa: 39/01, 87/01; picture-alliance/dpa/dpaweb: 110/01; Pitopia, Ludger Vorfeld, 2006: 98/1; rebelpeddler Chocolate Cards: 16/2; Siemens AG/München: 41/7, 114/03, 120/01, 152/02, 167/3; STM Image Gallery: 59/04, 167/2; Strassen.NRW: 111/02; Technorama, Schweiz, www.technorama.ch: 63/2; Unger Michael, Königs-Wusterhausen: 137/02; Universitätssternwarte Bonn, M. Altmann: 31/3; Volkswagen AG: 39/02, 172/1; Werner Krüger/Deutsche Lufthansa AG:43/1, 52/01, 141/01.

Die ersten künstlichen Himmelskörper

Versuche, Raketen zu bauen, gab es schon im Mittelalter. Aber erst gegen Ende des 19. und in der ersten Hälfte des 20. Jahrhunderts begannen sich Wissenschaftler und Techniker intensiv mit dem Raketenantrieb zu beschäftigen. Namen, die dafür stehen, sind K. E. ZIOLKOWSKI in Russland, H. OBERTH und W. VON BRAUN in Deutschland oder R. H. GODDARD in den USA.
Die erste Rakete, mit der bereits 1942 eine Höhe von ca. 80 km erreicht wurde, war die von W. VON BRAUN konstruierte A4, besser bekannt unter dem Namen V2. Nach dem Zweiten Weltkrieg wurden vor allem in den USA und in der Sowjetunion Raketen für militärische Zwecke entwickelt.
Im Jahr 1957 geschah die Sensation: Am 4. Oktober 1957 wurde in der Sowjetunion mit „Sputnik 1“ der erste künstliche Erdsatellit gestartet. Die USA zogen wenig später mit dem „Explorer 1“ nach.

Satelliten und Raumsonden dienen der Forschung

Seit den Sechzigerjahren des 20. Jahrhunderts dienen Satelliten und Raumsonden auch der Erforschung von Himmelskörpern. Dazu zählt die Erkundung des Erdmonds durch zahlreiche Sonden und die Erkundung der meisten Planeten unseres Sonnensystems. Sehr erfolgreich waren die 1977 gestarteten Sonden „Voyager 1“ und „Voyager 2“. Im Jahr 2006 hatte „Voyager 1“ eine Entfernung von 100 AE (15 Mrd. km) zurückgelegt und damit die Grenzen unseres Sonnensystems erreicht.
Faszinierende und tiefe Einblicke in den Weltraum ermöglichte das 1990 gestartete und inzwischen mehrfach verbesserte Weltraumteleskop Hubble, das sich im Erdorbit befindet und Aufnahmen von Sternen, Galaxien, Quasaren oder Supernovä ohne den störenden Einfluss der Erdatmosphäre machen kann.
Ein Schwerpunkt war in den letzten Jahren die Erforschung des Mars, u. a. mit automatischen, fahrbaren Labors wie dem Mars-Rover. Der Mars ist deshalb von besonderem Interesse, weil er der Planet ist, auf dem am ehesten die Landung eines bemannten Raumschiffs möglich ist.

Satelliten erleichtern das Leben

Bereits in den Sechzigerjahren des letzten Jahrhunderts wurden von den USA die ersten Nachrichtensatelliten gestartet. Mit dem „Telstar 1“ wurden 1962 erstmals Fernsehbilder zwischen den USA und Frankreich übertragen.
Mit „Syncom 1“ erreichte 1963 der erste Nachrichtensatellit eine geostationäre Bahn.
Heute ist die weltweite Informationsübertragung über Satelliten selbstverständlich.
Ein Netz von Wettersatelliten ermöglicht genauere Wettervorhersagen. Das satellitengestützte GPS (**G**lobal **P**ositioning **S**ystem) ermöglicht es nicht nur Autofahrern, sich zu einem angegebenen Ziel leiten zu lassen. Es wird auch in der Luftfahrt, in der Schifffahrt und bei Handys zur Positionsbestimmung genutzt.

Im Zentrum – die Sonne

Die für uns Erdbewohner lebenswichtige Sonne wird ebenfalls mit Raumsonden erforscht. Schwerpunkte sind dabei die Untersuchung der Sonnenstrahlung in verschiedenen Frequenzbereichen und die Erforschung von Vorgängen in der Sonnenatmosphäre. Eine der erfolgreichsten Missionen war SOHO. Diese NASA-Mission lieferte viele interessante Bilder von der Sonne.

Labore im Orbit

Ständige Forschungen im erdnahen Weltraum werden bereits seit 1971 durchgeführt. Erste Weltraumstationen waren die sowjetische „Saljut“ und die amerikanische „Skylab“.
1998 begann der Ausbau der „International Space Station“ (ISS), an der neben den USA und Russland eine Reihe europäischer Staaten, darunter auch Deutschland, beteiligt sind.
Auf der ISS befinden sich ständig drei Astronauten, die u. a. eine Reihe von Forschungsaufgaben zu erfüllen haben. Die ISS soll in den nächsten Jahren weiter ausgebaut werden, z. B. durch verschiedene Forschungsmodule.